国家科学技术学术著作出版基金资助出版

复合污染型村镇水污染控制生态工程

Ecological Engineering for Controlling Water Pollution
in Villages and Towns with Multiple Pollution Sources

杨 扬　陈少华　陶 然　唐小燕　等 编著

化学工业出版社

·北京·

内容简介

本书围绕复合污染型村镇水污染控制技术针对性不强、处理效果不稳定、投资和运行费用高、管理技术复杂等问题，根据作者及其团队多年的科研成果和具体工程应用实践，系统总结与农村各类污水特征相适应的技术需求和工艺解决方案，构建适应农村特点和需求的村镇复合污染处理的成套组合技术体系，为有效推动村镇环境保护、建设美丽宜居乡村、实现均衡性发展提供技术支撑和案例借鉴。

本书结构严谨，阐述清晰，理论分析、工艺技术与工程实践有效结合，具有较强的针对性和应用性，可供从事水环境工程、水生态工程、水体生态修复等的工程技术人员、科研人员和管理人员参考，也供高等学校环境科学与工程、环境生态工程、农业工程及相关专业师生参阅。

图书在版编目（CIP）数据

复合污染型村镇水污染控制生态工程/杨扬等编著
. —北京：化学工业出版社，2024.3
ISBN 978-7-122-44837-8

I.① 复…　II.①杨…　III.①乡镇-水污染防治-生态工程-中国　IV.①X52

中国国家版本馆CIP数据核字(2024)第032942号

责任编辑：刘兴春　刘　婧　　　文字编辑：王云霞　王文莉
责任校对：宋　夏　　　　　　　　装帧设计：王晓宇

出版发行：化学工业出版社
　　　　　（北京市东城区青年湖南街13号　邮政编码100011）
印　　装：北京虎彩文化传播有限公司
787mm×1092mm　1/16　印张24¾　彩插8　字数587千字
2024年7月北京第1版第1次印刷

购书咨询：010-64518888　　　售后服务：010-64518899
网　　址：http://www.cip.com.cn
凡购买本书，如有缺损质量问题，本社销售中心负责调换。

定　　价：198.00元　　　　　　　　　版权所有　违者必究

《复合污染型村镇水污染控制生态工程》
编著人员名单

编著者：

杨　扬	陈少华	陶　然	唐小燕	邰义萍	戴玉女
张晓萌	庞志华	李　翔	张晓湘	林伟国	张成武
罗伟宏	满　滢	林向宇	付晶淼	南　燕	杨天学
吴　杰	阮伟峰	成水平	高洪梅	张龙真	潘松青
尹和桂	徐　颖	王　瑞	尹椅光	鞠勇民	高保燕
嵇　斌	吴颖辉	熊春晖			

序一

　　农村生活污水治理是农村人居环境整治的重要内容，是实施乡村振兴战略的重要举措，是全面建成小康社会的内在要求。近年来，各地政府积极推动农村生活污水治理，取得了一定成效，对改善农村生态环境、提升农民生活品质、促进农业农村现代化发挥了重要作用。但受到经济及技术的限制，农村污水治理仍然是农村人居环境整治中最突出的短板，与城市之间存在明显差别。一直以来，我国污水处理多集中在城市污水处理的探索，而城市污水的收集与处理模式并不完全适用于村镇污水的处理，农村生活污水很难照搬城市现行的处理工艺和治理模式，也无力承担建设规模化、集约化的污水处理设施所需的资金和较高的运行成本。此外，农村生活污水混合有小型加工企业、禽畜养殖、农家乐等废水排放，具有普遍特性，对于高浓度有机物、重金属、毒害有机物等成分复杂污水的去除，更是缺乏可供借鉴参考的成熟技术和实践案例。

　　人工湿地技术是一种利用自然过程净化污水的生态工程技术，也是一种于自然开放与动态变化下的生态系统工程，其主要的原理是依靠湿地填料、湿地植物和大量附着生长的微生物的物理、化学及生物的协调作用，净化机理亦相当复杂。因具有出水水质稳定、投资低、耗能低、抗冲击负荷强、操作简单、运行费用低等独特优势，近年来已成为我国农村生活污水处理的主流模式，得到迅速发展。然而，由于传统人工湿地占地面积较大、基质易饱和易堵塞，且生物和水力复杂，加大了对其处理机制、工艺动力学和影响因素的认知理解难度，导致出水达不到设计要求或不能达标排放，在一定程度上也影响了人工湿地对污水的处理效果，阻碍了人工湿地技术的推广应用。

　　鉴于此，暨南大学"热带亚热带水生态工程教育部工程研究中心"杨扬教授团队联合中国科学院城市环境研究所陈少华研究员团队、生态环境部华南环境科学研究所庞志华研究员团队、中国环境科学研究院席北斗研究员团队和广州市水务局污水治理工程管理办公室，共同承担完成了国家"十二五"科技支撑计划"村镇环境综合整治重大科技工程"项目"珠三角复合污染型村镇环境整治和修复技术集成及工程示范"课题。在此基础上，杨扬教授团队启动了广东省应用型科技研发专项资金项目"村镇综合废水生态处理集成工艺与再生水农业利用技术研发及示范"、中国与中东欧国家政府间例会交流项目"农业径流营养盐污染控制的湿地修复技术"、广东省国际合作领域项目"农村农业污染控制修复与再生利用生态工程国际科技合作示范基地"等多个应用示范项目。

经过他们多年的开拓创新和辛勤耕耘，以及与国际人工湿地领域著名专家捷克布拉格生命科学大学 Jan Vymazal 教授团队的合作，系统开展了人工湿地技术应用于村镇污水处理和农业面源污染控制方面的研究，创新性研发出以模块化垂直-水平流人工湿地系统和多段进水强化脱氮除磷生态滤床为核心的生态工程技术，突破了高浓度难降解有机污染物联合高效前处理技术瓶颈，并率先在全国构建农村污水处理实时监控管理平台，形成产业聚集型村镇源头控制-过程削减-综合治理的复合污染控制模式，创造了节能、节地和高效新型的生态工程技术体系，提升了行业技术竞争力，并先后成功应用于农村生活污水处理、农业面源污染控制、受污染地表水、景观用水的净化以及流域综合治理等工程实践中，取得良好的社会效益、经济效益和环境效益。

我作为暨南大学"热带亚热带水生态工程教育部工程研究中心"技术委员会主任，很高兴有机会参与了该中心艰辛的建设过程与惊心动魄的评估场景，见证了他们在水生态工程领域的成长与发展，从中受到了许多启发。看到平台产出的成果及在各地的推广应用也感到由衷的高兴和欣慰。

《复合污染型村镇水污染控制生态工程》一书概括了作者们对人工湿地等生态工程技术的系统研究成果，对不同类型生态工程技术的工艺设计、结构与流程选择、植物品种和基质种类筛选、净化功能与机制及运行管理等方面进行了系统介绍，既突出技术创新与科学理论，又包含大量的一手资料和现场图片，具有较强的针对性和实用性。该书的出版必将极大地推动我国现代化生态工程技术应用到当前的农村污水处理、农村黑臭水体治理、污水处理厂提标改造和海绵城市建设中，对于我国水环境治理的改善和水生态环境的修复以及环境友好型和谐社会的构建都具有很好的借鉴作用和指导意义。该书结构严谨、逻辑清晰、内容翔实、编排合理、重点突出，图文并茂、文笔流畅、表达准确，可为从事相关领域工作的人员提供前瞻性理论指导和技术支持。

中国工程院院士

2023年8月

序二

近年来在我国农村各项社会事业和经济快速发展，农村生活水平日益提高、农村经济逐步改善的同时，也造成了农村生态环境污染。农村污水的产生、排放以及水质特征和城市生活污水相比具有众多不同的特点，所以决定农村污水处理模式不能完全照搬城市生活污水集中收集处理的思路，必须适应农村所特有的条件。由于农村污水面广、分散，且来源多、分类困难和危害性的不断增长，如何净化农村污水和受污染水域水质、选择适宜的处理模式、恢复和重建受损水生态系统是水环境研究和实践的热点和难点。

基于自然的解决方案（NbS）是目前全球广泛推崇的应对水污染和气候灾害问题，实现人类可持续发展目标的绿色方法，它是积极地利用自然和人工生态系统服务来实现可持续发展目标的伞形概念（包括生态系统恢复方法、针对具体问题的生态系统方法、基于基础设施的方法、基于生态系统的管理方法和生态系统保护方法），其可以完全是绿色的（仅包括生态系统要素）或者混合的（结合生态要素与工程措施）。源于生态系统恢复方法的生态工程，是一种全新的技术和方法，考虑到农村经济、技术及后期管理等因素，生态工程技术不失为一种经济且易于运行管理的解决方法。常用的生态工程污水处理方式包括塘系统、人工湿地系统、土地处理系统和接触氧化处理技术等，因其具有造价低、运行维护简单等优点，适合在广大农村地区推广和应用。

暨南大学杨扬教授团队是国内较早从事湿地和大型河流湖泊整合研究的团队，一直在探索水污染治理和水生态修复生态工程技术，并前瞻性地于2009年申请获批教育部"热带亚热带水生态工程教育部工程研究中心"建设，基于生态系统恢复生态工程技术方法的行业发展优势和最新研究成果，促进技术转移升级，带动了学校学科和创新团队的发展。本人作为首届技术委员会委员，亲历了"工程中心"从无到有的建设和发展过程，并从中心定位、目标设置、队伍组建和体制机制等方面提出了许多建设性意见。看到他们在河湖生态学、水污染控制与水生态修复生态工程等研究领域拥有的丰硕成果和贡献，由衷地替他们高兴，真诚地祝贺他们。

《复合污染型村镇水污染控制生态工程》一书概括了杨扬教授团队等单位在农村水污染控制与水环境治理生态工程技术的系列成果。该书立足我国农村实际，突出经济发达重点区域，针对现代农村生活污水混合有小型加工企业废水、营业性餐饮废水、畜禽养殖废水等排放量逐渐增加、污水水质复杂化特征；以污水分类就地处理、循环利用为导向，选择研发适宜模式，因地制宜采用污染治理与资源利用相结合、工程措施与生态措施相结合、集中与分散相结合的建设模式和处理工艺；突出组合性和生态化，物理技术、生化技术和生态技术有机结合技术特点；在关注有机污染物、氮磷等常规生活污染物处理的同时，侧重对重金属、有毒有机物的去除，并对各处理工艺设计、净化功能、净化原理、运行和管理方案进行系统介绍。在现有技术储备基础上，集成适用于城乡高度一体化村镇复合污染处理低成本运行管理成套技术。通过试点示范，摸索总结出适合农村地区污染环境修复的技术与方法，以有效解决我国沿海及内陆地区村镇复合污染处理难问题，走出一条具有中国特色的农村生活污水治理之路。

　　该书旨在为有效解决我国沿海经济发达地区乃至全国村镇复合污染处理难问题提供有效技术支撑与实践借鉴，具有创新性和实用价值。本书主要作者均为国内资深专家，长期从事环境保护、污水生态处理等领域研究，完成了一系列的攻关性课题并取得丰硕成果，具有坚实的理论基础和实践经验，其编写的著作具有较高的学术价值和一定的权威性。此外，该书结构严谨、逻辑清晰、内容翔实、编排合理、重点突出，图文并茂、文笔流畅、表达准确，具有较高的写作水平。该书的出版将为我国农村污水处理的研究和应用提供理论和实际依据，适宜作为从事相关领域工作的人员以及高校专业师生的参考书。

中国工程院院士

2023年9月

前言
PREFACE

　　自改革开放以来，我国农村经济得到了迅速的发展，在建设社会主义新农村的过程中，农村综合开发规模和乡镇企业发展规模日益扩大，农民生活水平得到普遍提升，乡村发展日益繁荣。但受到经济及技术的限制，农村实际发展与城市之间存在明显差距，尤其是农村普遍存在基础设施落后和不足，导致农村生态环境问题突出，对农业生产、农民生活构成了极大的环境隐患。农村环境不仅受到乡镇工业企业的影响，还与农村自身的生产、商旅、畜禽养殖、生活方式等有很大关联，呈现出农业活动和非农业活动高度混合的特殊形态，造成农村污水来源分散、成分复杂、污染叠加等现象。农村地区的污水未经处理就直接排放，是造成农村水体黑臭或水质恶化、土壤和地下水污染、江河湖泊水体水质下降的主要原因。农村环境污染问题不仅严重影响了农村生态环境和人们身体健康，更是阻碍了农村经济的可持续发展和建设美丽新农村的战略任务实施。因此，改善农村人居环境，加快推进农村污水治理，既是实施乡村振兴战略的重点任务也是事关广大农民群众的根本福祉。

　　然而，由于我国农村人口大部分呈分散分布，集中居住区人口规模较小，不利于采用大规模管网收集系统与集中式污水处理工艺，且投资、运行费用高，即使是在沿海经济高度发达地区也基本没有能力为村镇排水设施建设与长期运营提供稳定可靠的资金来源。随着全面推进乡村振兴，加快农业农村现代化建设，农村人居环境五年提升计划的实施，如何对症下药制定目标和正确选择技术路径提高农村污水治理效率和降低污水处理成本，从根本上解决我国农村污水处理面临的农业、生活和乡村工业多污染源混合污染严重，分散式污水处理及资源化利用技术及配套设施、激励和保障机制不健全，农村面源控制技术的适应性和应用推广有限，相关技术工程规范和标准不完备，建设与长效运行管理薄弱等难题，成为国内外生态环境工程的重点课题。

　　发达国家很早就重视农村环境保护，因地制宜研发农村生活污水生态处理技术。目前，美国主要应用化粪池、沉淀池、稳定塘等技术作为主要的预处理技术，并根据实际情况和土地处理、人工湿地和地下渗滤系统等技术进行灵活组合，更好地实现村镇污水现场处理。

德国进入21世纪以来采用了多种分流式污水处理技术，常用前端化粪池搭配填料介质滤池或植物湿地系统，污水通过管道汇集流入沉淀池，再经湿地净化处理，达标后排放或用于农田灌溉。在巴西，大多数传统的和分散的农村污水处理过程包括使用化粪池和排水管场，最近还使用了化粪池和厌氧过滤器的结合。我国的农村污水处理起步较晚，近年来诸多尝试和应用已经涉及了多类污水处理技术和水环境生态修复技术，如厌氧生物处理技术、好氧生物处理技术、人工湿地处理技术、稳定塘处理技术和土地渗滤技术等，涵盖了城镇生活污水、农村生活污水、多种工业废水、畜禽养殖废水、水产养殖废水、农家乐含油废水处理、污染河水净化及农村面源污染控制等。然而，对于混合有工业、餐饮、养殖等高浓度或密集大量的污染物排放，则有其应用上的限制。

本书基于水系、流域治理理念下的农村污水治理，针对农村污水成分的复杂性，实际用地的紧缺性和地形地势的特殊性，以及单一类型处理技术的局限性和处理效果的不稳定、投资和运行费用高、管理技术复杂等问题，围绕农村生活污水、村镇工业、农家乐餐饮等混合污水、农业面源污染、畜禽养殖污染和水产养殖污染治理生态工程技术展开，通过系统总结"十二五"国家支撑计划"珠三角复合污染型村镇环境整治和修复技术集成及工程示范"、广东省应用型科技研发专项资金项目"村镇综合废水生态处理集成工艺与再生水农业利用技术研发及示范"、中国与中东欧国家政府间例会交流项目"农业径流营养盐污染控制的湿地修复技术"、广东省国际合作领域项目"农村农业污染控制修复与再生利用生态工程国际科技合作示范基地"等多个应用示范项目的研发成果，提出与农村各类污水污染特征相适应的技术需求和工艺解决方案，构建可持续发展的农村生活污水与混合污水生物-物化-生态组合处理技术以"生物单元重点处理有机污染物，物化单元控制毒害污染物，生态单元资源化利用氮磷"的功能定位，将单元技术创新技术与工艺系统集成相结合，形成多种具有节能、节地、高效、易维护特征的可选工艺组合流程，构建适应农村特点和需求的分散型农村生活污水处理的成套组合技术体系。

本书共分11章，阐述了生态工程的基本理论和方法，介绍了农村污水的特点、产生原因和处理的必要性与难点，以及利用生态工程技术对农村污水进行处理的技术与设计方法；论述了有关工业聚集型、粗放种养型、商旅服务型、村镇面源、农村生活污水等村镇复合污染综合处理的生态工程组合技术、概念和原理，对适用范围、技术流程、工程设计、工艺参数、结构建造、成本分析、运行与维护管理等进行了系统介绍，并介绍了该类技术在村镇复合污染控制方面的应用实例和处理效率等。本书具有较强的系统性、知识性、工程性和实践性，理论和实际工程应用有效结合，有助于读者了解、掌握生态恢复与生态工程技术并加以灵活应用，对于推动我国农村污水分散式处理设施的设计、建设与管理，提升农村污水处理设施工程建设和运行维护管理，提供了有效的科学指导，不仅可为农村污水处理工程应用与管理提供实用性技术，也可供从事生态工程技术与生态修复系统工作的管理者、设计者、研究人员和高等学校相关师生参考。

本书由暨南大学、中国科学院城市环境研究所、中国环境科学研究院、生态环境部华南环境科学研究所和广州市污水治理工程管理办公室联合编著，具体编著分工如下：第1章由杨扬、唐小燕、陶然编著；第2章由付晶淼、杨扬、满滢、嵇斌编著；第3章由唐小燕、张晓萌、戴玉女编著；第4章由唐小燕、杨扬、张晓萌编著；第5章由陶然、庞志华、鞠勇民编著；第6章由张晓萌、张成武、高保燕、张龙真、李翔和杨天学编著；第7章由陈少华、林向宇、吴杰、潘松青和徐颖编著；第8章由戴玉女、杨扬、唐小燕、成水平和熊春晖编著；第9章由邰义萍、王瑞、杨扬、阮伟峰编著；第10章由张晓湘、唐小燕、罗伟宏和南燕编著；第11章由林伟国、唐小燕、张龙真、高洪梅、尹和桂、尹椅光和吴颖辉编著，工程案例由广州市污水治理工程管理办公室、广州和源生态科技发展股份有限公司和同济大学成水平教授提供。全书最后由杨扬统稿并定稿，杨扬、陈少华、唐小燕、邰义萍、陶然、戴玉女和张晓萌校阅。本书在编著过程中，广东工业大学杨志峰院士、南京大学任洪强院士、华南理工大学党志教授和中国环境科学研究院席北斗研究员给予了悉心指导，同时在本书的写作中参考了一些国内外同行的技术资料，并得到了国内外专家、学者和同行的支持、帮助和指导，在此一并致谢！

限于编著者水平和经验，且编著时间较紧、编著人员较多，难免有疏漏和不足之处，敬请各位同仁和广大读者批评指正。

编著者

2023年6月

目录
CONTENTS

第1章
村镇水环境污染调查与分析

农村经济快速发展提高了人们生活水平，但生态环境却遭到了严重破坏，水环境污染现象非常突出。据生态环境部发布的《2021年中国生态环境统计年报》，全国水污染排放的化学需氧量为2531.0万吨、氨氮为86.8万吨、总氮为316.7万吨、总磷为33.8万吨。其中，农村生活源水污染排放的化学需氧量为499.6万吨、氨氮为24.5万吨、总氮为44.6万吨、总磷为3.7万吨；农业源（包括种植业、畜禽养殖业和水产养殖业）水污染排放的化学需氧量为1676.0万吨、氨氮为26.9万吨、总氮为168.5万吨、总磷为26.5万吨，分别占全国水污染物排放总量的73%、48%、61%和79%。可见，农村地区的水污染已成为我国主要和较为严重的污染来源。

据相关调查，造成农村水环境污染的影响因素主要分为三类：一类为洗衣、沐浴等行为产生的生活污水，清洁剂的使用使得生活污水中含有大量磷、氮元素，直接排放会造成水体富营养化，严重污染农村水环境；二类为厨房生活污水、烹饪等行为导致油污废水排放较为严重；三类为厕所污水，一般为各户自行处理，厕所污水是病菌等物质滋生较为严重的区域。同时，随着城市化推进，农村乡镇和企业发展，大量制造企业迁往城郊和农村地区，其普遍具有经营规模小、经营方式单一化和布局较分散等特点，每年不经处理的污染物排放量非常大，导致农村地区的水环境污染问题更为严峻。此外，农村地区的种植业和养殖业也在不断发展，导致农业面源污染增加。随着乡村旅游兴起，民宿和农家乐越来越流行。乡镇旅游和餐饮服务业扩张也导致大量餐饮废水排放，进一步加剧农村水环境污染。

农村污水是导致水环境污染的主要原因，所产生的污染物一般被直接排放到河流中，水体中氨氮、总氮、总磷、化学需氧量、大肠埃希菌、阳离子表面活性剂、重金属、新污染物等指标不同程度超出排放限值，对水体质量产生危害。多种污染物共存并相互作用，多种污染过程同时发生，多种污染效应表现出协同或拮抗作用，并在水环境中长期积累和暴露，水体污染表现出了越来越突出的复合性特征。污染物在环境中的行为涉及多介质、多界面，并同时发生物理、化学和生物过程，使得水体污染问题更加复杂。这导致农作物减产和品质下降，直接影响到工农业生产经济效益。再加上农村污水治理尚不具备较先进的收集和处理设备，致使水环境污染趋势逐年上升，广大农村地区居民的基本饮用水安全和健康无法得到保障。据统计，我国农村患病人群中的88%与死亡人数中的33%与生活用水不洁直接相关。面对这些问题，我们需要加大对农村地区水污染治理和环境保护的关注，提高水体环境质量，以保障农村地区居民的健康和生活质量。

近年来，我国全面扎实推进农村人居环境整治，尤为重视农村污水的排放和处理，农村污水直接排放现象有所好转，扭转了农村长期以来存在的杂乱差局面。但农村污水处理仍旧是乡村环境保护工作的重点，是实施乡村振兴的重点任务，事关广大农民的根本福祉，事关农民群众健康，事关美丽中国建设。本章在系统论述我国农村水环境污染来源基础上，为深入了解我国农村污水特征，更有针对性地提出污水治理技术和措施，通过在广东、福建等省份分别选择水源地保护区、河网地区和风景旅游区内的村庄进行农村污水排放特征的现状调查，以期为农村污水治理提供准确的基础数据。调查方法包括资料调研、入户调查和现场采样监测，调查内容包括水量特征、水质现状和主要污染物排放情况。调查结果给出了我国不同地区农村用排水量、水质特征和主要污染物参考值，以便提出我国村镇污水治理的必要性及需求。

1.1　水环境污染来源

根据污染物的来源不同，水中污染物可以分为点源污染和非点源污染两大类。

1.1.1　点源污染

改革开放以来，乡镇企业的蓬勃发展带动了农村小城镇的复苏和兴起。然而，乡镇企业发展具有布局分散、规模小和经营粗放等特征，导致周边环境受到严重污染。特别是造纸、印染、电镀、化工、建材等产业和土法炼磺、炼焦等落后技术对水体污染最为严重。这种工业污染已经导致我国17.5%的耕地面积约16.7万平方千米遭到严重破坏。同时，由于城市环境污染被严厉制裁，许多污染严重的企业转移到郊区小城镇，导致这些地区的污染程度明显高于城区。

水体点源污染是一个重要问题，废水中化学需氧量（COD）等主要污染物的排放量已经占工业污染物排放总量的50%以上。然而，这些污染物的处理率却显著低于工业污染物平均处理率。造成这种状况的主要原因有多方面。首先，作坊式生产企业的布局缺乏合理规划和有效的行政管理，导致污染物的集中排放。其次，大、中型污染企业为了逃避缴纳治污费用，通常会将污染转移到周边地区。此外，地方政府在追求经济发展的同时对环境治理缺乏足够重视。

除了工业污染，畜禽养殖业也给水源带来严重污染问题。随着城乡人民生活水平的提高，人们对肉类消费需求不断增加，促使畜禽养殖业迅速发展。各地在城镇郊区附近建立了大量养殖场，由原来的分散养殖变成了集中养殖，导致畜禽粪便和养殖场污水的排放和处理成为一个难题。目前，我国大多数养殖场的畜禽粪便处理能力不足，超过60%的粪便得不到科学处理而被直接排放，通过畜禽排泄物进入水体的COD量已经超过生活和工业污水COD排放量的总和。此外，环保部门统计数据显示，高浓度养殖污水被直接排放到河流、湖泊中的比例高达50%，极易造成水源生态系统污染恶化。

为了解决水体点源污染问题，需要采取综合措施。首先，要强化行政管理，制定相关法规和标准，对违规排污行为进行打击和惩罚，并加强监测和评估工作，及时发现和处置污染事件。其次，要推动污染源减排和治理，加强企业污染防治和技术改造，提高污染物治理效率和水体自净能力。

1.1.2 农业面源污染

农业面源污染，也被称为非点源污染，是指农业生产活动中，由于化肥、农药的不合理使用、畜禽粪污的不规则排放以及分散式农村生活所产生的氮、磷等营养物质，经降水驱动，受地形影响，通过地表、地下径流和土壤侵蚀的方式进入邻近受纳水体，形成一种污染形式。这种污染对地表水和地下水造成威胁，并加剧了湖泊富营养化问题。农业源是水污染总氮和总磷的主要贡献源。

我国化肥消费量处于较高水平。根据国家统计局数据，2016年我国化肥生产量达到7004.92万吨，其中农用化肥投入量约为5984万吨，占生产量的85.426%。有机肥料施用的大幅度减少和氮、磷、钾肥的不合理使用以及化学肥料使用的快速增长，导致了氮磷钾使用不平衡、土壤板结、耕作质量差，肥料利用率低，土壤和水分易流失，从而对地表水和地下水造成污染并加剧了湖泊富营养化问题。

农药的年使用量约为174万吨，农药对水体的污染主要体现在以下几个方面：a. 直接向水体施药；b. 农药通过雨水或灌溉水由农田向水体迁移；c. 农药生产、加工企业废水的排放；d. 大气中残留农药随降雨进入水体；e. 农药使用过程中，雾滴或粉尘微粒随风漂移沉降进入水体；f. 施药工具和器械的清洗等。一般来说，只有10%～20%的农药附着在农作物上，而80%则流失在土壤、水体和空气中，并在灌水或降水等淋溶作用的影响下污染地下水。

为了减少农业面源污染，可以采取多种措施。一方面，应加强农业生产的管理和指导，推广科学的农业生产技术，合理使用化肥和农药，增加有机肥料的使用量，减少养殖场的数量和规模，改善废水处理和粪污的处理方式，防止养殖废弃物的随意排放和处理。另一方面，应加强水环境保护，建立和完善水体污染防治制度，加强监测和预警，加大处罚力度，强化宣传和教育，提高公众的环保意识和参与度。

1.1.3 生活源及农家乐餐饮源污染

农村生活污水是指在农村地区由生活和日常生产活动中产生的污水。过去，农村生活污水通常被用作农田肥料，但随着我国农村经济的发展和生活水平的提高，人均日用水量和生活污水排放量急剧增加，导致农村生活污水排放量大幅增加。与此同时，传统的农家肥的使用减少，化肥大量使用，因此农村生活污水的肥效大大降低。近年来，农村生活污水无序排放，严重影响周围环境，造成水体黑臭、生物死亡和疾病传播等问题。

农家乐是一种新兴的乡村旅游形式，随着其发展，农家乐生产运行产生的污水量也大大增加，严重影响当地及周边水环境的水体质量。农家乐厨房在烹饪期间产生的餐厨污水是农家乐污水的主要来源，具有水量大、水质变化系数大、分散式直排、含有大量有机成分等特点，不宜统一排入市政管网收集处理。如果不合理处置，会严重影响周围环境，散发臭味，导致空气、土壤及水质二次污染。

为了解决农村生活污水和农家乐餐饮污水对环境的影响，需要采取有效的措施。一方面，应加强农村生活污水的处理和利用。目前，一些地区已经开始推广分散式污水处理技术，采用生物处理等方式将生活污水进行处理，再用于农田灌溉等用途。此外，可以加强对农家乐的监管，要求其建立污水收集、处理和利用系统，减少污水的直接排放。同时，鼓励农家乐餐饮业使用环保型的餐具和清洁用品，减少餐饮废水的排放。

综上所述，水环境污染的来源主要包括点源污染和非点源污染。点源污染主要来自乡镇企业的发展和畜禽养殖业，而非点源污染主要来自农业生产活动。针对这些污染源，需要采取综合措施，包括加强行政管理、推动污染源减排和治理，以及加强农村生活污水和农家乐餐饮污水的处理和利用。通过这些措施，可以有效减少水体污染，保护环境和人类健康，促进可持续发展。

1.2 水环境质量参数

水环境质量是指水环境对人类的生存和繁衍以及社会经济发展的适宜程度。评价水环境质量包括地表水（如河流、湖泊、海洋等）、地下水、水生生物和底质等方面。为了保护人群健康和生存环境，国家制定了相关的水环境质量标准，这些标准体现了国家的环境保护政策和要求，是衡量环境是否受到污染的尺度，也是环境规划、环境管理和制定污染物排放标准的依据。具体的水环境质量参数包括色度、臭味、浊度、肉眼可见物、pH值、总硬度、溶解性总固体、硫酸盐、氯化物、铁、锰、铜、锌、钼、钴、挥发性酚类、阴离子合成洗涤剂、高锰酸盐指数、硝酸盐、亚硝酸盐、氨氮、碘化物、氰化物、汞、砷等。

常用的水质参数主要包括生化需氧量、化学需氧量、氨氮、总氮、总磷、酸碱度、透明度、色度、悬浮物和大肠菌群等。

（1）色度

纯水是无色的。然而，自然界的水体色度取决于水体的光学性质以及水中悬浮物质和浮游生物的颜色。色度是水体对光的吸收和散射作用的结果。由于水体对太阳光谱中的红、橙、黄光容易吸收，而对蓝、绿、青光散射最强，因此海水呈现出蔚蓝色和绿色。生活污水呈灰色，当污水中的溶解氧降至零，有机物开始腐烂时，水体呈现出黑褐色并散发出臭味。色度可以由悬浮固体、胶体或溶解物质形成，由悬浮固体形成的色度称为表观颜色，由胶体或溶解物质形成的色度称为真实颜色。

（2）透明度

透明度是表示水体能见程度的量度，也是反映水体浑浊程度的指标之一。除了水体的清浊程度外，透明度还受到水面波动、天气状况、太阳光照等外部条件的影响。光线越强，透入水体的深度越大，透明度就越高；反之则越低。

（3）悬浮物（suspended solid，SS）

悬浮物，也称为悬浮固体，包括粒径在 $0.1 \sim 1.0\mu m$ 之间的细分散悬浮固体和粒径 > $1.0\mu m$ 的粗分散悬浮固体。将水样通过滤纸过滤后，滤渣在 $105 \sim 110°C$ 温度下烘干至恒重，所得重量即为悬浮固体。悬浮固体中的一部分可以通过沉淀去除，形成污泥，称为可沉淀固体。农村生活污水中的悬浮物浓度一般为 $100 \sim 200mg/L$。

（4）酸碱度（pH值）

酸碱度指溶液的酸碱性强弱程度，一般用pH值来表示。当pH值小于7时，表示酸性；当pH值等于7时，表示中性；当pH值大于7时，表示碱性。当pH值超出6～9的范围时，会对人类和动物造成危害，并对污水的物理、化学和生物处理产生不利影响。特别是pH值低于6的酸性污水对管渠、污水处理设施和设备具有腐蚀作用。农村污水的pH值一般在6.5～8.5之间。

（5）生化需氧量（biochemical oxygen demand，BOD）

生化需氧量是指在20℃的水温下，由微生物（主要是细菌）的生命活动将有机物氧化成无机物所消耗的溶解氧量。它是表示水中有机物等需氧污染物含量的综合指标。生化需氧量值越高，说明水中有机污染物越多，污染程度越严重。由于有机物的生化过程持续时间较长，20℃水温下完全降解需要100d以上。研究表明，5d的生化需氧量占总需氧量的70%～80%；20d后的生化反应速度趋于平缓。因此，通常使用5d的生化需氧量（BOD_5）来衡量污水中的有机污染物浓度。

（6）化学需氧量（chemical oxygen demand，COD）

化学需氧量是指在酸性条件下，用强氧化剂将有机物氧化成二氧化碳和水所消耗的氧量。常用的氧化剂有重铬酸钾和高锰酸钾。如果氧化剂是重铬酸钾，则使用COD_{Cr}来表示；如果是高锰酸钾，则使用COD_{Mn}。重铬酸钾的氧化能力极强，可以较完全地氧化水中各种性质的有机物，而高锰酸钾的氧化能力较弱，因此测得的耗氧量较低。通常在地表水环境检测中多采用COD_{Mn}，而农村排水的水质监测多采用COD_{Cr}。通常，农村生活污水中的COD_{Cr}浓度为200～450mg/L。

（7）总氮（total nitrogen，TN）

污水中的氮化合物主要有有机氮、氨氮、亚硝酸盐氮和硝酸盐氮四种形式。四种氮化合物的总量称为总氮（TN，以N计量）。有机氮很不稳定，容易在微生物的作用下分解为其他三种形式：在无氧条件下，有机氮分解为氨氮；在有氧条件下，有机氮分解为氨氮；然后进一步分解为亚硝酸盐氮和硝酸盐氮。

（8）氨氮（ammonia nitrogen，NH_3-N）

氨氮在污水中以游离氨（NH_3）和离子状态的铵盐（NH_4^+）两种形式存在。因此，氨氮的浓度等于这两者的总和。对污水进行生物处理时，氨氮不仅为微生物提供营养，还对污水的pH值起到缓冲作用。然而，当氨氮超出2mg/L（以N计量）时，鱼虾就会出现中毒症状，超过1600mg/L（以N计量）时，会抑制微生物的生命活动。一般农村生活污水中的氨氮浓度为20～90mg/L。

（9）总磷（total phosphorus，TP）

水中的磷以元素磷、正磷酸盐、缩合磷酸盐、焦磷酸盐、偏磷酸盐和有机物结合的磷酸盐等形式存在。磷主要来源于生活污水、化肥、有机磷农药以及洗涤剂中使用的磷酸盐增洁剂等。水体中的磷是藻类生长的关键元素之一，过量的磷是导致水体富营养化和赤潮的主要原因。一般农村生活污水中的总磷浓度为1～7mg/L。

（10）大肠菌群

大肠菌群是水体受到生物污染（如粪尿污染）的重要水质指标。大肠菌群数指的是每升水样中所含的大肠菌群的数量，以个/L表示。大肠菌群数被用作污水受粪便污染程度的卫生指标，有两个原因。一是大肠菌与病原菌都存在于人类肠道系统中，它们的生活习性和在外界环境中的存活时间基本相同。健康人的粪便中含有10^8～10^{11}个大肠菌/g，数量远大于病原菌，但对人体无害。二是由于大肠菌的数量较多且容易培养和检验，而病原菌的培养和检验非常复杂和困难。因此，通常使用大肠菌群数作为卫生指标，水中存在大肠菌群意味着受到粪便污染，可能存在病原菌。

1.3 水环境调查

为了调查水环境的状况，需要对农村地区的水质环境进行调查。这包括测量水温、溶解氧（DO）、pH值、氧化还原电位（Eh）、总悬浮颗粒物（TSS）、颜色和气味等水质参数，以及影响水体营养状况的氮、磷营养盐和水中的可溶性有机物、重金属等。

1.3.1 采样设备

采样设备包括采样器、采样桶、采样管和采样槽等工具。采样器适用于从井水或其他深水体中采样，采样桶适用于采集表层水体，采样管适用于在难以到达的地方采样，采样槽适用于采集流动水体样品。此外，还需要便携式冰箱、GPS、便携式多功能水质分析仪、便携式溶解氧仪、便携式pH计、便携式电导率仪、流速仪、小型真空泵、便携式抽滤器、多功能相机、塞氏盘、温度计、救生衣、胶鞋、防水裤等辅助设备。

1.3.2 采样材料

采样材料包括塑料量筒、棕色和白色磨口采样瓶、塑料采样瓶、硅硼玻璃瓶、广口塑料瓶，以及滴管（塑料、玻璃）、移液枪、移液枪头、烧杯、蒸发皿、0.45μm微孔滤膜（混合纤维滤膜、玻璃纤维滤膜、醋酸纤维滤膜，直径为50mm）、橡胶手套、铅笔盒、透明胶带、记号笔、铅笔、整理箱、医用胶布、标签纸、记录本和铝箔纸等。采样瓶应选择无毒、无味、耐腐蚀的材料，例如聚丙烯、聚碳酸酯、硼硅玻璃等。过滤器的选择应根据实际需求，例如若需过滤微生物，应选择孔径0.22μm的滤膜。

1.3.3 采样方法

采样方法根据不同的水体和采样需求有所差异。通常，采样者需要提前做好采样计划，选择合适的采样设备和采样材料，避免对水样造成污染。具体采样方法包括：从井中或者深水体中采样时，需要使用专门的采样器；从表层水体中采样时，需要将采样器或者采样桶放入水中，慢慢将其拉到水面上，避免采集到底部的沉积物；从流动水体中采样时，需要将采样瓶倾斜，将其口部对准水流的方向，避免采集到表面浮沫。

（1）采样目标和原则

水样采集应具有充分的代表性，能够尽量反映该区域水质的主要特征。同时，还要考虑特殊的研究要求、监测项目以及特殊气候条件（如暴雨、洪水等）和采样区域内的污染状况。

（2）采样点确定

采样点应根据采样总体规划进行选择，具备典型代表性。避免选择工业排污口、牲畜粪便堆积处、生活或农用垃圾倾倒处等对水体理化直接产生强烈干扰的地区。

（3）采样前准备

根据采样要求和监测分析方法的不同，选择不同的采样工具和储存容器，并对其进行必要的预处理，以减少对样品的污染。在采样前，彻底清洗采样容器，尽量减少污染的可能性。选择清洗剂时，应根据待测组分确定，并在清洗后用蒸馏水进行冲洗。例如，测定磷酸盐的容器不能使用含磷的洗涤剂，测定硫酸盐或铬的容器不能使用铬酸-硫酸类清洗剂，测定重金属的容器通常要使用盐酸或硝酸浸泡 $1 \sim 2d$ 后用蒸馏水冲洗干净。采样时，将采样器浸入样点水样中至少润洗3次，然后进行采集。采样容器的选择应根据待测组分确定。在分析地表水中微量化学组分时，所选容器不应对水样造成新的干扰和污染。玻璃容器会溶出钠、钙、镁、硅、硼等元素，测定这些项目时应避免使用。玻璃容器易吸附金属，聚乙烯等塑料容器易吸附有机物质、磷酸盐和油类，选择容器材料时应予以考虑。在测定氟时，应避免使用玻璃容器，因为玻璃与氢氟酸会发生反应。为减少光敏作用对水样的影响，可选择深色容器。

（4）水样的采集

包括瞬时样、24h混合样和不同位置的断面混合样。对于农村污水处理设施的进出水采样，可以使用24h混合样或瞬时样。对于断面较宽的水体，应在水体采样断面上选择中心及两侧进行采样。采集后，将水样倒入塑料桶中充分混合后，装入样品储存容器中。对于断面较窄的水体，只需采集水体中心的水样。对于水深 < 5m 的水体，可仅采集中上层水样；对于水深 > 5m 的水体，可分别采集表层、中层和底层的水样，混合均匀后再转移到样品储存容器中保存。

1.3.4 水样保存

野外采样过程需要采集大量的水质样品。由于实验条件和实验方法的限制，无法在现场对所有水质指标进行实时测定，因此需要将相当一部分的水样运回实验室进行分析。在采集到分析这段时间里，由于物理、化学和生物作用的影响，水质可能会发生变化。为了尽量降低水质的变化程度，在采样时需要根据水样的特点和待测指标的差异性采取必要的保护措施。这些保护措施包括酸化、添加固定剂和抑制剂、过滤、冷冻或冷藏保存等，并尽快将样品运回实验室进行分析。

针对不同水质指标性质的差异性及保存、分析方法的不同，常用的水样前处理及保存方法如表1-1所列。

表1-1 水样前处理和保存方法

调查项目	容器类型	保存时间	水样前处理及保存方法
水温、pH值、Eh、DO、透明度			现场测定
色度	P或G	48h	0～4℃暗处冷藏保存
浊度	P或G	24h	0～4℃暗处冷藏保存
悬浮物（SS）	P或G	24h	单独定容采样，0～4℃暗处冷藏保存
CO_2	P或G		虹吸法采样，水样充满容器，0～4℃暗处冷藏保存
HCO_3^-	P或G		虹吸法采样，水样充满容器，0～4℃暗处冷藏保存，同时在现场另采集一份水样，加入 $CaCO_3$ 粉末

调查项目	容器类型	保存时间	水样前处理及保存方法
硫化物		24h	每升水样加3mL 1mol/L乙酸锌溶液和6mL 1mol/L的NaOH溶液，0～4℃避光冷藏保存
氰化物	P	24h	加入NaOH调节pH>12，0～4℃暗处冷藏保存
硫酸盐	P或G		水样经0.45μm微孔滤膜过滤，不加保存剂，0～4℃冷藏保存
硅酸盐	P	24h	过滤并用H_2SO_4酸化至pH<2，0～4℃暗处冷藏保存
氯化物	P或G	48h	水样经0.45μm微孔滤膜过滤，不加保存剂，0～4℃冷藏保存
余氯	P或G	6h	最好现场测定，如果不能做到，现场用过量NaOH固定
氟化物	P	48h	水样经0.45μm微孔滤膜过滤，不加保存剂，0～4℃冷藏保存
碘化物		24h	0～4℃冷藏保存
COD	G	48h	H_2SO_4酸化至pH<2，0～4℃冷藏保存
BOD	G	24h	0～4℃暗处冷藏保存
TOC	棕色玻璃瓶	7d	H_2SO_4酸化至pH<2，0～4℃冷藏保存
TP	BG		H_2SO_4酸化至pH<2，0～4℃冷藏保存
正磷酸盐	BG	24h	水样经0.45μm微孔滤膜过滤，0～4℃冷藏保存
TN	P或G	24h	H_2SO_4酸化至pH<2，0～4℃冷藏保存
硝酸盐氮、亚硝酸盐氮、氨氮	P或G	24h	水样经0.45μm微孔滤膜过滤，0～4℃冷藏保存
重金属	P或BG		H_2SO_4酸化至pH<2，0～4℃冷藏保存
叶绿素	P或G	48h	每升水样中加入1%碳酸镁悬浊液1mL，0～4℃暗处冷藏保存
		30d	−20℃冷冻水样或过滤后冷冻滤渣
挥发酚	BG	24h	用$CuSO_4$抑制生化作用，并用H_3PO_4酸化或用NaOH调节pH>12
农药及其他微量有机污染物	棕色玻璃瓶		0～4℃暗处冷藏保存

注：P为塑料瓶；G为玻璃瓶；BG为硅硼玻璃瓶。

1.3.5 水样运输

在样品采集运回实验室的过程中，必须注意避免样品泄漏或保存容器破裂而造成的污染和损失。为此，应选择合适的包装箱，如泡沫塑料箱、塑料保温箱等，并确保样品被密封好后整齐地摆放在箱内。此外，还应加入冰袋、冰盒等保温材料，以防止样品在运输过程中发生变化，保持样品的原始状态。为降低样品的损失，可以在包装箱与样品之间填充泡沫材料，以防止样品瓶在运输过程中碰撞破裂。通过这些措施，可以最大限度地降低样品在运输过程中的损耗，确保样品的完整性和可靠性。

1.3.6 水样分析测试

1.3.6.1 常规水质监测

水温、水深、pH值、DO、Eh、透明度等水质指标易受环境变化的影响，在储存过程中变化较大，无法准确反映真实的水环境状况，应进行现场测定。

（1）水温

可将温度计固定到采水器内腔，在采水同时实现水温的测定。将采水器放置于水中约5min，待采水器内外温度相同后，提起采水器并读数（读数不应超过30s）。对不能直接利用采水器采集水样的样点，将采集的水样倒入塑料桶或储存容器中，将温度计的球状玻璃泡全部浸入水中，在避免阳光直射的条件下静置3～5min后读数。

（2）水深

对于较浅且水流平缓的区域，可直接利用卷尺进行测量；对水深在1m以内的采样区域，如水流较湍急，可利用标杆进行测量；对水深超过1m的区域，可用重锤法测量，或将采水器放置至水底，用卷尺量取采水器及采样绳总长。

（3）透明度

采用塞氏盘法直接测定。应选择晴天，在避免阳光直射的区域，将塞氏盘平放缓缓沉入水中至刚好见不到白盘时读取数值。对于流速较快区域，可增加塞氏盘下悬挂铅锤的重量，以保证其在河流中保持垂直。塞氏盘要经常清洗，当颜色变暗时应重新进行上色，以确保测量的准确性。

（4）pH值、Eh、DO

采用多功能水质分析仪（或便携式pH计和便携式溶氧仪等）进行现场水质测定。将采集的水样置于样品储存容器中或塑料桶内，然后将分析仪探头浸入水样液面以下，静置5min，读数稳定后读取并记录数值。注意水样不要在空气中暴露时间过长；使用玻璃电极等仪器测量水化学指标时，由于野外工作的不便性，不能在每次测定前进行校准，在采样前应提前做好仪器的校准工作。此外，对于部分理化指标需在现场进行样品的固定、酸化、过滤等预处理，并将预处理后的水样充分混合均匀，置于便携式冰箱或便携式样品保存箱内，避光冷藏或冷冻保存。

1.3.6.2 实验室水质指标测定

将采集的样品尽快运回实验室，进行必要的预处理后，针对水质不同指标参数采取不同的分析方法，具体方法如表1-2所列。

表1-2 水质指标测定

分析项目	测定方法	资料来源
色度	铂钴比色法	GB/T 11903—1989
浊度	分光光度法/目视比浊法	GB/T 13200—1991
悬浮物	重量法	GB/T 11901—1989
酸度及碱度	酸碱指示剂滴定法/电位滴定法	《水和废水监测分析方法》
CO_2	酚酞指示剂滴定法	《水和废水监测分析方法》

分析项目	测定方法	资料来源
HCO_3^-	甲基橙指示剂滴定法	《水和废水监测分析方法》
硫化物	气相分子吸收光谱法 离子色谱法 碘量法 亚甲基蓝分光光度法	HJ/T 200—2005 HJ 84—2016 HJ/T 60—2000 GB/T 16489—1996
氰化物	硝酸银滴定法　异烟酸-吡唑啉酮比色法 吡啶-巴比妥酸比色度法	HJ 484—2009
硫酸盐	铬酸钡分光光度法 离子色谱法	HJ/T 342—2007 HJ 84—2016
硅酸盐	硅钼黄法/硅钼蓝法	GB 17378.4—2007
氯化物	硝酸汞滴定法 离子色谱法 硝酸银滴定法	HJ/T 343—2007 HJ 84—2016 GB 11896—1989
余氯	N,N-二乙基-1,4-苯二胺分光光度法 N,N-二乙基-1,4-苯二胺滴定法 碘量法	HJ 586—2010 HJ 586—2010 《水和废水监测分析方法》
氟化物	离子色谱法 离子选择电极法 氟试剂分光光度法	HJ 84—2016 GB 7484—1987 HJ 488—2009
碘化物	催化比色法	《水和废水监测分析方法》
COD	快速消解分光光度法 重铬酸盐法 高锰酸盐指数的测定	HJ/T 399—2007 HJ 828—2017 GB 11892—1989
BOD	微生物传感器快速测定法 稀释与接种法	HJ/T 86—2002 HJ 505—2009
TOC	燃烧氧化-非分散红外吸收法 非色散红外吸收法	HJ 501—2009 HJ 501—2009
TP	钼酸铵分光光度法	《水和废水监测分析方法》
TN	碱性过硫酸钾消解紫外分光光度法 气相分子吸收光谱法	HJ 636—2012 HJ 199—2023
硝酸盐氮	紫外分光光度法 气相分子吸收光谱法 离子色谱法	HJ/T 346—2007 HJ/T 198—2005 HJ 84—2016
亚硝酸盐氮	气相分子吸收光谱法 离子色谱法 分光光度法	HJ/T 197—2005 HJ 84—2016 GB 7493—1987
氨氮	气相分子吸收光谱法 纳氏试剂分光光度法	HJ 195—2023 HJ 535—2009
砷	二乙基二硫代氨基甲酸银分光光度法 硼氢化钾-硝酸银分光光度法	GB 7485—1987 GB 11900—1989
镉	原子吸收分光光度法 双硫腙分光光度法	GB 7475—1987 GB 7471—1987

分析项目	测定方法	资料来源
汞	冷原子荧光法 高锰酸钾-过硫酸钾消解法双硫腙分光光度法	HJ/T 341—2007 GB 7469—1987
铬	高锰酸钾氧化-二苯碳酰二肼分光光度法 硫酸亚铁铵滴定法/ICP-AES	GB 7466—1987 《水和废水监测分析方法》
铜	二乙基二硫代氨基甲酸钠分光光度法 原子吸收分光光度法	HJ 485—2009 GB 7475—1987
锌	原子吸收分光光度法 双硫腙分光光度法	GB 7475—1987 GB 7472—1987
铅	示波极谱法 原子吸收分光光度法 双硫腙分光光度法	GB/T 13896—1992 GB 7475—1987 GB 7470—1987
锰	火焰原子吸收分光光度法 高碘酸钾分光光度法	GB 11911—1989 GB 11906—1989
镍	火焰原子吸收分光光度法	GB 11912—1989
叶绿素	丙酮-分光光度法	《水和废水监测分析方法》
挥发酚	蒸馏后4-氨基安替比林分光光度法 蒸馏后溴化容量法	HJ 503—2009 HJ 502—2009
有机氯农药	气相色谱法	GB 7492—1987
有机磷农药	气相色谱法	GB/T 14552—2003
其他微量有机污染物	液相色谱法	《流域化学品生态风险评价：以东江流域为例》

1.3.7 数据记录

数据记录是水质调查中不可缺少的环节。在测试完成后，需要将测试结果准确记录下来。记录内容包括测试指标、测试方法、测试时间、测试地点、测试人员等信息。对于不同的测试指标，需要使用不同的单位进行记录，例如温度使用摄氏度、pH值使用无量纲单位等。在记录过程中，需要保证数据的准确性和完整性，避免误差产生。最终，需要对数据进行分析和处理，形成科学的结论。

1.4 水量和水质特征

1.4.1 水量特征

农村生活污水的排水量受农村居民用水习惯的影响，呈现时间和季节变化的间歇式排放特征。每天会出现3个高峰期，分别在早晨、中午和晚上，而午夜到凌晨这段时间污水产生量很少甚至没有。日变化系数（日最大产生量/日平均产生量）一般在3.0～5.0之间，甚至可能超过10.0。季节对污水产生量的影响基本上呈现夏季＞春季＞秋季＞冬季的趋势。夏季由于居民洗漱次数和用水量的增加，污水排放量高于其他季节；冬季则在春节前后可能会出现一个短暂的污水排放高峰期。在确定农村用水量时，需要考虑当地居民的用水现状、生活习惯、经济条件和发展潜力等情况。

为了推进农村生活污水治理工作，住房和城乡建设部组织编制了针对东北、华北、西北、西南、华南、东南六个地区的农村生活污水处理技术指南，详细说明了不同地区农村污水的产水量和水质特征。表1-3列出了全国各地区的农村生活用水量（仅供参考）。根据表1-3分析，西南、华南和东南地区的整体用水量大于东北、华北和西北地区。从经济角度分析，经济条件好、配置有水冲厕所和淋浴设施的地区，用水量较高；而经济条件一般、没有水冲厕所和卫生设施简易的地区，用水量相对较低。

表1-3　不同地区农村居民日用水量

农村居民类型	日用水流量/［L/（人·d）］					
	东北	华北	西北	西南	华南	东南
经济条件好，有水冲厕所、淋浴设施	80～135	100～145	75～140	80～160	100～180	90～130
经济条件较好，有水冲厕所、淋浴设施	40～90	40～80	50～90	60～120	60～120	80～100
经济条件一般，无水冲厕所、卫生设施简易	40～70	30～50	30～60	40～60	50～80	60～90
无水冲厕所和淋浴设施，主要利用地表水	20～40	20～40	20～35	20～50	40～60	40～70

1.4.2　水质现状

随着农村经济的快速发展，农村地区的生活水平不断提高，未经任何处理的废水直接排放，导致地表水和地下水的污染。根据2010年住房和城乡建设部发布的《分地区农村生活污水处理技术指南》和2020年生态环境部的《农村生活污水治理技术手册》，可以了解我国农村生活污水的水质范围（表1-4）。

表1-4　我国农村生活污水水质范围参考表　单位：mg/L（pH值无量纲）

区域	pH值	SS	COD	BOD$_5$	NH$_3$-N	TP
东北	6.5～8.0	150～200	200～450	200～300	20～90	2.0～6.5
华北	6.5～8.1	100～200	200～450	200～300	20～90	2.0～6.5
西北	6.5～8.2	100～300	100～400	50～300	30～50	1.0～6.0
西南	6.5～8.3	150～200	150～400	100～150	20～50	2.0～6.0
华南	6.5～8.4	100～200	100～300	60～150	20～80	2.0～7.0
东南	6.5～8.5	100～200	150～450	70～300	20～50	1.5～6.0

然而，一般来说，农村污水的综合排放情况需要根据实地调查结果来确定具体的水质状况。为了推进我国农村污水治理工作，我们选择了华南地区具有一定代表性的复合污染型农村进行了采样调查（见表1-5）。表1-5中列出的污染物值包括餐饮废水、养殖废水以及未纳入工业废水统计的作坊式非农户生活废水。调查结果表明，不同排放源的农村生活污水浓度存在较大差异，并且由于村镇污水通常通过明渠收集后就近排入河道，这种排水方式导致污染物浓度随季节变化，并存在地区差异。

表1-5 华南地区农村生活污水抽样结果　　　　单位：mg/L

类型	采样点	COD		BOD$_5$		TN		NH$_3$-N		TP	
		雨季	旱季	雨季	旱季	雨季	旱季	雨季	旱季	雨季	旱季
复合污染型村镇	LT1	57.4	63.5	42.5	52.1	10.5	14.7	7.2	12.3	0.9	0.5
	LT2	51.6	70.6	43.8	62.3	10.7	14.0	7.6	12.4	1.2	0.9
	LT3	146.8	199.2	83.3	101.6	18.1	23.7	17.6	22.4	1.2	1.8
商旅服务型村镇	XT1	239.6	273.5	101.0	180.9	16.1	12.3	14.9	11.8	1.3	0.3
	XT2	239.4	295.3	131.1	213.6	17.4	15.1	17.1	13.3	0.7	0.7
	XT3	415.4	527.0	412.3	493.3	32.4	45.2	25.6	38.2	1.3	0.6
工业聚集型村镇	TJ1	24.1	29.9	15.3	19.9	8.6	12.2	6.0	11.2	1.4	0.9
	TJ2	57.6	75.6	46.0	61.0	13.7	14.3	11.1	12.1	1.6	0.1
	TJ3	120.8	178.8	111.2	151.6	26.4	24.5	24.6	23.2	0.7	0.3
	TJ4	235.3	251.2	201.9	193.5	38.7	31.0	26.3	28.2	0.3	1.0
粗放种养型村镇	GT1	118.2	115.6	92.5	81.0	15.7	18.7	14.2	16.4	4.3	2.4
	GT2	120.4	114.8	93.6	93.6	17.7	19.8	16.5	17.1	0.3	0.1
	GT3	317.0	411.9	303.0	316.6	36.0	27.2	34.5	22.4	1.7	0.9
	GT4	210.4	294.8	195.8	236.8	21.0	11.2	20.2	10.9	1.1	1.4

注：2012～2013年5月（雨季）和11月（旱季）。

农村污水的BOD$_5$和COD含量虽然比城市污水低，但BOD$_5$/COD值（0.42～0.96）却比城市污水高，这说明农村污水具有更高的可生化性。然而，具体的水质特征需要根据不同地区和排放源的情况进行进一步调查和分析。

1.4.3　主要污染物

（1）重金属

调查区域地表水中的8种金属元素，包括铁（Fe）、铜（Cu）、镍（Ni）、锌（Zn）、铅（Pb）、砷（As）、铬（Cr）和镉（Cd）的浓度分布情况如图1-1（a）所示。这些元素的含量

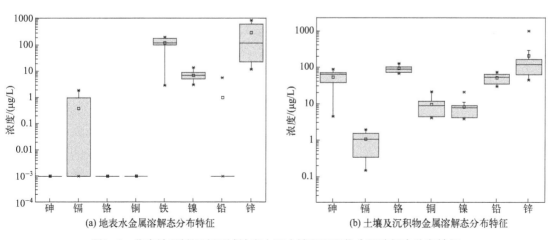

(a) 地表水金属溶解态分布特征　　　　　　(b) 土壤及沉积物金属溶解态分布特征

图1-1　华南地区某调查区域地表水和土壤及沉积物金属溶解态分布特征

从高到低依次为：Zn > Fe > Ni > Cd > As=Cr=Cu > Pb（未检出）。根据浓度分布图可知，调查区域的水体中金属元素的浓度变化较大。以溶解态的锌（Zn）为例，其在鱼塘的最低浓度为5.2μg/L，而在河流中达到最高浓度为922.5μg/L，相差了两个数量级。这可能与河流中沉积物的含量较高有关，表明锌的污染相对较严重。总体而言，调查区域的水体中重金属元素的浓度并不高，基本符合Ⅱ类水质标准。

在农田灌溉水中，砷的含量不能超过0.05mg/L。砷化物在污水中以无机砷化物和有机砷的形式存在。三价砷的毒性远高于五价砷，对人体来说，亚砷酸盐的毒性作用比砷酸盐大60倍，因为亚砷酸盐可以与蛋白质中的硫反应，而三甲基砷的毒性比亚砷酸盐更大。此外，铬（Cr）、镉（Cd）和铅（Pb）的毒性也较大。农业用水和渔业用水的标准规定镉的含量应 < 0.005mg/L。镉主要积累在肾脏和骨骼中，会导致肾功能失调，骨骼中的钙被镉所取代，造成骨质软化或自发性骨折。农业用水和渔业用水的标准规定铬的含量应 < 0.05mg/L。在水体中，铬以六价和三价两种形态存在，其中三价铬的毒性较低，作为污染物指标的是六价铬，长期摄入会导致慢性中毒。农业用水和渔业用水的标准规定铅的含量应 < 0.1mg/L。铅离子会与人体内的多种酶络合，干扰机体多个生理功能，可能对神经系统、造血系统、循环系统和消化系统造成危害。

针对性地研究了土壤和沉积物中主要的7种常见金属元素，包括砷（As）、铬（Cr）、镉（Cd）、镍（Ni）、铅（Pb）、锌（Zn）和铜（Cu）。沉积物中这些金属的分布特征如图1-1（b）所示。与水体中的金属分布情况相比，土壤和沉积物中的金属含量基本一致。其中，锌（Zn）的含量相对最高，达到了983.3μg/g。值得注意的是，铬、铜、锌、镍和铅都是电镀行业广泛使用的金属元素，而调查区域的上游地区正好分布着许多电镀工业园区。因此，沉积物中这些金属元素含量较高的原因可能与早期电镀企业的废水排放有关。

表1-6　华南地区农村调查区域8种重金属在地表水中生态风险评估

化合物	英文简写	枯水期			丰水期		
		RQ最大值	RQ≥1位点占比/%	RQ≥10位点占比/%	RQ最大值	RQ≥1位点占比/%	RQ≥10位点占比/%
镉	Al	0.80	0.00	0.00	0.00	0.00	0.00
铬	Cr	0.00	0.00	0.00	0.00	0.00	0.00
砷	As	0.00	0.00	0.00	0.00	0.00	0.00
铁	Fe	0.10	0.00	0.00	0.00	0.00	0.00
镍	Ni	0.34	0.00	0.00	0.00	0.00	0.00
铜	Cu	0.00	0.00	0.00	0.00	0.00	0.00
锌	Zn	0.57	0.00	0.00	0.00	0.00	0.00
铅	Pb	0.00	0.00	0.00	0.00	0.00	0.00

注：RQ指风险商数，RQ ≥ 1.00表示高风险，RQ < 1.00表示低风险。

根据商值法评价重金属离子的生态风险，RQ值是评估指标。RQ值的计算方法是将水体或土壤中重金属的浓度与毒性参考值进行比较，公式为RQ=HMC/TOX，其中HMC表示水体或土壤中重金属的含量（μg/L或μg/g），TOX为相应重金属的毒性参考值。当RQ值小于0.10时，表示重金属对水体或土壤产生的生态风险影响较低，属于相对安全范围。当RQ值在0.10 ～ 1.00之间时，重金属对水体或土壤存在一定的风险，虽然不是非常严重，但仍需要采取控制或补救措施来减少风险。当RQ值大于1.00时，重金属对水体或土壤会造成较高的生态风险，需要紧急采取控制污染的措施来保护环境。

根据表1-6的评价结果，调查区域水体中重金属含量基本在安全范围内，即RQ值小于1.00，表明水体中的重金属对环境的生态风险相对较低。

然而，根据表1-7的数据，土壤中重金属镉、砷、铅和铬的RQ值大于1.00，说明这些重金属对土壤生态系统存在一定的风险。这表示土壤中的重金属超过了毒性参考值，需要采取紧急的污染控制措施来降低风险。

表1-7 华南农村调查区域7种金属在土壤中的风险分布

化合物	英文简写	枯水期			丰水期		
		RQ最大值	RQ≥1 位点占比/%	RQ≥10 位点占比/%	RQ最大值	RQ≥1 位点占比/%	RQ≥10 位点占比/%
镉	Cd	5.21	15.00	0.00	4.22	13.00	0.00
铬	Cr	1.40	4.00	0.00	1.00	0.00	0.00
砷	As	3.50	23.00	0.00	3.20	18.00	0.00
镍	Ni	0.34	0.00	0.00	0.56	0.00	0.00
铜	Cu	0.21	0.00	0.00	0.45	0.00	0.00
锌	Zn	0.57	0.00	0.00	0.12	0.00	0.00
铅	Pb	1.10	11.00	0.00	0.67	0.00	0.00

注：RQ指风险商数，RQ≥1.00表示高风险，RQ<1.00表示低风险。

（2）常用农药

本节讨论的农药是指除有机氯农药以外的农药，包括有机磷农药、除草剂、杀虫剂、杀真菌剂等各种目前在使用的农药，共计36种。这些农药主要用于农业种植领域的杀虫、除草、杀菌等。此外，一些农药也被应用于城市园艺、畜牧业和渔业等其他领域。由于珠江三角洲（简称珠三角）地区属于亚热带地区，年均气温较高，因此该地区的农药使用量相对较大。

在这36种农药中，有20种农药在水体、蔬菜和土壤中不同程度地被检测到。主要检出的农药包括2种除草剂、10种有机磷农药、4种菊酯类农药以及一些杀虫剂和杀螨剂等。具体的检出情况见表1-8，其中乙草胺、灭线磷、毒死蜱和辛硫磷是检出率最高的农药。

表1-8 华南农村调查区域农药种类及分布

中文名称	种类	枯水期和丰水期平均检出率/%			
		地表水	颗粒物	沉积物	植物体
乙草胺	除草剂	45	41	64	12
丁草胺	除草剂	19	ND	ND	10
毒死蜱	有机磷农药	49	45	75	21
敌敌畏	有机磷农药	13	38	23	60
马拉硫磷	有机磷农药	4	ND	ND	ND
辛硫磷	有机磷农药	57	97	98	65
灭线磷	有机磷农药	63	ND	78	23
甲拌磷	有机磷农药	12	7	34	9

中文名称	种类	枯水期和丰水期平均检出率/%			
		地表水	颗粒物	沉积物	植物体
甲基异柳磷	有机磷农药	32	ND	51	15
喹硫磷	有机磷农药	25	3	ND	ND
杀扑磷	有机磷农药	23	ND	42	14
乐果	有机磷农药	42	ND	ND	32
稻瘟灵	杀真菌剂	23	64	52	5
百菌清	杀真菌剂	34	ND	ND	22
腐霉利	杀菌剂	14	32	9	ND
甲氯菊酯	菊酯农药	18	12	7	ND
三氟氯氰菊酯	菊酯农药	23	ND	ND	ND
氯氰菊酯	菊酯农药	35	16	2	8
氰茂菊酯	菊酯农药	41	ND	15	ND

注：ND表示未检测出。

总体而言，水相和土壤沉积物中检出的农药种类较多，而颗粒物和植物体中检出的种类较少。其中，乙草胺、毒死蜱和辛硫磷在三个环境相中的检出率均超过40%。因此，在该区域乙草胺、毒死蜱和辛硫磷这几种农药被广泛使用。

通过调查区域地表水中农药浓度的分布情况（图1-2），可以发现灭线磷、毒死蜱、喹硫磷和腐霉利是地表水中浓度较高的农药。其中，灭线磷在枯水期和丰水期的最大浓度分别为3015ng/L和3535ng/L。此外，部分农药只在丰水期被检测到。丰水期监测到的农药平均浓度是枯水期的2～5倍，这可能与丰水期气温较高、农作物种植率较高、农药使用量较大以及地表径流量较大有关。

对于调查区域颗粒物中农药浓度的分布情况（参见图1-3），可以看到乙草胺和丁草胺的

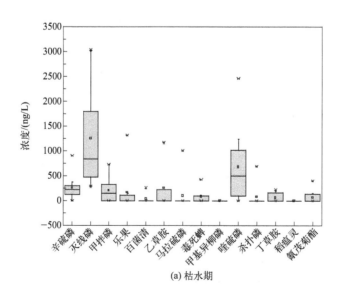

(a) 枯水期

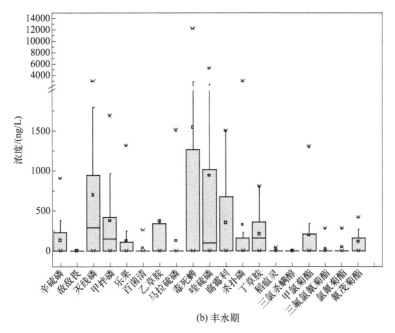

(b) 丰水期

图1-2 华南农村调查区域农药枯水期和丰水期地表水中的浓度分布

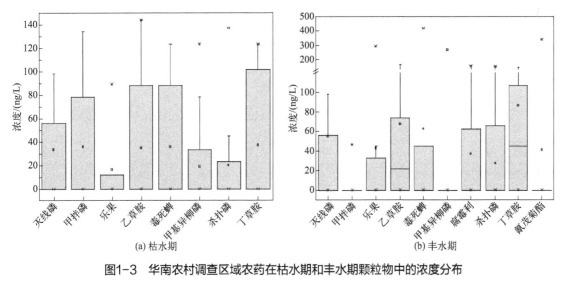

(a) 枯水期　　　　　　　　　　　　　(b) 丰水期

图1-3 华南农村调查区域农药在枯水期和丰水期颗粒物中的浓度分布

浓度最高。在枯水期，乙草胺和丁草胺的最高浓度分别为143ng/L和123ng/L，在丰水期的最高浓度分别为180ng/L和175ng/L。丰水期的农药浓度高于枯水期，与水相中丰水期浓度高于枯水期的情况一致。

从检出农药在调查区域土壤沉积物的浓度分布来看（图1-4），灭线磷在枯水期和丰水期的浓度最大值分别为575ng/g和220ng/g。毒死蜱在枯水期的其中一个采样点最大值达到557ng/g，但在丰水期的最大浓度低于110ng/g。除了上述浓度较高的农药，其他农药在两季的浓度基本相当。

针对单种农药的生态风险评价表明，毒死蜱和灭线磷是两种存在高风险的农药。进一步综合20种农药的累积风险商数可知，在枯水期约有4.26%的采样点存在高风险，而在丰

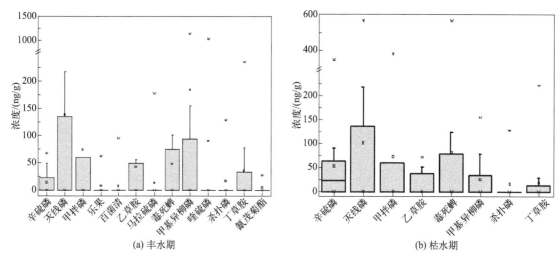

图1-4　华南农村调查区域农药在丰水期和枯水期土壤沉积物中的浓度分布

水期高风险的采样点比例为16.32%。具体的风险分布情况可参见表1-9。毒死蜱、灭线磷、乙草胺、丁草胺和敌敌畏等农药对风险的贡献最大。丰水期的整体风险商数高于枯水期，这表明农药污染主要来自面源地表径流。

表1-9　华南农村调查区地表水中部分农药在调查区域的风险分布

化合物	枯水期			丰水期		
	RQ最大值	RQ≥1 位点占比/%	RQ≥10 位点占比/%	RQ最大值	RQ≥1 位点占比/%	RQ≥10 位点占比/%
乙草胺	0.46	0.00	0.00	3.26	18.95	0.00
丁草胺	0.56	0.00	0.00	4.43	11.84	0.00
毒死蜱	0.00	0.00	0.00	22.16	26.32	16.32
敌敌畏	0.66	0.00	0.00	1.09	6.58	0.00
马拉硫磷	0.24	0.00	0.00	0.19	2.63	0.00
辛硫磷	0.92	0.00	0.00	1.57	2.63	0.00
灭线磷	1.23	4.26	0.00	2.72	2.63	0.00
甲拌磷	0.21	0.00	0.00	0.75	0.00	0.00
甲基异柳磷	0.00	0.00	0.00	0.33	0.00	0.00
喹硫磷	0.68	0.00	0.00	1.28	0.00	0.00
杀扑磷	0.00	0.00	0.00	0.10	0.00	0.00
乐果	0.00	0.00	0.00	0.10	0.00	0.00
稻瘟灵	0.00	0.00	0.00	0.02	0.00	0.00
百菌清	0.04	0.00	0.00	0.02	0.00	0.00
腐霉利	0.00	0.00	0.00	1.82	0.00	0.00
甲氰菊酯	0.00	0.00	0.00	0.07	0.00	0.00
三氟氯氰菊酯	0.00	0.00	0.00	0.00	0.00	0.00

化合物	枯水期			丰水期		
	RQ最大值	RQ≥1 位点占比/%	RQ≥10 位点占比/%	RQ最大值	RQ≥1 位点占比/%	RQ≥10 位点占比/%
氯氰菊酯	0.00	0.00	0.00	0.00	0.00	0.00
氰茂菊酯	0.00	0.00	0.00	0.01	0.00	0.00
∑RQ（农药）	5	4.26	0.00	39.92	71.58	16.32

注：1. RQ指风险商数，RQ≥1表示高风险，RQ<1表示低风险。
　　2. ∑RQ（农药）指农药风险商数的加和。

（3）抗生素

抗生素在人类和养殖业中被广泛使用，使用量大。本研究分析了共20种抗生素，其中有14种抗生素被检出。

① 2种大环内酯类抗生素：红霉素（erythromycin）和罗红霉素（roxithromycin）。

② 2种四环素类抗生素：四环素（tetracycline）和氧四环素（oxytetracycline）。

③ 4种喹诺酮类抗生素：诺氟沙星（norfloxacin）、环丙沙星（ciprofloxacin）、氧氟沙星（ofloxacin）和洛美沙星（lomefloxacin）。

④ 6种磺胺类抗生素：磺胺嘧啶（sulfadiazine）、磺胺吡啶（sulfapyridine）、磺胺醋酰（sulfacetamide）、磺胺二甲嘧啶（sulfamethazine）、磺胺甲噁唑（sulfamethoxazole）和甲氧苄啶（trimethoprim）。

对于磺胺醋酰来说，测定的浓度都低于定量限，因此按照检出限的定义，它被视为未检出。在地表水中，检出率较高的抗生素包括脱水红霉素（erythromycin-H_2O）、罗红霉素、磺胺二甲嘧啶、磺胺嘧啶、磺胺甲噁唑、诺氟沙星和甲氧苄啶。

在抗生素中，脱水红霉素、罗红霉素和磺胺嘧啶在调查区域被认为具有高风险。具体而言，脱水红霉素在枯水期和丰水期的高风险百分数分别为8.12%和5.41%；罗红霉素在丰水期的高风险百分数为18.11%；而磺胺嘧啶仅在枯水期具有4.41%的高风险（表1-10）。

华南农村调查区域抗生素在枯水期和丰水期地表水中的浓度分布如图1-5所示。

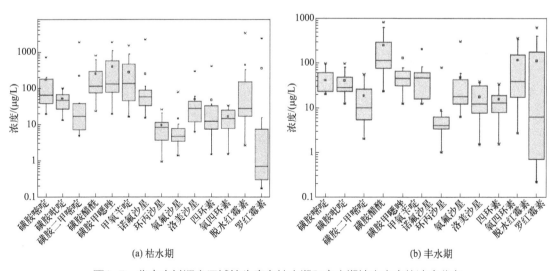

(a) 枯水期　　　　　　　　　　　　　(b) 丰水期

图1-5 华南农村调查区域抗生素在枯水期和丰水期地表水中的浓度分布

表1-10　华南农村调查区域抗生素在地表水中的风险分布

化合物	英文名称	枯水期			丰水期		
		RQ最大值	RQ≥1 位点占比/%	RQ≥10 位点占比/%	RQ最大值	RQ≥1 位点占比/%	RQ≥10 位点占比/%
磺胺嘧啶	sulfadiazine	1.41	4.41	0.00	0.17	0.00	0.00
磺胺吡啶	sulfapyridine	0.01	0.00	0.00	0.00	0.00	0.00
磺胺二甲嘧啶	sulfamethazine	0.07	0.00	0.00	0.01	0.00	0.00
磺胺醋酰	sulfacetamide	0.21	0.00	0.00	0.01	0.00	0.00
磺胺甲噁唑	sulfamethoxazole	0.01	0.00	0.00	0.00	0.00	0.00
甲氧苄啶	trimethoprim	0.00	0.00	0.00	0.00	0.00	0.00
诺氟沙星	norfloxacin	0.01	0.00	0.00	0.30	0.00	0.00
环丙沙星	ciprofloxacin	0.15	0.00	0.00	0.27	0.00	0.00
氧氟沙星	ofloxacin	0.30	0.00	0.00	0.00	0.00	0.00
洛美沙星	lomefloxacin	0.11	0.00	0.00	0.00	0.00	0.00
四环素	tetracycline	0.23	0.00	0.00	0.00	0.00	0.00
氧四环素	oxytetracycline	0.00	0.00	0.00	0.20	0.00	0.00
脱水红霉素	erythromycin-H₂O	10.32	8.12	1.35	2.18	5.41	0.00
罗红霉素	roxithromycin	0.52	0.00	0.00	3.61	18.11	0.00

注：RQ指风险商数，RQ ≥ 1表示高风险，RQ < 1表示低风险。

（4）内分泌干扰物

本节讨论的内分泌干扰物主要包括7种雌激素物质，它们分别是辛基酚（4-t-OP）、壬基酚（4-NP）、双酚A（BPA）、雌酮（E1）、雌二醇（E2）、三氯生（TCS）和炔雌醇（EE2）。枯水期和丰水期在调查区域地表水中的内分泌干扰物分布如图1-6所示。从图中可以观察到，在枯水期和丰水期的分布趋势基本相似。其中，外源激素化合物辛基酚、壬基酚和双酚A的浓度较高，它们在枯水期和丰水期的检出率都达到了100%，而三氯生检出率较低。具体而言，在枯水期和丰水期，壬基酚在地表水中的最大浓度分别达5.02 × 10⁵ng/L和7.32 × 10⁵ng/L，双酚A在枯水期和丰水期的最大浓度分别达到31800ng/L和24800ng/L。

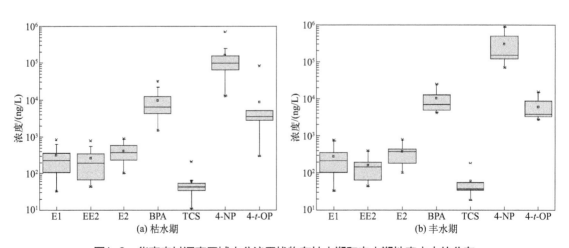

图1-6　华南农村调查区域内分泌干扰物在枯水期和丰水期地表水中的分布

值得注意的是，壬基酚的最大浓度出现在丰水期，而双酚A的最大浓度出现在枯水期，这可能是由它们的来源不同导致的。

在四种天然与合成激素中，雌酮（E1）的检出率和浓度较高，在枯水期和丰水期的检出率分别为71%和54%。而雌二醇（E2）的检出率低于雌酮，在枯水期和丰水期的检出率分别为32%和21%。在地表水中，炔雌醇的检出率较低。

通过对28个采样点在丰水期和枯水期进行的内分泌干扰物筛查，发现辛基酚（4-t-OP）、壬基酚（4-NP）、双酚A（BPA）、雌酮（E1）、雌二醇（E2）、三氯生（TCS）和炔雌醇（EE2）这7种内分泌干扰物均可检测到。对这7种内分泌干扰物在地表水中的风险进行评价，具体结果如表1-11所列。从表中可以看出，所有7种内分泌干扰物都存在高风险区域。其中，4-NP、BPA和E1是具有较高RQ值（≥1）的内分泌干扰物。

表1-11 华南农村调查区域7种内分泌干扰物在地表水中的风险分布

化合物	英文简写	枯水期			丰水期		
		RQ最大值	RQ≥1 位点占比/%	RQ≥10 位点占比/%	RQ最大值	RQ≥1 位点占比/%	RQ≥10 位点占比/%
4-辛基酚	4-t-OP	2.37	14.32	0.00	11.1	16.67	1.33
4-壬基酚	4-NP	81.43	9.89	5.51	138.23	21.33	2.00
双酚A	BPA	103.3	32.43	14.86	129.92	24.00	8.20
雌酮	E1	19.62	29.73	5.70	21.22	21.33	5.33
17β-雌二醇	E2	4.46	6.22	0.00	0.00	13.33	0.00
三氯生	TCS	23.06	2.70	2.70	17.51	0.00	0.00
炔雌醇	EE2	76.00	5.41	5.41	0.00	10.67	10.67

注：RQ指风险商数，RQ≥1表示高风险，RQ＜1表示低风险。

1.5 治理的必要性及需求

水污染是当前农村居民面临的最严重环境污染问题，严重威胁着人体健康和生态环境安全。调查结果显示，大约46.1%的自然村的水资源受到污染，其中近63%的受污染村落的水源污染面积超过80%。农村生活污水中含有有机物、氮和磷等污染物，对生态环境构成严重威胁。

为解决这一问题，农村生活污水处理的力度逐步加强，并且投入也在逐年增加。国家加大了城乡环保统筹力度，开始综合整治农村环境。《国家农村小康环保行动计划》指出，我国农村水环境污染较严重的地区和水污染治理重点流域要优先建设农村生活污水处理示范工程。在"十三五"期间，新增了30万户的污水收集处理设施，实现了农村生活污水处理全覆盖。在"十四五"规划中，提出了改善农村人居环境、推进农村污水综合整治的建设目标。各地也取得了一定的进展。例如，上海市累计投入74亿元，建成了55.4万户农村生活污水处理设施，每天收集15万立方米污水，污水达标处理率达到56%。广州市已有781个行政村完成了生活污水处理工程。

然而，尽管国家各级政府对农村生活污水治理给予了重视，并且已经建设了示范工程，但仍存在一些问题需要进一步解决。

① 缺乏科学研判和统筹规划。在农村生活污水治理方面，缺乏科学的研判和全面的统筹规划，导致治理工作的分散和不协调。因此需要进行深入的科学研究和数据分析，以便制定针对性的治理策略和措施。

② 缺乏因地制宜的地方标准。由于农村地区的自然、人文和经济条件各异，治理标准和技术应因地制宜，根据当地情况制定适当的标准和规范。

③ 治理资金缺口大。农村生活污水治理需要大量的资金投入，包括设施建设、运维和监管等方面。然而现实中存在着治理资金缺口较大的问题，政府投入不足，难以满足治理需求，限制了治理工作的推进和效果。

④ 治理模式和村民需求不适应。农村生活污水治理的模式和技术应与当地村民的需求和实际情况相适应，确保可持续性和社会接受度。然而，目前存在着治理模式与村民需求不匹配的问题，缺乏有效的参与机制和村民意见的反馈渠道。

⑤ 资源化利用水平低。农村生活污水中携带大量的营养物质和有机物，具有潜在的资源化利用价值。然而当前农村生活污水治理中，资源化利用水平较低，未能充分开发和利用其中的资源潜力。

⑥ 运维和监管机制亟待建立。农村生活污水处理设施的运维和监管是确保治理效果和设施长期稳定运行的关键。然而目前缺乏健全的运维和监管机制，导致设施维护不及时、运行不稳定，影响了治理工作的持续效果。

⑦ 缺乏相关政策支持。农村生活污水治理需要政策的支持和推动，包括资金扶持、技术支持、法规制度等方面的政策保障。然而当前还存在着缺乏相关政策支持和配套措施的问题，限制了治理工作的推进和实施。

解决农村生活污水治理面临的问题需要综合施策，加强科学研判和统筹规划，制定因地制宜的地方标准，增加治理资金投入，适应村民需求，提升资源化利用水平，建立健全的运维和监管机制，并提供相关政策支持，以推动农村生活污水治理工作的有效实施。

参考文献

[1] 侯立安，席北斗，张列宇.农村生活污水处理与再生利用[M].北京：化学工业出版社，2019.

[2] 顾国维.水污染治理技术研究[M].上海：同济大学出版社，1997.

[3] 冯骞，陈菁.农村水环境治理[M].南京：河海大学出版社，2011.

[4] 陈燕霞.广州市农村生活污水治理探讨[D].广州：华南理工大学，2012.

[5] 应光国.流域化学品生态风险评价：以东江流域为例[M].北京：科学出版社，2012.

[6] 生态环境部土壤生态环境司，中国环境科学研究院.农村生活污水治理技术手册[M].北京：中国环境出版集团，2020.

第2章
村镇污水治理研究进展

　　农村污水治理是当前农村人居环境整治的重点和难点，更是乡村振兴战略实施的关键点。农村污水处理工作，基于科学有效的工艺技术，能够对农村地区水环境起到明显改善作用。了解各国农村污水处理成熟工艺技术和处理设施建设运营管理的现状与发展趋势，提供更多的污水处理技术工艺选择途径，学习先进的污水处理设施建设实施手段、污水处理设施运营管理以及污水处理设施智能控制等具体运营模式，了解建立和完善相关政策法律体系是推动我国农村污水处理领域进步的迫切需求。

　　目前全球约半数人口生活在乡村，发展中国家的比例甚至更高。近30年来，经济快速发展改变了乡村地区居民的生活，但也导致了日益严重的乡村环境问题。因此，我国对村镇污水治理越来越重视，并推出了一系列缓解污染的措施。然而，村镇污水治理面临分散且复杂的问题，合理设计、合适的治理工艺及运营模式至关重要。目前，关于分散式农村污水处理技术的研究较多，但缺乏对村镇污水处理全流程的了解和认识。因此，有必要全面系统地了解村镇污水处理的研究进展和发展趋势。科学计量分析是一种研究技术，可通过网络图可视化分析大量已发表的相关研究数据，明确当前研究状态和未来趋势，并指导下一步研究工作。本章使用CiteSpace和VOSviewer软件构建和可视化文献计量网络和聚类网络分析，解释了过去30年村镇污水处理的研究进展和未来发展趋势。数据来源于Web of Science（WoS）和中国知网（CNKI）数据库，包括期刊、会议记录和书籍等。检索关键词组合精练了来自WoS的1394篇文章和来自CNKI的325篇文章，通过科学计量方法对发文国家、期刊、研究人员和关键词进行分析，并详细说明和讨论各阶段的研究热点。

　　本章通过科学计量分析方法了解了过去30多年国内外村镇污水治理研究现状，阐明了该领域潜在趋势和关键研究热点；综述了各国农村污水处理技术与工艺，比较了常见工艺技术的优缺点和发展方向，为相关工艺研究和技术开发提供参考；总结了各国农村生活污水治理政策法规体系和我国现行国家法律体系，以期为农村生活污水治理制度建设提供参考；结合当前农村建设实际，整理了各国村镇污水治理设施运营维护投资情况，分析了各国先进的运营思路和模式，旨在为我国农村污水治理水平的发展提供借鉴，这些数据可以解释当前主要领域的状况以及国际合作的关系，推动相关技术的发展，促进全球农村地区的可持续发展。

2.1 研究进展分析

2.1.1 国内外发文概况

根据 VOSviewer 软件输出的网络图（图2-1，书后另见彩图），发现全球有90多个国家/地区进行了村镇污水治理研究。一些发达国家在20世纪70年代基本完成了城市污水治理后，开始将研究重点转向农村污水治理。例如，德国在1990年左右掀起了农村污水处理研究热潮（图2-1，图中节点的颜色随年份变化）。在20世纪90年代以前，德国采用了工业化集中处理方式，即将农村每家每户的污水通过排水管道连接到镇区下水道主干管上，将污水统一收集至中央污水处理厂进行集中处理，这样做不仅成本高，还使镇区污染物排放总量大幅增加，导致区域水环境恶化。为了解决这些问题，德国自21世纪以来开始采用多种分散式污水处理技术，其中一种是标准化的分散式市镇基础设施系统，即在没有排水管网的偏远农村建造先进的膜生物反应器，利用微生物净化污水。另一种是化粪池-沉淀池-生物滤池或植物湿地系统，达标后排放或用于农田灌溉。德国经长期探索发现，人工湿地技术在造价以及处理效果等方面具有较高优势。

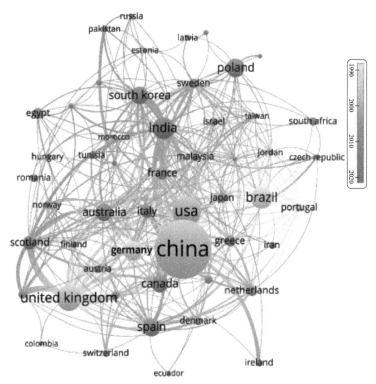

图2-1 1990~2022年期间不同国家对村镇污水治理研究热度

（该图由VOSviewer软件生成。线条的粗细代表国家/地区之间合作的强度。
节点的大小代表发文量。节点的颜色由发文所处年份的平均时间确定）

进入21世纪，中国、美国和英国等国家都针对村镇污水处理开展了研究工作。中国发表的文章数量最多，达到430篇，占总发文量的24%。这些文章被引用次数高达5447次。其次是美国和英国，分别发表137篇和111篇文章，占总发文量的8%和6%；相应地，这些文章分别被引用3122次和3294次。根据美国联合监测计划的数据，75%～80%的美国人口依赖市政污水系统处理废水，剩下的6500万～8000万人需要自行处理废水，99.88%的美国农村居民拥有基本卫生设施。自1987年起，美国联邦政府鼓励地方政府尝试采用各种分散式污水处理系统。例如，超过60%的美国村镇居民利用原位污水处理系统处理单个家庭的生活污水。该处理系统由化粪池和地下土壤渗滤系统组成，污水经过厌氧分解后进入土壤渗滤层，通过渗滤、吸附和生物降解去除部分有机物和悬浮物，然后排入浅水层。随着时代的发展，针对多户家庭的生活污水排放问题，多采用群集式污水处理系统进行处理。目前，美国村镇污水主要采用化粪池、沉淀池、稳定塘等预处理技术，并根据实际情况，与人工湿地和地下渗滤系统等土地处理技术进行灵活组合，更好地实现村镇污水的现场处理。

英国关于村镇污水治理的发文主要集中在2000年左右（图2-1）。据统计，在英国农村污水处理工程中，98%以上的家庭接入污水处理管网，采用集中式污水处理系统，根据人口密度不同采用不同类型的综合污水处理工艺，包括沉砂池、初沉池和活性污泥生物接触氧化生物处理系统。剩余2%的家庭由于地处偏远地区或人口密度较低等缺乏污水处理基础设施，采用分散式污水处理系统。这些系统通常由污水池收集单个或少数几个家庭的生活污水，经过化粪池初沉降和生物处理过程净化水质。若需进一步提高出水水质，则采用生态处理设施进行深度处理，如草地污水处理、澄清池、稳定塘或人工湿地处理系统。

2010年前后，日本和澳大利亚对农村污水处理越发关注，相关研究论文也主要集中在此阶段（图2-1）。实际上，日本的农村污水处理始于1983年，最初采用净化槽技术，逐步发展到采用体积小、建设成本低、操作简便的微生物法和浮游生物生化法，包括间歇曝气工艺、深度处理氧化沟工艺和膜分离活性污泥工艺，通过生物脱氮和絮凝沉淀除磷单元的组合实现深度处理。澳大利亚地广人稀，多采用面向家庭或农场的分散式污水处理方式，如化粪池和氧化塘或人工湿地的组合，利用处理系统的出水进行农作物浇灌。此外，澳大利亚提出了一种名为"FILTER"的污水灌溉技术，它结合了过滤、土地处理和管道排水技术，通过植物和土壤系统中的物理和生物作用，实现对污水中有机质和营养物质的去除，并通过管道收集处理后的污水再排出。这种系统具有低投资、低运行费用、节能、抗冲击负荷能力强和良好的景观效果的优势，实现了对污水中有机质和营养物质的资源化利用。

2015年左右，来自法国的文章集中介绍了该国针对村镇污水处理的技术，其中蚯蚓生态滤池是当时主要发展起来的技术之一。该技术利用蚯蚓对有机物的吞食能力以及蚯蚓与微生物的协同作用，提高土壤渗透性，具有高效的污染去除能力。同时，该技术还能降低污泥的产生量。蚯蚓生态滤池处理系统集初沉池、曝气池、二沉池、污泥回流设备以及曝气设备等于一体，大幅度简化了污水处理流程。

在2020年左右，芬兰和加拿大等国家发表了大量关于村镇污水处理的研究论文（图2-1）。芬兰政府鼓励采用小型联合排污系统收集和集中处理村镇污水（＜50人）。对于那些无法将污水接入集中污水管网系统或分散式污水处理系统的家庭或散户，可采用多种分散式污水处理系统。此外，由于芬兰人口稀少，扩大城市污水网络通常在技术和经济上可行性弱。源头分离已成为芬兰农村回收污水中营养物质的有效方法。在农村地区采用源头分离系统可以减少受纳水体中有机物、营养物质和病原体的负荷。

除此之外，中欧和东欧一些国家农村地区居民比例相对较高。Darja等对11个中东欧国家的村镇污水处理系统进行了调查，发现中东欧居住区人口少于2000人的区域几乎占中东欧国家总人口的30%，但其中只有约9%已连接到污水处理厂。在该地区，高达70%的农村废水通常由化粪池或污水池处理，但污水池常常溢出，导致排出的废水不符合法规要求。目前，中东欧国家约有11500个基于物理-生物原理的污水处理厂运行，其中约40%是容纳2000人以下的小型污水处理厂。波兰家庭污水处理厂最常使用的技术包括过滤排水管道、砂过滤器和水生植物床。其中，63%的处理设施配备了化粪池和过滤排水系统。由于对低成本、分散式污水处理的需求，基于自然原理的废水处理工艺（如土壤过滤器、人工湿地、稳定塘等）在该地区得到广泛应用，特别是在波兰、捷克和斯洛文尼亚等国家。

在亚洲地区，印度、马来西亚等国家在2015～2020年间涌现出大量村镇污水处理相关论文。马来西亚处理村镇污水的方式分为分户原位处理、村落（社区）就近处理和区域集中处理三类，原位处理以安装简便、成本低的化粪池为主，就近处理以小型处理设备和土地处理为主，区域集中处理以污水处理厂为主。

我国农村污水处理技术研究起步较晚，但随着我国经济实力的增强和环境污染的加剧，越来越多的地区意识到农村污水处理的重要性，技术研究发展迅速。近20年的国内农村生活污水处理技术专利中，生物处理技术、组合技术、生态处理技术是专利数量占比较多的技术方向，约占全部专利的80%。目前，农村生活污水治理已成为改善农村人居环境和保护生态环境的重要任务。初期的治理技术主要有生物处理和生态处理两种技术类型。20世纪80年代开始，在农村建设了一些低能耗的无动力或微动力污水处理设备。最初借鉴日本净化槽技术，该技术是一种污水处理厂工艺小型集约化的应用技术，安装方便、运行成本高、管理要求复杂。此后在借鉴日本净化槽经验基础上，结合农村实际需求，部分企业积极开发适合中国国情的一体化污水处理装置。我国的地埋式一体化污水处理装置发展初期大多采用厌氧接触氧化池、厌氧生物滤池等无动力或微动力方式。20世纪90年代研发的初沉池+厌氧污泥床接触池+厌氧生物滤池，无动力、易维护，出水经接触氧化沟自然处理后排放，被列为重点环保实用技术、最佳环保实用技术。进入21世纪后，人工湿地在我国进入快速发展期，经过强化预处理、基质优选、配水方式优化等方面的改进，人工湿地处理工艺在农村得到了广泛的应用，成为污水处理系统较为稳定的主力技术。

此外，我国地域广阔，各地区的经济发展水平、生产生活方式以及人文地理特征等条件差异较大。根据地区特点，将全国划分为东南水系发达地区、华北平原地区、东北高寒地区、华南地形复杂地区、西北寒冷干旱地区和西南山地地区六个区域，各地区在污水处理工艺上选择各不相同。东南水系发达地区人口密集，宜采用处理效果好、占地面积小的好氧生物处理技术或结合生物生态的方法。经济较发达地区可采用微动力处理技术，经济落后地区可采用运行费用低、管理维护简单的生态处理技术，如土地渗滤系统和人工湿地系统。北方地区冬季气温较低，会降低人工湿地等生态处理工艺的处理效率，因此东北、华北和西北地区可选择地埋式、潜流式处理工艺或改良原有工艺，尽量减少温度对工艺运行的影响。南方地区在冬季也可采取保温措施。华南地区可按照秦岭-淮河划分为秦岭以南和秦岭以北两个区域。秦岭以北用水量小且经济欠发达，多采用旱厕和畜禽养殖，并利用厩肥施用于农田和菜地。污水排放较少，可考虑使用化粪池或厌氧生物膜反应池进行简单处理。秦岭以南地区多临水而建，池塘常作为接纳水体，可利用现有池塘采用多塘技术或人工湿地系统。此外，我国地形差异大，选择处理技术时还应考虑地形因素，例如在西南山地地区可以利用地势优势，采用跌水式生态工艺。

2.1.2 发文期刊分析

在WoS数据库中，村镇污水处理研究文献共发表在513个国际期刊上，其中发表文章数大于5篇的有50个期刊［图2-2（a）］，发文量前10的期刊如表2-1所列，发文量最多的期刊是 *Ecological Engineering*，累计发文105篇。其中被引频次最高的是2001年发表的题为"The potential for constructed wetlands for wastewater treatment and reuse in developing countries: a review"的综述，该文指出人工湿地是村镇污水治理的有效技术之一，总结了发展中国家目前用于村镇污水治理的方法，综述了发展中国家人工湿地在废水处理和再利用方面的潜力，并强调了发展中国家未来选择人工湿地作为废水处理系统的考虑因素。在前10名高发文期刊中［图2-2（b）］，累计发文量450篇，占总文献的32.28%。影响因子最高的期刊为 *Water Research*（13.400），其次是 *Journal of Cleaner Production*（11.072），*Water Science and Technology* 发文量较多，但其影响因子（2.43）相对较低。WoS数据库检索到的村镇污水治理研究领域被引用次数前10的学术论文（表2-1），1/2的文章集中在人工湿地技术上，相关文章出现在2001～2015年。这表明人工湿地是学者研究村镇污水治理的热门选择。此外，前10名最常被引用的论文还包括村镇污水对地下水和地表水的影响，村镇污水中与抗性基因相关的抗生素，以及农村灰水灌溉再利用对土壤和植物的影响。在CNKI数据库中，关于农村污水发文量前10的期刊如图2-2（c）所示，发文量最多的期刊为《给水排水》（99

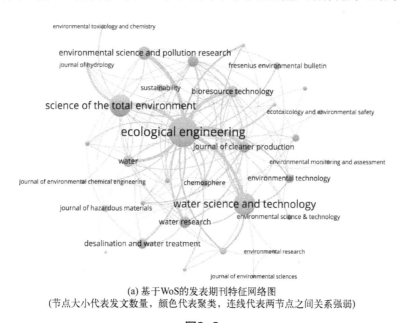

(a) 基于WoS的发表期刊特征网络图
(节点大小代表发文数量，颜色代表聚类，连线代表两节点之间关系强弱)

图2-2

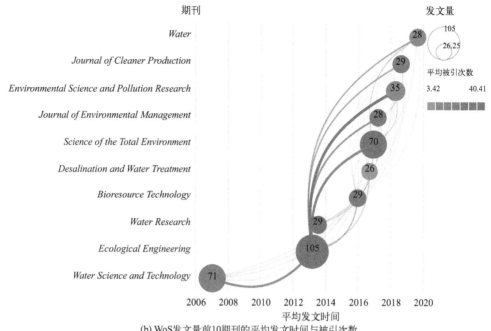

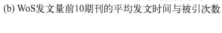

(b) WoS发文量前10期刊的平均发文时间与被引次数

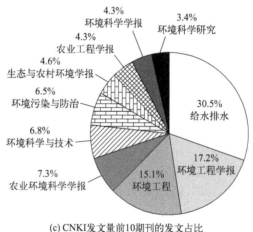

(c) CNKI发文量前10期刊的发文占比

图2-2　基于WoS数据库的村镇污水处理研究文献发表状况（书后另见彩图）

篇），其次是《环境工程学报》（56篇），这两种期刊发文量占比将近50%。中文核心期刊中复合影响因子最高的是《农业工程学报》（3.446），其次是《农业环境科学学报》（3.026）。在《给水排水》期刊中，被引用次数最高的文章是来自中国科学院生态环境研究中心刘俊新2017年发表的《因地制宜，构建适宜的农村污水治理体系》，明确指出了我国村镇污水治理现状与问题，并提出构建相应的村镇污水治理体系及其保障机制。1990～2004年间发表文章数量有限，2004年后国内对于村镇污水治理的文章呈指数增长，2010～2015年年均发文量超过50篇。在CNKI检索并精炼的325篇文章中，关于"人工湿地"研究的有190篇，且除去人工湿地以外的关于"生态"处理技术研究的文章有48篇，从中可以看出国内学者对村镇污水处理更倾向于选择生态处理技术。

表2-1　村镇污水处理领域发文量前10的WoS期刊

数据库	期刊名	发文量/篇	发文占比/%	总被引次数	平均被引次数	合作总强度
WoS	*Ecological Engineering*	105	7.5	4242	40	3677
	Water Science and Technology	71	5.1	1247	18	1145
	Science of the Total Environment	70	5.0	2788	40	2036
	Environmental Science and Pollution Research	35	2.5	338	10	1261
	Bioresource Technology	29	2.1	917	32	731
	Journal of Cleaner Production	29	2.1	600	21	921
	Water Research	29	2.1	1172	40	885
	Journal of Environmental Management	28	2.0	556	20	1109
	Water	28	2.0	261	9	945
	Desalination and Water Treatment	26	1.9	89	3	587

2.1.3　研究学者分析

基于WoS的作者共同发表特征网络图显示（图2-3），在研究期间，从事农村污水处

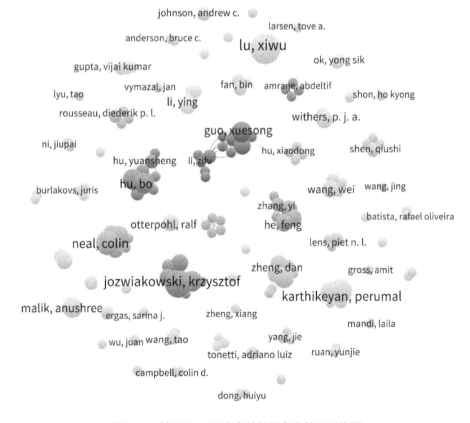

图2-3　基于WoS的作者的共同发表特征网络图

理工艺研究的学者有5925名，发表相关论文3篇以上的有154名研究人员。其中东南大学的吕锡武发表论文数量最多（9篇），最早于2007年发表了《水解/脉冲滴滤池/人工湿地工艺处理农村生活污水》于东南大学学报，被引次数最多的是2013年发表在 *Ecological Engineering* 上的文章，确定了农村污水处理新型多步生物生态处理工艺中的关键参数。其次是波兰卢布林大学的学者Krzysztof Jóżwiakowski发表论文8篇，2015～2021年连续7年发表关于在波兰利用人工湿地处理村镇生活污水的相关研究，并总结了1992～2016年波兰东南部人工湿地应用的研究和经验，对单级和多级人工湿地的污染物去除效率进行了比较。在引用方面，印度德里理工学院的研究者Anushree Malik的6篇发表论文被引次数最高，达到了756次。中国学者中，胡沅胜发表论文引用率最高，4篇论文被引109次。2014年发表于 *Science of the Total Environment* 的单篇论文被引102次，提出了单级潮汐流人工湿地中进行多次"潮汐"实现高效脱氮，提高农村污水处理效率。在合作实力较强的前10组学者中，有5组都来自中国，因此关于农村污水处理工艺的研究中国整体合作研究实力较强。

2.2 村镇污水治理工艺发展及应用

2.2.1 发展历程

本节对WoS与CNKI检索数据集中的关键词数据进行计算，从时间跨度上展示村镇污水处理的学术术语及工艺演变，以表明该领域不同阶段的研究前沿（图2-4，书后另见彩图）。

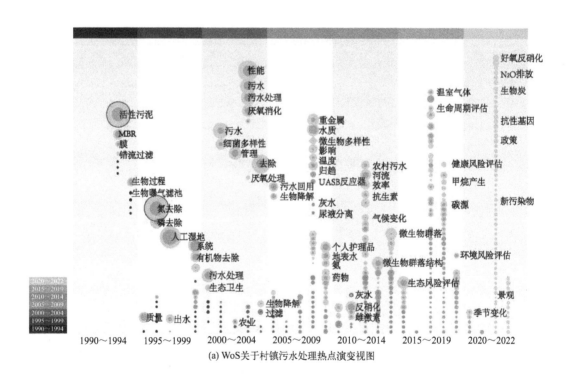

(a) WoS关于村镇污水处理热点演变视图

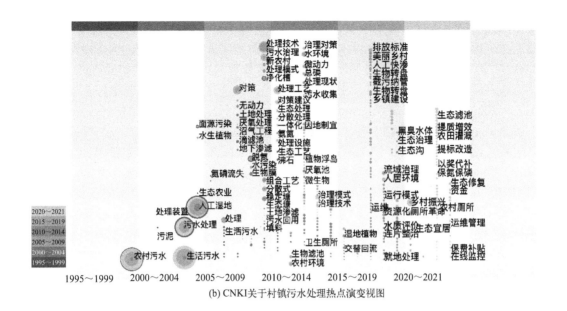

(b) CNKI关于村镇污水处理热点演变视图

关键词	年份	突现强度	开始	结束	1990~2022
灌溉	1990	3.93	1990	2009	
生态处理	1990	3.62	1990	2009	
作物品质	1990	2.36	1990	2009	
农业生产	1990	2.36	1990	2009	
面源污染	1990	2.79	2000	2014	
人工湿地	1990	4.55	2005	2014	
脱氮除磷	1990	3.74	2005	2009	
新农村	1990	3.57	2005	2014	
农村	1990	2.66	2005	2014	
生物膜	1990	3.16	2010	2014	
处理模式	1990	2.8	2010	2014	
去除率	1990	2.55	2010	2014	
稳定塘	1990	2.45	2010	2019	
水污染	1990	2.36	2010	2019	
湿地植物	1990	2.29	2010	2014	
农村污水	1990	9.31	2015	2022	
乡村振兴	1990	3.3	2015	2022	
治理模式	1990	3.07	2015	2022	
排放标准	1990	2.76	2015	2022	
处理设施	1990	2.27	2020	2022	

(c) 基于CNKI引用次数最多的前20个关键词的突现视图

图2-4 基于WoS及CNKI关于村镇污水处理热点演变视图和关键词突现视图

[（a）（b）图中的每一个圆圈代表一个关键词，该关键词是在分析的数据集中首次出现的年份，圆圈的大小代表该词出现的频次，圆圈的颜色代表该词出现的年份，外圈的紫红圈代表高中介中心性]

如图2-4（a）所示，早在1990～1994年间，"activated sludge"（活性污泥）、"MBR"（membrane bioreactor，膜生物反应器）就出现在相关文章中，表明村镇污水最初是仿用城镇污水处理的方式进行处理，优先选择了活性污泥法。1995年后，又出现了"SBR"（sequencing batch reactor，序批式活性污泥法）等关键工艺词，并在1995～2005年间出现大量的"氮、磷去除"相关词，这表明最早的农村生活污水研究主要关注于营养盐的去除。

同期，出现了该领域的关键处理工艺相关词"constructed wetland"（人工湿地），人工湿地通过基质、植物和微生物的协同物理、化学和生物作用来处理污染物，具有操作和维护简单的优点，其低成本使其广泛用于分散式村镇污水处理。2000年之后对"nitrogen"（氮）关注度更高，同时开始关注"anaerobic digestion"（厌氧消化）等工艺在村镇污水处理方面的应用。从2005年开始，出现"personal care product"（个人护理产品）、"heavy metal"（重金属）、"pharmaceutical"（药物）和"endocrine disruption"（内分泌干扰）等新污染物相关词语，学者开始关注农村污水中的新污染物处理研究。在30多年的研究进程中，"constructed wetland""nitrogen"与大量高频关键词产生共现关系，贯穿该领域的整个时区，这表明相关研究内容在农村生活污水研究进程（1900～2022年）中始终是研究前沿。而在2010年之后，关于微生物的研究出现，"bacterial community"（细菌群落）、"biodiversity"（生物多样性）、"microbial community structure"（微生物群落结构）成为频率较高的关键词，诸多学者对此研究方向进行了大量研究。2015年开始关于农村污水处理出现越来越多"risk assessment"（风险评估）、"health risk"（健康风险）、"ecological risk"（生态风险）相关词汇，风险评估已成为新的热潮，迫切需要建立村镇污水处理设施的综合评估系统，将经济效益（例如能源消耗分析）、生态和环境效益以及社会效益结合起来，采用人工智能、大数据等先进算法来筛选充分考虑当地条件的合适村镇污水处理工艺。2020年后出现了"methane production"（甲烷产生）、"N₂O emission"（N₂O排放）等关于温室气体的研究，主要是源于全球对碳中和的关注。综上所述，当前对于农村生活污水的研究前沿主要为氮素等污染物的去除、人工湿地处理工艺、农村污水中出现的新污染物处理、农村生活污水处理系统与效能的优化、农村生活污水处理过程中微生物群落的变化、农村生活污水风险评估及温室气体排放7个方面。从整个时区图也可以看出，村镇污水处理工艺从最初模仿城市污水处理工艺转变为针对实际情况选择特定工艺，逐步发展到生态处理工艺。

基于CNKI数据库，图2-4（b）、（c）主要展示了国内村镇污水处理的热点变化及关键词突现情况。1999～2005年出现的"污水处理""农村污水"及"生活污水"，表明国内开始关注村镇污水处理，同期出现了"灌溉""农业生产"等突现词，间接表现出开始关注农村污水形成的流域污染及"面源污染"，并通过"作物品质"反映污水灌溉的影响。2005年左右出现"人工湿地"一词，并表现为突现词，突现强度为4.55，人们开始关注人工湿地处理村镇污水的研究。2005年之后，国内开始关注农村污水"脱氮除磷"，且出现应用"稳定塘""生物滤池"及"厌氧"处理等多种工艺处理村镇污水。2010年左右，关注点仍集中在人工湿地处理工艺上，深入对"组合工艺""填料""湿地植物"等进行了分别研究，并关注了"无动力""微动力"等能耗要求。而在2015年之后，我国开始加强对农村污水"排放标准""运营管理""治理模式"及"运维模式"的重视，在管理及技术方面双管齐下，加快村镇污水治理。可以看出，随着时间演变，我国对农村污水治理关注度逐渐增加，处理技术日趋完善，使得农村污水处理多元化，向更生态化、资源化和规范化的方向发展。

2.2.2 应用现状

目前已得到应用的农村污水处理技术可分为4类（表2-2），包括：
① 物理化学处理技术，如沉淀、过滤、混凝、吸附、电解和消毒；

② 生物处理技术，如活性污泥法和生物膜法；

③ 生态处理技术，如人工湿地、稳定塘、土地渗滤和生态滤池；

④ 组合处理技术，如生物+生物、生物+生态、生态+生态等。

表2-2　常用农村污水处理技术

分类	技术类型	原理	优点	缺点	适用范围
物理化学处理	化粪池	利用沉淀和厌氧发酵去除生活污水中悬浮性有机物	无需复杂的污水管网，易实现，成本低	出水水质差	适用于农村污水预处理
生物处理	SBR	在同一反应器中，按时间顺序进行进水、反应、沉淀和排水的污水处理方法	抗冲击负荷能力强，处理效果稳定以及低能耗、低运行成本	单次处理水量有限	适于处理中小规模的农村污水
	A²O	污水经过厌氧、缺氧、好氧交替状态处理，以提高总氮和总磷去除率的处理方法	可处理高浓度污水，出水效果稳定	需处理剩余污泥，工艺复杂，投资成本高	可处理高浓度农村污水
	厌氧消化	主要依赖于微生物厌氧发酵的作用	施工成本低，操作简单	经济效率低；效率很容易受到温度的限制	适用于人口较分散，有沼气需求的农村地区
	MBR	将生物处理技术与膜分离相结合，利用膜组件的拦截作用，实现泥水的分离	有污泥膨胀率低、占地面积小、运行控制灵活	氮磷去除率低，存在膜污染、膜结垢问题	适用于中小规模的污水生物处理
	生物滤池	使用容易黏附微生物的填料	缓冲容量大，抗冲击载荷的能力强，操作简单	滤池要求高，容易堵塞	水质波动较大的农村地区
	一体化小型污水处理装置	一般由较为成熟的生化处理技术组合而成	处理效率高，出水达标率高	投资成本高，操作复杂	适用于中小水量，水质波动较小，经济水平良好的地区
生态处理	人工湿地	利用基质、植物和微生物的物理、化学和生物学的三重协同作用	施工成本低；操作简单	占地面积大，植物容易受到季节影响	可适应不同大小的污水处理
	稳定塘	在人工池塘栽培水生植物和水产品形成人工生态系统	结构简单，施工成本低，可实现污水再利用和水循环利用	处理效果不稳定；占地面积大，易滋生蚊虫	适合更多的水产养殖村庄
	土壤渗滤系统	污水有控制地投配到土地表面，污水在通过具有良好渗透性的土壤向下渗透过程中借生物氧化、沉淀、过滤、氧化还原和硝化反硝化的作用得到净化	施工成本低，操作和维护方便；抗冲击性强	容易堵塞	适用于所有采用水冲洗模式的农村地区
组合处理	生物+生物	综合物理吸附、化学絮凝、生物降解等功能	效率高，运行稳定	维护工作复杂	可适用于污水处理量大、污染负荷大的农村地区
	生物+生态				
	生态+生态				

生物处理技术利用微生物在好氧或厌氧条件下分解有机物、氮和磷。好氧生物处理常用方法有氧化沟法、序批式活性污泥法和生物转盘，需要动力充氧。厌氧生物处理常用方法有化粪池、厌氧生物滤池和厌氧沼气池。生物处理技术在国内应用得较早，但该方向应

用逐渐减少，随之出现的是"生态技术""组合技术（生物＋生态）"等，是近5年大量出现的研究方向。生态处理技术利用基质、植物和微生物复合系统的作用，通过过滤、吸收、吸附和分解使污水净化，常用方法有人工湿地、土壤渗滤、生态沟和氧化塘。组合处理技术指生物和生态处理技术的结合，或同一技术系统内不同工艺形式的结合，包括生物＋生物处理组合、生态＋生态处理组合和生物＋生态处理组合。

通过关键词共现密度可视化图分析（图2-5，书后另见彩图），可以看出对于农村污水处理研究应用最多的工艺是典型的生态工艺——人工湿地，其次是生物处理工艺活性污泥、厌氧消化及MBR工艺，其中不乏生物及生态的组合工艺，物理化学工艺则应用较少，只出现少量砂滤、沉淀等。正如Xu等对2000～2021年间的131例农村污水工程案例分析结果，生物处理、生态处理和组合处理三种技术污水处理方式占比分别为8.39%、16.04%和75.57%。在占比最高的组合处理技术中，生物和生态处理组合的案例最多，占比可达72.72%，生物＋生物处理和生态＋生态处理分别占18.18%和10.1%。在生态技术方面，人工湿地、土地渗透系统和稳定塘的比例分别为67.67%、23.81%和9.52%。每种技术都有各自的优势和特点，生物处理降低污水中污染物浓度，生态处理降低管理难度和运行成本，组合工艺提高处理效能并探索改良方法。生物＋生态处理被认为是处理农村污水的主导技术，其能够更好地适应农村地区的实际情况，运营成本低，管理和维护方便。此外，出现一些新工艺应用于农村污水处理，例如微藻、微生物燃料电池。

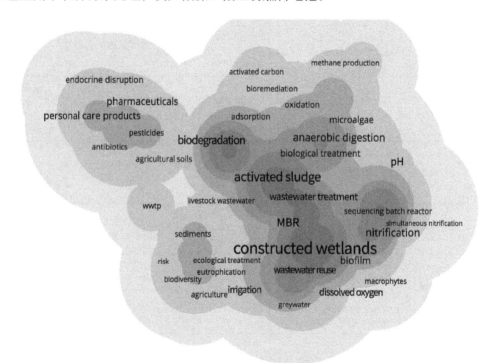

图2-5　农村污水处理技术关键词共现密度可视化图

（图中相关关键词字体大小及颜色深度代表共现次数）

农村污水处理中常用的生物处理技术包括活性污泥法和厌氧消化工艺，而其他开发工艺的核心原理也源自活性污泥法，如氧化沟、AO和A^2O等。厌氧分散处理技术从最早的化粪池发展到户用沼气池和生活污水净化池系统，由于其紧凑性和污泥产生量少的特点被广泛应用于农村生活污水处理中。化粪池主要用于初级处理粪便污水，主要目标是杀灭病原微生物以达到卫生效果，但出水的污染物浓度仍然较高，需要进一步处理。户用沼气池通过降解人畜粪便产生沼气，停留时间较长，能够充分厌氧消化生活污水，具有良好的无害化效果，处理后的出水可作为肥料用于农田还田。厌氧滤池是一种高效的厌氧反应器，采用填充材料作为微生物载体。

在生态处理技术中，人工湿地广泛被用作处理分散污水的实用技术。由于其配置和操作的多样性，人工湿地可用于处理各种污水，包括家庭、农业和工业污水。地中海国家适宜的气候条件使得人工湿地在该地区污水处理中得到广泛应用，然而近年来在寒冷地区也有人工湿地的应用报道。人工湿地可以稳定地去除总悬浮固体和有机物（超过97%），氨氮去除率可达70%～86%，总氮去除率可达60%～70%，而磷的去除效率相对较低，不到50%。人工湿地系统适用于循环经济模式，可以回收植物生物质以获得能源，或通过适当处理产生富含营养元素的污水用于灌溉非食用作物。此外，人工湿地的运营成本低于大多数其他污水处理工艺。

污水处理技术的选择通常由排放限值要求决定。一般来说，污水处理过程中应去除化学需氧量、总氮和总磷，特别是在城市污水处理厂。然而，总氮和总磷实际上是植物生长的营养资源。农村生活污水含有大量农业种植所必需的氮、磷资源。因此，农村生活污水治理需因地制宜，结合农业农村生态环境，分散处理、分散利用，在治理污染的同时实现资源化、能源化利用的良性循环。农村生活污水在适度处理后的资源化利用，可减少污水处理投资，回收农水资源和氮磷物质，充分利用农村土地资源和水环境净化能力，在农村生态环境可接受的前提下，实现污染治理与养分利用的"双赢"。

近年来，农村生活污水资源化利用、就地消纳的理念不断加深，鼓励氮磷资源化与尾水利用。国家发展和改革委员会等十部委联合发布了污水资源化利用的相关指导意见，强调"实施农业农村污水以用促治工程"；逐步建设完善农业污水收集处理再利用设施，处理达标后实现就近灌溉回用；开展畜禽粪污资源化利用，到2025年全国畜禽粪污综合利用率达到80%以上；在长江经济带、京津冀、珠江三角洲等有条件的地区开展渔业养殖尾水的资源化利用。因此，新形势下农村生活污水治理要在"资源化利用优先"的前提下开展。

农村生活污水资源化利用方面，主要包括粪污回田、尾水灌溉、沼气生产等。厕所粪污是人类生活中不可避免的副产品，产量巨大，具有氨氮含量高、碳氮比低等水质特点，粪污进行适度处理后可以成为天然肥料；粪肥的使用可减少化肥使用量从而降低农业面源污染，并促进有机农业生产，保障粮食与食品安全，随着农村厕所革命的推进和农村居民生活水平的提高，粪污回田程度显著提高。农村生活污水回用于灌溉处理成本低、维护管理方便，是今后应大力发展的方向。目前，尾水灌溉技术主要包括预处理+氧化塘、预处理+人工湿地等技术，沼气技术主要包括沼气池技术、升流式厌氧污泥床（UASB）技术等。由于农村生活污水污染物浓度较低，利用沼气技术实现生活污水资源化利用时通常需要黑灰水分质收集或与畜禽粪便、农村生活垃圾等混合使用。近10年，污泥资源化、磷回收等方面也开始了研究，但数量与传统资源化技术相比相对较少，尚未形成规模。统计1990～2022年32年间CNKI数据库中有关我国农村生活污水治理技术方面论文发表情况，其中关于资源化利用技术的文章占比仅占5%左右。在当前农村人居环境改善的迫切需求下，充分利用排放标准对适度处理和资源化利用的支持，逐步将我国的农村生活污水治理向分区域的污水资源化利用方向推进。

2.3 村镇污水处理系统管理

2.3.1 治理政策

目前，全球村镇污水治理组织和管理模式可分为三类。第一类以欧美发达国家为代表，这些国家的农村和城市通常适用同一套污水治理法律体系，强调家庭或个人的自主管理，国家通过项目和计划进行组织、管理和支持。第二类是日本模式，为了加速城乡一体化，日本建立了独立于城市的乡村污水治理法律体系，并实施政府主导、居民参与的管理体系。第三类主要是村镇污水处理处于起步阶段的国家，如印度、新西兰等国，这些国家的村镇污水处理仍处于起步阶段，处理政策和排放标准尚未完善。具体政策请参见表2-3。

表2-3 国外村镇污水治理相关政策

年代	美国	欧盟	澳大利亚	日本
20世纪90年代	《联邦水污染防治法》《清洁水法案》《海岸带法修正案》《分散式污水排放标准》《安全饮用水法案》	《市政污水处理指令》（欧洲理事会）《硝酸盐指令》（欧洲理事会）《综合污染防治指令》（欧洲理事会）	《污水系统指南：排水管理》	《建筑基准法》《净化槽法》《废弃物处理法》
21世纪	《污水分散处理系统手册》《分散处理系统管理指南》	《水框架指令》（欧盟委员会）《排水管网以外地区生活污水处理政府法令》（芬兰）	《就地生活污水管理标准》《国家水循环利用水质管理战略指南》	2000年第一次修订《净化槽法》2005年第二次修订《净化槽法》《净化槽法施行规则》《净化槽构造标准及解说》《农业村落排水设施设计指针》
21世纪初	《农村化粪池接入法》	《水法法案》（波兰）《环境保护法》（波兰）		2014年第三次修订《净化槽法》
21世纪20年代	《分散式废水赠款法案》	《国家城市废水处理方案》（波兰）		

（1）城乡通用同一法律体系的国家

在美国，城乡一体化的污水治理已在20世纪60年代基本实现。农村与城市污水治理适用同一法律体系，注重家庭自主管理，并得到国家的一定扶持。分散污水治理的组织结构包括联邦、州和民族保留区的行政部门、当地政府的办事机构、特别目的区、公共责任主体和民间责任主体等。美国环境保护署（EPA）负责执行《清洁水法案》《海岸带法修正案》（1972年）和《安全饮用水法案》（1974年），以保护水质。在这些法案下，联邦和州政府越来越重视分散污水治理，EPA设立并管理了多个与分散式污水处理系统相关的计划和项目。自1997年起，美国开始制定分散式污水排放标准，并在2002年发布了《污水分散处理系统手册》以完善运行维护和管理细则。此外，2003年EPA还发布了《分散处理系统管理指南》来指导各州和地方有效进行分散污水治理。分散污水治理现已成为美国污水治理的重要组成部分，大约为美国四分之一的人口提供服务，并被视为一种永久性的设施建设，具有与城市排水系统同等重要的地位。

欧盟针对污水的管理和使用采取了一系列措施。1991年，欧洲理事会发布了《市政污水处理指令》，要求成员国建立污水收集和处理系统，保护水环境免受生活污水和农产品加工业废水的影响。同年还颁布了《硝酸盐指令》，控制农业施肥对水体造成的硝酸盐污染，并鼓励采用最佳农业耕作实践。1996年实施的《综合污染防治指令》旨在防治工业设施对环境的污染。2000年，欧盟通过了《水框架指令》，确立了保护不同类型水源的框架，以减少污染、促进可持续利用、保护环境、改善水生生态系统和减轻洪水和干旱影响。在欧洲，污水处理厂定义为处理50人以上生活污水的工厂。德国有约220万座污水处理厂正在运行或建设中。法国通过分散系统为1000万～1200万人提供服务。英国的污水治理已私有化，城市污水治理较为有效，但城市管网外的污水系统建设、管理和维护仍存在问题。芬兰从2004年开始实施《排水管网以外地区生活污水处理政府法令》，要求建筑物所有者支付污水处理费用，政府对低收入者提供部分经济补偿。波兰早在2001年就实施了欧盟法律，对污水处理进行了修改，2017年通过了新的《水法法案》以确保内部一致性，污水处理系统和城市污水处理厂的要求主要来自指令91/271/EEC，并通过《国家城市废水处理方案》和更新的农村地区污水网络要求加以实施。

澳大利亚同样采用城乡统一的法律和标准，1997年，发布了《污水系统指南：排水管理》作为污水系统的技术指南。该指南将污水处理划分为不同等级，包括一级、二级和三级处理，并为不同排放水体设定了相应的污水处理等级和排放限值，即污水排放标准。村镇污水就地处理系统的设计和安装的技术标准发展较快，例如2000年澳大利亚和新西兰联合发布了就地生活污水管理标准。2015年后，澳大利亚的水资源政策和资源管理由农业部门负责。与美国类似，澳大利亚通过污水排放标准监控污水处理设施中的污染物控制。

（2）设立村镇专用法律体系的国家

日本的农村污水治理与城乡一体化几乎同步，是目前唯一一个城市和村镇适用不同污水治理法规体系的国家。在20世纪50年代，日本政府制定了《清扫法》和《下水道法》以改善城市公共卫生环境。随着日本经济的快速发展，20世纪60年代，人们对抽水马桶的需求增长，但下水道无法满足需求。因此，日本引入了净化槽作为生活污水处理系统，并在1969年制定了合并式净化槽的结构标准，用于处理抽水马桶污水和生活杂排水。此后，日本出台了《建筑基准法》来管理设施的建设和运行管理，成为日本村镇污水治理的主要法律依据。1983年，《净化槽法》颁布，将户用净化槽和村落污水处理设施纳入管理范围，并设立农业村落排水项目作为国库补贴项目，推动了日本农村污水处理设施的建设。截至2006年，日本乡村污水治理服务的人口约占全国的31%。此外，根据《废弃物处理法》，还有一种特殊形式的小区污水处理，服务人口约占全国的0.3%。还制定了一系列规范细则，如《净化槽法施行规则》《净化槽构造标准及解说》《农业村落排水设施设计指针》等，用于指导农村污水治理。

（3）治理政策起步阶段的国家

21世纪初的印度只有31%的农村家庭有厕所。为了改变这一现状，2008年的《国家城市卫生政策》设定了彻底清洁印度城乡的目标。根据这项倡议，各市政府根据法律规定的规划、实施和维护全市卫生的通用框架，考虑到当地环境、需求以及财政和人力资源的可用性，制定了城市卫生计划，强调安全管理的卫生设施不应与废水处理分开。

在新西兰约有27万个生活污水就地处理系统。据估计，一些地区至少有20%的家庭依靠这种污水处理系统。在新西兰，大部分的污水就地处理系统为成熟的化粪池。但由于选址不当、日常维护等，这些污水处理系统的运行失败率达15%～50%。针对上述问题，新西兰针对污水就地处理系统的设计和安装制定了相关技术标准，如就地生活污水管理的澳大利亚/新西兰联合标准（2000）（AS/NZS 1547:2000）和奥克兰区域议会的"污水就地处理系统：设计和管理"（TP58）。虽然这些技术标准的出台对新西兰农村生活污水治理起到了重要的作用，但由于权责不清、监管不力等，一些就地污水处理系统的运行情况仍不佳。

（4）我国村镇污水治理政策

农村污水治理作为农村环境整治的重要组成部分，其重要性不言而喻。因此，国家层面发布了一系列关于农村污水治理的政策文件，有力地推动了农村污水治理事业的发展。如表2-4所列，《中华人民共和国水污染防治法》和《中华人民共和国环境保护法》（分别于1984年和1989年颁布）规定，农村污水处理应当进行处理，但没有提供具体的详细要求。长期以来，农村污水都借鉴了城市污水最初设计的一些政策和法律要求。只有几个地区发布了当地农村污水排放限制。2005年，《中共中央、国务院关于推进社会主义新农村建设的若干意见》印发，提出要加强农村基础设施建设，改善社会主义新农村建设的物质条件，吹响了新农村基础设施建设的号角，农村污水治理有了顶层设计。这一阶段中国乡村建设迅速发展，2007年，国务院办公厅转发环保总局等《关于加强农村环境保护工作的意见》，要求大力推进包括农村污水在内的农村生活污染治理工作。2009年，国务院办公厅转发环境保护部等部门《关于实行"以奖促治"加快解决突出的农村环境问题实施方案的通知》，首次确立了由国家财政提供专项资金对农村环境问题进行整治的"以奖促治"模式，针对部分区域重点解决包括农村生活污水在内的水污染问题，农村污水治理有了资金保障。为进一步深化"以奖促治"政策，规范全国农村环境连片整治工作，确保农村环境连片整治成效，2010年环境保护部组织制定了《全国农村环境连片整治工作指南（试行）》。2009年，住房和城乡建设部发布《分地区农村生活污水处理技术指南》，2010年，环境保护部发布《农村生活污染控制技术规范》，两个文件的出台对农村生活污水治理技术选用提供了重要的指导作用，农村污水治理有了技术支持。同年《农村污水处理技术政策》出台，明确提出了农村生活污染防治三条主要技术路线和原则，但比城市污水处理技术政策晚了近10年。

表2-4 我国村镇污水治理相关政策

时间	文件名称	发文单位
1984年	《中华人民共和国水污染防治法》	全国人民代表大会常务委员会
1989年	《中华人民共和国环境保护法》	全国人民代表大会常务委员会
2005年	《中共中央、国务院关于推进社会主义新农村建设的若干意见》	国务院办公厅
2007年	《关于加强农村环境保护工作意见的通知》	国务院办公厅、环保总局
2008年	《关于推进县域村庄整治联系点工作的指导意见》	住房和城乡建设部
2009年	《关于实行"以奖促治"加快解决突出的农村环境问题的实施方案的通知》	国务院、环境保护部、财政部、国家发展改革委
2010年	《农村生活污染防治技术政策》	环境保护部
2010年	《分地区农村生活污水处理技术指南》	住房和城乡建设部
2010年	《全国农村环境连片整治工作指南（试行）》	环境保护部
2013年	《农村生活污水处理项目建设与投资指南》	环境保护部
2014年	《关于改善农村人居环境的指导意见》	国务院办公厅
2015年	《水污染防治行动计划》	国务院办公厅

时间	文件名称	发文单位
2018年	《关于加快制定地方农村生活污水处理排放标准的通知》	生态环境部、住房和城乡建设部
2018年	《农村人居环境整治三年行动方案》	中共中央办公厅、国务院办公厅
2019年	《关于推进农村生活污水治理的指导意见》	中央农村工作领导小组办公室、农业农村部、生态环境部、住房城乡建设部、水利部、科技部、国家发展改革委、财政部、银保监会
2021年	《农村人居环境整治提升五年行动方案》	中共中央办公厅、国务院办公厅
2022年	《农业农村污染治理攻坚战行动方案（2021—2025年）》	生态环境部、农业农村部、住房和城乡建设部、水利部、国家乡村振兴局

2012年党的十八大提出"美丽中国"，2013年中央一号文件提出建设"美丽乡村"，2015年中央一号文件表明"中国要美，农村必须美"，同年中央发布《美丽乡村建设指南》。国务院在2015年发布了《水污染防治行动计划》，提出要提升污水排放标准，重点围绕生活源、农业源等水污染防治的重点领域，优先配套相关排放标准。到"十二五"末期（2015年），我国大约完成了3万个村庄的生活污水治理。2017年，住房和城乡建设部发布了《农村生活污水处理设施技术标准》的征求意见稿，重新规定了设计水质水量、污水收集系统、污水处理及其配套设施等内容的标准。之后我国还出台了《农村生活污水处理导则》，指出我国农村生活污水治理的处理模式主要包括纳管式处理、集中式处理和分散式处理。对于人口相对比较密集以及距离城区比较近的村镇，采用集中式处理或纳管式模式处理比较适合；对于人口相对分散或者山区，采用分散式模式处理比较适合。

党的十九大报告将生态宜居作为乡村振兴战略的重要内容，明确要开展乡村人居环境整治行动。2018年，生态环境部、住房和城乡建设部发布了《关于加快制定地方农村生活污水处理排放标准的通知》，在此通知推动下，31个省（区、市）相继出台了农村生活污水处理排放标准。随后，国务院加快推进农村生活污水治理，2018年底至2019年初，《农村人居环境整治三年行动方案》《农村人居环境整治村庄清洁行动方案》《关于推进农村"厕所革命"专项行动的指导意见》等相继出台。这一时期属于农村污水治理的快速发展阶段，截至"十三五"末期（2020年），我国大约完成15万个建制村的农村污水治理，收集治理率达到25.5%。"十四五"期间，农村污水治理进入全面发展阶段。

党的二十大报告指出全面建设社会主义现代化国家，最艰巨最繁重的任务依然在农村，统筹乡村基础设施和公共服务布局，建设宜居宜业和美乡村。2021年发布了《农村人居环境整治提升五年行动方案》，提出分区分类治理生活污水，强化农村改厕与生活污水治理衔接。2022年生态环境部、农业农村部等五部委又联合印发《农业农村污染治理攻坚战行动方案》，以期到2025年农村环境整治水平显著提升，农村生活污水治理率达到40%，农村生态环境持续改善。

2.3.2 处理标准

污水处理技术的选择通常由排放限值要求决定。美国村镇和城市使用相同的排放标准，即达到美国《联邦水污染防治法》规定的二级处理的出水限值，但全国性的标准限值只有BOD、SS、pH值三项水质指标。美国环境保护署将水质标准、技术要求和最大日负荷量同国家污染物减排许可证制度结合来实现环境目标要求，授权各州的地方环保局根据自身的情况制定排放标准，具有很强的灵活度，甚至可以因厂而异。欧洲诸国没有采用统一的农村污水处理标准，各成员国可依据本国实际情况制定生活污水排放限值，确保水质目标。但欧洲所用的系统必须满足欧盟认证EN 12566-3，该标准规定了运行可靠性和最低净化标准。例如，德国《水资源管理法》，丹麦依据人口规模分级制定农村污水排放限值，规模越大，出水指标越严。澳大利亚生活污水排放执行1997年澳大利亚发布的《污水系统指南：排水管理》对应标准的二级处理标准。日本农村地区主要应用《净化槽法》，达到BOD < 10mg/L，COD < 15mg/L，TN < 10mg/L，TP < 1mg/L。

我国不断规范农村污水治理工作，随着美丽乡村振兴建设，出台了一系列农村污水治理规范与标准，如表2-5所列。2010年，《农村生活污染控制技术规范》（简称《规范》）率先出台，《规范》介绍了控制农村生活污水污染的源头控制、户用沼气池、低能耗分散式污水处理、集中污水处理、雨污水收集和排放几大技术。随后，2018年发布了《农村生活污水处理导则》，规定了农村生活污水的收集、处理、排放及以上过程的运行维护和监督的相关要求。2019年出台了《农村生活污水处理工程技术标准》，这一标准的出台，加速了我国农村污水治理标准体系的建设进程，不搞"一刀切"、不照搬城市标准的思想已经为越来越多行业人士所接受并实施，逐渐进入农村污水治理行业的标准化时代。2020年，工业和信息化部《农村生活污水净化装置》的行业标准发布，该行标的实施将进一步完善农村生活污水净化装置相关标准，能为农村生活污水净化装置产品的设计、生产、检验、安装、评价和维护提供参考依据。并于2021年出台了《农村生活污水处理设施运行效果评价技术要求》，该标准规定了农村生活污水处理设施（规模≤500m³/d）运行效果评价的总则、评价指标与计算方法评价方法以及评价报告。随着越来越多标准的出台，农村生活污水治理行业将走向标准化、规范化。

表2-5　我国村镇污水治理规范及标准

时间	文件名称	编号	发文单位
2010年	《农村生活污染控制技术规范》	HJ 574—2010	环境保护部
2018年	《农村生活污水处理导则》	GB/T 37071—2018	国家市场监督管理总局 国家标准化管理委员会
2019年	《农村生活污水处理工程技术标准》	GB/T 51347—2019	住房和城乡建设部
2020年	《农村生活污水净化装置》	JB/T 14095—2020	工业和信息化部
2021年	《农村生活污水处理设施运行效果评价技术要求》	GB/T 40201—2021	国家市场监督管理总局
2022年	《农村生活污水处理设施建设技术指南》	T/CAEPI 50—2022	中国环境保护产业协会

2.3.3　财政支持及运维

经济指标是决定村镇污水处理技术选择的关键因素，包括建设投资成本、运维成本、土地占用和经济效益。综合环境管理需要考虑经济负担分析，形成较为完善的村镇污水管理体系。目前的趋势是扩大社会力量和市场机制的作用。发达国家基本上以不同形式为农村污水处理提供财政补贴，通过专业机构提供运行和维护，确保设施正常运行并进行监督。

美国自1987年开始实施的《清洁水法案》要求各州建立水污染控制工程的周转基金，其中80%由联邦政府拨款，各州提供20%的配套资金。近年来，美国采取低息贷款方式帮助农村社区建设和改善污水处理设施，贷款的偿还期一般不超过20年。所偿还的贷款和利息再次进入滚动基金用于支持新的项目，保持周转基金的长期积累和有效运转。分散污水治理从各州滚动基金中申请贷款的数量也在增长。美国EPA、农业部以及州政府对分散污水治理提供多种形式的资金资助。2018年联邦政府签署了《农村化粪池接入法》，为原位污水处理系统用户每户提供高达20000美元的资金。农业部还资助了试点项目，为直排和其他故障系统的家庭提供允许的原位污水处理系统。2020年的《分散式废水赠款法案》提出了为更多样化的解决方案提供资金，包括与下水道和分散式集群系统的连接。2021年修订的《分散式废水补助金法案》授权财政当局为2022～2026年的每个年度拨款5000万美元用于分散式废水处理。在村镇污水处理运营管理方面，美国采取用户自觉制，用户自行承担污水处理设施的运营管理义务。用户在得到政府补助后，自行建设符合规定的家庭污水处理设施，办理污水处理许可执照，并确保污水处理符合排放标准。违反处理规定的用户将受到每天1000美元的罚款，或最高为90d社区劳动的惩罚。对于一些收入较低的地区，政府采取财政手段减轻用户建设运营维护污水设施的负担，如减税或补助措施。

日本的农村污水治理由政府行政机关、第三方机构和用户共同承担责任。不同污水处理模式采取不同管理和补助方式。农村规模的污水处理工程由农林水产省和总务省监管，建设费用由各级自治体筹集，国家提供财政支持并通过水价回收运营成本和部分建设责任。低收入家庭可向政府申请补助或减免。根据《净化槽》法，相关家庭需建设标准化的污水处理设备，政府给予资金支持和补助，家庭承担60%建设费用，剩余40%由地方和中央政府补助。对水源保护地区、特别排水地区和污水治理落后区的处理，家庭负担净化槽设置费的10%，国家承担33%，剩余57%通过地方债券筹措。统计数据显示，日本村落式处理工程的建设成本回收率为26%，分散式家庭净化槽的回收率达57%。在运行维护方面，日本普遍采用强制的第三方服务方式，行政机关仅负责审批和监督检查污水处理设施。各类第三方机构负责生产、建设、运营和维护工作，用户通过支付排污费或购买服务来负责自身的排污行为。这种专业化和标准化的服务体系有效确保了日本农村污水治理的质量和效率。

欧盟国家在农村污水处理方面，责任划分明确，基础设施相对完善，政府投入大量资金铺设集中式排污管道。例如，意大利采用集中纳管方式处理农村污水，要求农户尽可能接入污水管网。排水管网沿公路建设，由中央、大区和省政府分别负责国道、区道和省道污水管网建设，基层政府负责干线到农村支线管网的建设和投资，用户承担将公共管道连接到私有土地上的费用。政府负责运营维护管网，而农村用户需支付污水处理费（城镇居民费用标准的30%）。对于无法接入排污管道的农村居民，专门的服务公司帮助他们建立家庭式污水储存与净化池，用户支付专业人员的定期清理服务，以确保设备持续有效运行。

中东欧国家居民废水处理系统的管网连接数量相对较低，仅占59.1%，特别是80%以上小型和分散住区的污水未连接到污水处理系统。预计到2030年，中欧和东欧约2200万居民仍无法接入集中的污水处理厂。因此，未来10～20年将在中东欧国家建设大量小型污水处理厂，包括基于自然的污水处理系统如人工湿地。波兰农村地区的供水和污水处理基础设施发展主要依赖国家预算和外部资金，其中包括欧盟资金。波兰在2003～2017年间为农村供水和污水处理基础设施投入了约100亿欧元，其中超过1/2的资金用于扩大污水管网。2021年，波兰污水基础设施投资成本估计约为64亿欧元，尽管波兰农村地区污水基础设施发展有所进展，但仅有约26%的农村人口能够得到污水处理厂的服务。在芬兰，物业所有者需对自家污水处理系统的运行效果负责，建房申请必须包含污水系统规划，并受当地环境或建筑部门监督。低收入家庭可获得政府基金的一定补助，补助额一般不超过总费用的35%。

我国从2005年开始，政府开始在农村地区的污水处理方面投入更多精力，并提供财政支持。由于2005年政府提出的"新农村建设"倡议，农村地区水环境的改善成为农村发展战略中的一个重要问题。环境保护部、财政部和国家发展和改革委员会参与了该倡议。尤其是2009年以来，国务院确立"以奖促治"等重要政策措施，中央财政设立农村环境保护专项资金，用于支持地方开展农村生态环境保护工作，促进农村生态环境质量改善，支持各地累计完成整治行政村19.5万个，占全国行政村总数的1/3左右，村庄环境明显改善。根据2013～2021年农村污水处理年鉴数据，表2-6列出了2013～2021年我国农村污水治理情况及国家对其的投资。可以看出农村污水治理成效逐年好转，截至2021年处理率已经达到36.94%，该年国家投资资金为22.60亿元。

表2-6　2013～2021年我国村镇污水治理及国家投资情况（乡级）

| 年份 | 污水处理率/% | 污水处理厂 | | 污水处理装置处理能力/（10⁴m³/d） | 国家投资/亿元 |
		个数/个	处理能力/（10⁴m³/d）		
2013	5.08	220	54.12	19	3.10
2014	6.12	389	28.69	25.48	4.36
2015	7.1	361	19.3	33.46	5.39
2016	9.04	441	25.7	38.11	5.28
2017	25.13	874	49.47	51.72	12.41
2018	30.53	1678	102.39	112.37	21.48
2019	33.3	1830	108.57	80.11	29.77
2020	34.87	2170	104.8	98.8	27.29
2021	36.94	2199	122.04	116.61	22.60

注：数据来自城乡建设统计年鉴。

2.4　未来发展对策建议

（1）控制源头，科学评估污水处理系统适用范围

针对农村村庄、农户分散，用水量、水质不同的特点，必须从污染源头入手，采用分散处理、分散利用和分散与集中相结合的治理方式，并力求就地资源化利用模式。合理确定村镇污水的水量和水质，并将农家乐、散养户、小作坊等纳入治理范围，面对新污染物，如内分泌干扰素、抗生素、微塑料、全氟污染物、消毒副产物等，积极采取应对方案，同时对现有的污水处理设施进行全面评估，避免废水处理设施的设计和运行失效。

（2）因地制宜选择农村污水治理技术

提升农村生活污水处理技术的适用性，甄选处理技术，调整处置方法，优先采用低成本的生态化、资源化模式。避免采用运维复杂且成本高昂的处理工艺，提升农户污水处理意愿，从而增强技术的可持续性和适用性。村镇污水处理工艺技术应充分考虑南北地域、

经济水平、排水敏感性等因素。应根据实际情况采取因地制宜的措施，尊重当地习惯，坚持治理优先、利用为主的原则，以就地就近、生态循环的思路逐步推进农村生活污水治理。

（3）完善相关技术规范与标准体系

进一步完善农村水污染控制管理技术标准体系。

① 尽快制定全国性的农村生活污水处理排放标准或标准制定技术指南，统一地方对农村水污染控制的认知，指导地方标准的制定和修订，制定适合于农村地区的污水管网设计规范、区域特色民宅的建筑给排水设计规范；

② 制定急需的农村生活污水治理设施运行维护技术导则、农村生活污水处理设施运营维护效能评价标准等；

③ 制定农村生活污水分类分区集中/分散处理技术指南，因地制宜设定集中收集处理范围，确定分散处理条件，以适应村民的不同种植类型、气候条件、休耕季节等，并开展全生命周期评价。

（4）选择合理管理模式，加强运维体系建设

充分激发农民参与污水治理的内生动力，通过宣传发动、组织实施和监督检查等措施，引导农民群众自觉行动，培养他们对维护村庄环境卫生的主人翁意识，并主动参与农村生活污水治理。明确政府和村民在生活污水治理事务中的责任划分。政府引导，负责规划编制、政策支持和试点示范等。同时，明确村民维护公共环境的责任，例如：农户负责庭院内部和房前屋后环境整治，村民自治组织或村集体经济组织负责村内公共空间整治。

培育和发展农村生活污水治理市场主体，充分借助市场力量，鼓励各地结合实际情况积极探索第三方治理模式。在农村污水处理领域，鼓励采取特许经营、PPP模式和购买服务等方式，以整县或区域为单元进行整体推进，实行高低收益相搭配的组合开发模式，促进城乡统筹，吸引市场主体参与，推动专业化和市场化建设以及运行管理。建立污水处理市场主体的绩效考评制度和按效果付费的机制，建立市场主体信用制度并与其他信用体系有机融合。在土地、用水、用电和税收等方面，对农村污水处理项目给予政策倾斜，如简化土地使用审批和环保验收手续，提供增值税返还和所得税减免等税收优惠政策。

参考文献

[1] 王波，何军，车璐璐，等.农村生活污水资源利用：进展、困境与路径 [J].农业资源与环境学报，2023: 1-14.

[2] Liao X. Public appeal, environmental regulation and green investment: Evidence from China [J]. Energy Policy, 2018, 119: 554-562.

[3] Ding Y, Zhao J, Liu J W. et al. A review of China's municipal solid waste (MSW) and comparison with international regions: Management and technologies in treatment and resource utilization [J]. Journal of Cleaner Production, 2021, 293: 126144.

[4] Tundup S, Selvam S M, Roshini P S, et al. Evaluating the scientific contributions of biogas technology on rural development through scientometric analysis [J]. Environ Technol Innov, 2021, 24.

[5] Chen C, Song M. Visualizing a field of research: A methodology of systematic scientometric reviews [J]. PLoS One, 2019, 14(10): e0223994.

[6] 潘伟亮，吴齐叶，王清钰，等.移动床生物膜反应器处理农村污水中试研究 [J].水处理技术，2020, 46(10): 5.

[7] Unicef W A. Progress on household drinking water, sanitation and hygiene 2000-2017: special focus on inequalities [Z]. https://www.who.int/water_sanitation_health/publications/jmp-report-2019/en/. 2019.

[8] 夏玉立，夏训峰，王丽君，等. 国外农村生活污水治理经验及对我国的启示 [J]. 小城镇建设，2016, (10): 5.

[9] 郝晓地，张向萍，兰荔. 美国分散式污水处理的历史、现状与未来 [J]. 中国给水排水，2008, 24(22): 5.

[10] Chen P, Zhao W, Chen D, et al. Research progress on integrated treatment technologies of rural domestic sewage: A review [J]. Water, 2022, 14(15).

[11] 明劲松，林子增. 国内外农村污水处理设施建设运营现状与思考 [J]. 环境科技，2016, 29(6): 4.

[12] Istenic D, Bodik I, Bulc T. Status of decentralised wastewater treatment systems and barriers for implementation of nature-based systems in central and eastern Europe [J]. Environ Sci Pollut Res, 2015, 22(17): 12879-12884.

[13] 闫凯丽，吴德礼，张亚雷. 我国不同区域农村生活污水处理的技术选择 [J]. 江苏农业科学，2017, 45(12): 5.

[14] 孙凌波，胡明忠，梁明明，等. 东北寒冷地区农村生活污水处理工艺技术与难点 [J]. 净水技术，2023, 42(02): 39-46, 116.

[15] 吴磊，吕锡武，吴浩汀，等. 水解/脉冲滴滤池/人工湿地工艺处理农村生活污水 [J]. 东南大学学报（自然科学版），2007, (05): 878-882.

[16] Hu Y S, Zhao Y Q, Rymszewicz A. Robust biological nitrogen removal by creating multiple tides in a single bed tidal flow constructed wetland [J]. Sci Total Environ, 2014, 470: 1197-1204.

[17] Wu S B, Kuschk P, Brix H, et al. Development of constructed wetlands in performance intensifications for wastewater treatment: A nitrogen and organic matter targeted review [J]. Water Res, 2014, 57: 40-55.

[18] Zhao X, Chen J, Guo M J C E J. Constructed wetlands treating synthetic wastewater in response to day-night alterations: Performance and mechanisms [J]. 2022: 446P5.

[19] Yang S S, Yu X L, Cui C H, et al. Cloud-model-based feature engineering to analyze the energy–water nexus of a full-scale wastewater treatment plant [J]. Engineering, 2022.

[20] Zhong L, Ding J, Wu T, et al. Bibliometric overview of research progress, challenges, and prospects of rural domestic sewage: Treatment techniques, resource recovery, and ecological risk [J]. J Water Process Eng, 2023, 51.

[21] Xu Y, Li H Y, Li Y, et al. Systematically assess the advancing and limiting factors of using the multi-soil-layering system for treating rural sewage in China: From the economic, social, and environmental perspectives [J]. J Environ Manage, 2022, 312: 10.

[22] 范彬，武洁玮，刘超，等. 美国和日本乡村污水治理的组织管理与启示 [J]. 中国给水排水，2009(10): 6.

[23] 丁绍兰，郭雪松，刘俊新. 关于中国农村生活污水排放标准制定的探讨 [J]. 环境污染与防治，2016, 34(6): 4.

[24] Clarke A, Azulai D, Dueker M E, et al. Triclosan alters microbial communities in freshwater microcosms [J]. Water-Sui, 2019, 11(5).

[25] 李志刚. 发达国家农村污水治理经验及启示 [J]. 净水技术，2021, 40(09): 71-77.

[26] 杨炜雯. 国内外农村生活污水排放标准的启示 [J]. 中国环保产业，2020, 265(07): 23-28.

[27] Qu J, Dai X, Hu H Y, et al. Emerging trends and prospects for municipal wastewater management in China [J]. ACS ES&T Engineering, 2022, 2(3): 323-336.

[28] 沈哲，黄劼，刘平养. 治理农村生活污水的国际经验借鉴——基于美国、欧盟和日本模式的比较 [J]. 价格理论与实践，2013 (2): 2.

[29] Piasecki A. Water and sewage management issues in rural poland [J]. Water, 2019, 11(3): 16.

[30] 中华人民共和国住房和城乡建设部. 城乡建设统计年鉴 [Z]. https://www.mohurd.gov.cn/gongkai/fdzdgknr/sjfb/tjxx/jstjnj/index.html. 2020.

第3章
村镇生活污水治理方案与要求

　　农村生活污水治理是农村人居环境整治的主要任务、实施乡村振兴战略的重要举措，也是新时期深入开展农业农村污染治理的关键所在。随着我国农村经济的发展和城乡一体化的推进，农村污水治理问题日益凸显。为了解决这一问题，国家发展改革委、国务院、工信部、生态环境部等有关部门相继出台一系列污水处理领域的指导、支持和规范类政策与措施。包括加速推进农业农村水污染治理、黑臭水体治理城市农村共同行动、推动污泥无害化和资源化处理等政策，鼓励和引导各地积极推进农村污水治理工程。我国关于农村污水综合治理法规文件和标准逐步完善。

　　《中华人民共和国水污染防治法》新增条款明确了国家支持农村污水处理设施建设。《乡村振兴战略规划（2018—2022年）》《农村人居环境整治三年行动方案》《农业农村污染治理攻坚战行动计划》《关于推进农村生活污水治理的指导意见》等系列文件发布，提出了农村生活污水治理的基本要求和重点任务，强调要加快农村污水治理工作的进程，对农村水污染防治工作起到指导和规范作用。《中共中央 国务院关于实施乡村振兴战略的意见》提出，持续改善农村人居环境，以农村污水治理等为主攻方向。《中共中央 国务院关于坚持农业农村优先发展做好"三农"工作的若干意见》进一步将农村生活污水治理作为"乡村振兴战略"实施的重要内容。《关于加快制定地方农村生活污水处理排放标准的通知》开启了农村污水排放标准体系建设的新阶段。目前除少数地区外，其他省份的农村生活污水排放标准均已发布并开始施行。

　　随着"十四五"规划的推进，国家对农村生活污水治理的要求日益提高，农村污水处理政策的侧重点也随着国内农村污水处理现状而不断变化。《"十四五"规划纲要》提出开展农村人居环境整治提升行动，稳步解决"垃圾围村"和乡村黑臭水体等突出环境问题。中央农办、农业农村部等八部门关于扎实推进《农村"厕所革命"专项行动的指导意见》等文件要求各地根据地理环境、居民生活习惯、技术经济水平及污水处理设施现状，做好农村厕所粪污和生活污水治理衔接。相关政策、措施对改善农村生态环境、提升农民生活品质、促进农业农村现代化发挥了重要作用。

　　本章梳理了我国关于农村污水综合治理法规文件和标准，起到了指导和规范农村水污染防治工作的作用，提出了农村污水处理的目标和要求，规定了农村污水处理需依法治理、分类治理、资源化利用、因地制宜和科学管理的基本原则，阐明了基于农村环境综合治理理念的农村生活污水治理模式，基于水系、流域治理理念下的农村生活污水治理，灰黑分离的农村生活污水收集与处理，分散无管网村落的地表径流拦截与处理，可持续发展的农村生活污水生物生态组合处理技术的治理理念，针对性地提出了污水收集、治理模式、技术工艺、资源利用、运行机制等工作要点，并根据人文地理、处理规模、受纳水体的特点，制定了农村生活污水处理出水的分级排放标准，形成可操作的排放标准序列。在国家层面的政策引导下，扎实推进农村生活污水综合治理工作，支持实现"美丽乡村"建设目标。

3.1 总体目标、要求与原则

3.1.1 总体目标

农村生活污水治理是农村人居环境整治的重要内容，也是实施乡村振兴战略的重要举措，更是全面建成小康社会的内在要求。生态环境部、农业农村部及住房和城乡建设部等多个部门联合制定了《农业农村污染治理攻坚战行动方案（2021—2025年）》，提出了2025年的目标，包括显著提升农村环境整治水平，持续改善农村生态环境，使农村生活污水治理率达到40%，基本消除较大面积农村黑臭水体。东部地区、中西部城市近郊区等有基础、有条件的地区，农村生活污水治理率要达到55%左右；中西部有较好基础、基本具备条件的地区，农村生活污水治理率目标为25%左右；而地处偏远、经济欠发达地区，农村生活污水治理水平将有新的提升。

同时，全国各地区也纷纷制定了农村污水处理发展规划及目标，以及污水处理及资源化利用政策。地方政府加速推进农村污水处理设施的建设，并设定了具体的量化发展目标，包括污水处理能力、污水处理率等（表3-1）。这些政策和措施的推进，将有助于改善农村的生态环境，提升农民的生活品质，促进农业农村现代化的实施，以及推动乡村振兴战略的有效推进。农村生活污水治理的工作是一个综合性且长期的任务，需要政府和社会各界的共同努力，以实现农村水环境的持续改善和农村居民的健康生活。

表3-1 中国各地区"十四五"农村生活污水处理/治理发展目标

地区	农村生活污水处理/治理率	地区	农村生活污水处理率/治理率
北京	达到75%以上	安徽	达到30%
上海	不低于90%	四川	达到75%
河北	达到45%	湖南	不低于35%
河南	达到45%	广东	达到60%以上
吉林	达到25%	湖北	达到35%
海南	达到90%	新疆	达到30%左右

地区	农村生活污水处理/治理率	地区	农村生活污水处理率/治理率
云南	达到40%	贵州	达到25%
甘肃	达到25%	天津	达到90%以上
山东	达到55%	江苏	达到55%
黑龙江	达到40%	重庆	达到40%
辽宁	达到35%以上	宁夏	达到40%
江西	达到30%以上，力争达到40%左右	广西	达到40%
陕西	达到40%以上	浙江	处理设施覆盖率达到95%
福建	达到65%以上	西藏	达到15%
山西	达到25%	青海	达到40%
内蒙古	达到32%		

3.1.2 总体要求

国家对农村生活污水治理的总体要求是加快推进农村污水治理工作，推动污水治理模式的转变和设施的完善，从根本上解决农村污水治理问题，包括通过源头控制，降低污水产生量和污染物排放浓度，以及污水收集、输送、处理和利用等方面的措施。农村生活污水治理工作的总体要求包括以下几点。

① 以科学规划为基础：在制定治理方案时，必须根据当地的实际情况进行科学规划，合理规划治理设施的布局、建设进度和预算等方面，确保治理工作顺利进行。

② 以创新技术为手段：要不断引进和创新污水治理技术，提高治理效果，降低治理成本。

③ 以维护生态环境为宗旨：在治理过程中，必须坚持生态优先的原则，注重污水治理与生态保护的有机结合。

④ 加强农村生活污水治理设施建设：要全面加强农村生活污水处理设施的建设，提升设施的运行效率和治理水平，实现农村生活污水治理全覆盖。

⑤ 以改善农村人居环境和保障农民健康为目标：要以改善农村人居环境和保障农民健康为目标，通过治理工作，改善农村的生态环境，提高居民的生活品质。

⑥ 坚持"治本、治标相结合"，以源头控制为主要手段：要坚持源头控制，采取科学有效的控制措施，减少污水的产生，提高治理效果的可持续性。

⑦ 加强统筹协调：要充分发挥政府主导作用，加强对农村生活污水治理工作的统筹协调和监管，形成市场机制与政府主导相结合的治理模式，促进社会各方面的积极参与，形成多元合力，确保治理工作有效实施。

3.1.3 基本原则

农村生活污水治理工作的基本原则是按照"治、防、管、用"的要求，建立健全污水治理体系。

（1）依法治理

必须依据国家相关法律法规、技术标准和政策要求，开展农村生活污水治理工作。国家有关法律法规和技术标准明确了农村生活污水的排放标准、监测要求和治理技术等方面的内容。政府在治理工作中要切实加强法治宣传，建立健全法制监督机制，严格执法，防止治理工作中的违法行为。

（2）分类治理

针对不同的污水来源和排放途径，制定不同的污水治理方案，分类治理农村生活污水。对于不同来源的污水，要采用不同的处理技术和设施，例如采用人工湿地处理工艺来处理村庄污水，采用膜分离技术来处理生猪养殖污水，采用厌氧-好氧工艺来处理餐厨废水等。

（3）资源化利用

将治理后的农村生活污水进行处理，实现资源化利用，达到"减污、增效"的目的。对于农村生活污水，可以采用生物处理、膜分离、地下渗滤等技术进行处理，得到可再利用的水资源，例如用于农田灌溉、生态景观建设、城市绿化等。

（4）因地制宜

根据农村污水治理的实际情况，采用灵活的治理模式，因地制宜，科学规划。农村生活污水治理的方案和模式要根据当地的经济、环境、人口等因素进行科学规划和设计，确保治理工作能够适应当地的实际情况，取得更好的治理效果，例如通过纳入城镇污水收集处理系统、就地建设农村污水处理设施、污水资源化利用等一种或多种方式进行处理。

（5）科学管理

加强农村生活污水治理设施的运行维护，实行科学管理，确保设施长期稳定运行。对于农村污水治理设施，要建立健全运行维护机制，制定完善的管理制度和工作流程，实施日常巡查和定期维护，确保设施长期稳定运行，达到治理效果。

3.1.4 治理理念

（1）基于农村环境综合治理理念的农村生活污水治理

农村环境综合整治涵盖了多个方面，包括农村饮用水源地环境保护、农村生活污水处理、农村生活垃圾处理、农村畜禽养殖污染治理、农村资源保护利用、农村黑臭水体治理、特色小镇打造、产业导入等。其中，农村生活污水治理应该与农村黑臭水体的治理协同推进，将污水处理设施融入环境景观中，按照新一轮城乡一体化总体规划，结合"美丽乡村""新农村"建设要求，将农村生活污水治理纳入村庄整体规划，以确保治理工作的协调和有效性。

（2）基于水系、流域治理理念下的农村生活污水治理

水污染防治法"水十条"中涉及农村环境治理方面的内容包括农业面源问题、畜禽养殖污染、水产养殖污染、农村生活污水和垃圾污染。在该模式中，将流域水环境治理的思想应用于农村生活污水治理，将农村生活污水治理纳入整个水环境治理体系，实现污染治理和生态保护的有机结合。该模式以流域为单位，综合考虑不同污染源的影响，采取综合治理措施，促进水环境的整体提升。

（3）灰黑分离的农村生活污水收集与处理

这种模式从单户层面进行源头分类，即将灰水（洗衣、洗澡、洗碗）和黑水（厕所排放的污水）分别收集和处理。灰水可通过简单的生物处理等方式得到再利用，而黑水则需要更加复杂的处理方式。通过实现灰黑分离，可以提高后续单元污水处理效果，显著减小污水处理设施的容积，进而降低建设和运行成本。这种模式在农村地区适应性较好，可有效提升污水处理的效率和资源利用。

（4）分散无管网村落的地表径流拦截与处理

在分散无排水管网的农村地区，农户通常采取无组织形式就近泼洒或排放污水，导致污染物在地表滞留。在没有排污管网的情况下，可以采用新的拦截技术来收集村落降雨初期径流，并进行生态净化与资源化。这是一种适应华北农村地区环境特征的低成本村落生活污水拦截与处理模式，能有效改善地表水环境。

（5）可持续发展的农村生活污水生物生态组合处理技术

这种处理技术以"生物单元重点处理有机污染物+生态单元资源化利用氮磷"为功能定位，将单元技术创新与工艺系统集成相结合。它形成了多种具有节能、节地、高效、易维护、景观化、园林化特征的可选工艺组合流程，构建了适应农村特点和需求的分散型农村生活污水处理生物生态组合成套技术体系。生物单元充分发挥了简易高效降解有机物的特点。同时，以跌水曝气和水车驱动生物转盘复氧方式替代传统的鼓风曝气，实现了节能和工艺简化。生态单元则通过开发具有较高氮磷吸收能力和适于在人工湿地内生长的植物来实现资源化利用。这种处理技术具有良好的适应性和可持续性，能够满足农村地区生活污水处理的需求。

3.2　村镇生活污水治理

3.2.1　生活污水收集

农村生活污水治理的首要步骤是进行污水的收集与输送。新建的农村区域应使用分流制排水系统。对于已建有合流制排水系统的村庄，尤其是已纳入城镇污水处理系统的村庄，应结合实际逐步执行管网清污分流改造，以确保雨污分流管网、污水管道或暗渠能全面收集污水，而不受雨水、河湖水、山水等影响。在收集后，应基本消除污水横流现象，地表和路面无明显污水痕迹及滞留。

农村生活污水收集与排放系统应包括农户庭院内的户用污水收集系统、农户庭院外的污水收集系统以及污水处理设施出水排放系统。农户庭院内污水收集系统应包含排水管和检查井等设施，而庭院外的污水收集系统应包括接户管、支管、干管、检查井和提升泵站等设施。在布置污水管网时，应根据村落的格局、地形地貌等因素进行合理规划。农村排水系统应考虑使用预制化检查井，而污水管道的敷设及其坡度应根据排量和流速来确定。在进行污水管道设计时，可参照现行国家标准《建筑给水排水设计标准》（GB 50015）以及《室外排水设计标准》（GB 50014）的相关规定。对于难以敷设重力管网的地区，可以采用非重力排水系统。

农户庭院污水收集系统的敷设方式应结合农户的生活习惯、风俗文化、庭院布局和污水处理方式等因素来确定。厕所污水和生活杂排水应分别收集并进行资源化处理。当采用村庄集中污水处理或纳入城镇污水管网时，厕所粪便污水应先排入化粪池，再流入排水管；厨房和洗浴污水可直接进入排水管（沟）。在厨房和浴室下水道前应安装清扫口，出庭院前应设置检查井。

各村庄应根据自身的特点选择合适的处理方式：

① 纳入城镇污水处理系统的村庄，或人口规模大、居住集中的村庄，或受纳水体水质要求较高的村庄，应优先考虑建设雨污分流管网系统。

② 人口规模及居住密度适中，且受纳水体水质要求不高的村庄，可以根据地方实际情况，采用雨污分流制或截流式合流制，实现污水排放管道收集。

③ 人口规模小、居住分散无需（或无法）进行污水统一收集的村庄，或居住分散、污水难以纳入村庄污水收集主管的农户，可以采用污水排放暗渠化方式收集。

④ 零散农户的污水能就地就近实现资源化利用，经无害化处理后直接用于施肥、农田灌溉或排放至房前屋后自然生态消纳场地，可不必建设污水排放管渠，但应有序排放，不影响周围环境。

在设计管网时，应考虑到管网的覆盖率以及管径、坡度和流速等因素，以确保污水能有效流动并达到统一的处理厂。管道的选材和设计也应根据当地情况进行选择，应选用耐用、防腐蚀、不易堵塞的材料。同时，还应考虑到管道的维护保养和清洗排污的设施设计。

在建设管网过程中，还应加强环保意识教育，确保村民了解正确的污水处理方法，避免乱排乱倒现象的发生。同时，应加强对管网的管理和维护，以确保管网的长期运行和维护。

3.2.2 生活污水处理模式

目前，农村生活污水处理主要采用分散式处理、集中式处理和接入市政管网截污三种模式（见表3-2）。其中，接入市政管网模式主要适用于距离市政污水管网较近（通常在5km以内）、地势较平缓且符合高程接入要求的村庄。因此，大多数农村生活污水处理更倾向于使用集中式处理和分散式处理模式。

表3-2 农村污水处理模式分类表

处理模式		适用范围	模式特点及要求
接入市政管网模式		位于城镇周边，距离市政污水管网较近（一般5km以内），可以协调纳入城镇污水处理厂服务范围并符合市政排水管网接入要求的村庄。综合经济适用因素，优先考虑将村庄收集的污水接入城镇污水管网，由城镇污水处理厂统一处理	利用城镇污水处理厂进行处理，具有投资省、施工周期快、效果快、统一管理方便的特点
就地建设污水处理设施	集中式处理	适用于地势平缓、布局相对密集、规模较大的单个村庄或联合村庄进行污水处理	节省土地资源，集中管理效益高，运行有保障
	分散式处理	适用于村落分散、相互距离远、地形条件复杂、河涌分割等污水不易集中收集的农村地区。包括单户分散型、小规模单村和连片集中型处理设施	工程造价低、容易协调建设和管理
污水资源化利用		适用于人口规模小、居住分散的村庄或村庄片区。鼓励采用污水资源化利用（或自然生态消纳）的方式进行	具有资源再利用、环保、生态的优点，可以使污水在处理后得到充分利用，达到无害化、资源化、减量化的目标

对于排放量较大、人口密度大且远离城镇的地区，通常采用集中式处理模式，建立集中的大型污染防治设施，并利用其辐射作用解决周边村庄的环境问题。

"分散式污水处理系统"则是为一户、几户或十几户住户提供服务的农村生活污水就近处理系统。这种模式一般适用于居住较分散、较偏远的农村地区。

污水处理模式选择方面需要考虑受纳水体的功能要求，并结合农村地区的经济状况、基础设施、自然环境条件和排水去向等因素，选择适合当地的处理技术。通常，生物与生态组合处理等工艺形式是常见的处理手段。

3.2.3 设计水质与水量

现有农村生活污水处理设施大部分难以达到其设计的现行国家标准《城镇污水处理厂污染物排放标准》（GB 18918）一级B或一级A的标准。在农村生活污水治理技术标准的进水水质设计中以下几个方面需要特别考虑。

① 污水水量小、水质差：农村生活污水处理系统的污水水量通常较小，水质也比城市差，污水中含有大量的有机物、营养物质、微生物等。因此，在进水水质设计时应根据实际情况适当提高进水水质标准，以确保出水水质达到要求。

② 非规模化处理：农村生活污水处理通常是小规模、分散的处理方式，处理工艺也相对简单。因此，在进水水质设计时需要考虑设备的运行和维护成本，以免过高的进水水质标准影响整个工程的可行性。

具体设计参数需要考虑以下几点。

① 区分不同来源污水：农村污水来源复杂，包括室内生活污水、农业生产污水、畜禽养殖污水等，应对不同来源的污水进行区分处理，确定相应的进水水质标准。

② 确定进水水质标准：根据农村生活污水的水质特点和处理工艺的适用性，合理确定进水水质标准，包括化学需氧量（COD）、氨氮、总磷、总氮等指标。

③ 考虑季节性变化：因农村污水的污染物浓度在不同季节有较大的差异，进水水质设计应考虑季节性变化，对不同季节的污水设置相应的进水水质标准，以确保出水水质的稳定性。

④ 考虑对环境的影响：农村生活污水的处理一般是在自然环境中进行，进水水质设计需要考虑对环境的影响，不能超过当地环境承载能力，以避免对周边环境造成污染。

⑤ 考虑运行和维护成本：进水水质标准的制定还应考虑到设备的运行和维护成本。过高的进水水质标准可能会导致设备的负荷过重，增加运行和维护的成本，影响处理系统的经济性。

⑥ 农村生活污水水质应根据实地调查数据确定。当缺乏调查数据时，设计水质宜根据当地人口规模、用水现状、生活习惯、经济条件、地区规划等确定或根据其他类似地区排水水质确定。当农户未设置化粪池时，可按表3-3的数值确定。

表3-3 农村居民生活污水水质参数值 单位：mg/L（pH值无量纲）

主要指标	pH值	SS	COD	BOD$_5$	NH$_3$-N	TP
建议取值范围	6.5～8.5	100～200	100～450	70～300	20～90	2.0～7.0

注：污水单独经化粪池处理后出水浓度高于表中参考值。

⑦ 农村生活污水排放量应根据实地调查数据确定。当缺乏实地调查数据时，污水排放量应根据当地人口规模、用水现状、生活习惯、经济条件地区规划等确定或根据其他类似地区排水量确定，也可根据表3-4的数值和排放系数确定。

表3-4　农村居民日用水量参考值

村庄类型	用水量/[L/（人·d）]
有水冲厕所，有淋浴设施	100～180
有水冲厕所，无淋浴设施	60～120
无水冲厕所，有淋浴设施	50～80
无水冲厕所，无淋浴设施	40～60

3.2.4　生活污水处理设施建设要求

农村生活污水处理设施，作为农村环境管理中不可或缺的一环，对农村环境质量起着决定性作用。这类设施包括污水处理装置、污泥处理设备等。考虑到农村环境的特殊性，如设施点众多、分布区域广泛、环境情况复杂且设施建设所需投资大，因此工程设施的建设质量与管理水平对设施运行效果有直接影响。

为了有效地提升农村生活污水处理工程的建设质量与管理水平，并进一步进行成本控制，以充分发挥农村生活污水处理工程对农村环境改善的作用，必须按照各地实际情况和需求进行建设。这包括在经济发展与环境保护之间，以及污水处理与利用之间找到平衡点，同时结合农村和农业的发展规划，充分利用现有条件和设施。农村生活污水处理的实施应以县级行政区为单位，进行统一规划、建设、运行与管理。

污水处理工程的位置和用地选择必须遵守国家和地方的相关规定，且污水处理设施应尽可能避开居民区、水源保护区等敏感区域。当前，我国农村生活污水处理主要以县城为单位进行，但各设施处理的规模差距较大。我国适用的农村生活污水处理的方式应当根据每个村庄的建设规划和区位特点，通过对农村生活污水处理设施的建设、运行、维护及管理进行综合经济比较和分析，进而因地制宜地选择适宜的处理方式、技术工艺和管理方式。在这一过程中，我们应优先考虑将资源化利用与农业生产结构相结合。

为了保证农村生活污水治理系统的稳定运行，条件允许的地区需要积极推动城镇污水处理设施和服务向农村延伸，鼓励县域内的污水处理设施进行专业化建设和运行。考虑到农村生活污水处理设施分散，频繁密集地监测会耗费大量的人力、物力和财力，应更加重视对污水处理设施可靠性及其建设质量的监管，并积极探索设备的第三方认证和从业人员的专业化。另外，也应统筹考虑污水处理项目的建设和运行资金来源，并建立相应的保障制度。

3.3　村镇生活污水治理排放标准

3.3.1　分类分级

在总体污染物排放控制的要求中，包括标准分级、控制指标的确定以及污染物排放控制的要求。考虑到排放对象、排放地点和治理设施规模的差异，农村生活污水处理设施的排放标准进行分类分级。参照国家标准《城镇污水处理厂污染物排放标准》（GB 18918—2002）的相关规定，农村生活污水排放标准可以分为以下四个类别。

① 一类排放标准：适用于污水排入地表水功能区，主要用于农业灌溉、农村生活以及景观水等。

② 二类排放标准：适用于污水排入地表水功能区，主要用于渔业生产以及水生态环境保护等。

③ 三类排放标准：适用于污水排入地表水功能区，主要用于城市景观水、工业用水以及公园用水等。

④ 四类排放标准：适用于污水排入土壤，主要用于农业灌溉、绿化以及公园用水等。

处理后的水排放方式可以分为直接排入水体、间接排入水体以及尾水利用。根据国家标准《城镇污水处理厂污染物排放标准》（GB 18918—2002）、《地表水环境质量标准》（GB 3838—2002）、《城市污水再生利用 景观环境用水水质》（GB/T 18921—2019）、《农田灌溉水质标准》（GB 5084—2021）、《渔业水质标准》（GB 11607—1989）以及《农村生活污水排放标准》（DB 13/2171—2020）对比水质标准限值。

3.3.2 控制指标确定

控制指标至少应涵盖pH值、悬浮物（SS）以及化学需氧量（COD）三项基础指标，可以根据具体情况增加地方控制指标。具体应用如下：

① 当出水直接排入符合《地表水环境质量标准》（GB 3838—2002）的地表水Ⅱ类、Ⅰ类功能水域，或《海水水质标准》（GB 3097—1997）Ⅱ类海域，以及村庄附近池塘等环境功能未明确的水体时，除了上述基础指标外，还应添加氨氮（NH_3-N，以N计）作为控制指标。

② 当出水直接排入符合GB 3838—2002地表水Ⅳ、Ⅴ功能水域，或GB 3097—1997中的Ⅲ、Ⅳ类海域时，污染物控制指标至少应包括pH值、悬浮物（SS）、化学需氧量（COD）。

③ 当出水排入封闭水体时，除了上述指标外，应添加总氮（TN，以N计）和总磷（TP，以P计）作为控制指标。

④ 当出水排入超标因子为氮磷的不达标水体时，除了上述指标外，还应增加超标因子相应的控制指标。

⑤ 对于提供餐饮服务的农村旅游项目的生活污水处理设施，除了上述基础指标外，还应添加动植物油作为控制指标。

3.3.3 污染物排放控制要求

污染物排放控制要求应用于农村生活污水处理设施的监测和控制，包括排放限值、尾水利用和采样监测等详细要求（见表3-5～表3-7）。农村生活污水处理设施的控制指标值应参照《城镇污水处理厂污染物排放标准》（GB 18918—2002）中的相关指标标准浓度限值，同时需综合考虑农村地理条件、人口密度、污水产生的规模、排放方向以及人居环境改善需求、自然景观、受纳水体污染物排放总量控制要求及现有技术水平等因素。对于小规模的污水治理设施，原则上可以适当放宽限制，但应制定标准实施的技术和管理措施。

表3-5 出水排放标准与各类再生利用标准

单位：mg/L

项目		《城镇污水处理厂污染物排放标准》(GB 18918—2002)				《地表水环境质量标准》(GB 3838—2002)					《城市污水再生利用 景观环境用水质》(GB/T 18921—2019)							《农田灌溉水质标准》(GB 5084—2021)			《渔业水质标准》(GB 11607—1989)
		一级标准 A	一级标准 B	二级标准	三级标准	I类	II类	III类	IV类	V类	观赏性景观环境用水 河道类	观赏性景观环境用水 湖泊类	观赏性景观环境用水 水景类	娱乐性景观环境用水 河道类	娱乐性景观环境用水 湖泊类	娱乐性景观环境用水 水景类	景观湿地环境用水	水田作物	旱地作物	蔬菜	
pH值		6~9				6~9					6.0~9.0							5.5~8.5			6.5~8.5
悬浮物	≤	10	20	30	50													80	100	60④,15⑤	10
溶解氧	≥					7.5	6	5	3	2												5
高锰酸盐指数	≤					2	4	6	10	15												
五日生化需氧量	≤	10	20	30	60①	3	3	4	6	10	10	6	6	10	6	6	10	60	100	40④,15⑤	5
化学需氧量	≤	50	60	100	120①	15	15	20	30	40								150	200	100④,60⑤	
氨氮（以N计）	≤	5(8)②	8(15)②	25(30)②	—	0.15	0.5	1	1.5	2	5	3	3	5	3	3	5				
总氮（以N计）	≤	15	20	—	—	0.2*	0.5*	1.0*	1.5*	2.0*											
总磷（以P计）	≤	1(0.5)③	1.5(1)③	3	5	0.02, 0.01	0.1, 0.025	0.2, 0.05	0.3, 0.1	0.4, 0.2	0.5	0.3	0.3	0.5	0.3	0.3	0.5				

① 下列情况下按去除率指标执行：当进水COD>350mg/L时，去除率应>60%；BOD>160mg/L时，去除率应>50%。
② 括号外数值为水温>12℃时的控制指标，括号内数值为水温≤12℃时的控制指标。
③ 括号外数值为2005年12月31日前建设的控制指标，括号内数值为2006年1月1日起建设的控制指标。
④ 加工、烹调及去皮蔬菜。
⑤ 生食类蔬菜、瓜类及草本水果。

注：1. 表中"*"表示湖、库。
2. 渔业水质标准中括号内数值适应于贝类养殖水质；此外，悬浮物质沉积于底后部，不得使鱼、虾、贝类产生有害的影响；不得使鱼、虾、贝、藻类带有异色、异臭、异味；水面不得出现明显油膜或浮沫；BOD_5不超过5mg/L，冰封期不超过3mg/L；DO 16h以上大于5mg/L，其余时候大于3mg/L，对于鲑科鱼类栖息水域其余任何时候大于4mg/L；凯氏氮≤0.05mg/L。

表3-6　各省市（自治区）农村生活污水出水排放标准　　　　单位：mg/L

行政区域	标准名称	施行时间	标准	化学需氧量（COD）	悬浮物（SS）	氨氮（以N计）	总氮（以N计）	总磷（以P计）
华北	北京市《农村生活污水处理设施水污染物排放标准》（DB 11/1612—2019）	2019年1月	一级A	30	15	1.5(2.5)	15	0.3
			一级B	30	15	1.5(2.5)	20	0.5
			二级A	50	20	5(8)	—	0.5
			二级B	60	20	8(15)	—	1.0
	天津市《农村生活污水处理设施水污染物排放标准》（DB 12/889—2019）	2019年7月	一级	50	20	5(8)	20	1
			二级	60	20	8(15)	—	2
	山西省《农村生活污水处理设施水污染物排放标准》（DB 14/726—2019）	2019年11月	一级	50	20	5(8)	20	1.5
			二级	60	30	8(15)	30	3
	河北省《农村生活污水排放标准》（DB 13/2171—2020）	2021年3月	一级	50	10	5(8)	15	0.5
			二级	60	20	8(15)	20	1
华南	海南省《农村生活污水处理设施水污染物排放标准》（DB 46/483—2019）	2019年12月	一级	60	20	8	20	1
			二级	80	30	20	—	3
	广东省《农村生活污水处理排放标准》（DB 44/2208—2019）	2020年1月	一级	60	20	8(15)	20	1
			二级	70	30	15	—	—
	广西壮族自治区《农村生活污水处理设施水污染物排放标准》（DB 45/2413—2021）	2022年6月	一级	60	20	8(15)	20	1.5
			二级	100	30	15	—	3
华东	上海市《农村生活污水处理设施水污染物排放标准》（DB 31/T1163—2019）	2019年7月	一级A	50	10	8	15	1
			一级B	60	20	15	25	2
	江西省《农村生活污水处理设施水污染物排放标准》（DB 36/1102—2019）	2019年9月	一级	60	20	8(15)	20	1
			二级	100	30	25(30)	—	3
	福建省《农村生活污水处理设施水污染物排放标准》（DB 35/1869—2019）	2019年12月	一级	60	20	8	20	1
			二级A	100	30	25(15)	—	3
			二级B	120	50	25(15)	—	—
	安徽省《农村生活污水处理设施水污染物排放标准》（DB 34/3527—2019）	2020年1月	一级A	50	20	8(15)	20	1
			一级B	60	30	15(25)	30	3
			二级	100	50	25(30)	—	—
	山东省《农村生活污水处理处置设施水污染物排放标准》（DB 37/3693—2019）	2020年3月	一级	60	20	8(15)	20	1.5
			二级	100	30	15(20)	—	—
	江苏省《农村生活污水处理设施水污染物排放标准》（DB 32/3462—2020）	2020年11月	一级A	60	20	8(15)	20	1
			一级B	60	20	8(15)	30	3
			二级	100	30	15	30	3

行政区域	标准名称	施行时间	标准	化学需氧量（COD）	悬浮物（SS）	氨氮（以N计）	总氮（以N计）	总磷（以P计）
华东	浙江省《农村生活污水集中处理设施水污染物排放标准》（DB 33/973—2021）	2022年1月1日	一级	60		8(15)		
			二级	100				
西北	陕西省《农村生活污水处理设施水污染物排放标准》（DB 61/1227—2018）	2019年1月	特别排放限值	60	20	15	20	2
			一级	80	20	15	—	2
			二级	150	30	—	—	3
	甘肃省《农村生活污水处理设施水污染物排放标准》（DB 62/T 4014—2019）	2019年9月	一级	60	20	8(15)	20	2
			二级	100	30	15(25)	—	3
	新疆维吾尔自治区《农村生活污水处理排放标准》（DB65 4275—2019）	2019年11月	一级	60	20	8(15)	20	—
			二级	60	25	8(15)	20	—
	青海省《农村生活污水处理排放标准》（DB 63/T 1777—2020）	2020年7月	一级	60	15	8(10)	20	1.5
			二级	80	20	8(15)	—	3
华中	河南省《农村生活污水处理设施水污染物排放标准》（DB 41/1820—2019）	2019年7月	一级	60	20	8(15)	20	1
			二级	80	30	15(20)	—	2
	湖南省《农村生活污水处理设施水污染物排放标准》（DB 43/1665—2019）	2020年3月	一级	60	20	8(15)	20	1
			二级	100	30	25(30)	—	3
	湖北省《农村生活污水处理设施水污染物排放标准》（DB 42/1537—2019）	2020年7月	一级	60	20	8(15)	20	1
			二级	100	30	8(15)	25	3
西南	贵州省《农村生活污水处理水污染物排放标准》（DB 52/1424—2019）	2019年9月	一级	60	20	8(15)	20	2
			二级	100	30	15	30	3
	云南省《农村生活污水处理设施水污染物排放标准》（DB 53/T 953—2019）	2019年12月	一级A	60	20	8(15)	20	1
			一级B	60	20	8(15)	20	1
			二级	100	30	15(20)	—	3
	四川省《农村生活污水处理设施水污染物排放标准》（DB 51/2626—2019）	2020年1月	一级	60	20	8(15)	20	1.5
			二级	80	30	15	—	3
	西藏自治区《农村生活污水处理设施水污染物排放标准》（DB 54/T 0182—2019）	2020年1月	一级	60	20	15(20)	—	2
			二级	100	30	25(30)	—	3

行政区域	标准名称	施行时间	标准	化学需氧量（COD）	悬浮物（SS）	氨氮（以N计）	总氮（以N计）	总磷（以P计）
西南	重庆市《农村生活污水集中处理设施水污染物排放标准》（DB 50/848—2021）	2021年12月	一级	60	20	8(15)	20	2(1)
			二级	100	30	20(15)	—	3(2)
东北	黑龙江省《农村生活污水处理设施水污染物排放标准》（DB 23/2456—2019）	2019年9月	一级	60	20	8(15)	20	1
			二级	100	30	25(30)	35	3
	辽宁省《农村生活污水处理设施水污染物排放标准》（DB 21/3176—2019）	2020年3月	一级	60	20	8(15)	20	2
			二级	100	30	25(30)	—	3
	吉林省《农村生活污水处理设施水污染物排放标准》（DB 22/3094—2020）	2020年4月	一级	60	20	8(15)	20	1
			二级	100	30	25(30)	35	3

注：括号中数字指最大值。

表3-7　水质标准分级要求

水质标准	标准分级要求		备注
广东省《农村生活污水处理排放标准》（DB 13/2171—2020）	500m³/d以上规模（含500m³/d）的农村生活污水处理设施参照执行GB 18918		
	一级标准	出水排入环境功能明确的水体	
	二级标准	处理规模20m³/d及以上的设施出水排入环境功能未明确的水体，应保证不发生黑臭	
	三级标准	处理规模小于20m³/d的设施出水排入环境功能未明确的水体，应保证不发生黑臭	
	特别排放限值	根据水生态环境管理的需要，位于水环境功能重要、水环境容量较小或者未达到水环境质量目标的地区	
《城镇污水处理厂污染物排放标准》（GB 18918—2002）	一级A标准	出水引入稀释能力较小的河湖作为城镇景观用水和一般回用水等用途时，执行一级标准的A标准	一类重金属污染物和选择控制项目不分级
	一级B标准	出水排入GB 3838地表水Ⅲ类功能水域（划定的饮用水水源保护区和游泳区除外）、GB 3097海水Ⅱ类功能水域和湖、库等封闭或半封闭水域时，执行一级标准的B标准	
	二级标准	城镇污水处理厂出水排入GB 3838地表水Ⅳ、Ⅴ类功能水域或GB 3097海水Ⅲ、Ⅳ类功能海域，执行二级标准	
	三级标准	非重点控制流域和非水源保护区的建制镇的污水处理厂，根据当地经济条件和水污染控制要求，采用一级强化处理工艺时，执行三级标准。但必须预留二级处理设施的位置，分期达到二级标准	
《地表水环境质量标准》（GB 3838—2002）	Ⅰ类	主要适用于源头水、国家自然保护区	
	Ⅱ类	主要适用于集中式生活饮用水地表水源地一级保护区、珍稀水生生物栖息地、鱼虾类产卵场、仔稚幼鱼的索饵场等	
	Ⅲ类	主要适用于集中式生活饮用水地表水源地二级保护区、鱼虾类越冬场、洄游通道、水产养殖区等渔业水域及游泳区	
	Ⅳ类	主要适用于一般工业用水区及人体非直接接触的娱乐用水区	
	Ⅴ类	主要适用于农业用水区及一般景观要求水域	

水质标准	标准分级要求		备注
《城市污水再生利用 景观环境用水水质》（GB/T 18921—2019）	观赏性景观环境用水	以观赏为主要使用功能的、人体非直接接触的景观环境用水，包括不设娱乐设施的景观河道、景观湖泊及其他观赏性景观用水	全部或部分由再生水组成
	娱乐性景观环境用水	以娱乐为主要使用功能的、人体非全身性接触的景观环境用水，包括设有娱乐设施的景观河道、景观湖泊及其他娱乐性景观用水	
	景观湿地环境用水	为营造城市景观而建造或恢复的湿地的环境用水	
《农田灌溉水质标准》（GB 5084—2021）	水田作物	适于水田淹水环境生长的农作物，如水稻等	
	旱地作物	适于旱地、水浇地等非淹水环境生长的农作物，如小麦、玉米、棉花等	
	蔬菜		

需要特别注意的是，《农村生活污水排放标准》（DB 13/2171—2020）一级标准与《城镇污水处理厂污染物排放标准》（GB 18918—2002）一级B标准的要求相同。对于具有特定保护要求的地区，农村污水排放标准将采取特殊限值，等同于GB 18918—2002的一级A标准。《农田灌溉水质标准》对有机物含量有限定，但对氮磷没有限定要求。景观水体对TN没有限定要求。而《城市污水再生利用 城市杂用水水质》（GB/T 18920—2020）对有机物BOD$_5$与氨氮有限定要求，但对TN和TP没有要求。在所有标准中，《地表水环境质量标准》的要求最为严格。对于直接排入GB 3838—2002地表水Ⅱ类、Ⅰ类功能水域和GB 3097—1997Ⅱ类海域的出水，其控制指标值应参考GB 18918—2002一级B标准的浓度限值，且污染物总量应满足水体功能的要求。

对于排入GB 3838—2002地表水Ⅳ类、Ⅴ类功能水域和GB 3097—1997Ⅲ类、Ⅳ类海域的出水，其控制指标值应参考GB 18918—2002二级标准的浓度限值。如果受纳水体对TN（以N计）有控制要求，地方应根据实际情况科学制定其排放浓度限值。

对于直接排入村庄附近池塘等环境功能未明确的水体的出水，应确保该受纳水体不发生黑臭，其基本控制指标值应参考GB 18918—2002三级标准的浓度限值，氨氮（NH$_3$-N，以N计）应参考《城市黑臭水体整治工作指南》[建城（2015)130号]中规定的轻度黑臭水体的浓度限值。

对于经过自然湿地等间接排入水体的出水，其控制指标值应参考GB 18918—2002三级标准的浓度限值，同时，自然湿地等出水应满足受纳水体的污染物排放控制要求。

3.3.4 尾水再生利用要求

农村尾水再生利用是指通过一系列处理工艺，将经过废水处理的尾水（也称为回用水、再生水或废水再生水）达到符合特定用途的水质标准，以实现水资源的循环利用。在尾水利用中，必须严格遵守国家或地方相关标准和要求，以确保再生水的质量和使用安全。农村尾水主要包括以下几类再生利用途径。

① 农田施肥用水：尾水用于农田、林地或草地施肥，其水质必须符合相关的施肥标准和环境要求，以防止对环境造成污染。

② 农田灌溉用水：尾水用于农田灌溉时，其水质控制需遵循《农田灌溉水质标准》（GB 5084—2021）中的规定。

③ 渔业用水：尾水用于渔业，其水质应满足《渔业水质标准》（GB 11607—1989）中的

相关控制指标。

④ 景观环境用水：尾水应用于景观环境时，其水质控制需符合《城市污水再生利用　景观环境用水水质》（GB/T 18921—2019）中的规定。

⑤ 特定用途：对于其他特定利用情境，如果没有相应再生利用水水质要求，可根据尾水的性质、土壤特点和生态环境保护需求，在排放标准中规定尾水应达到的水质标准和监控要求。

⑥ 功能未明确水体：如果尾水用途的水体功能未明确，地方生态环境和农业农村主管部门应根据当地水环境实际情况进行适当决策和管理。

总之，农村尾水再生利用需要遵循严格的水质标准和法规，确保再生水的质量安全，以促进水资源的可持续利用，保护环境，促进农村可持续发展。

3.4 生态处理技术指南规范

人工湿地在农村生活污水处理中具有重要的应用价值。中华人民共和国住房和城乡建设部、生态环境部和各个省、市相关部门等先后颁布实施了人工湿地相关技术导则、规范和规程（表3-8和表3-9）。这些规范和指南为人工湿地技术的应用、设计、运行等方面提供了指导，旨在确保人工湿地在农村生活污水处理中能够有效地发挥作用，并达到环境保护和水质净化的要求。

表3-8 国家级人工湿地指南、规范、导则

名称	编号	颁布部门
《人工湿地污水处理技术导则》	RISN-TG006—2009	住房和城乡建设部
《污水自然处理工程技术规程》	CJJ/T 54—2017	住房和城乡建设部
《人工湿地污水处理工程技术规范》	HJ 2005—2010	环境保护部
《人工湿地水质净化技术指南》	环办水体函［2021］173号	生态环境部办公厅

表3-9 省级人工湿地指南、规范、规程

地区		名称		颁布部门
华东	江苏	《人工湿地污水处理技术规程》	（DGJ32/TJ 112—2010）	江苏省住房和城乡建设厅
		《有机填料型人工湿地生活污水处理技术规程》	（DGJ32/TJ 168—2014）	江苏省住房和城乡建设厅
	上海	《人工湿地污水处理技术规程》	（DG/TJ 08-2100—2012）	上海市城乡建设和交通委员会
	安徽	《生活污水处理厂尾水人工湿地工程技术规程》	（DB34/T 4384—2023）	安徽省住房和城乡建设厅、安徽省城建设计研究院
	浙江	《浙江省生活污水人工湿地处理工程技术规程》	（2015）	浙江省环保产业协会
	山东	《人工湿地水质净化工程竣工环境保护验收技术规范》	（DB37/T 3393—2018）	山东省质量技术监督局
		《人工湿地水质净化工程技术指南》	（DB37/T 3394—2018）	山东省质量技术监督局
华北	北京	《农村生活污水人工湿地处理工程技术规范》	DB11/T 1376—2016	北京市质量技术监督局
	天津	《天津市人工湿地污水处理技术规程》	DB/T 29-259—2019	天津市城乡建设委员会
华中	河南	《污水处理厂尾水人工湿地工程技术规范》	DB41/T 1947—2020	河南省环境保护厅、河南省质量技术监督局
西南	云南	《高原湖泊区域人工湿地技术规范》	DB53/T 306—2010	云南省质量技术监督局

3.5 污泥处理

污泥处理是农村生活污水治理工程中至关重要的环节,其处理效果直接影响到治理工程的成效和环境保护的效果。因此,应根据当地的实际情况进行综合考虑,选择适合的处理方法,并合理地利用污泥资源。

常见的污泥处理方法包括厌氧消化、好氧消化和干化处理。厌氧消化是指将污泥置于密封的反应器中,通过微生物作用将有机物分解为沼气等有价值的副产物。好氧消化则在氧气充足的环境中进行,使有机物质得以分解和氧化,减少体积和有机质含量。干化处理通过脱水处理来降低污泥的含水量,达到减少体积和重量的目的。

在选择污泥处理方法时需要考虑气候、资源状况、处理设备和运营成本等因素,选择经济实用、可持续的方法。同时,应合理利用污泥资源,例如用于土壤改良或制成有机肥料等,实现资源循环利用和环保效益最大化。

在进行污泥处理时,安全性是至关重要的。处理过程中,要严格控制气味、噪声和污染物排放,以防对周围环境和人体健康造成不良影响。同时,要强化污泥处理设施的运营管理,定期检查设施运行情况,确保稳定、安全、高效地运行,以预防污染和事故发生。

参考文献

[1] 中央农村工作领导小组办公室,等.关于进一步推进农村生活污水治理的指导意见 [EB].中农发 [2019] 14号文.

[2] 生态环境部土壤生态环境司.农村生活污水治理设施水污染物排放控制规范编制工作指南(试行)[2019] 403号文.

[3] 中华人民共和国住房和城乡建设部.农村生活污水处理工程技术标准:GB/T 51347—2019[S].

[4] 生态环境部土壤生态环境司.中国环境科学研究院.农村生活污水治理技术手册[M].北京:中国环境出版集团,2020.

[5] 广东省市场监督管理局.农村生活污水处理排放标准:DB 44/2208—2019[S].

[6] 国家环境保护总局.城镇污水处理厂污染物排放标准:GB 18918—2002[S]

[7] 国家环境保护总局.地表水环境质量标准:GB 3838—2002[S].

[8] 国家市场监督管理总局.城市污水再生利用 景观环境用水水质:GB/T 18921—2019[S].

[9] 国家市场监督管理总局.城市污水再生利用及城市杂用水水质:GB/T 18920—2020[S].

[10] 生态环境部.农田灌溉水质标准:GB 5084—2021[S].

[11] 国家环境保护总局.渔业水质标准:GB 11607—1989[S].

[12] 中华人民共和国国家标准.农村生活污水处理工程技术标准:GB/T 51347—2019[S].

[13] 中华人民共和国国家标准.城市污水处理厂污泥处置技术规程:GB/T 23469—2009[S].

第 4 章
村镇污水处理技术概述

当前，农村地区生活污水处理的模式有：采用纳管接入城镇污水处理厂，以村镇为单位的集中污水处理，单户或多户的分散式污水处理。在治理模式方面，按照农民新村、自然村落、散居农户的分类方式推进农村污水治理工作。农民新村距离城镇近，宜突出经济性，选择集中收集处理、纳入城镇污水管网等收集处理方式；自然村落可根据人口聚集度、现有污水收集系统建设情况，选择分户处理或集中收集处理等方式；散居农户宜采取就地资源化的处理方式。

农村生活污水处理是通过物理、生物或生态技术将污水中对生活或环境有害的污染物质进行去除、降解或无害化处理后，使污水能达标排放或再利用。农村生活污水处理包括污水预处理技术（格栅池、调节池、沉淀池等）、生物处理技术（厌氧生物膜反应器、生物接触氧化、氧化沟等）和生态处理技术（人工湿地、稳定塘、土地渗滤、生态滤池等）。同时辅以适当的物理技术（沉淀、曝气等）和化学技术（加药等），确保良好的处理效果。

在非敏感水体的农村地区，因地制宜选择组合生态处理技术（如人工湿地、自然塘、土壤渗滤等），发挥投资成本小、运行费用低、运行维护简单等应用优势。除生活污水，农村地区大量产生畜禽养殖废水、农家乐餐饮废水等，其中富含氮、磷资源，应尽量选择混合废水处理工艺，统一处理农村生活污水、畜禽养殖废水，协同推进人畜粪污"低碳无废"治理工作，协调污水处理体系的规模及布局。

鉴于农村生活污水基本不含有毒/有害物质，应积极推动农村生活污水经过适当处置后用作农业生产灌溉水或排入灌溉渠道。实施农村生活污水资源化利用，辅助解决灌溉水量缺失问题。在不宜开展资源化利用的地区，尾水排放标准可根据环境敏感性、水环境容量等因素综合考虑。

解决农村生活污水、改善农村生态环境对于保障整个农村居民的生活、实现农村经济的可持续发展有重要意义。农村生活污水处理技术选用过程中，应优先考虑农村生活污水的资源化利用，不能开展污水回用的地区则确保污水处理后达标排放。农村生活污水处理技术的选择应综合考虑地域特点、经济条件、用途要求等因素，同时尽量控制包括收集系统在内的治理设施建设及运行费用，追求运行管理简便，依靠当地居民即能维持正常运行。此外，建立科学的运行管理体系和监测评估机制，确保污水处理工程的稳定运行和有效处理效果。

考虑到农村居住、经济、现有设施建设等问题，本章针对农村生活污水的处理，应依据当地环境和自然条件现状、经济承受能力等选择最佳的污水处理方式。也可以灵活组合生态处理技术，如"化粪池+潜流式人工湿地"工艺的庭院式污水处理技术或"厌氧/跌水充氧接触氧化/人工湿地"工艺的分散式处理技术等，因地制宜，选择合适的工艺，使生态效益和环境美学效应达到"平衡共赢"。

4.1 预处理技术

污水预处理是为满足污水处理工程总体要求，在进入传统的集中式或分散式处理之前，根据后续处理流程对水质的要求而设置的流程。预处理的目的是将废水中对微生物有毒害、有抑制作用的物质尽可能地削减和去除或转化为对微生物无害或有利的物质，以保证后续处理微生物能正常运行，同时在预处理过程中削减污染物负荷，减轻后续处理的运行负担。

常见的污水预处理技术及构筑物包括化粪池、格栅池、调节池、沉砂池、沼气池等。这些预处理工艺和设施的合理应用，能有效减少污水中的污染物负荷，保证后续处理单元的正常运行，并降低整体污水处理成本，具体功能如下。

① 去除悬浮物：通过格栅机等设施去除污水中的大颗粒悬浮物和固体杂质，防止这些物质对后续处理单元造成堵塞和损坏。

② 调节水质水量：对污水进行初步调节，平衡水量和水质波动，确保后续处理单元能够稳定运行。

③ 改善可生化性：预曝气等手段改善污水的可生化性，提高后续生物处理的效率。

④ 去除废水中的特定污染物：如油脂类物质、有机污染物和专项污染物等，通过化粪池等设施去除或转化，保证后续处理的有效性。

4.1.1 化粪池

化粪池是一种利用沉淀和厌氧微生物发酵的原理，是以去除粪便污水或其他生活污水中悬浮物、有机物和病原微生物为主要目的的污水初级处理设施。污水通过化粪池的沉淀作用可去除大部分悬浮物（SS），通过微生物的厌氧发酵作用可降解部分有机物（COD和BOD_5），池底沉积的污泥可用作有机肥。化粪池可有效防止管道堵塞，也可有效降低后续处理单元的污染负荷。

化粪池可广泛应用于农村污水的预处理，特别适用于水冲式厕所粪便与尿液的预处理。它具有结构简单、易施工、造价低、无能耗、运行费用省、卫生效果好、维护管理简便等优点。然而，化粪池也存在一些不足之处，例如沉积污泥多，需定期进行清理；污水易泄漏。此外，化粪池处理效果有限，出水水质较差，一般不能直接排放到水体中，需要经过后续好氧生物处理单元或生态净水单元进一步处理。

根据建筑材料和结构的不同，化粪池主要可分为砖砌化粪池、现浇钢筋混凝土化粪池、预制钢筋混凝土化粪池和玻璃钢化粪池等。根据池子形状，可以分为矩形化粪池和圆形化粪池。根据池子格数，可以分为单格化粪池、两格化粪池、三格化粪池和四格化粪池等（图4-1）。

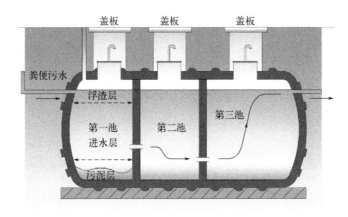

图4-1　三格化粪池示意

　　在化粪池的设计过程中，可参考《给排水设计手册》第2册和化粪池标准图集，并结合出水水质要求进行设计。通过合理的设计和建设，化粪池可以在农村地区提供有效的初级污水处理，为后续处理提供较为良好的水质，确保农村环境和居民健康的卫生安全。

4.1.2　格栅池

　　格栅池是污水泵站中最主要的辅助设备（图4-2）。其主要作用是进行废水固液分离，拦截污水中的大粒径悬浮物或胶体，以防止其堵塞后续单元的机泵或管道。这些悬浮物包括小至树枝、木料、塑料袋、破布条、碎砖石块、瓶盖、尼龙绳等杂物。格栅的拦截作用，可以节省垃圾后续处理措施的费用和占地面积。但是格栅只能进行废水固液分离，去除固体废弃物或大粒径悬浮物，并不能去除水体中的污染物。

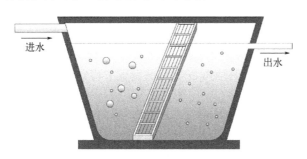

图4-2　格栅池示意

　　格栅一般由一组平行的栅条组成，格栅前渠道内的水流速度一般采用0.4～0.9m/s。格栅的倾斜角一般采用45°～80°，斜置于集水池的进口处。在设计格栅池时，应根据具体的格栅选型，进行配套设计。主要类型的格栅有以下几种分类。

　　① 按格栅条间距的大小分类：分为细格栅、中格栅和粗格栅，其栅条间距分别为4～20mm、20～40mm和＞40mm。

② 按清渣方式不同分类：分为人工除渣格栅和机械除渣格栅。人工清渣主要用于粗格栅。

③ 按栅耙的位置不同分类：分为前清渣式格栅和后清渣式格栅。前清渣式格栅需要顺水流清渣，后清渣式格栅需要逆水流清渣。

④ 按形状不同分类：分为平面格栅和曲面格栅。在实际工程中，平面格栅使用较多。

⑤ 按构造特点不同分类：分为抓扒格栅、循环式格栅、弧形格栅、回转式格栅、转鼓式格栅和阶梯式格栅等。

格栅池的设计应充分考虑以上分类和特点，以满足特定工程的处理要求，并确保其正常运行和有效拦截废水中的杂物。

4.1.3　调节池

调节池是为了确保污水处理设施能够正常工作，不受废水高峰流量或浓度变化等进水波动影响，而在污水处理设施之前设置的水池（图4-3）。调节池的主要作用是均质和均量，同时可以考虑兼有沉淀、混合、加药、中和、酸化等功能。其目的是通过稳定进水水量和水质，提供对有机负荷的缓冲能力，控制pH值，为后续水处理系统提供稳定和优化的操作条件。

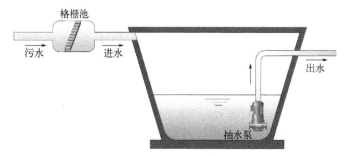

图4-3　调节池示意

调节处理一般按其主要调节功能分为水量调节和水质调节两类。

① 水量调节较为简单，一般只需设置一个简单的水池，保持必要的调节池容积并使出水均匀即可。水量调节包括线内调节和线外调节。

② 水质调节的任务是对不同时间或不同来源的污水进行混合，使流出的水质比较均匀，以避免后续处理设施承受过大的冲击负荷。水质调节可以采用外加动力调节和差流方式调节。外加动力调节是在调节池内，采用外加叶轮搅拌、鼓风空气搅拌、水泵循环等设备对水质进行强制调节，它的设备比较简单，运行效果好，但运行费用高。而差流方式调节是通过差流设施使不同时间和不同浓度的污水进行混合，这种方式基本上没有运行费用，但设备较复杂。常见的差流方式调节池有对角线调节池和同心圆调节池。根据实际情况选择合适的水质调节方式。

4.1.4　沉淀池

沉淀池是一种利用重力沉降作用将密度比水大的悬浮颗粒从水中去除的处理构筑物，是废水处理中应用最广泛的处理单元之一，可用于废水的初级处理、生物处理的末端处理以及深度处理（图4-4）。沉淀过程简单易行，分离效果较好。

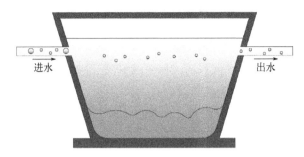

图4-4 沉淀池示意

沉淀池通常包括进水区、沉淀区、缓冲区、污泥区和出水区五个部分。这些区域的作用如下。

① 进水区和出水区：这两个区域的作用是使水流均匀地流过沉淀池，避免短流和减少紊流对沉淀产生不利的影响，同时减少死水区、提高沉淀池的容积利用率。

② 沉淀区：也称为澄清区，是沉淀池的工作区，是可以沉淀颗粒并与废水分离的区域，其主要功能是去除悬浮颗粒。

③ 污泥区：用于污泥贮存、浓缩和排出，其中沉淀的颗粒形成污泥，并进行后续处理。

④ 缓冲区：分隔沉淀区和污泥区的水层区域，保证已经沉淀的颗粒不因水流搅动而再次浮起，有助于稳定沉淀效果。

根据水在沉淀池内的总体流向，沉淀池分为平流式、竖流式、辐流式和斜管等类型。不同类型沉淀池适用条件如下。

① 平流式沉淀池：适用于地下水位较高的地区，可以用于大、中、小型污水处理工程。

② 竖流式沉淀池：适用于用地紧张、经济条件较高的地区，常见于小型污水处理设施。

③ 辐流式沉淀池：适用于处理水量较大，且地下水位较高的地区。

④ 斜管沉淀池：适用于中小型污水处理工程，或需要进行挖潜改造的平流式沉淀池，通过增加沉淀面积来提高效果。

选择适当的沉淀池类型需要考虑当地的水质特点、处理水量、地形地貌和经济条件等因素，以确保沉淀池能够有效地去除悬浮颗粒，达到预期的处理效果。

4.1.5 沼气池

沼气池是一种利用厌氧发酵技术和兼性生物过滤技术相结合的方法，通过在厌氧和兼性厌氧条件下将生活污水中的有机物分解转化成甲烷、二氧化碳和水，以达到净化处理生活污水的目的，并实现资源化利用。同时，其副产品沼渣和沼液含有多种营养成分的优质有机肥，可以回收运用到农业生产中，或者进一步处理后接入污水处理单元，以避免对环境造成严重污染（图4-5）。

沼气池具有污泥减量效果明显、有机物降解率较高、处理效果好、可以有效利用沼气等优点，通常应用于农村一家一户或联户污水初级处理。此外，也可结合农村畜禽养殖、蔬菜种植和果林种植等产业，形成适合不同产业结构的沼气利用模式，从而实现资源循环利用和环境保护。家用沼气池通常包括如下4种基本类型。

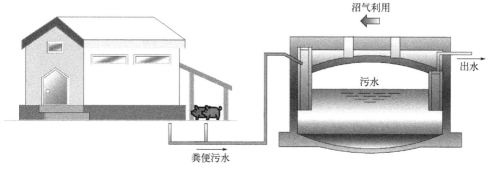

图4-5 沼气池示意

① 水压式沼气池：采用水压原理控制气体产生和排放，在沼气池上部覆盖一定水深，以保持一定的水压，用于控制沼气的产生和收集。

② 浮罩式沼气池：在沼气池上部覆盖浮罩，随着沼气产生，浮罩上升，用于收集沼气。

③ 半塑式沼气池：结合水压式和浮罩式的特点，同时采用塑料材料来构建沼气池。

④ 罐式沼气池：采用罐体来储存沼气，通常较小且移动方便。

4.1.6　隔油池

隔油池是用于分离、收集餐饮污水中的固体污染物和油脂的设施。在农家乐、民宿等场所，餐饮污水经过过滤隔渣后，再经过隔油池的沉淀过程，将悬浮杂物和油水分离，然后进入管网或农村生活污水处理设施。

废水隔油器的处理工艺基本分为以下4大类，也可以根据需要将它们进行组合。

① 重力分离：该处理方式设备相对简单，造价低，处理工艺本身无需电力供应，但除油效率较气浮方式略低。

② 气浮：气浮类的除油率较重力分离高，可以去除浮油、分散油，也可以去除一定的乳化油，出水水质较好。但设备相对复杂，运营管理要求高，需要电力供应，且会排出废气。

③ 吸附过滤：该方式出水水质好，但滤芯要定期更换、反洗或再生。

④ 生化处理：多用于深度处理，出水水质要求较高，适用于无城市下水道的地方。但缺点是需要保证供电，运营管理要求高。

隔油池的设计应综合考虑餐饮污水排水量、水力停留时间、池内水流流速、池内有效容积等因素，各项技术参数指标应按照《建筑给水排水设计标准》（GB 50015—2019）、《餐饮废水隔油器》（CJ/T 295—2015）、《饮食业环境保护技术规范》（HJ 554—2010）等标准进行设计。

4.2　生物处理技术

生物处理技术是利用微生物的代谢作用，将污水中的有机污染物转化为稳定的无害物质。根据微生物在反应中的氧气需求可将其分为好氧菌、兼性厌氧菌和厌氧菌。依赖好氧菌和兼性厌氧菌的称为好氧生物处理法；依赖厌氧菌和兼性厌氧菌的称为厌氧生物处理法。

根据微生物在生物反应器中的存在状态，污水生物处理技术可分为悬浮生长法和附着生长法。悬浮生长法中，微生物保持悬浮状态，通过与污水中的污染物接触完成降解，其中最典型的代表是活性污泥法。附着生长法中，微生物附着在某种载体上生长，当污水流经载体上的生物膜时被净化。其中的典型代表包括生物滤池、生物接触氧化法、生物转盘和膜生物反应器等。

4.2.1 活性污泥处理技术

4.2.1.1 传统活性污泥法

传统活性污泥法（anaerobic oxic，简称AO法）是一种常见的废水处理方法，利用活性污泥中的微生物对废水中的有机污染物进行生化处理（图4-6）。

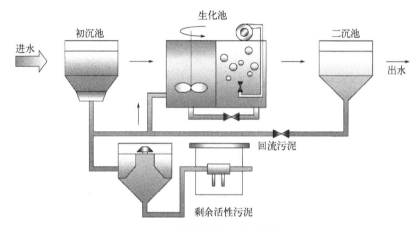

图4-6 活性污泥处理工艺流程

（1）传统活性污泥法系统组成

这种方法通常由曝气池、沉淀池、污泥回流系统和剩余污泥排除系统组成，具体如下。

① 曝气池：曝气池是活性污泥法的核心处理单元。废水进入曝气池后，曝气系统向废水中供氧，使其中的好氧微生物能够进行有氧呼吸代谢，从而分解有机物。

② 沉淀池：曝气池中的废水和活性污泥混合物流向沉淀池。在沉淀池中，污泥沉降并与水分离，澄清后的水流出系统，回流的污泥和剩余污泥则继续循环处理。

③ 污泥回流系统：为了保持曝气池中的活性污泥浓度和微生物浓度，一部分经过沉淀浓缩的污泥会回流至曝气池。这有助于保持系统的生物处理能力和稳定性。

④ 剩余污泥排除系统：在活性污泥法中，活性污泥会随着处理过程中的污泥沉淀产生增殖，同时也有一部分污泥需要定期排出。这些剩余污泥会从系统中移除，并进行后续的处理或处置。

（2）传统活性污泥法阶段组成

传统活性污泥法是由好氧污泥氧化和厌氧污泥反硝化两个阶段组成的，它通过这两个阶段的组合实现了废水中有机物和氮的有效去除。

① 好氧污泥氧化阶段（aerobic stage）。在好氧条件下，废水中的有机物被好氧微生物氧化为二氧化碳和水，并且好氧微生物繁殖增殖。溶解氧是这一阶段的关键因素，因为好

氧微生物需要氧气来代谢有机物。

②厌氧污泥反硝化阶段（anaerobic stage）。在厌氧条件下，厌氧微生物利用废水中的硝酸盐（NO_3^-）和亚硝酸盐（NO_2^-）作为电子受体，将废水中的有机物进行反硝化作用，产生氮气（N_2）和氮氧化物（N_2O，亚硝酸盐）。这一阶段有助于控制氮的排放，特别是对于含氮废水的处理。

③AAO法（anaerobic-anoxic-oxic process）是AO法的一种改进版本，引入了一个缺氧阶段，增强了氮的去除效果，特别适用于含氮废水的处理。

这些活性污泥法是废水处理中常用且有效的方法，能够较好地去除有机物、氮和磷等污染物，使废水符合排放标准或再利用要求。这种方法在废水处理中应用广泛，特别适用于中小型污水处理工程和城市污水处理厂。

（3）传统活性污泥法设计参数

传统活性污泥法的设计参数见表4-1。

表4-1　活性污泥法主要设计参数

参数	单位	去除COD、NH₃-N	去除TN	去除TN、TP
反应池五日生化需氧量污泥负荷	kgBOD₅/(kgMLSS·d)	0.2~0.4	0.05~0.15	0.1~0.2
反应池混合液悬浮固体平均浓度	gMLSS/L	1.5~2.5	2.5~4.5	2.5~4.5
水力停留时间	h	6~12	8~16，其中缺氧0.5~3	7~14，其中厌氧1~2，缺氧0.5~3

注：采用的处理工艺为"厌氧-缺氧-好氧"工艺。

（4）不同池体设计

1）厌氧池（区）容积

厌氧池（区）的有效容积可按式（4-1）计算：

$$V_p = \frac{t_p Q}{24} \tag{4-1}$$

式中　V_p——容积，m^3；

t_p——厌氧池（区）水力停留时间，h；

Q——污水设计流量，m^3/d。

2）好氧池（区）容积

①按污泥负荷计算：

$$V_0 = \frac{Q(S_0 - S_e)}{1000 L_s X} \tag{4-2}$$

$$X_V = yX \tag{4-3}$$

式中　V_0——好氧池（区）的容积，m^3；

Q——污水设计流量，m^3/d；

S_0——生物反应池进水五日生化需氧量，mg/L；

S_e——生物反应池出水五日生化需氧量，mg/L，当去除率大于90%时可不计；

X——生物反应池内混合液悬浮固体（MLSS）平均质量浓度，g/L；

X_V——生物反应池内混合液挥发性悬浮固体（MLVSS）平均质量浓度，g/L；

L_s——生物反应池的五日生化需氧量污泥负荷（BOD_5/MLSS），kg/(kg·d)；

y——单位体积混合液中，MLVSS占MLSS的比例，g/g。

② 按污泥泥龄计算：

$$V_0 = \frac{QY\theta_c(S_0 - S_e)}{1000X_V(1 + K_{dT}\theta_c)} \qquad (4-4)$$

$$K_{dT} = K_{d20}\theta_T^{T-20} \qquad (4-5)$$

式中 V_0——好氧池（区）的容积，m^3；

Q——污水设计流量，m^3/d；

Y——污泥产率(VSS/BOD_5)，kg/kg；

θ_c——设计污泥泥龄，d；

S_0——生物反应池进水五日生化需氧量，mg/L；

S_e——生物反应池出水五日生化需氧量，mg/L，当去除率大于90%时可不计；

X_V——生物反应池内混合液挥发性悬浮固体（MLVSS）平均质量浓度，g/L；

K_{dT}——T℃时的衰减系数，d^{-1}；

K_{d20}——20℃时的衰减系数，d^{-1}，宜取 0.04 ~ 0.075d^{-1}；

θ_T——水温系数，宜取 1.02 ~ 1.06；

T——设计水温，℃。

4.2.1.2 氧化沟活性污泥处理技术

氧化沟活性污泥法也称为循环混合式活性污泥法，属于活性污泥处理工艺的变形工艺（图4-7）。其基本特征是跑道型循环混合式曝气池。常见的氧化沟工艺包括Carrousel（卡鲁塞尔）氧化沟、Orbal（奥贝尔）氧化沟、一体化氧化沟和射流曝气氧化沟。

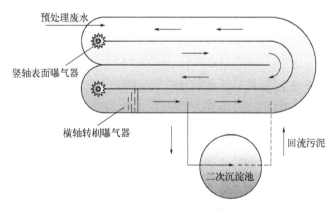

图4-7 氧化沟活性污泥处理技术示意

与传统活性污泥法曝气池相比，氧化沟具有以下特点：

① 平面多为椭圆形，总长可达几十米，甚至几百米，处理量大，日处理水量可达 1000 ~ 50000m^3，最高可达100000m^3。

② 沟深较浅，一般为 2 ~ 6m，装置简单，进水一般只需要设一根水管即可，出水采用

溢流堰式，进出水简单、安全、可靠。

③ 流态介于完全混合和推流之间，形式多样，可以不设初沉池和二沉池，节省造价。

④ 对水质、水温、水量有很强的适应性，污泥龄长、污泥产率低、出水稳定、处理效果好。

⑤ 可达到BOD_5、SS的排放标准，因其水力停留时间长，曝气池内有相对独立的缺氧区与好氧区，可达到脱氮、除磷效果。

⑥ 活性污泥好氧硝化彻底，污泥产量少、臭味小、脱水性能好，可直接浓缩脱水，不必硝化。

4.2.1.3 序批式活性污泥处理技术

序批式活性污泥法（sequencing batch reactor activated sludge process，SBRASP）是一种间歇性活性污泥处理工艺，其核心是SBR反应池，在运行上有序和间歇操作。SBR集均化、初沉、生物降解、二沉等功能于一体，省去二沉池和污水、污泥回流系统。其操作模式由进水搅拌、曝气、沉淀、排水排泥和待机5个程序组成（图4-8、图4-9），一个周期内操作在一个设有曝气和搅拌装置的反应器（池）中进行，以实现持续污水处理。

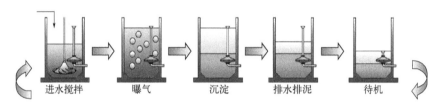

进水搅拌　　曝气　　沉淀　　排水排泥　　待机

图4-8　SBR工艺——限制曝气进水运行工艺

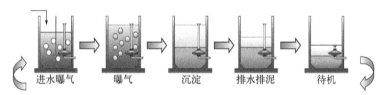

进水曝气　　曝气　　沉淀　　排水排泥　　待机

图4-9　SBR工艺——非限制曝气进水运行工艺

SBR工艺具有工艺流程简单、运转灵活、自动化水平高、易于沉淀、基建费用低、效果稳定、污泥不易膨胀、耐冲击负荷强及脱氮除磷能力高等优点。适用于农村中小型生活污水处理，尤其在间歇排放和流量变化较大的地方、需要较高出水水质的地方。在水资源紧缺、用地紧张的情况下，也适用于小水量、间歇排放的工业废水与分散点源污染的治理。

传统SBR工艺在工程应用中存在一定的局限性，如设备闲置率高、需要调节反应系统以适应进水流量大等问题。因此，逐渐发展了各种新形式，如ICEAS、CASS、UNITANK工艺、多段SBR系统、前处理+SBR系统等，以满足不同情况下的处理需求。

① ICEAS（intermittent cyclic extended aeration system）工艺，全称为间歇循环延时曝气活性污泥工艺。与传统的SBR相比，ICEAS最大的特点是在反应器的进水端增加了一个预反应区，即将SBR反应池沿长度方向分为两个部分，前部为预反应区，后部为主反应区。预反应区可调节水流，主反应区是曝气、沉淀的主体（图4-10）。ICEAS运行方式为连续进水，在反应、沉淀和滗水阶段都进水，成为连续进水、间歇出水的SBR反应池，使配水大

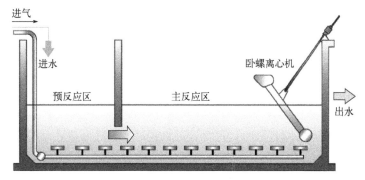

图4-10 ICEAS反应器构造

大简化,运行也更加灵活。该系统在处理市政污水和工业废水方面比传统的SBR系统费用更省、管理更方便。然而,由于进水贯穿整个运行周期的每个阶段,进水量受到一定限制,通常水力停留时间较长。

② CASS(cyclic activated sludge system)或CAST(technology)或CASP(process)工艺是一种循环式活性污泥法,由进水/曝气、沉淀、滗水、闲置/排泥四个基本过程组成,适用于含有较多工业废水的污水及要求脱氮除磷的处理。工艺流程见图4-11。与ICEAS工

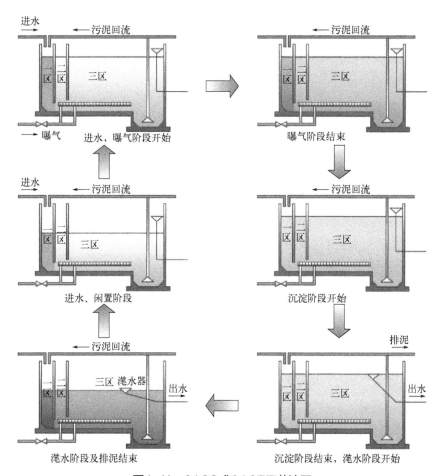

图4-11 CASS或CAST工艺流程

艺相比，CASS工艺中预反应区容积较小，是设计更加优化合理的生物反应器。在除磷脱氮时，反应池一般分为厌氧生物选择区、缺氧区和好氧区，其中缺氧区进行反硝化反应，厌氧生物选择区有嗜磷菌释放磷。一个系统内反应池的个数不宜少于2个。CASS工艺在处理含工业废水和脱氮除磷方面表现优异，通过合理的反应池设计和流程操作，能够实现稳定的排水和高效的脱氮除磷效果。

4.2.2 生物膜处理技术

4.2.2.1 生物滤池

生物滤池是利用填料物理过滤和附着生物膜的生物化学作用去除污水中污染物的技术。它由池体、滤料、布水装置和排水系统组成。废水经过布水器均匀分布在滤池表面，微生物在滤料表面迅速繁殖，并吸附降解废水中的有机物质和氮磷污染物。随着微生物的增殖，生物膜厚度增加。老化或死亡的微生物会脱落，实现膜的更新。

曝气生物滤池工艺流程如图4-12所示。

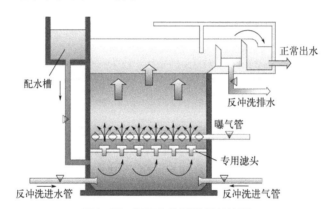

图4-12　曝气生物滤池工艺流程

（1）常见生物滤池类型

常见的生物滤池类型有以下几种。

① 普通生物滤池：滤料粒径较大、自然通风供氧，低负荷处理。

② 高负荷生物滤池：限制进水BOD含量，采取处理出水回流等技术，高滤速处理。

③ 塔式生物滤池：增大滤层高度，提高处理能力。

④ 曝气生物滤池：结合接触氧化和过滤，采用人工曝气，间歇性反冲洗，完成有机污染物和悬浮物的去除。

⑤ 厌氧生物滤池：在厌氧反应池中充填填料，形成厌氧生物膜，对有机负荷和冲击负荷有较强耐受能力。

这些生物滤池类型适用于不同水质和处理要求的废水，是有效的污水处理技术。

（2）设计参数计算

① 滤料总体积可按下式计算：

$$V = \frac{QS_0}{1000L_v} \tag{4-6}$$

式中　V——滤料总体积（堆积体积），m^3；

　　　Q——滤池的设计流量，m^3/d；

　　　S_0——滤池进水五日生化需氧量，mg/L；

　　　L_v——滤池五日生化需氧量容积负荷，$kgBOD_5/(m^3 \cdot d)$，宜为 0.15 ~ 0.3$kgBOD_5/$ $(m^3 \cdot d)$。

　　② 滤池有效面积可按下式计算：

$$F = \frac{V}{H} \qquad (4\text{-}7)$$

式中　F——滤池有效面积，m^2；

　　　H——滤料层总高度，m，宜为 1.5 ~ 2.0m；

　　　V——滤料总体积（堆积体积），m^3。

　　③ 用水力负荷校核滤池面积可按下式计算：

$$q = \frac{Q}{F} \qquad (4\text{-}8)$$

式中　q——滤池的水力负荷，$m^3/(m^2 \cdot d)$，宜为 1~3$m^3/(m^2 \cdot d)$；

　　　Q——滤池的设计流量，m^3/d；

　　　F——滤池有效面积，m^2。

4.2.2.2　生物接触氧化

　　生物接触氧化法是好氧生物膜法的一种改良，利用曝气使氧气、污水和填料三相充分接触，依靠填料上附着生长的微生物去除污水中的污染物（图4-13）。其主要组成包括池体、填料及填料表面的生物膜、布水装置和曝气装置。

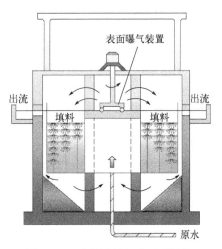

图4-13　生物接触氧化工艺流程

生物接触氧化池具有以下特点：

① 结构简单，占地面积小，污泥产量少，无污泥膨胀，管理方便；

② 生物膜内微生物量稳定，适应性强，对水质和水量波动具有较好的适应能力；

③ 由于加入生物填料导致建设费用增加，并且可调控性较差。

生物接触氧化工艺根据接触氧化池的多少可分为一段式和多段式。一段式生物接触氧化工艺将原污水经过初次沉淀池处理后进入接触氧化池，然后在二沉池进行泥水分离。而二段式生物接触氧化工艺则是将原污水经过初次沉淀池处理后进入一级接触氧化池，然后经过中间沉淀池处理后，再次进入二级接触氧化池，最后在二沉池进行泥水分离。

接触氧化池有效容积可按下式计算：

$$V = \frac{Q(S_0 - S_e)}{1000 M_c \eta} \tag{4-9}$$

式中 V——接触氧化池的设计容积，m^3；

Q——接触氧化池的设计流量，m^3/d；

S_0——接触氧化池进水五日生化需氧量，mg/L；

S_e——接触氧化池出水五日生化需氧量，mg/L；

M_c——接触氧化池填料去除有机污染物的五日生化需氧量容积负荷，$kgBOD_5/(m^3$填料·d)；

η——填料的填充比，%。

脱氮处理时主要工艺设计参数见表4-2所列。

表4-2 脱氮处理时主要工艺设计参数（设计水温10℃）

项目	符号	单位	参数值
五日生化需氧量填料容积负荷	M_c	$kgBOD_5/$（m^3填料·d）	0.4～2.0
硝化填料容积负荷	M_k	kgTKN/（m^3填料·d）	0.5～1.0
好氧池悬挂填料填充率	η	%	50～80
好氧池悬浮填料填充率	η	%	20～50
缺氧池悬挂填料填充率	η	%	50～80
缺氧池悬浮填料填充率	η	%	20～50
水力停留时间[①]	HRT	h	4～16
	HRT_{DN}		缺氧段0.5～3.0
污泥产率	Y	kgVSS/kgBOD	0.2～0.6
出水回流比	R		100～300

① 此参数仅适用于生活污水和城镇污水。

4.2.2.3 生物转盘

生物转盘是一种旋转式污水处理设备，通过多组固定在水平轴上的圆形盘面和配合的半圆形水槽，在污水中形成生物膜，对有机污染物进行降解处理。其主体由固定的盘面和配合的水槽组成，还包括转动横轴、动力及减速装置、氧化槽等（图4-14）。

在生物转盘工作时，约1/2的盘片浸没在污水水面之下，上半部露在空气中。转盘以较低的线速度在接触反应槽内旋转，交替地与空气和污水相接触。当盘片浸入废水中时，盘上的生物膜对废水中的有机物进行吸附。而当盘片露出水面时，空气中的氧气溶入盘界面

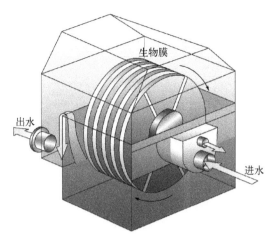

图4-14　生物转盘工艺流程

的水层中。生物膜经历生长、增厚、老化和脱落的过程，脱落的生物膜转化为污泥进入二沉池。

　　生物转盘的优点是结构简单，占地面积小，运行稳定，废泥产量相对较少，而脱落的生物膜可以转化为污泥，方便处理。这种技术可有效去除废水中的有机污染物，使得废水得到净化处理。

4.2.3　膜生物反应器

　　膜生物反应器（membrane bioreactor，MBR）是一种由膜分离单元与生物处理单元相结合的新型水处理技术（图4-15），以膜组件取代二沉池在生物反应器中保持高活性污泥浓度减少污水处理设施占地，并通过保持低污泥负荷减少污泥量。

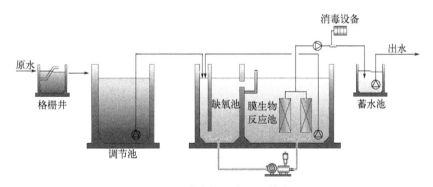

图4-15　膜生物反应器工艺流程

　　根据膜组件的安装位置，MBR分为外置式、浸没式（一体式）和复合式3种。外置式是指膜组件与生物系统反应器分开设置，过滤驱动力一般靠加压泵提供；一体式是指膜组件安置在生物反应器内部，省去了分置式的循环泵及循环管路系统；复合式形式上也属于一体式膜-生物反应器，不同的是在生物反应器内加装填料，从而形成复合式膜-生物反应器，改变了反应器的某些性状。根据反应器内是否需要供氧，MBR分为好氧型和厌氧型；好氧MBR启动时间短，出水效果好，可达到回用水标准，但污泥产量高，能耗大；厌氧

MBR能耗少，污泥产量低、产生沼气，但启动时间长，污染物的去除效果不如好氧MBR。按照膜材料的不同，MBR可分为微滤膜MBR、超滤膜MBR。按膜组件的不同，可以分为管式、板框式、中空纤维式。依据膜实施的功能，MBR又分为曝气MBR、分离MBR和萃取MBR三种类型。

MBR应用在农村污水处理中的研究较少，但MBR的模块化、自动化、简易化，使其处理分散式农村污水具有良好的发展前景，目前已有成熟工艺处理农村生活污水并稳定运行，出水均达到水质要求。其应用位点包括以下几个方向：

① 现有污水处理厂的更新升级。

② 无排水管网系统地区的污水处理，如居民点、旅游度假区、风景区等。

③ 有污水回用需求的地区或场所，如宾馆、洗车业、客机、流动厕所等。

④ 高浓度、有毒、难降解工业废水处理。如造纸、制糖、皮革等行业。

⑤ 垃圾填埋厂渗滤液的处理及回用。

⑥ 小规模污水厂（站）的应用。

膜生物反应器主要工艺参数见表4-3。

表4-3　膜生物反应器主要工艺参数

混合液悬浮固体浓度(MLSS)/(mg/L)	污泥负荷/[kgBOD/(kgMLSS·d)]	氨氮负荷/[kgNH₃-N/(kgMLSS·d)]	水力停留时间（HRT）/h	跨膜压差(TMP)/kPa
6000～12000	0.05～0.15	0.01～0.03	2～5	0～50（浸没式） 20～500（外置式）

4.3　生态处理技术

4.3.1　人工湿地技术

人工湿地是指模拟自然湿地的结构和功能，人为地将低污染水投配到由填料（含土壤）与水生植物、动物和微生物构成的独特生态系统中，通过基质-植物-微生物这个复合系统的物理、化学和生物三重协调作用，基于过滤、吸附、共沉淀、离子交换、植物吸收和微生物分解等途径实现污水净化的工程技术。基质、水生植物和微生物是人工湿地的重要组成部分，也是人工湿地处理污水的主要因素。湿地基质主要参与物化反应并提供支撑作用，水生植物和微生物构成生物处理系统，水生植物通过吸收、吸附和富集水中污染物，最终通过收割达到净化的目的。微生物作为人工湿地系统中的主要分解者，承担着降解水中污染物特别是有机污染物的任务。人工湿地中生物地球物化过程如图4-16所示。

人工湿地是一种有效的农村生活污水处理方法，特别适用于单户或几户规模的分散型农村地区。通过合理设计和运营管理，人工湿地可以在农村地区实现经济高效的污水处理，达到水体净化、保护水环境和节约水资源的目标。

（1）湿地基质

基质在人工湿地中发挥关键作用，对成本、处理效率和长效性具有重要影响。基质的种类和填充方式可以影响湿地的pH值、盐度、溶解氧、水文周期、植物生长和微生物群落等多种因素，从而决定湿地功能。

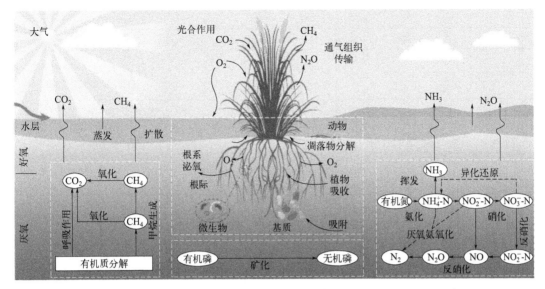

图4-16 人工湿地中生物地球物化过程（改编自Haiming WU, 2023）

基质净化水质的主要机制如下。

① 过滤功能：基质形成的空间网格对较大颗粒物具有直接拦截作用，同时通过水流降速促使颗粒沉降，基质内部微孔结构可以过滤截留细小颗粒和胶体物质，过滤作用还可减少污水中原生动物、寄生虫与病原菌数量。然而，过滤过程可能导致基质堵塞，限制湿地的性能和可持续性。

② 吸附功能：通过吸附、络合、沉淀和离子交换等过程去除磷、重金属和氨氮等污染物。污染物的吸附过程包括外部扩散、内部扩散和吸附三个阶段。基质化学性质对吸附容量具有显著影响，含有钙、铁和铝等元素的基质对磷去除效果较好，铝土矿等材料适合吸附磷和重金属。阳离子交换吸附是人工湿地去除氨氮的主要机制。

③ 电子供体功能：添加稻草、芦苇和生物炭等有机物可增加基质中的碳源和电子供体，有助于代谢和反硝化过程。

④ 载体功能：微生物在基质表面形成生物膜，基质的成分可影响微生物的多样性和群落结构。湿地植物的生长受基质的支撑影响，植物根系可提高基质的吸附能力。基质还可支撑布水器和监测装置，如水分配器、管道、液位计和微生物燃料电池等。为了支撑这些装置，基质应具备足够的机械强度和渗透性。

基质可分为天然矿物材料、化学产品、生物质材料、工业和城市废料、改性功能材料和新型材料等不同类别，实际应用时应综合考虑粒径、孔隙率、水力传导率、比表面积、机械强度和化学稳定性、无二次污染、寿命长等特点与来源。表4-4展示了不同基质类型与特点，表4-5展示了不同基质在湿地水处理中的应用效果。

表4-4 人工湿地中基质的种类和特点

分类	典型材料	主要优点	存在问题
天然矿物材料	土壤、砾石、砂子、石灰石、泥炭、天然沸石、碳酸盐、铝土矿、火山岩、硅灰石、白云石、黄铁矿、鹅卵石、蛭石	（1）储量大、分布广； （2）提取和制备成本低； （3）潜在环境风险低； （4）机械强度高	（1）处理能力不足； （2）性能因产地而异； （3）有些材料不适合生物

分类	典型材料	主要优点	存在问题
化学产品	污泥陶粒、页岩陶粒、合成沸石、活性氧化铝、塑料介质、聚苯乙烯泡沫	(1) 可调节的孔隙结构和物理特性； (2) 可靠的制备和质量控制	(1) 制造过程中的高能源需求； (2) 性能因原材料而异
生物质材料	生物炭、芦苇残留物、固体碳源、牡蛎壳、稻草	(1) 电子供体材料； (2) 额外的有机和无机碳源； (3) 储量大、分布广； (4) 回收利用废物； (5) 孔隙结构和比表面积发达； (6) 易于生物利用	(1) 机械强度低； (2) 耐腐蚀和老化能力低； (3) 向水中释放营养物质； (4) 受收获时间限制
工业和城市废料	矿渣、粉煤灰、熟料、碎砖、饮用水处理残渣、碎聚对苯二甲酸乙二醇酯瓶	(1) 废料再利用； (2) 制备成本低； (3) 储量大、分布广； (4) 特殊污染物处理能力强	(1) 废料之间存在显著性差异； (2) 制备和质量控制不成熟； (3) 潜在的环境风险高； (4) 一些材料不环保
改性功能材料	磁性氧化镁、改性陶粒、生物陶粒、金属改性沸石、改性可持续陶粒、热改性凹凸棒石	(1) 更强的处理能力； (2) 有针对性的功能增强	(1) 制备成本高； (2) 大规模实际应用较少； (3) 潜在环境风险高； (4) 制备和质量控制不成熟
新型材料	多孔地质聚合物、轻质膨胀黏土骨料、聚硅氧烷/微米氧化铝	(1) 更强的处理能力； (2) 有针对性的功能增强； (3) 废料再利用； (4) 可调节的机械强度	(1) 实际应用和验证较少； (2) 制造过程中能源需求高； (3) 制备和质量控制不成熟； (4) 制备成本高

表4-5 人工湿地中不同基质对于各类污水的净化效果

	基质	污水类型	去除效果
常规基质			
1	砾石	家庭污水	硅藻土的平均去除率高于砾石，COD、NH₃-N和ITSS的去除率分别为65%～93%、57%～85%和78%
		制革厂污水	有机物的去除率比沸石基质低
2	土	谷仓污水	由于其更大的吸附表面积，含有丰富的铁、铝氧化物和氢氧化物，Fe、Mg、Ca与P形成沉淀，使磷去除率更高
3	砂粒	合成污水	在去除NH₃-N和TN方面，效果比以沸石为基质的潮汐流湿地差
		合成污水	土壤中的钙含量影响磷的去除率 钙含量高可以促进磷形成微溶性磷酸钙沉淀，特别是在弱碱性条件下 在酸性污水中，Fe和Al的含量水平可能更重要，在pH值较低时，有利于与这些离子发生沉淀反应
4	塑料和泡沫	城市污水	将砾石等传统基质与泡沫混合后，去除效果会增强 添加泡沫后，COD的去除效果从71%增加到88%，BOD的去除效果从72%增加到88%；TSS从83%增加到88%、NH₃-N由66%增加到78%、磷酸盐从78%增加到85%，总大肠菌群从98.4%略微增加到98.6%
5	砖	养猪场污水	由于基质的大孔隙率、微孔尺寸和高Fe₂O₃含量，因而具有更强的抗生素去除能力
6	PET瓶碎屑	牛奶冷却槽废水	由于其低损耗和低孔隙率等特性，是一种可行的替代基质
矿物基质			
7	页岩灰	合成污水	由于活性矿物含量高，磷的吸收能力很强，去除率为67%～85%
	烧制页岩	谷仓污水	烧制页岩对磷去除率高于硅灰石和石灰石

	基质	污水类型	去除效果
8	膨润土（Filtralite滤料）	皮革厂污水	基于膨润土的人工湿地比砾石基质湿地有更高的COD和BOD去除率 具有高机械强度、导水性能好
	轻质膨润土	橄榄加工污水，养猪场污水	有机物和TSS去除率达80% 对药物和除草剂去除效果显著，种植植物后去除率提升28%
	轻质膨润土	合成污水	与轻质膨胀黏土相比，无论有无植物，黏土砖对磷的去除效果都很好
	轻质骨料	家庭污水，乳制品、肉类加工污水	在寒冷气候下效果更好 再循环率提高后提升了曝气和整体净化效率
	Filtralite滤料	合成污水	COD、NH$_3$-N和TSS的去除率分别为65%～93%、57%～85%和78%，高于砾石
9	沸石	猪消化物	沸石含有硝化剂、反硝化剂和有机物降解剂，能去除大部分COD、NH$_3$-N和TN
		合成污水	由于小孔径和大比表面积，沸石基质湿地在去除NH$_3$-N和TN方面优于石英砂、陶粒和火山岩基质湿地
		合成污水	能比铝土矿、碳酸盐更有效地去除氮和有机物，但除磷效果不如铝土矿
		养猪场污水	由沸石形成的生物膜中的总细菌和AOB数量比火山岩形成的生物膜更多 COD、TN和TP的去除率分别为91.6%、48.3%和80.7% 再循环作用提升了去除效果
10	碳酸盐	合成污水	可能是由于接触时间较短，去除效果不好
11	石灰岩	合成含磷污水	价格低廉，环境友好； 能通过形成磷酸钙吸收磷
12	硅镁土	合成含磷污水	（1）通过磷酸钙沉淀作用，磷的去除率超过95%； （2）Ca^{2+}可能会限制磷的去除力； （3）磷的去除率随着基质粒径的增加而降低； （4）较长的HRT有利于CaO的溶解，从而提高磷的去除速率
13	火山岩	合成污水	（1）NH$_3$-N和TN的去除效果低于沸石； （2）AOB的丰度高于沸石、砂子、陶粒
		养猪废水	（1）孔隙率、粒径比较合适； （2）COD、TN、NH$_3$-N、TP的去除率较高，且随着HRT的增加而增加
		养猪场污水	火山岩的去除效果比沸石差
14	铝土矿	家庭污水，合成污水	（1）去除率分别为：COD86%、NH$_3$-N 85%、TN 73%和TP 96%，好于页岩陶粒； （2）硝化细菌和反硝化细菌的相对丰度高于页岩陶粒
15	硅灰石	污水厂二级污水	适用于可溶性磷的去除，去除率超过80%
		谷仓污水	磷的平均去除能力优于石灰石，但弱于轻质页岩骨料
16	蛭石	湖泊和化粪池污水	出现了与沸石和生物陶瓷、页岩类似的微生物群落结构
		污水	与砾石相比，在有植物湿地中，NH$_3$-N、TP和溶解P的去除率显著增加
17	玄武岩纤维		玄武岩纤维的添加可将氮和磷的去除率提高10%～25%，特别是高污染物负荷 比传统人工湿地具有更高的酶活性

	基质	污水类型	去除效果
工业制品			
18	铝污泥	农业污水	（1）BOD的去除率为：18%～88%，COD 14%～84%，TP 54%～100%，TN 15%～76%，NH₃-N 22%～92%，TSS 16%～93%，总体上除磷效果较好； （2）吸收的磷以不易分解的形式存在
19	碱性氧气炉钢渣	合成含磷污水	（1）随着磷酸钙沉淀，磷去除率较高，为84%～99%； （2）去除率随着磷的饱和度上升逐渐下降
		生活污水	（1）不同介质的最大吸附能力为粉铁矿＞钢渣＞竹炭＞石灰岩； （2）由于其更大的比表面积，因而可提高污染物和微生物生长的拦截、吸附和吸收效率； （3）磷的吸收效果较好
	电弧炉钢渣和氧气炉钢渣	合成污水湖水与污水混合物	（1）小粒径钢渣的去除率为98%～99%，大尺寸为88%～95%； （2）磷的去除效果随着炉渣CaO含量的增加和炉渣尺寸的减小而提高； （3）由于其碱性流出物的存在导致微生物组成显著不同
20	粉煤灰	合成含磷污水	磷的吸附能力比砂子和土壤强
21	HDPE	奶酪乳清	（1）在较高的水力负荷和有机表面负荷下，基于HDPE的湿地与砾石湿地有相同的去除率； （2）使用HDPE塑料介质可将人工湿地表面积降低75%
有机基质			
22	木炭	家庭污水	（1）对照组COD的去除率为63.06%～77.18%，TN为40.83%～48.70%；实验组中COD的去除率为87.19%～96.54%，TN为30.92%～40.12%，TN的去除率较低可能是碳源不足和pH值较低所致； （2）N₂O排放量高于对照组
	浓缩大麻生物炭	化粪池污水	适合在富含Al、Si、Fe、Mg和Ca的矿物去除磷或吸附磷后，生物炭中的磷浓度增加了77%
	竹炭	二级牲畜污水	（1）添加竹炭可以提高去除率，经过曝气后可以进一步提高去除率； （2）与无生物炭的人工湿地相比，生物炭湿地的一氧化二氮排放量降低
23	甘蔗渣	纺织业污水	（1）BOD和INH₃-N的去除率比较稳定，分别为74%～79%和59%～66%； （2）甘蔗渣中的有机碳有助于反硝化
24	藻团粒	合成污水	（1）磷去除率达98%； （2）通过脱氮、微生物对NH₃-N的吸收提高COD和TN的去除率和有机氮沉降
25	牡蛎壳	加磷家庭污水	以铝污泥为过滤单元，去除率分别为BOD 91%～89%，N 69%～87%，P 99%，TSS 73%～90%
26	稻壳	含苯酚家庭污水	（1）有植物组在去除苯酚和氮的效果上比无植物组好； （2）创造了更多的微需氧区
27	木屑		（1）在垂直潜流湿地，提高了O₂的转移和有机碳的供应以及腐殖质材料中磷的吸附，NH₃-N（99%）、TN（98%）、TP（60%）、总需氧量（71.3%）的去除率均高于砾石； （2）水平潜流湿地的效率较低
	棕榈树屑	高浓城市污水	（1）通过具有较低水力负荷率有植物湿地获得最佳去除率，TSS89%，COD77%，浊度82%；对SS、COD和浊度的去除率与砾石基质的湿地相当； （2）木屑与砾石组合有最佳去除效果（TSS 95%，COD 78%，浊度95%）

	基质	污水类型	去除效果
28	玉米芯	近海废水	（1）玉米芯浸出液可以将优势属改为Vibrio和Caldithrix，从而来提高氮的去除率； （2）经过碱预处理的玉米芯能释放更多的碳； （3）加入中等大小的玉米芯效果最好
复合基质			
29	砂粒、生物炭	化粪池污水	（1）在砂子中添加生物炭后提高了除氮效率； （2）生物炭的物理、化学性质能促进微生物聚集和吸附； （3）生物炭含量与脱氮率之间存在很强的正相关性
30	砾石、木屑	高浓城市污水	木屑与砾石基质湿地效果好（TSS 95%，COD 78%，浊度 95%），与只有木屑的湿地相比，降低堵塞风险
31	砂子、黏土、铁粉	垃圾渗滤液	（1）砂子、黏土和铁粉的最佳比例为6:3:1，种植香蒲后能加强有机污染物的去除率，2,6-DTBP、BHT、DEP、DBP和DEHP的去除率为67.5%~75.4%； （2）不同介质对有机污染物吸附力分别为：黏土与Fe>砂子与黏土>砂子
32	碎砂浆、再生砖、砾石和砂子	混合工业废水	（1）由于缺乏碳源，有机物和TN去除效率较低； （2）由于建筑材料对磷的吸附特性，磷的去除率较高
33	石灰石、轻质膨润土	含磷合成污水	（1）在寒冷气候下去除率也较高； （2）循环速率与BOD、COD、TN和NH$_3$-N的净化效率呈正相关
34	石灰岩、煤渣	合成污水和工业污水	植物生长较好，废水处理效率高，COD、TP和TN分别为95%、86%和83%
35	甘蔗渣、活性炭、煤和牡蛎壳	混合工业废水	与使用建筑材料作基质的湿地相比，有机物和氮的去除率更高
36	页岩陶粒、氧化铝	家庭污水	（1）与单独使用氧化铝（76%）和页岩（49%）作基质的湿地相比，混合基质的NH$_3$-N（86%）、TN（79%）； （2）去除率更高，是更少的孔隙堵塞和更强的氧气输送所致； （3）与氧化铝（17%）和页岩CW（7.7%）相比，反硝化细菌的丰度更高，包括脱氯单胞菌、酸杆菌、Chrysobacterium和Thermomonas
37	生物炭、砂子、砾石和砂土	污水	去除率分别为：TSS 71%±11%，COD 73%±13%，BOD 79%±11%，NH$_3$-N 91%±3%，TC 70%±20%

砾石、粗砂是目前应用最为普遍的湿地填料，强化去除磷、氨氮等功能可以考虑矿渣等特殊填料。基质孔隙过大不利于植物固定生长，若孔隙过小则容易堵塞，导致坡面漫流，因此，填料粒径范围宜取1～10mm。对于起均匀布水作用的填料，粒径可以取10～35mm。若出水水质需达到《城镇污水处理厂污染物排放标准》（GB 18918—2002）规定的一级排放标准，人工湿地基质中钙、铁、铝、镁含量均不能低于20%。

（2）湿地植物

人工湿地的显著特征之一是大型水生植物，它们在去除污染物方面起着重要作用。湿地植物根据生长形态可分为漂浮、浮叶根生、沉水和挺水植物四种类型。

① 漂浮植物：具有丰富的多样性，形态和生长环境各异。一些漂浮植物高大且枝叶丛生，如水葫芦；而其他漂浮植物则较为简单，形态小巧，如浮萍。漂浮植物喜欢富含养分的流动水域，在吸取养分后迅速生长繁殖，易覆盖整个水体表面，对水生态平衡产生破坏。

② 浮叶根生植物：根部或茎部根植于水底底泥，茎叶漂浮在水面上。茎叶通常柔韧细

长，水面上的茎叶寿命短暂，会更替多次，根茎生物量较大，会沉入水底促进有机质沉积。

③ 沉水植物：生长在水下透光区内，整株植物淹没于水气界面以下，根部根植于底泥中。沉水植物从底泥中吸收营养物质，并利用水中的 HCO_3^- 作为碳源。它们通过光合作用吸收 CO_2 并释放氧气，同时改变水体的化学成分。

④ 挺水植物：是全球范围内最重要的湿地植物类型，能够耐受 $0.5 \sim 2m$ 水深。它们的根部从底泥中吸收营养物质，之后营养物质会重新转移到茎叶，随着生长季结束，营养物质会再次转移到根部。挺水植物具有较大的根系，可以直接吸收有机污染物，并为相关的降解微生物提供丰富附着位点。

湿地植物在污染物去除中具有物化作用和生物作用。

① 物化作用：植物能通过遮光、保温、降低风速和过滤等作用改善湿地水质。挺水植物根系能过滤大颗粒悬浮物、漂浮植物和浮叶根生植物根表面或湿地基质生物膜上附着小颗粒悬浮物。

② 生物作用：植物根系是主要吸收场所，吸收的污染物经蒸腾流转到其他部位。湿地植物通过氧化降解污染物，而植物根际环境中产生的铁氧化物可吸附和共沉淀污染物。植物根际还提供了生物膜形成和微生物繁殖的表面，促进微生物降解污染物。

对于人工湿地的植物选择，应选择多年生、供氧能力强、耐污能力强、有经济价值且易于管理的本土植物。植物宜忍受水位、盐度、温度和 pH 值的变化。在栽种移植时，应选择成熟植株，植物种植密度应根据植物种类和工程要求调整，挺水植物密度宜为 925 株 /m²。垂直潜流人工湿地应选用渗透系数较高的基质，土壤厚度宜为 $20 \sim 40cm$。种植过程中需保持基质湿润，避免流动水体。植物种植初期，应逐渐增大污水负荷使其适应环境。湿地植物在水质净化中发挥重要作用，根据湿地类型和需求，选择适合的植物种类对于湿地的性能和效果至关重要。湿地植物种类如表4-6所列。

表4-6　湿地植物种类

植物种类	常见品种
漂浮植物	凤眼莲、水芙蓉、浮萍
浮叶根生植物	荇菜、欧亚萍蓬草、莲
沉水植物	狐尾藻、金鱼藻、眼子菜类
挺水植物	芦苇、藨草、香蒲、伞草、芦竹、美人蕉、再力花、灯心草、茭白

（3）微生物

在人工湿地中微生物发挥着关键作用，其作用机制多样。微生物可以独立活动，也可以形成附着在基质或植物上的生物膜。生物膜是由细菌、真菌、藻类、原生动物和后生动物组成的多样微生物群落，与微生物产生的细胞外聚合物结合。生物膜通过各种机制，如生物吸附、生物沉淀、细胞内积累和氧化还原固定等，吸收污染物。相较于大型植物，生物膜具有更高的养分吸收率，特别在氮和磷等悬浮固体的去除方面发挥重要作用。生物膜促进营养物质的生物矿化，并通过植物的根部将这些物质运输到地上部分。附着的细菌在生物膜中生成外聚物，帮助其附着在表面上并受到保护。

微生物群落的定植类型和比例主要决定了生物膜的结构和空间组织，同时基质的物理结构和材料特性也会影响微生物群落。富氧根区的生物膜主要由嗜甲烷菌、亚硝基单胞菌和假单胞菌组成，它们在有氧条件下负责污染物的降解。而缺氧更深的区域则由产甲烷和硫还原细菌占据。

为了保持人工湿地的稳定性能，需要控制生物膜的厚度。这可以通过限制过度的生物膜形成、优化物质传递以及增加生物膜的多样性来实现，从而确保在人工湿地操作条件下实现最佳的养分吸收效果。生物膜的活性受多种因素的影响，包括废水的组成、废水中特定化合物的存在、基质材料的组成、大型植物的物种、人工湿地的类型以及氧化水平（包括人工曝气或季节变化）等。

研究发现，大型植物物种可能会影响微生物群落的组成。例如，Chen等观察到种植互叶莎草的人工湿地中微生物丰度发生显著变化。Riva等报告，在与芦苇相关的人工湿地中，某些细菌能够促进植物生长并耐受废水中的微污染物。López等在智利的中等规模潜流湿地中发现，绝大多数细菌属于厚壁菌门（42%）、变形菌门（33%）和拟杆菌门（25%），而产甲烷的古菌主要属于甲烷菌门（75%），产甲烷古菌的群落结构在季节或植物物种中没有变化。Huang等在处理Ag纳米颗粒的垂直流湿地中发现了细菌组合之间的巨大差异。此外，Song等发现，在种植水芹菜的小规模表面流湿地中，微生物丰度、多样性和功能基因增加，导致氨和总氮的去除率提高。与氮代谢相关的微生物和功能基因的丰度也增加。

（4）湿地类型

人工湿地系统可以根据水流位置的不同划分为表面流人工湿地（surface flow constructed wetlands, SFCWs）和潜流人工湿地（subsurface flow constructed wetlands, SSFCWs）。人工湿地基本类型如图4-17所示。

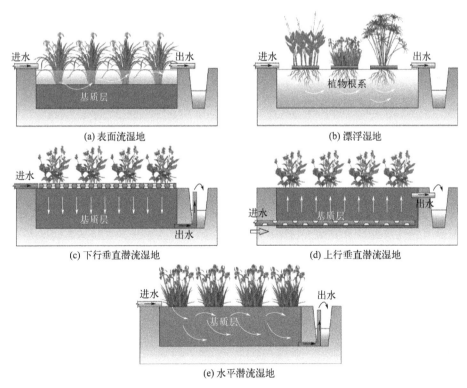

图4-17　人工湿地基本类型（改编自Haiming Wu et al., 2023）

① 表面流湿地：在表面流湿地中，水体主要在基质上面流动。这类湿地与天然的沼泽湿地类似，水面裸露，通常植物种植于基质层。这是常见的表面流湿地类型。对于水深较大的水体，也可以将植物以浮床形式布置于水面，形成漂浮湿地。表面流人工湿地占地面积较大，并且存在一定的环境卫生问题。例如，冬季容易出现表面结冰，夏季容易滋生蚊虫，并可能产生臭味。

② 潜流湿地：在潜流人工湿地中，水体在湿地内部流动，并且表面并无明显的裸露水面。这种湿地形式主要利用湿地底部的填料层作为水流过滤和生物降解的介质。依据水流方向的不同，潜流人工湿地可分为水平潜流人工湿地和垂直潜流人工湿地。垂直潜流人工湿地又可以细分为下行式和上行式垂直潜流人工湿地。潜流型湿地的优点在于其充分利用了湿地的空间，发挥了系统间的协同作用，且卫生条件较好；但相应地建设费用较高。

③ 强化湿地：随着农村用地日益紧张和占地费用不断增加，传统的人工湿地单元存在着污染负荷低、占地面积大、设计不当容易堵塞等缺点，这限制了其推广与应用。为解决这些问题，强化湿地技术应运而生。强化湿地是一种通过基础湿地组合、改变湿地的运行方式或内部结构等方法来提高人工湿地的处理效果。该技术逐渐得到推广，特别适用于在资金有限的农村地区，因为它不仅可以有效治理农村水污染和保护水环境，还可以美化环境，节约水资源。

人工湿地工艺比选如表4-7所列。

表4-7　人工湿地工艺比选

项目	表面流湿地	水平潜流湿地	上行垂直潜流湿地	下行垂直潜流湿地
水流方式	表面漫流	水平潜流	上行垂直潜流	下行垂直潜流
水力与污染物削减负荷	低	较高	较高	高
占地面积	大	一般	较小	较小
有机物去除能力	一般	强	强	强
硝化能力	一般	一般	一般	强
反硝化能力	强	强	强	一般
除磷能力	一般	一般	一般	较强
堵塞情况	不易堵塞	易堵塞	易堵塞	不易堵塞
季节气候影响	大	一般	一般	一般
工程建设费用	低	较高	高	高
构造与管理	简单	一般	复杂	复杂

（5）湿地设计参数计算方法

1）表面流人工湿地

水力停留时间 t 与污水的出水水质、系统的体积有直接关系，所以湿地设计中常以水力停留时间 t 进行设计，认为人工湿地污染组分的去除与 t 符合数学模型：

$$C_e = C_0 A e^{-0.7K_T A_v^{1.75}} t \qquad (4\text{-}10)$$

$$K_T = K_{20} \times (1.05 \sim 1.1)^{T-20} \qquad (4\text{-}11)$$

式中　C_e——出水 BOD_5 浓度，mg/L；

　　　C_0——进水 BOD_5 浓度，mg/L；

A——以污泥形式沉积在湿地床前部的 BOD_5 浓度，mg/L，一般取 0.52mg/L；

K_T——设计温度的反应速率常数，d^{-1}，与动力学参数（微生物比增长速度、产率系数）、设计参数（孔隙率、基质深度）和运行参数（温度、氧气的供给量）都有关系，多种因素影响 K_T 值；

T——设计水温；

K_{20}——20℃时的反应速率常数，d^{-1}，是一个受污染物性质、浓度、水力负荷、填料介质的粒径、植物类型及生长情况等多种因素影响的综合参数，目前尚不能将这些因素的影响做全面分析，有关研究结果也只能作参考，有研究报道参数值为 $0.39 \sim 2.89d^{-1}$，而有的报道则为 $0.45d^{-1}$ 左右；

A_v——比表面积，m^2/m^3，一般为 $15.7m^2/m^3$；

t——水力停留时间，h。

$$t = \frac{湿地长度 \times 湿地宽度 \times 湿地深度}{流量} \quad (4\text{-}12)$$

进、出水质及各系数确定后，根据上述模型即可计算出表面流人工湿地的水力停留时间 t，从而计算出湿地的容积。最后根据湿地建设现场限制条件确定表面流人工湿地的三维尺寸。

一般表面流人工湿地的长宽比 ≥3，水面深度在 $0.1 \sim 0.6m$ 的范围内。

2）潜流人工湿地

潜流人工湿地床所需面积 K 按下式确定：

$$A_i = Q(\ln C_0 - \ln C_e)/(K_T dn) \quad (4\text{-}13)$$

$$K_T = K_{20} \times (1.05 \sim 1.1)^{T-20} \quad (4\text{-}14)$$

式中　A_i——湿地床面积，m^2；

　　　K_T——设计温度的反应速率常数，d^{-1}；

　　　K_{20}——随基质的不同从表4-8中选取；

　　　d——湿地床深，m；

　　　n——湿地床孔隙率；

其余符号意义同前。

表4-8　潜流人工湿地基质特性及动力学系数 K_{20}

基质类型	粒径/mm	孔隙率	水力传输系数/[m²/(m²·d)]	K_{20}/d^{-1}
中粗砂砾	1	0.35	420	1.84
粗砂砾	2	0.39	480	1.35
碎石	8	0.42	500	0.86

3）复合流人工湿地

可根据水力负荷、降解的 BOD_5、植物输氧能力等方法确定复合流湿地面积。

① 根据水力负荷计算：

$$A = \frac{Q}{a} \times 1000 \quad (4\text{-}15)$$

式中　A——复合流湿地面积，m^2；

　　Q——污水设计流量，m^3/d；

　　a——水力负荷，mm/d，一般取 $80 \sim 620mm/d$。

② 根据降解的 BOD_5 计算。

采用 Kikuth 推荐的设计公式：

$$A = 5.2Q(\ln C_0 - \ln C_1) \tag{4-16}$$

式中　A——复合流湿地面积，m^2；

　　Q——污水设计流量，m^3/d；

　　C_0——进水平均 BOD_5 浓度，mg/L；

　　C_1——出水平均 BOD_5 浓度，mg/L。

③ 根据植物输氧能力计算：

$$R_0 = 1.5L_0 \tag{4-17}$$

式中　R_0——处理污水需氧量，kg/d；

　　L_0——每日需去除的 BOD_5 量，kg/d。

植物供氧能力：

$$R_0' = \frac{T_0 A}{1000} \tag{4-18}$$

式中　R_0'——水生植物的供氧能力，kg/d；

　　T_0——植物的输氧能力，$g/(m^2 \cdot d)$，通常为 $5 \sim 45g/(m^2 \cdot d)$，一般可采用 $20g/(m^2 \cdot d)$；

　　A——复合流湿地面积，m^2。

令 $R_0' = R_0$，即可计算出复合流湿地面积。为安全起见，一般要求乘以一个安全系数。设计中一般要求单池的长宽比小于 $2:1$。

4.3.2　稳定塘技术

稳定塘，又称氧化塘或生物塘，是一种利用水体自然净化能力处理污水的生物处理设施（见图 4-18）。它具有以下优点：结构简单，出水水质较好，投资成本低，无能耗或能耗低，运行费用省，维护管理简便。然而，该技术也存在一些不足之处，例如污染负荷较低，进水前需要进行预处理，占地面积较大，处理效果随季节波动大，当塘中水体污染物浓度过高时，会产生臭气和滋生蚊虫。稳定塘适用于中低污染物浓度的生活污水处理，并适用于有山沟、水沟、低洼地或池塘等土地面积相对丰富的农村地区。

根据塘的使用功能、塘内生物种类和供氧途径，稳定塘可分为以下几个类型。

① 好氧塘：深度较浅，一般在 0.5m 左右，阳光能直接照射到塘底。塘内有许多藻类生长，释放出大量氧气，再加上大气的自然充氧作用，好氧塘的全部塘水都含有溶解氧。

② 兼性塘：同时具有好氧区、缺氧区和厌氧区。它的深度比好氧塘大，通常在 1.2 ~ 1.5m 之间。

③ 厌氧塘：深度相比于兼性塘更大，一般在 2.0m 以上。塘内一般不种植植物，也不存在供氧的藻类，全部塘水都处于厌氧状态，主要由厌氧微生物起净化作用。多用于高浓度

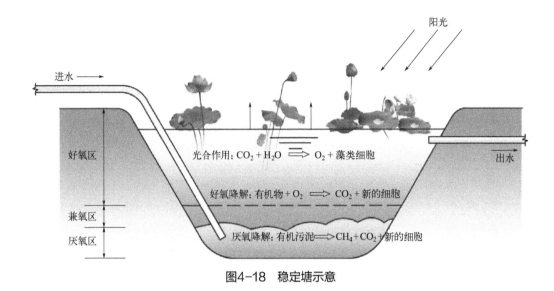

图4-18 稳定塘示意

污水的厌氧分解。

④ 曝气塘：设计深度多在2.0m以上，曝气塘采用机械装置曝气，使塘内有充足的氧气，通过好氧微生物起净化作用。

⑤ 生态塘：一般用于污水的深度处理，进水污染物浓度较低，也被称为深度处理塘。塘中可种植芦苇、菱白等水生植物，以提高污水处理能力。生态塘利用水生植物的吸附、降解和气泡剥离等机制来去除污染物，同时还可以提供栖息地和食物源，促进生态系统的平衡。该类型的塘对生态环境的改善和保护有着显著的效果。

稳定塘设计参数计算方法及工艺设计参数如下（表4-9）。

① 污染物面积负荷：

$$N_A = \frac{Q(S_0 - S_1)}{A} \tag{4-19}$$

式中 N_A——污染物面积负荷（以BOD_5计），$g/(m^2 \cdot d)$；

Q——稳定塘污水设计处理流量，m^3/d；

S_0——进水污染物浓度，g/m^3；

S_1——出水污染物浓度，g/m^3；

A——稳定塘的表面积，m^2。

② 污染物容积负荷：

$$N_V = \frac{Q(S_0 - S_1)}{V} \tag{4-20}$$

式中 N_V——污染物容积负荷（以BOD_5计），$g/(m^3 \cdot d)$；

V——稳定塘的有效容积，m^3。

③ 水力停留时间：

$$T = \frac{V}{Q} \tag{4-21}$$

式中 T——水力停留时间，d。

表4-9　污水稳定塘工艺设计参数

项目		BOD₅面积负荷/[g/(m²·d)]或厌氧塘为BOD₅容积负荷/[g/(m³·d)]			有效水深/m	水力停留时间/d			处理效率/%
		Ⅰ区	Ⅱ区	Ⅲ区		Ⅰ区	Ⅱ区	Ⅲ区	
厌氧塘		4.0～8.0	7.0～11.0	10.0～15.0	3.0～6.0	≥8	≥6	≥4	30～60
兼性塘		2.5～5.0	4.5～6.5	6.0～8.0	1.5～3.0	≥30	≥20	≥10	50～75
好氧塘	常规处理	1.0～2.0	1.5～2.5	2.0～3.0	0.5～1.5	≥30	≥20	≥10	60～85
	深度处理	0.3～0.6	0.5～0.8	0.7～1.0	0.5～1.5	≥30	≥20	≥10	30～50
曝气塘	兼性曝气	5.0～10.0	8.0～16.0	14.0～25.0	3.0～5.0	≥20	≥14	≥8	60～80
	好氧曝气	10～25	20～35	30～45	3.0～5.0	≥10	≥7	≥4	70～90

注：Ⅰ、Ⅱ、Ⅲ区分别适用于年平均气温在8℃以下地区、8～16℃地区和16℃以上地区。

4.3.3　土壤渗滤技术

　　土壤渗滤处理系统是一种人工强化的污水生态处理技术，通过充分利用土壤中的动物、微生物、植物根系以及物理、化学特性来净化污水，属于污水土地处理系统。该技术具有处理效果较好、投资费用较低、无能耗或低能耗、运行费用很低、维护管理简便等优点。然而，也存在一些不足之处，例如占地面积较大、设计不当容易堵塞，以及可能造成地下水污染等问题。适用于资金有限、土地面积相对丰富的农村地区。

　　土壤渗滤工艺流程如图4-19所示。

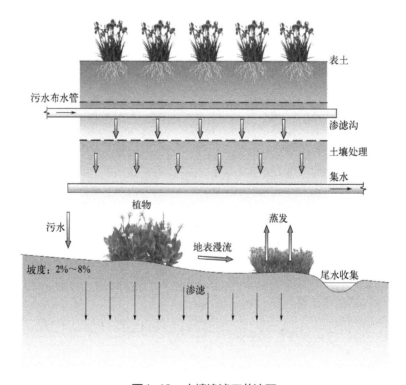

图4-19　土壤渗滤工艺流程

土壤渗滤根据污水的投配方式及处理过程的不同可以分为以下4种类型。

（1）慢速渗滤

适用于投放污水量较少的地区，通过蒸发、作物吸收和入渗过程，大部分污水被系统所净化吸收，流出量通常为零。慢速渗滤可以分为处理型和利用型两类：一是处理型侧重于污水处理，选用耐水性强、对氮磷吸附降解能力强的作物；二是利用型则注重污水资源化利用，对作物要求较低，可充分利用污水进行生产活动，以获取经济效益。

（2）快速渗滤

适用于土地具有良好渗透性的地区，如砂土、砾石性砂土等。可用于地下水补给和污水再生利用。前者无须设计集水系统，后者需设地下水集水措施以利用污水，在地下水敏感区域还需设计防渗层，防止地下水受到污染。

（3）地表漫流

适用于土质渗透性的黏土或亚黏土地区，地面坡度最佳为2%～8%。污水以喷灌法和漫灌（淹灌）法均匀地漫流在地面上，通过牧草或其他植物吸收和微生物降解，防止土壤流失，并最终回用或排放尾水。

（4）地下渗滤

污水投放到距地表一定距离，有良好渗透性的土层中，利用土壤毛细管浸润和渗透作用，达到处理要求。适用于污水量较少、停留时间较长的深度处理，处理水量和水质稳定。通常结合化粪池使用，先经过化粪池进行初级处理，再进行地下土壤渗滤二级处理。

土壤渗滤系数典型设计数据如表4-10所列。

表4-10 土壤渗滤系数典型设计数据

工艺特性	慢速渗滤	快速渗滤	地表漫流	地下渗滤
投配方式	表面布水高压喷洒	表面布水	表面布水或高低压布水	地下布水
水力负荷/（cm/d）	1.2～1.5	6～122	3～21	0.2～0.4
预处理最低程度	一级处理	一级处理	格栅、筛滤	化粪池、一级处理
废水最终去向	下渗、蒸散	下渗、蒸散	径流、下渗、蒸散	下渗、蒸散
植物要求	谷物、牧草、林木	无要求	牧草	草皮、花木
适用气候	较温暖	无限制	较温暖	无限制
达到处理目标	二级或三级	二、三级或回灌	二级、除氮	二级或三级
占地性质	农、牧、林	征地	牧业	绿化
土层厚度/m	>0.6	>1.5	>0.3	>0.6
地下水埋深/m	0.6～3.0	淹水期：>1.0 干化期：1.5～3.0	无要求	>1.0
土壤类型	砂壤土、黏壤土	砂、砂壤土	黏土、黏壤土	砂壤土、黏壤土
土壤渗滤系数/（cm/h）	≥0.15，中	≥5.0，快	≤0.5，慢	0.15～5.0，中

4.3.4 植物修复技术

植物修复技术是一系列利用水生植物及其共生生物体系来清除水体中污染物的技术。水生植物主要包括水生维管束植物、水生藓类和高等藻类。全球应用较广的是水生维管束植物，其具有发达的机械组织，可分为挺水、浮叶、漂浮和沉水四种类型，详见表4-11。

表4-11　水生植物类型及生长特点

类型	生长特点	代表种类
挺水植物	根茎生于底泥中，植物体上部挺出水面	芦苇、香蒲
浮叶植物	根茎生于底泥中，叶漂浮于水面	睡莲、荇菜
漂浮植物	植物体完全漂浮于水面，具有特殊的适应漂浮生活组织结构	凤眼莲、浮萍
沉水植物	植物体完全沉于水气界面以下，根扎于底泥或漂浮于水中	狐尾藻、金鱼藻

（1）挺水植物修复技术

挺水植物利用其对水流的阻尼作用和减小风浪扰动来促使悬浮物质沉降，并与共生的生物群落协同净化水质。其庞大的根系还可以从深层底泥中吸取营养元素，降低底泥中营养元素的含量。挺水植物具有广泛的适应性和强大的抗逆性，生长快，产量高，还能带来一定的经济效益。因此，沿岸种植挺水植物已成为水体净化的重要方法。

（2）沉水植物修复技术

沉水植物是健康水域的指示性植物，对水质具有很强的净化作用，而且四季常绿，是水体净化最理想的水生植物。沉水植物通过吸收水体中的N、P等营养盐，并分泌抑制浮游植物生长的物质，同时在水体中起到减波消浪、减轻底泥再悬浮、减少悬浮物的作用，从而净化水体，提高透明度，保持水体清澈。水下森林技术利用生活在水底的大型沉水植物群落对水体中的营养元素进行吸收，从而改善水质。

（3）藻类修复技术

藻类通过光合作用和生化转化过程吸收利用废水中的N、P，并降解转化有机污染物，形成有用的生物质。高效藻类塘技术利用污水中含有光合作用所需的营养元素和藻类能释放微生物所需的氧气，去除污水中的有机物质和N、P等营养元素。固定化藻类处理污水具有藻类细胞密度高、反应速度快、去除效率高、藻细胞易于收获、净化后的水可再利用等优点，广泛应用于污水处理。

（4）生态浮岛技术

生态浮岛是一种污水处理技术，利用塑料泡沫等轻质材料作为植物生长载体，移植陆生喜水植物在其上，通过植物对N、P等营养物质的吸收作用，实现水质净化（图4-20）。浮

图4-20　生态浮岛示意

岛上的植物能吸收污水中的营养物质，并释放抑制藻类生长的化合物，从而提高出水水质。农村生活污水经过预处理或好氧生物处理后，排放至村边低洼池塘，在池塘中建造生态浮岛，种植花卉、青饲料和造纸原料等经济性植物，通过植物的生态作用净化水质，同时获得一定的经济收益。

生态浮岛具有投资成本低、维护费用省，不受水体深度和透光度的限制，能为鱼类、鸟类等提供良好的栖息空间，同时具备环境效益、经济效益和生态景观效益等优点。然而，浮岛植物残体腐烂可能引起新的水质污染问题，发泡塑料易老化，导致环境二次污染，同时植物在冬天死亡也会降低其效果。该技术适用于湖网发达、气候温暖的农村地区。

生态浮岛的结构主要由浮岛植物、浮岛载体和水下固定设施组成。浮岛载体主要包括塑料、泡沫、竹子和纤维等材料。目前生态浮岛常用的植物有香蒲、千屈菜、芦苇、美人蕉、水芹菜、香根草、牛筋草、荷花、多花黑麦草、灯心草、水竹草、空心菜、旱伞草、水龙、菖蒲、海芋、凤眼莲、茭白等。水下固定设施的选用要保证浮岛不被风浪带走，并能在水位剧烈变动的情况下缓冲浮岛与浮岛之间的相互碰撞。常用的固定设施有重量式、船锚式、桩基式等。

（5）生态沟技术

生态沟是指具有一定宽度和深度，由水、土壤和生物组成的沟渠生态系统，具有自身独特的结构并发挥相应的生态功能（图4-21）。生态沟通过截留泥沙、土壤吸附、植物吸收、生物降解等一系列作用，减少水土流失，降低进入地表水中N、P等营养元素的含量，从而实现生态净化效果。生态沟可减轻农业活动、降雨等过程对河流中N和P等营养元素的输入负荷，同时还具备生态护坡和景观美化等功能。适用于村镇一般行人道路、农田周边田埂区域，缓解降雨引起的地表径流排水压力和水质变化。

图4-21 生态沟示意

生态沟由植物层和过滤层组成。沟的两侧设有水土挡板，沟呈凹槽结构，从上至下依次设置土层、砖层、粗砂层和碎石排水层，种植土层和砖层之间设有透水土工布，碎石排水层中设有透水管，透水管的侧壁设有透水孔。根据地表径流的流入方式，生态沟可分为转输型和渗透型两类。转输型生态沟起到收集、转输雨水径流的作用，植物配置应优先考虑设施的功能性；渗透型植草沟能实现雨水径流的渗透、滞蓄和净化，具有良好的水处理效果。

生态沟植物配置应遵循以下原则。

① 功能与景观结合：在生态沟的植物配置中，应兼顾设施的功能性和景观效果，创造出三季有花、四季有景的美丽景观。这样的配置既能实现生态净化效果，同时也增加了沟渠周边的观赏价值，使生态沟成为一个生态环境与景观相结合的绿化带。

② 选择乡土树种：优先选择乡土树种为主要植物，这些植物在当地生态环境中具有较好的适应性，能够适应本地气候和土壤条件，提高植物的成活率和生长繁茂程度。乡土树种也有助于保护本地的植物资源和生态多样性。

③ 耐水湿、耐涝、耐旱：选择具有耐水湿、耐涝和耐旱等生长习性的植物，以适应生态沟可能面临的不同水位和湿润条件。这样的植物能够在湿润和干旱的环境中生存，并保持稳定的生态功能。

④ 净化效果：优先选择具有较强吸收能力的植物，特别是能够对径流污染物如N、P等有一定净化效果的植物。这些植物能够有效地吸收和转化水体中的营养元素，降低水体中N、P等污染物的浓度，从而实现水质净化的目标。

⑤ 观赏性：在植物配置中考虑有观赏性的因素，选择一些美丽的花卉和景观植物，增加生态沟的美感和景观价值。这样的配置能够吸引游人和居民，提升生态沟的社会效益和环境意识。

⑥ 综合以上原则，生态沟植物配置应当综合考虑植物的功能性、适应性、净化效果和观赏性，打造出既具有生态功能又美观宜人的绿色沟渠环境。

综上，村镇污水处理技术和生态技术融合是我国农污水治理的必由之路。随着农村地区人口增加和经济发展，生活污水排放量逐渐增加，对水环境的污染问题日益突出。传统的污水处理技术在一定程度上可以解决污水排放问题，但其高能耗、高投入的特点在农村地区并不适用，需要寻找更加适合农村条件的污水处理方法。

回顾污水生物处理和生态处理技术，看到它们在农村生活污水治理中具有巨大的潜力和优势。污水生物处理技术利用微生物对有机物进行降解，具有投资费用低、运行费用少、能耗低等优点，适合农村地区经济条件有限的情况。而生态处理技术则利用植物和生态系统的自然功能来净化水体，能够降低水体中的营养盐含量和悬浮物质，改善水质，并且具有良好的生态景观效果，有利于提升环境品质。

在融合这两种技术的过程中，可以探索出更加高效、低能耗、生态可持续的污水治理路径。首先，将污水生物处理与生态处理有机结合，使得污水中的有机物得到有效降解和去除，同时植物吸收营养元素，实现污水的双重净化。其次，根据农村地区的实际情况，选择适合本地气候、土壤条件和水体特点的植物种类，提高植物的成活率和适应性。同时，选择具有耐水湿、耐涝、耐旱等特性的植物，使其能够在不同的气候和水体条件下正常生长和发挥净化作用。另外，应充分考虑农村地区的生活习惯和美观要求，在植物配置时兼顾设施功能和景观效果相结合，营造三季有花、四季有景的效果，以增加居民对污水处理设施的接受度和使用意愿。同时，选择对N、P等营养元素有较强吸收能力的植物，实现对径流污染物的有效去除，进一步提高出水水质。

总体而言，污水处理技术和生态技术的融合将为农村生活污水治理带来更加翔实和具有前瞻性的解决方案。通过合理选择植物种类、优化工艺流程，建立符合农村实际与发展的高效低能耗、生态可持续发展污水治理路径，为农村水环境保护和人民群众的生活品质改善做出积极贡献。

参考文献

[1] 高廷耀，顾国维，周琪. 水污染控制工程[M]. 4版. 北京：高等教育出版社，2014.

[2] 李建政，任南琪，秦智. 污染控制微生物生态学[M]. 哈尔滨：哈尔滨工业大学出版社，2005.

[3] 刘红丽，徐承睿，刘鲁建. 生物带废水处理工程技术[M]. 武汉：华中师范大学出版社，2009.

[4] 刘建伟. 污水生物处理新技术[M]. 北京：中国建材工业出版社，2016.

[5] 吕炳南. 污水生物处理新技术[M]. 3版. 哈尔滨：哈尔滨工业大学出版社，2012.

[6] 瞿燕，叶少帆，李承铭，等. 村镇住区低碳规划和污废处理及新能源应用技术[M]. 上海：同济大学出版社，2016.

[7] 吴树彪，董仁杰. 人工湿地生态水污染控制理论与技术[M]. 北京：中国林业出版社，2016.

[8] 杨春雪，施春红，张喜玲. 膜生物反应器处理农村生活污水研究进展[J]. 水处理技术，2020, 46(8): 1-5.

[9] 张跃峰. 生物生态组合型农村生活污水处理系统污染物去除特性及工艺模拟研究[D]. 南京：东南大学，2018.

[10] 赵庆良. 废水处理与资源化新工艺[M]. 北京：中国建筑工业出版社，2006.

[11] 住房和城乡建设部. 室外排水设计标准：GB 50014—2021[S].

[12] 环境保护部. 序批式活性污泥法污水处理工程技术规范：HJ 577—2010[S].

[13] 环境保护部. 生物滤池法污水处理工程技术规范：HJ 2014—2012[S].

[14] 环境保护部. 生物接触氧化法污水处理工程技术规范：HJ 2009—2011[S].

第 5 章

工业聚集型村镇废水强化 预处理－生态处理技术

　　乡镇企业是农村工业化和农业化的主要载体。改革开放以来，我国乡镇企业飞速发展，振兴了农村地方产业，增加了农民的收入，切切实实地促进了地方经济的发展，成为国民经济和社会发展中不可替代的力量。随之也带来了严重的乡镇工业污染问题。在我国北京召开的第五届世界水大会"农村污水处理国际研讨会"上曾指出我国农村水污染最大的来源就是乡镇企业。本章将介绍我国乡镇工业废水产生的来源和特点、乡镇工业废水处理的必要性和一般原则，以及相关的处理工艺技术。

5.1　乡镇工业废水概况

5.1.1　来源

　　我国的乡镇企业多是以中小企业为主，小而分散，布点随意，缺乏长远规划。由于经济实力和技术力量有限，以造纸、纺织为主的印染类乡镇企业和以煤炭、化工为主的能源型乡镇企业，存在生产设施老旧、工艺技术落后、生产经营模式粗放的问题，企业的污染治理能力有限，直接导致工业"三废"的产生，带来了严重的环境污染问题。2000年以后，随着全国性的产业转移和升级，越来越多的高污染型企业向乡镇地区迁移，各地不断涌现众多的乡镇工业园区。纺织印染、造纸、化工、制药、电镀及金属加工、食品加工、机械、建材等行业的乡镇企业在生产过程中产生的废水、污水和废液中含有随生产用水流失的工业生产用料、中间产物和产品以及生产过程中产生的污染物，容易对环境造成污染与破坏。

　　以2009年为例，工业废水排放量占全国废水总排放量的40%，其中江苏省最高，为25.6亿吨，其次为浙江、广东、山东、广西、福建、河南等省份，工业污水平均处理达标率为88.4%，主要污染行业为造纸、纺织印染、化工、钢铁等行业。2015年环境统计年报显示我国工业废水排放总量近199.5亿吨，COD排放量为2223.5万吨，氨氮排放量为229.9万吨，主要集中在化工、造纸、纺织和煤化工行业，工业废水治理任务仍然相当繁重。全国乡镇企业污染源调查结果显示，全国乡镇企业废水排放量达59亿吨/年，占全国工业废水排放总量的21.8%，其中COD排放量达到611万吨/年，占全国工业排放量的44.3%；乡镇工业废水处理量仅占其废水排放总量40.1%，比县及县以上工业废水处理率低36%；乡镇企业烟尘排放量达849.5万吨/年，SO$_2$排放量达441.1万吨/年，占全国工业排放总量的50.3%，废气净化处理率27.9%，比县及县以上工业低42.9%；工业固体废物年产生量达3.8亿吨，占全国工业固体废物产生总量的37%，工业固体废物综合利用率30.9%，比县级及以上工业低12%。我国乡镇工业污染的治理任重而道远。

5.1.2　特点

　　乡镇工业规模小、数量多，产业结构不合理、布局零散混乱，技术装备和经营管理水平低下，资源与能源消耗大，缺乏完善的污染防治措施，导致乡镇工业废水的水质和水量波动大，总体呈现高COD、低BOD/COD值、高SS及高含盐量等特征。此外，由于各行业间废水水质存在显著性差异，导致乡镇工业废水的水质波动大，成分复杂，除含有COD、氮磷等常规污染物，还含有重金属、氰化物、多环芳烃、卤代芳烃、合成染料、杂环类化合物、抗生素、农药等难降解的毒害污染物（表5-1）。这些污染物若得不到妥善处理，会对农田和水体造成严重污染，对当地的生态环境和公众的身体健康造成严重危害。

表5-1　乡镇工业类型及其废水所含特征污染物

行业	特征污染物
焦化及石化	多环芳烃类、有机氰化物
纺织及制革、印染	杂环类、合成染料、氯代芳香族化合物
制药	杂环类、重金属、抗生素
造纸	氯代芳香族化合物
电镀及金属加工	重金属、氯代芳香族化合物
屠宰及食品加工	有机物、氮磷营养盐

5.2　乡镇工业废水治理

5.2.1　必要性

　　由于乡镇工业规模较小、数量众多，产业结构不合理、布局零散混乱，各个行业间的差异较大，技术装备和经营管理水平低下，缺乏完善的污染防治措施，许多乡镇企业的工业废水只经过简单处理后直接排放到地表水体，或排入污水管网与生活污水混合后进入村镇污水处理设施，其中的重金属、抗生素、农药等毒害污染物会抑制以生物-生态法为主的村镇污水处理设施中微生物、植物的生长，导致污水处理效率下降，大部分的毒害污染物随出水进入环境水体中，对乡镇的水体和生态环境保护造成严重危害。因此，加强乡镇地区工业废水治理是乡镇生态文明建设的重要内容之一。

5.2.2 一般原则

由于乡镇工业废水的水量小且波动较大、排放点较为分散，污染物种类多、成分复杂、浓度变化大，其处理模式不能简单地照搬城市大型工业园区和生活污水的处理模式。根据乡镇工业废水的特点，以及乡镇企业的规模和经济技术条件，提出乡镇工业废水的强化预处理-生态处理技术。乡镇工业废水首先通过各种物理化学法和高级氧化法联合作用将废水中的难降解毒害污染物氧化降解为低毒或无毒的小分子物质，降低毒害污染物的浓度和毒性，提高废水的可生化性后再单独或与生活污水一并进入人工湿地、氧化塘等以生态法为主的污水处理设施，进一步去除有机物和氮磷营养盐，最终尾水达标排放或回用。

乡镇工业废水强化预处理-生态处理技术的关键是选取高效和经济可行的强化预处理技术，强化预处理的目的是降低废水中的毒害污染物浓度和毒性，提高废水的可生化性，使后续的生物-生态处理设施能够正常运行。常用的预处理方法有物理化学法、常规化学氧化法、高级氧化法、生物化学法处理等。

（1）物理化学法

物理化学法是通过各种物理化学联合的过程去除毒害污染物的方法，包括酸碱中和、混凝沉淀、吸附、萃取、离子交换、膜分离等，可去除的污染物包括重金属、胶体颗粒、有机物等，这些方法在工业废水处理上应用较为广泛，但不能彻底降解污染物，只是将污染物从废水中分离出来，后续还需要对污染物进行处置。

（2）常规化学氧化法

常规化学氧化法是通过直接加入O_2、O_3、H_2O_2、$KMnO_4$、Cl_2、$NaClO$等化学氧化剂来降解污染物。该方法技术成熟、应用广泛，可去除各种常规的有机物，但氧化能力有限，对目标污染物具有选择性，处理难降解有机物的效率不高，需要设备或投加试剂，易产生二次污染。

（3）高级氧化法

高级氧化法是指在催化剂以及高温、高压、微波、光辐射、电场、超声等的联合作用下，产生大量具有强氧化能力的羟基自由基（•OH，其氧化电极电位为2.80V，仅次于氟），使有机物发生断键、开环、取代、电子转移等反应而生成小分子有机物，最终降解为CO_2和H_2O。高级氧化法适用范围广、降解能力强、反应速度快、无二次污染，可用于各种工业废水和混有工业废水的污水处理，可去除卤代芳烃、合成染料、抗生素、农药、内分泌干扰物等各种难降解有机物。常用的有芬顿氧化法、臭氧氧化法、光化学氧化法、电化学氧化法、超声波氧化法、湿式氧化法、等离子体氧化法以及各种耦合高级氧化法等。

（4）生物化学处理法

生物化学处理法是通过微生物的生命代谢分解有机物来去除污染物的方法。在处理工业废水或混有工业废水的污水时，需要针对所含的难降解有机物培养驯化具有高效降解能力的微生物，并通过菌株固定化的方式提高微生物丰度来提高处理效果。根据微生物对氧的需求有好氧生物处理、厌氧生物处理，具体包括活性污泥法、生物膜法以及各种组合工艺等。该方法成本低、效果好，但前期需要驯化微生物，启动时间较长、耐冲击负荷较差。

上述的这些预处理方法各有优缺点，在应用过程中可根据废水类型、污染物种类和浓度以及出水排放标准和受纳水体要求灵活选用或组合使用。其治理模式的选择应考虑：

① 一般来说，物理化学法、常规化学氧化法以及高级氧化法主要是去除各种难降解毒害污染物；以活性污泥法、生物膜法为主的各种生物化学法主要是去除有机物和氮、磷营

养盐；人工湿地、稳定塘、土地法等生态工艺主要用于尾水的脱磷除氮和痕量污染物的深度处理。

② 废水的水质条件决定预处理工艺的选择，单一的工业废水，污染物种类明确且浓度较高，可采用各种高级氧化法，或者物理化学法联合高级氧化法来处理。当废水中含油脂浓度 > 50mg/L 时，需要设置隔油设施。

③ 工业废水与生活污水的混合废水，难降解毒害污染物种类多、浓度低，若直接采用高级氧化法，处理成本高、去除效果差。可采用吸附法耦合高级氧化法，通过填料的强化捕集吸附将毒害污染物富集在吸附材料的表面，再通过耦合的高级氧化工艺降解去除，最后设置生物滤床、人工湿地等生物生态工艺降解生活污水中的有机质和氮、磷营养盐。

④ 出水水质标准决定处理设施类型的选取。当受纳水体对出水水质要求较高或在生态环境敏感地区时，则需采用脱氮除磷的深度处理设施或高级处理模式。在农村地区土地条件充足的情况下可采用人工湿地、稳定塘、土地处理等生态处理工程；当场地受限或处理规模较小时，可采用灵活紧凑的一体化污水处理设备。

可用于乡镇工业废水处理的工艺有很多，以下介绍可用于乡镇工业废水和混合废水强化预处理工艺技术，包括臭氧催化氧化法、芬顿氧化法、零件铁强化吸附法和强化生物降解法。

5.3 臭氧催化氧化法

5.3.1 技术原理

臭氧（O_3）是氧气（O_2）的同素异形体，在常温常压下为一种具有特殊气味的蓝色气体，具有极强的氧化性，其分子中的氧原子具有较强的亲质子性，能与水中 OH^- 和其他离子（如金属离子等）引发自由基链式分解反应产生 $HOO\cdot$、$O_2^-\cdot$、$\cdot OH$ 和 $HO_3\cdot$、$\cdot OH$、O_3^-。所生成的 $\cdot OH$ 是一种无选择性的强氧化剂，对许多难生化降解的有机污染物具有良好的氧化作用，与有机物分子氧化反应的反应速率常数可达到 $10^6 \sim 10^9 L/(mol \cdot S)$，反应速度快，使用方便，不产生二次污染，可用于污水的消毒、除色、除臭、去除有机物和降低 COD 等。

由于臭氧在水中的溶解度较低，单独使用臭氧处理有机物污染是以臭氧分子直接氧化有机物为主，且臭氧产生效率低、耗能较大，造价高、处理成本昂贵。臭氧氧化反应具有选择性，对某些卤代烃、农药等有机污染物的降解效果比较差，废水中 COD 和 TOC 很难彻底去除。增大臭氧在水中的溶解度、提高臭氧的利用率、研制高效低能耗的臭氧发生装置成为臭氧催化氧化法的主要研究方向。为此，近年来发展了旨在提高臭氧氧化效率的相关技术联合使用的高级氧化技术，如 UV/O_3、H_2O_2/O_3、$UV/H_2O_2/O_3$ 等组合方式不仅可以提高氧化速率和效率，而且能够氧化降解臭氧单独作用时难以氧化降解的有机污染物。

5.3.2 技术流程

村镇工业废水或混合废水的臭氧氧化-人工湿地工艺流程如图5-1所示，废水收集后经格栅-调节池进入臭氧催化氧化系统单元，难降解有机物、重金属等污染物被氧化降解，废水的可生化性提高；随后进入沉淀池，经沉淀后排入人工湿地处理。

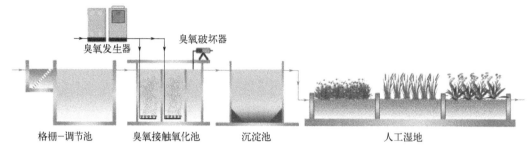

图5-1　臭氧氧化-人工湿地系统工艺流程

臭氧催化氧化系统由臭氧发生单元、臭氧催化氧化单元、尾气处理单元和检测控制单元组成，各单元的设备、管网、阀门应参照有关要求选择耐臭氧的防腐设备和材质。

（1）臭氧发生单元

利用臭氧发生器产生臭氧，其原理是含有氧气的气体通过电介质与接地极之间的放电间隙时，氧气被高压电离生成臭氧。臭氧发生装置的氧气源，应根据气源成本、臭氧发生量、场地条件及臭氧发生的综合单位成本等因素选择液氧、空气变压吸附（PSA）、真空变压吸附（VPSA）制氧或能满足气源要求的其他富氧源。

（2）臭氧催化氧化单元

由臭氧催化氧化接触池、射流泵/曝气盘、高效臭氧溶气装置、二次混合装置、均相催化极板装置/非均相催化装置及配套设备等组成，从臭氧发生器生成的臭氧通过水射器辐流曝气、曝气盘曝气、微孔扩散器曝气等投加方式进入臭氧接触池或其他污水处理设施单元，在污水中充分接触氧化分解污染物。为保证臭氧与污水有充足的接触时间来氧化有机污染物，一般采取三点投加的曝气方式，三点的投加比例为2∶1∶1，总接触时间为10～15min，使臭氧在接触池每段区域中都有充足的停留时间，并确保接触池尾部留有一定的臭氧。当尾部余留臭氧浓度达到0.4mg/L左右时曝气效果最佳。臭氧接触池必须全密闭，池内水面与池顶保持0.5～0.7m，池顶设置尾气排放管和自动气压释放阀。在使用臭氧氧化工艺时需要根据污水的成分及污染物浓度，合理布置臭氧接触池在整个污水处理系统中与其他生物处理单元的相对位置，以得到最佳的臭氧氧化效果。

（3）尾气处理单元

接触池中会有少部分臭氧逸出，采样催化剂催化尾气破坏器装置处理对臭氧尾气进行处理。臭氧尾气处理单元包括尾气输送管、尾气除湿器、抽气机、臭氧消除器、臭氧浓度监测仪、报警设备和控制箱等。臭氧尾气经抽风机送入臭氧消除器，经除雾去湿后加热至60℃左右，进入催化反应器通过催化破坏方式将臭氧分解后排放。当有MnO_2等催化剂时，在常温下臭氧也能快速分解，尾气臭氧浓度< 0.1×10^{-6}。

5.3.3　技术参数

（1）臭氧投加量及接触时间

在使用臭氧催化氧化法处理污水时，需根据处理对象和要求设置合理的臭氧投加量和接触时间（表5-2），以提高臭氧利用效率，降低处理成本。

表5-2　臭氧投加量和接触时间

处理对象	臭氧投加量/（mg/L）	去除率/%	接触时间/min
灭菌及灭活病毒	1～3	90～99	数秒至15
臭、味	1～2.5	80	>1
脱色	2.5～3.5	80～90	>5
铁、锰	0.5～2.0	90	>1
COD	1～3	40	>5
CN^-	2～4	90	>3
ABS	2～3	95	>10
酚类	1～3	95	>10
有机物	1.5～2.5	60～100	>27

（2）臭氧需求量

臭氧接触氧化池的臭氧需求量按以下公式计算。

$$D = \frac{Q \times (C_0 - C_e) \times K}{\eta \times 1000} \tag{5-1}$$

式中　D——臭氧需求量，kg/h；

　　　Q——臭氧催化氧化单元设计最大小时流量，m^3/h；

　　　C_0——臭氧催化氧化单元设计进水COD_{Cr}浓度，mg/L；

　　　C_e——臭氧催化氧化单元设计出水COD_{Cr}浓度，mg/L；

　　　K——O/C值（臭氧投加量与COD_{Cr}去除量的比值），无量纲；

　　　η——臭氧投加系统溶气效率，无量纲。

（3）反应池容积

臭氧催化氧化接触池反应区容积按以下公式计算。

$$V = Q \times T \tag{5-2}$$

式中　V——臭氧催化氧化接触池反应区有效溶积，m^3；

　　　Q——臭氧催化氧化单元设计最大小时流量，m^3/h；

　　　T——臭氧催化氧化单元反应时间，h。

（4）其他设计参数

进水流速（竖向流）不大于12m/h，SS应小于10mg/L；臭氧发生器宜采用液氧源或富氧源，所产生的臭氧浓度大于135mg/L；O/C值在1.2～1.8之间；臭氧接触池的接触时间不小于0.25h，空速不大于$4h^{-1}$，有效水深大于7.5m。

5.3.4　应用效果

利用臭氧催化氧化毒害有机污染物降解技术可以有效处理印染工业混合废水，试验用水取自某漂染废水处理厂的废水，加上单位内生活污水配成混合废水，其主要水质指标：COD为480～560mg/L，氨氮为25～28mg/L，色度为60～80度。

（1）常规污染物处理效果

在臭氧的投加量为15.20mg/L，废水初始pH值为9.0，接触时间为20min的条件下，混合废水中的污染物降解效果良好，如图5-2可以看出，COD的去除率可达84.7%，氨氮的去除率可达61.80%，色度去除率可达74.8%。

在废水初始pH值为9.0，反应时间为30min的条件下，调节臭氧发生器功率，将臭氧质量浓度分别控制在5.18mg/L、10.94mg/L、15.80mg/L、21.96mg/L和25.82mg/L，研究不同臭氧浓度下的处理效果，结果如图5-3所示。随着臭氧浓度的升高，COD去除率逐步提高。当臭氧浓度为5.18mg/L时，COD的去除率仅为72.3%；而当臭氧质量浓度提高到15.8mg/L时，COD的去除率升高到84.7%，此后继续提高臭氧浓度COD去除效果改善有所降低。

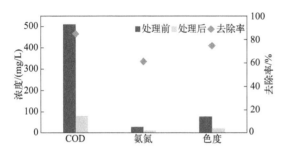

图5-2 臭氧对混合废水各污染物的去除效果　　图5-3 不同臭氧投加量对污染物的去除效果

在臭氧的投加量为15.20mg/L，废水初始pH值为9.0的条件下，将反应时间分别控制在5min、10min、20min、30min和60min，研究不同反应时间条件下混合废水的处理效果，结果如图5-4所示。随着反应时间的增长，COD去除率逐步提高。当反应时间在60min时，混合废水COD的去除率可达96.5%。

在臭氧浓度为15.20mg/L，反应时间为20min的条件下，调节废水初始pH值分别为6.0、7.0、8.0、9.0、10.0，然后对其进行臭氧氧化处理，试验结果如图5-5所示。由图5-5可知，随着pH值的升高，COD去除率不断提高。在pH值为6.0时，COD去除率仅为48.5%；而当pH值升至10.0时，COD去除率提高到90.5%。

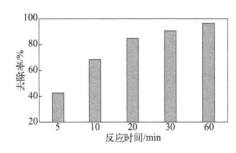 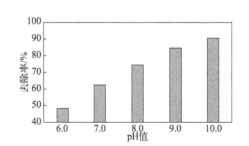

图5-4 不同反应时间对污染物的去除效果　　图5-5 不同废水初始pH值对污染物的去除效果

（2）毒害性污染物净化效果

臭氧投加量为15.20mg/L，废水初始pH值为9.0，接触时间为20min的条件下，混合废水中的双酚和壬基酚的去除率可达到60%以上（图5-6），毒害性污染物的去除效果良好。

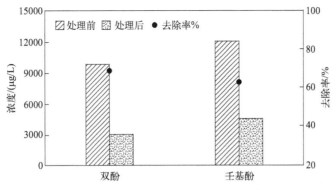

图5-6　臭氧对毒害性污染物的去除效果

臭氧催化氧化技术对混合废水有良好的降解效果，能有效提高混合废水的生化性，在进水COD为150mg/L、臭氧投加量为20mg/L的条件下，COD去除率可达85%以上。随着臭氧投加量和反应时间的增加，混合废水的去除率逐步增高。该技术对含有高浓度印染或染料废水的混合废水有良好的COD去除效果。

5.4　芬顿氧化法

5.4.1　技术原理

芬顿氧化法由英国科学家Fenton发明，在酸性条件（pH2 ～ 5）下利用Fe^{2+}催化分解H_2O_2生成强氧化性的羟基自由基（·OH），并发生链式反应引发生成更多的自由基。其主要化学反应如下所示：

$$Fe^{2+}+H_2O_2 \longrightarrow Fe^{3+}+OH^-+\cdot OH$$
$$Fe^{3+}+H_2O_2 \longrightarrow Fe^{2+}+H^++\cdot OOH$$
$$Fe^{2+}+\cdot OH \longrightarrow Fe^{3+}+OH^-$$
$$H_2O_2+\cdot OH \longrightarrow H_2O+\cdot OOH$$

·OH的氧化还原电位达到2.80V，仅次于氟，通过夺氢、亲电加成、电子转移等作用氧化分解各种难降解有机污染物。芬顿氧化法反应速度快、运行设备简单、污染物去除效果好，具有很大的应用潜力，被广泛应用于各种工业、农业和医药废水的处理，既可应用于预处理阶段提高废水的可生化性，也可应用于末端的深度处理。

芬顿氧化需要在酸性条件下才能反应，因此在处理废水的过程中需要调节进出水的pH值，处理过程中需要消耗大量酸碱试剂，处理成本较高；反应过程中H_2O_2的利用效率较低，出水中含有大量过剩的H_2O_2，还会产生大量的铁泥沉淀造成二次污染。基于传统的单一芬顿氧化法的不足和缺点，将过渡金属/纳米金属、电场、微波、超声波、可见光/紫外线等引入芬顿氧化体系，以提高·OH的产量和利用率，减少芬顿试剂用量，降低处理成本，提高处理效果，由此开发出改性芬顿氧化法、电-芬顿氧化法、微波-芬顿氧化法、超声波-芬顿氧化法、光催化-芬顿氧化法、臭氧-芬顿氧化法、超临界芬顿氧化法等各种经济有效的类芬顿氧化技术。

5.4.2 技术流程

村镇工业废水或混合废水的芬顿氧化-人工湿地工艺流程如图5-7所示。废水经格栅去除粗颗粒物后进入调节池，后进入芬顿氧化池，通过加酸将废水pH值调至酸性达到芬顿氧化适合的范围，同时加入芬顿反应试剂（Fe^{2+}和H_2O_2）生成羟基自由基（•OH），废水在氧化池中与•OH接触发生反应，有机物被氧化分解。反应后的出水进入混凝沉淀池，通过加碱调节pH至中性，使出水中的Fe^{2+}和Fe^{3+}生成沉淀移除，出水进入后续生态反应单元人工湿地。

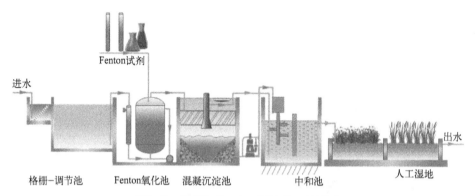

图5-7 芬顿氧化-人工湿地的工艺流程

根据芬顿氧化反应的机理可知，•OH是反应体系中氧化降解有机物的主要活性物质，因此，•OH的生成量决定了有机物降解的程度。影响芬顿反应的主要因素有药剂的投加量、投加方式及投加配比、pH值、反应时间和反应温度等。

① 芬顿药剂的投加量。芬顿药剂主要为过氧化氢和亚铁药剂，由于Fe^{2+}向Fe^{3+}的转化会抑制芬顿反应产生•OH，造成反应效率降低。因此，为了提高氧化效果，需要增加药剂的投加量，导致芬顿氧化的处理成本大幅度增加。

② 产生的固体废弃物显著增加。芬顿氧化反应一般是在酸性条件下进行的，在调节pH值的过程中会产生大量的铁泥沉淀。

③ 未反应完全的过氧化氢会对下一阶段的处理工艺造成影响，或者干扰出水水质的检测。

5.4.3 技术参数

（1）进水水质要求

进水的SS应 < 200mg/L；进水的水体中不应含有硫离子、氰根离子等酸性条件下易产生有毒有害气体的污染物；控制进水中Cl^-、$H_2PO_4^-$、HCO_3^-、油类等污染物的浓度。

（2）芬顿氧化反应池

氧化反应池池体的有效容积和有效面积可按以下公式计算：

$$V = Q \times T \tag{5-3}$$

$$F = \frac{V}{H} \tag{5-4}$$

式中　V——池体的有效容积，m^3；

　　　Q——设计水量，m^3/h；

　　　T——水力停留时间，h，水力停留时间宜为$2.0 \sim 8.0h$；

　　　F——池体有效面积，m^2；

　　　H——池体有效水深，m，完全混合式的池体水深宜为$2.5 \sim 6.0m$。

（3）药剂投加

氧化池投加的硫酸浓度应低于使用温度下该硫酸凝固点的浓度，硫酸亚铁溶液浓度$20\% \sim 30\%$（质量分数），过氧化氢浓度不大于30%（质量分数）。药剂投加比例为：

$$c(H_2O_2，mg/L) : COD(mg/L) \text{宜为} (1:1) \sim (2:1)$$

$$c(H_2O_2，mg/L) : c(Fe^{2+}，mg/L) \text{宜为} (1:1) \sim (10:1)$$

中和池的碱液宜采用NaOH和Na_2CO_3的溶液，浓度不大于30%（质量分数）不宜采用$Ca(OH)_2$溶液。

混凝池的混凝剂宜采用聚合氯化铝，投加量$100 \sim 200mg/L$；助凝剂宜采用聚丙烯酰胺，投加量$3 \sim 5mg/L$。

5.4.4　应用效果

（1）抗生素废水处理

制药公司生产抗生素产生的制药废水含有大量的有机物和残留抗生素，其生物毒性大、可生化性差，导致处理难度大。采用芬顿氧化+混凝沉淀+生物处理组合工艺对某制药企业的抗生素类制药废水进行处理，设计处理出水水质满足GB 21904—2008。

主要设计参数如下。

① 格栅井：尺寸$2m \times 1m \times 1.2m$，配置机械格栅装置，格栅间隙2mm，倾斜角度60°。

② 调节池：尺寸$20m \times 8m \times 6.8m$，有效容积$1000m^3$，配置配备空气搅拌系统、液位控制系统和污水提升泵（$Q=25m^3/h$，$N=2.2kW$，$H=100kPa$）。空气搅拌系统对废水进行混合，为后续工艺的水质水量提供保障。

③ 芬顿氧化池：尺寸$4.2m \times 2.5m \times 3.7m$，有效容积$33.6m^3$。配置空气搅拌系统，pH值在线检测装置，硫酸、硫酸亚铁和过氧化氢加药装置各1套。芬顿氧化反应pH $3 \sim 4$，Fe^{2+}与H_2O_2的配比为1:1（摩尔比），HRT=0.8h。

④ 混凝沉淀池：尺寸$6m \times 3m \times 2.5m$，有效容积$36m^3$。配置电动搅拌系统，pH值在线检测装置，烧碱、聚合氯化铝和PAM加药装置各1套。

⑤ 二沉池（中和池）：尺寸$13m \times 3.5m \times 3.5m$，有效容积$136.5m^3$，水力表面负荷为$0.91m^3/(m^2 \cdot h)$，配备污泥泵$Q=10m^3/h$，$N=1.8kW$，$H=150kPa$。

⑥ 生物滤池：尺寸$10m \times 5m \times 5.5m$，有效容积$250m^3$，HRT=6h，水力表面负荷为$0.83m^3/(m^2 \cdot h)$，装填立方体聚氨酯泡沫滤料，气水比为3:1，气水逆向流动，配备曝气系统及反冲洗系统。

⑦ 污泥浓缩池：尺寸为$7m \times 7m \times 12m$，有效容积$539m^3$。配备螺杆泵及板框压滤机。用于浓缩处理混凝沉淀池、二沉池的污泥及曝气生物滤池产生的污泥，降低污泥含水率，压滤处理减轻负荷。

该制药废水处理工程系统经过调试运行后，整个系统达到稳定状态，运行良好。通过对各主要处理工艺出水进行多次采样分析，发现出水水质均优于GB 21904—2008相关标准要求，具体检测结果平均值见表5-3，该处理系统对COD、BOD$_5$、TOC、急性毒性的去除效果较好。

表5-3　废水水质及排放标准

指标	pH值	COD /(mg/L)	BOD$_5$ /(mg/L)	TOC /(mg/L)	SS /(mg/L)	NH$_3$-N /(mg/L)	TP /(mg/L)	毒性
进水	5.78	14654	1248	5282	788	315	18	0.21
出水	7.63	93	20	29	10	18	0.68	0.002
去除率/%		99	98	99	99	94	96	99
排放标准	6～9	≤120	≤25	≤35	≤50	≤25	≤1.0	≤0.07

（2）高COD难降解废水处理

某半导体制造企业的难降解废水水质指标为：pH 8.0，COD 120000mg/L，TDS 920mg/L，氨氮570mg/L，总磷680mg/L，锌300mg/L。采用强化芬顿氧化法处理，在反应体系中引入盐酸羟胺还原剂，有效促进Fe^{3+}/Fe^{2+}的循环，减少Fe^{3+}的累积，促进H_2O_2的分解并拓展处置过程中所需的pH值适用范围。通过强化芬顿氧化-蒸发-生化联合处置方式，实现了高COD难降解废液的高效无害化处置。

在pH 4.0、亚铁投加量为3g、30% H_2O_2投加量为20mL，盐酸羟胺投加量为1g的条件下，双氧水氧化体系、双氧水-盐酸羟胺氧化体系、芬顿氧化体系、芬顿氧化-盐酸羟胺氧化体系对COD的降解效果如表5-4和图5-8所示。从图中可以看出，无论是双氧水氧化体系还是芬顿氧化体系，加入盐酸羟胺后的系统都使COD的降解效率得到明显的提升。传统芬顿氧化体系中由于三价铁的累积导致芬顿反应速率慢且调碱后有大量污泥沉淀，盐酸羟胺的加入可以缓解三价铁的累积，减少污泥沉淀，同时加速二价铁和羟基自由基的生成，强化芬顿氧化体系的氧化作用。

表5-4　不同反应体系的COD降解率

时间/min		0	5	15	25	35	40
双氧水	COD/(mg/L)	120000	110000	100000	95000	90000	86000
	降解率/%	0	8.3	16.7	20.83	25	28.3
双氧水-盐酸羟胺	COD/(mg/L)	120000	100000	80000	75000	73000	70000
	降解率/%	0	9.1	27.3	31.8	33.6	36.4
芬顿氧化	COD/(mg/L)	120000	100000	90000	65000	32000	30000
	降解率/%	0	9.1	18.2	40.9	70.9	72.7
芬顿氧化-盐酸羟胺	COD/(mg/L)	120000	100000	80000	50000	10000	5000
	降解率/%	0	16.7	27.3	58.3	91.7	95.8

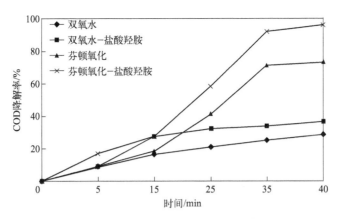

图5-8　不同反应体系的COD降解率随时间的变化

　　盐酸羟胺投加量和反应体系的pH值对COD去除率的影响如表5-5和图5-9所示。随着盐酸羟胺的投加量不断增加，去除率逐渐升高，当投加量达到一定量时，去除率不再增加。原因为较高浓度的盐酸羟胺可能会通过还原作用消耗部分•OH，导致去除率不再增加，但高投加量盐酸羟胺并没有降低去除率，说明盐酸羟胺对该体系•OH的淬灭作用较弱。pH值在酸性和弱酸性条件下处置效果最好，在碱性条件下处置效果差。芬顿氧化-盐酸羟胺体系适用的pH值范围为酸性和弱酸性，最佳pH值范围为3.0～4.0。

表5-5　盐酸羟胺投加量和反应体系的pH值对COD去除率的影响

COD浓度/（mg/L）	120000				
盐酸羟胺投加量/g	0.1	0.5	1.0	1.5	2.0
反应后COD浓度/（mg/L）	11000	9000	5000	5120	5140
COD去除率/%	90.8	92.5	95.8	95.7	95.7
pH值	2	3	4	6	8
反应后COD浓度/（mg/L）	10000	8000	5000	50000	70000
COD去除率/%	91.7	93.3	95.8	58.3	41.7

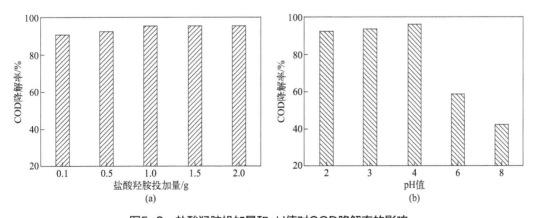

图5-9　盐酸羟胺投加量和pH值对COD降解率的影响

5.5 零价铁强化吸附法

5.5.1 技术原理

吸附法是利用吸附剂材料的多孔结构、超大的比表面积孔容或表面活性功能基团的特殊位点，对废水中的某些物质成分进行选择性吸附回收和去除的污染净化方法。吸附法可分为物理吸附、化学吸附和交换吸附，其原理是通过吸附材料与污染物分子间的范德华力、氢键、静电作用、疏水作用等将污染物从水相转移到固相，具有去除效果好、速度快、能耗低、操作简单、可对有用物料回收及再生使用等优点，常用于预处理工业废水中的重金属和难降解有机物如苯胺类、酚类等，能显著提高废水的可生化性，有利于后续的生物法处理。吸附法的核心是吸附材料，在使用过程中尽量选取原料来源广、生产和使用成本低、吸附性能高效、可回收再生的吸附材料。常用的传统吸附材料有活性炭、沸石、硅藻土和高分子树脂等。对新型吸附材料的开发主要有以下几个方面：

① 寻求采用黏土矿物、粉煤灰、农业废弃物等来源广、成本低的制备原料，通过酸碱、加热、超声等各种改性手段增强其吸附性能；

② 通过引入纳米材料、磁性材料、光催化材料等方式以增强吸附材料的吸附性、分散性、催化活性等性能；

③ 将吸附法与其他高级化学氧化法（微波氧化、臭氧氧化、芬顿氧化、光催化氧化、电化学氧化等）联合使用，污染物被材料吸附后直接被氧化降解，提高污染物的去除效果。

铁是地球上广泛存在且储量丰富的金属元素，也是生命体必需的微量元素之一。零价铁（zero-valent iron，ZVI）具有极强的还原能力，可还原转化某些具有氧化性的难降解污染物，如各种重金属离子、无机盐、卤代有机物、含氮类有机物、杀虫剂、有机氯农药等。零价铁还原污染物时失去电子生成 Fe^{2+} 和 Fe^{3+}，在中性或碱性溶液环境中生成氢氧化亚铁和氢氧化铁的絮状络合物沉淀，可吸附沉降水体中的污染物；在酸性溶液环境下，引入 H_2O_2 能发生芬顿反应生成具有强氧化能力的 •OH 氧化降解有机污染物。此外，当系统中存在其他活性较弱的金属或非金属元素时，铁能与之形成微小的原电池，发生电解反应加快污染物的电子转移和促进其转化降解。利用零价铁作为吸附材料，可通过还原、絮凝吸附、微电解、化学氧化等作用去除和降解多种污染物，具有效率高、成本低、环境友好等优势，在土壤及地下水修复、工业废水污染控制、微污染水源净化、空气污染治理等领域中有很大的应用价值和开发前景。在实际的水处理应用工程中可添加铁屑、铁粉、钢渣、海绵铁（s-Fe⁰）、纳米铁等不同形式的零价铁材料吸附废水中的毒害污染物。

5.5.2 技术流程

零价铁强化捕集吸附工艺可用于低浓度工业废水或混合废水的预处理，通过吸附材料的强化捕集作用，降低废水中毒害有机物的浓度，提高废水可生化性，确保后续生物-生态处理单元的正常运行，其工艺包括格栅、调节池、吸附池、沉淀池、中和池等，吸附池中可装填铁屑、海绵铁、纳米铁等不同形式的零价铁吸附材料。将海绵铁吸附与微波氧化耦合，开发一种兼顾经济效益和处理效率的微波-海绵铁耦合工艺，对工业聚集型村镇混合废水进行强化预处理。利用海绵铁对混合废水进行还原脱色处理，并且对混合废水中的重金属进行吸附/还原处理；耦合基于微波增强高级氧化技术能深度降解残留的难降解有机物，为工业聚集型村镇混合废水处理提供一种强化预处理技术。微波/海绵铁耦合吸附氧化-人工湿地工艺如图5-10所示，工业混合废水通过管网收集后，流经格栅拦截较大悬浮物或漂浮物后进入调节池，调节池对污水的水量和水质进行调节，防止负荷冲击，确保系统在合理的水力负荷下运行。吸附-微波氧化反应池中填装的海绵铁吸附材料在捕集吸附水体中重金属和难降解毒害污染物的同时，微波发生器产生微波使之氧化降解，使污水毒性降低、可生化性提高，随后进入沉淀池，去除水体中悬浮颗粒、胶体物质等，经中和池调节酸碱后排入人工湿地进一步深度处理。

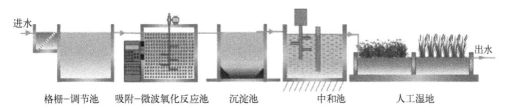

图5-10 微波/海绵铁耦合吸附氧化-人工湿地工艺流程

5.5.3 应用效果

5.5.3.1 纳米零价铁的制备和表征

纳米材料是指其结构单元尺寸介于 1 ～ 100nm 之间的材料，其结构颗粒大小接近电子相干距离和光的波长，处在原子簇和宏观物体交界的过渡区域，具有表面效应、小尺寸效应和宏观量子隧道效应，其熔点、磁性、光学、热学、电学、化学等特性不同于常规物质的性质。纳米材料具有较强的吸附特性，主要是由于：

① 纳米粒子表面特殊的原子晶体场环境和结合能，使周围缺少相邻原子而具备许多不饱和的悬空键，易于和其他原子或离子键合结合，表现出对金属离子或有机物的吸附作用，具有强烈的化学活性和催化特性，可作为吸附剂的活性位点和催化剂的活性中心。

② 纳米材料具有较大的比表面积，其吸附容量大。当粒径为 10nm，比表面积为 $90m^2/g$，粒径为 2nm 时，比表面积增加到 $450m^2/g$。常用的纳米材料有纳米金属、纳米金属氧化物、富勒烯、碳纳米管等，作为一种极具应用前景的吸附材料在污染治理中的应用越来越广。

纳米零价铁（nZVI）是指三维尺度中至少有一维处于 1 ～ 100nm 范围且以零价铁为主要成分的纳米材料，近年来作为新型材料应用于环境污染治理中已有不少的应用报道。其拥有独特的"核-壳"纳米结构，比表面积大，反应活性高，吸附速率快，能够还原吸附沉淀多种污染物。单独使用纳米零价铁材料存在着一些问题，如：

① 金属铁对某些有机物反应活性较低，降解不完全，所生的中间产物毒性较大；

② 随着时间的推移，金属铁表面惰性层或金属氢氧化物的形成，使得铁的反应活性降低；

③ 零价铁还原某些有机卤化物，其产物的毒性可能比原污染物更强，且难以继续降解。为改善上述问题，可针对性开展以下改进措施：

① 将一些不活泼的金属元素（如铜、镍、银等）与零价铁组成双金属体系，形成原电

池加速反应进行。

② 选择适合的材料作为载体和分散剂来负载纳米金属材料，为纳米金属颗粒提供良好的非均匀成核环境，抑制金属纳米颗粒之间的接触和持续增大，提高反应活性。蒙脱石是一种可供选择的纳米金属负载材料，其表面由于其结构层间的晶格置换过程而带有负电荷，负电位点可成为 Fe^{2+} 的吸附位点，加之蒙脱石具有良好的分散性，制备体系引入蒙脱石后，均匀分散的蒙脱石为铁纳米颗粒提供了非均匀成核的环境，有效抑制了铁纳米颗粒间的接触和继续长大，使负载纳米零价铁具有很强的还原性。

③ 将纳米金属捕集吸附法耦合臭氧氧化、光化学催化、超声波氧化等其他方法联合使用促进对污染物的降解和去除。

（1）蒙脱石负载纳米零价铁-镍双金属的制备

利用 $NaBH_4$ 在液相中还原 Fe^{2+} 和 Ni^{2+} 生成纳米零价铁-镍双金属，并以有机蒙脱石为载体和分散剂，制备成蒙脱石负载纳米零价铁-镍双金属吸附材料。制备过程如下：

在去离子水中加入一定量的蒙脱石，同时按一定质量比加入 $FeSO_4 \cdot 7H_2O$。常温搅拌数小时后，逐滴加入新配置的 $NaBH_4$ 溶液并持续搅拌，溶液逐渐变黑，发生还原反应生成零价铁。持续搅拌片刻，随后将产物抽滤分离，并用去蒸馏水和无水乙醇洗涤三次。将抽滤产物溶于一定体积的乙醇溶液中，缓缓加入 $NiCl_2 \cdot 6H_2O$ 乙醇溶液（乙醇体积分数30%），等待片刻，待 Ni^{2+} 还原为零价镍沉积在纳米铁的表面，产物真空抽滤，用乙醇快速冲洗三次，在60℃真空干燥箱中干燥12h，密封保存防止氧化。

（2）吸附材料的表征

采用X射线衍射（XRD）、透射电镜（TEM）和扫描电镜（SEM）对制备的蒙脱石负载纳米零价铁镍材料进行表征。

如图5-11所示，通过比较不同镍铁比下制得材料的XRD谱图，可发现较低的镍投加量时，镍的特征峰不明显，在 $2\theta=44.7°$ 处随着铁投加量的增加，特征峰强度增加，同时峰型也趋加尖锐，此规律与表5-6粒径计算所体现出的规律一致。负载型纳米铁晶粒尺寸由谢乐（Scherrer）方程计算得出：

$$D = k\lambda/(\beta\cos\theta) \tag{5-5}$$

式中　k——Scherrer常数，若 β 为衍射峰的半峰高宽度，则 $k=0.89$；若 β 为衍射峰的积分高宽度，则 $k=1$；

D——晶粒垂直于晶面方向的平均厚度，10^{-10}m；

β——实测样品衍射峰半峰高宽度或积分宽度；

θ——布拉格衍射角，（°）；

λ——X射线波长，为 1.54056×10^{-10}m。

表5-6　各镍铁比下的晶粒粒径

镍铁比	1∶100	2∶100	3∶100	4∶100	5∶100	10∶100
晶粒粒径/nm	12.13	12.87	13.69	16.03	17.33	17.95

有机蒙脱石负载纳米铁镍双金属颗粒的透射电镜图如图5-12所示，由图可以看出，纳米级 Ni/Fe 颗粒的尺寸为 20～100nm，平均粒径约60nm，粒径分布在一个较窄的范围内，

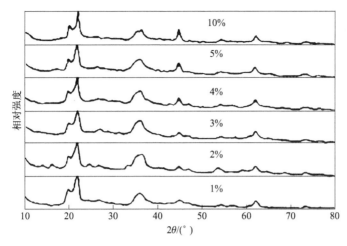

图5-11　不同镍铁比的有机蒙脱石负载纳米铁镍双金属XRD图谱

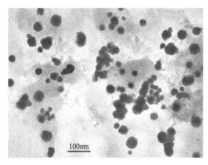

图5-12　有机蒙脱石负载纳米铁镍双
金属颗粒的TEM图

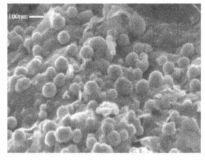

图5-13　有机蒙脱石负载纳米铁镍
双金属颗粒的SEM图

颗粒多为球状，较均匀地分散或镶嵌在蒙脱石层上，少量球状颗粒连接成短链。

　　有机蒙脱石负载纳米铁镍双金属颗粒的SEM图如图5-13所示。可以看出，有机蒙脱石负载纳米铁镍双金属材料中的纳米铁颗粒平均分布在有机蒙脱石的整个表面和边缘，纳米铁颗粒呈球状，几乎难以发现有因团聚而呈链条状结构的纳米铁镍双金属颗粒族群；同时，观察可知材料中的纳米铁颗粒粒径范围在30～90nm之间，属典型的纳米材料，这也与已有文献报道相一致。材料的表征结果表明将铁纳米颗粒固定在一种多孔材料上是防止铁纳米颗粒团聚的有效方法，因此有机蒙脱石的引入提高了铁纳米颗粒的分散性，同时抑制了铁镍双金属纳米颗粒间的接触，能有效防止团聚现象的发生和增强其还原活性。

5.5.3.2　海绵铁修饰材料的表征

　　海绵铁是以赤铁矿为原料，经高温下CO还原生成的粒状松散多孔的金属铁，其内部含有大量微气孔，形似海绵而得名。它具有比铁屑、铁粉等更好的性能特点，作为一种优良的生物铁载体材料能够强化污水生化处理效果。此外，将海绵铁与有机多孔材料结合并通过化学修饰制成的生物铁载体对多种难降解废水表现出很好的去除效果；还可以联合Fenton氧化、微电解、微波氧化等其他化学反应开展耦合强化预处理，以促进污染物的降解转化和脱毒减害，提高污水处理效果。

以海绵铁为主材，采用铜、银等对其进行修饰合成新材料，并进行表征，结果如图5-14所示。TEM和SEM图显示经还原修饰后s-Fe⁰的粒径明显变小。其次，EDS分析结果表明，除了Fe元素外，s-Fe⁰还包含了Si、Al、Ca和Mg等其他元素。反应前后s-Fe⁰的XRD分析结果表明：在$2\theta=44.72°$、$65.08°$、$21.0°$、$26.82°$、$42.5°$、$42.5°$和$60.11°$，XRD特征峰均代表SiO_2，且反应过程中在s-Fe⁰表面上生成了铁氧化物（Fe_xO_y或者$FeOOH$）。s-Fe⁰表面残留的碳可能来源于s-Fe⁰本身或者XPS检测时带入的杂质碳，因此，对其进行了修正，结果表明s-Fe⁰中含有O、Si和Al元素。O1s的扫描结果中，三个峰的结合能均在$528 \sim 535eV$

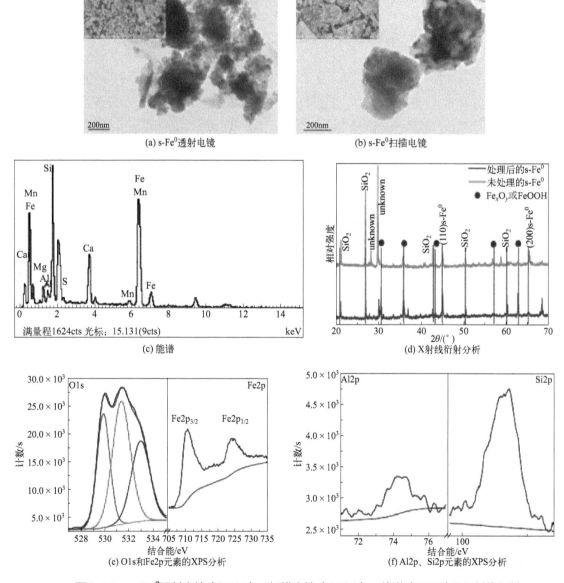

(a) s-Fe⁰透射电镜 (b) s-Fe⁰扫描电镜

(c) 能谱 (d) X射线衍射分析

(e) O1s和Fe2p元素的XPS分析 (f) Al2p、Si2p元素的XPS分析

图5-14　s-Fe⁰透射电镜（TEM）、扫描电镜（SEM）、能谱（EDS）和X射线衍射（XRD）分析和O1s、Fe2p、Al2p和Si2p元素XPS分析

之间，这与O^{2-}（529.83eV）、OH（531.33eV）以及化学或物理吸附水（532.89eV）的结合能保持一致。此外，s-Fe^{0}表层OH与O^{2-}的比例大约为1.46，表明其表面可能覆盖有Fe_xO_y或者FeOOH等。还原反应后，s-Fe^{0}表面会覆盖各种铁氧化物，这些铁氧化物会降低s-Fe^{0}的反应活性，阻碍还原反应的进一步进行。结合能为710.88eV、718.94eV以及724.44eV的峰分别对应Fe2p3/2、重组Fe2p3/2和Fe2p1/2。

银修饰海绵铁扫描电镜及表征如图5-15所示。银修饰海绵铁表征分析结论：银单质成功负载在海绵铁表面上，其局部生长呈现各向异性。

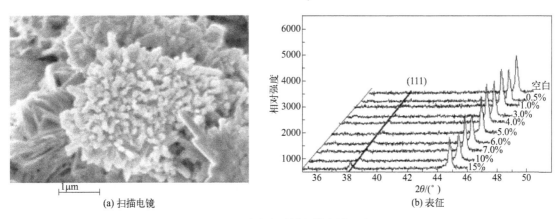

(a) 扫描电镜　　　　　　　　　　(b) 表征

图5-15　银修饰海绵铁扫描电镜及表征

5.5.3.3 废水处理效果

（1）对Cr(Ⅵ)的去除

不同条件下纳米铁镍双金属材料对铬Cr(Ⅵ)的去除效果如图5-16所示，在30min的反应时间内，随着pH值增大，Cr(Ⅵ)的去除率逐渐降低。可见纳米铁镍双金属材料在酸性条件下Cr(Ⅵ)的去除效果很好，碱性条件不利于Cr(Ⅵ)的去除。在pH=3，纳米铁镍双金属材料添加量0.2g时，随着反应溶液中Cr(Ⅵ)的初始浓度提高，Cr(Ⅵ)的去除率逐渐降低。

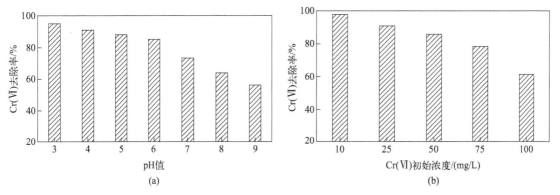

图5-16　不同pH值和Cr(Ⅵ)初始浓度下纳米金属对Cr(Ⅵ)的去除效果

纳米铁镍双金属材料投加量对Cr(Ⅵ)去除效果影响如图5-17所示。从图中可以看出对于pH=3，浓度为50mg/L的Cr(Ⅵ)溶液，纳米金属投加量从0.10g增加到0.40g，随着投加量的增加，去除率和反应速率都增加，当纳米铁镍双金属材料的投加量在0.4g和反应120min

时去除率就已接近100%。

比较纳米铁、纳米铁镍双金属和纳米改性铁镍双金属3种纳米金属材料对Cr(Ⅵ)的去除效果，如图5-18所示。纳米铁镍双金属对Cr(Ⅵ)的去除效果要优于纳米铁，双金属体系10min的去除率和铁体系60min的去除率相近。相同铁镍含量的镍铁双金属，改性后比改性前去除效果略好。

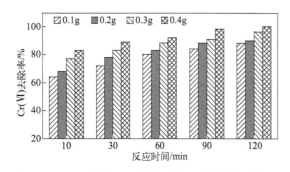

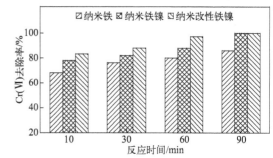

图5-17　不同纳米金属投加量对Cr(Ⅵ)的去除效果　　图5-18　不同纳米金属材料对Cr(Ⅵ)的去除效果

选用粒径为 < 1mm、1 ～ 3mm、3 ～ 5mm、5 ～ 8mm的海绵铁，经2%盐酸活化后去除20mg/L、100mL的Cr(Ⅵ)溶液，摇床转速150r/min，温度25℃，每隔10min取样测量，结果如图5-19所示。可以看出，相同条件下，粒径从小到大对Cr(Ⅵ)的去除率从97.7%降到79.3%，海绵铁粒径越小，单位反应体积提供的表面积越大，总的表面能越高，反应朝着有利于Cr(Ⅵ)还原的方向进行，处理效果就越好。

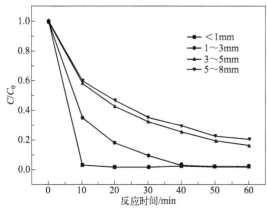

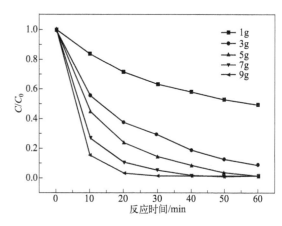

图5-19　海绵铁粒径对Cr(Ⅵ)去除效果影响　　图5-20　海绵铁投加量对Cr(Ⅵ)去除效果影响

用重铬酸钾配置浓度为20mg/L的Cr(Ⅵ)溶液，分别用1g、3g、5g、7g、9g经活化海绵铁去除Cr(Ⅵ)溶液100mL，摇床转速150r/min，温度25℃，每隔10min取样测量，结果如图5-20所示。可以看出，随着海绵铁剂量的增加，去除Cr(Ⅵ)的反应速率越来越快，去除效率也越来越高，在其他条件相同的情况下，剂量从1g增加到9g时，60min后Cr(Ⅵ)的去除率从48.7%增加到98.0%，这可以解释为随投加量增大的比表面积增加，相应的活性反应位点或吸附位点增多，导致Cr(Ⅵ)去除率增加。投加剂量大于5g时，经过60min反应后，Cr(Ⅵ)的去除率都可以达到98%以上，后续试验海绵铁投加量剂量为5g。

选用粒径为1 ～ 3mm海绵铁经2%盐酸活化后降解20mg/L Cr(Ⅵ)溶液，搅拌转速分别为50r/min、100r/min、150r/min、200r/min，温度均为25℃，每隔10min取样测量，结果如图5-21所示。可以看出，转速越高，对Cr(Ⅵ)的去除效果越好，相同条件下，转速从50r/min到200r/min Cr(Ⅵ)的去除率从58.9%提高到了99%，转速的提高可以使传质速度加快，铬离子更容易和海绵铁接触发生反应，使Cr(Ⅵ)的去除更加迅速和高效。

  配置10mg/L、20mg/L、30mg/L、40mg/L、50mg/L Cr(Ⅵ)溶液，均采用1～3mm粒径海绵铁5g经盐酸活化后去除Cr(Ⅵ)溶液，转速150r/min，温度25℃，每隔10min取样测量，结果如图5-22所示。可以看出，相同条件下，随着Cr(Ⅵ)浓度的升高，去除效果逐渐变差。初始浓度为10mg/L时，60min后去除率达98.8%，而同样条件下初始浓度为50mg/L时，60min后去除率只能达到75.6%。参考零价铁对污染物的降解机理认为，海绵铁去除Cr(Ⅵ)存在一个表面反应过程，污染物质先被吸附在海绵铁表面，然后发生氧化还原反应，该过程受到吸附和表面反应的控制，在海绵体投加量一定的情况下，Cr(Ⅵ)浓度越高，与海绵铁结合并发生反应的概率越小，处理效果也越差。

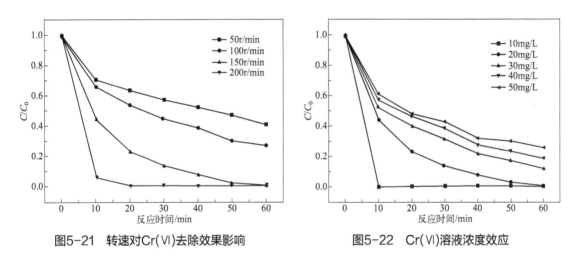

图5-21 转速对Cr(Ⅵ)去除效果影响   图5-22 Cr(Ⅵ)溶液浓度效应

  分别用0.5mol/L的H₂SO₄和NaOH调整Cr(Ⅵ)溶液初始pH值为2、4、6、8、10，选用粒径1～3mm海绵铁经2%盐酸活化后去除20mg/L的Cr(Ⅵ)溶液，转速150r/min，温度25℃，每隔10min取样测量，结果如图5-23所示。可以看出，随着Cr(Ⅵ)溶液pH值升高，

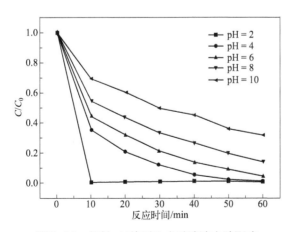

图5-23 初始pH值对Cr(Ⅵ)溶液去除影响

Cr(Ⅵ)的去除率从pH=2时的98.7%降低到了pH=10时的67.8%。

在pH值较低时，由于存在大量的Fe反应表面、高浓度的H^+和高浓度的Cr(Ⅵ)等，耗H^+反应氧化还原反应起主导地位，因此pH值迅速上升。随着Cr(Ⅵ)逐渐耗尽，H^+浓度随pH值上升而呈对数关系减少，耗H^+反应速度逐渐减慢。同时水解反应所起的作用增大，因而pH值上升逐渐趋向缓慢。当pH值上升到一定范围后，由于溶解氧和大量的Fe^{2+}存在，主要进行下述反应：

$$4Fe^{2+}+O_2+10H_2O = 4Fe(OH)_3\downarrow+8H^+$$

其他释H^+水解反应趋向明显，最终导致耗H^+反应与释H^+反应达到平衡，pH趋向稳定，H^+变化速率=耗H^+速率-释H^+速率。H^+的变化速率与各反应物（H^+、$Cr_2O_7^{2-}$、Fe、Fe^{2+}、O_2、Fe^{3+}、Cr^{3+}等）浓度、反应温度、反应剂活性等因素有关，要准确测量各反应物浓度变化十分困难，反应的目的是使pH值到一定值时，$Cr_2O_7^{2-}$转化为三价铬之后逐渐形成$Cr(OH)_3$沉淀，此外，由于$Cr(OH)_3$在25℃时K_{sp}=6.7×10^{-3}比较小，易形成沉淀，也加速了Cr(Ⅲ)从溶液中的去除。

（2）对染料的去除效果

考察蒙脱石负载纳米铁镍双金属材料在不同条件下对合成染料活性艳红X-3B的去除效果，由图5-24所示，在酸性条件下，纳米双金属对皮革染料活性艳红的去除效果良好，随着pH值的增加，染料的去除率下降；而染料初始浓度的增加也会导致染料去除效果的下降，较高的初始浓度会使得染料大量覆盖在纳米材料的表面，不利于双金属和染料的充分接触，会影响去除效果。

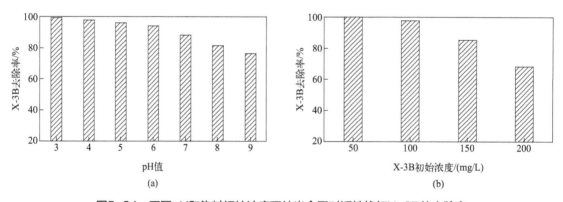

图5-24　不同pH和染料初始浓度下纳米金属对活性艳红X-3B的去除率

选取印染废水中5种典型阳离子的三苯甲烷染料——亮绿（BG）、孔雀石绿(MG)、结晶紫(CV)、乙基紫(EV)和罗丹明B(RhB)为研究对象，对比了3种零价铁材料（纳米铁、铁屑、海绵铁）对BG、MG、CV、EV和RhB还原脱色的效果，考察了海绵铁投加量、粒径、染料初始浓度等因素对染料脱色效果的影响。

不同零价铁材料对5种三苯甲烷染料的还原脱色率如图5-25所示。不同零价铁对染料的还原脱色率有所不同，纳米铁对染料的还原脱色效果最为显著，海绵铁次之，而铁屑效果较差。反应2h后，纳米铁、铁屑及海绵铁对CV的脱色率分别为96.14%、76.52%和92.54%，类似的结果在其他4种染料BG、MG、EV和RhB的脱色过程也能看到。

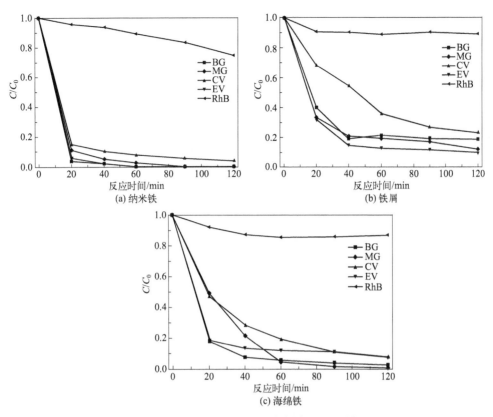

图5-25 不同零价铁对三苯甲烷染料的还原脱色效果

染料BG、MG、CV、EV和RhB初始浓度为20mg/L，s-Fe⁰投加量为30g/L，粒径范围为1～3mm，超声辐射频率40kHz、功率200W，反应溶液温度30℃。分别考察几种不同反应条件下5种染料的脱色效果：a. 超声辅助盐酸活化后的海绵铁还原脱色（s-Fe⁰-activated-US）；b. 超声辅助未活化的海绵铁还原脱色（s-Fe⁰-unactivated-US）。结果如图5-26所示。可以看出，经盐酸活化后的海绵铁对BG、MG、CV、EV和RhB的脱色率高于未活化海绵铁。

在染料初始浓度为160mg/L，海绵铁投加量为30g/L，超声波功率200W的条件下，分别考察不同粒径的海绵铁对BG、MG、CV和EV脱色率的影响，结果如图5-27所示。可以看出，海绵铁粒径越小，脱色效果越好。当海绵铁粒径从1～3mm变化到5～8mm时，反应2h

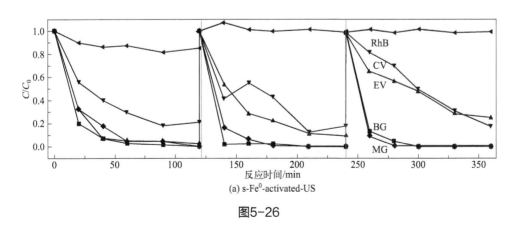

(a) s-Fe⁰-activated-US

图5-26

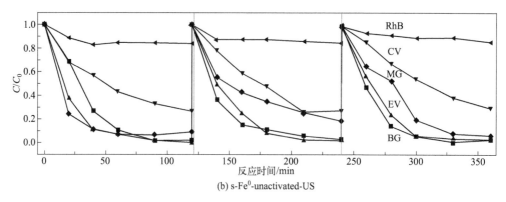

(b) s-Fe⁰-unactivated-US

图5-26　不同反应体系对染料脱色效果的影响

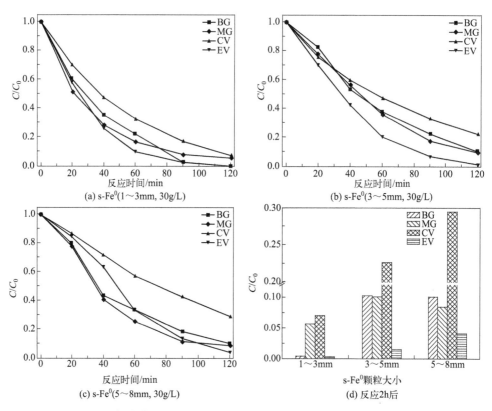

(a) s-Fe⁰(1～3mm, 30g/L)

(b) s-Fe⁰(3～5mm, 30g/L)

(c) s-Fe⁰(5～8mm, 30g/L)

(d) 反应2h后

图5-27　海绵铁粒径对染料脱色率的影响和反应2h后染料脱色效果比较

后，BG的脱色率由99.60%变为89.98%；MG的脱色率由94.37%变为91.64%；CV的脱色率由93.02%变为70.52%；EV的脱色率由99.73%变为95.94%。这是因为海绵铁粒径越小，单位质量的海绵铁提供的比表面积越大，海绵铁与染料分子接触的机会就越多，染料的脱色率越高。

在海绵铁投加量为30g/L，粒径为1～3mm，超声波功率200W的条件下，实验考察了初始浓度分别为20mg/L、80mg/L和160mg/L的染料溶液对脱色率的影响，结果如图5-28所示。结果表明，染料初始浓度由20mg/L增加到160mg/L时，其脱色率呈下降趋势。当染料初始浓度由20mg/L变化到80mg/L和160mg/L时，反应1h后，CV的脱色率分别为80.77%、73.27%和67.24%。对于BG、MG和EV的还原脱色过程也能得到相似结论。

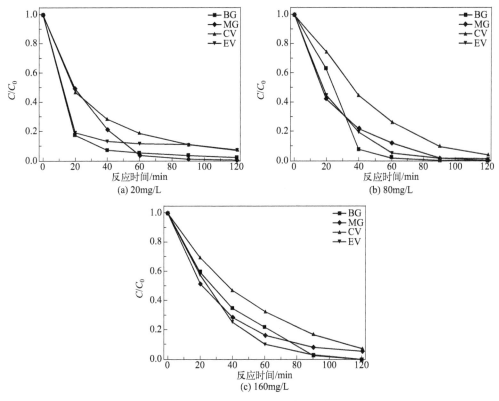

图5-28 不同染料初始浓度下海绵铁对染料脱色率的影响

针对印染废水中的典型毒害物,开展海绵铁还原预处理模拟废水实验,如图5-29所示。研究发现:修饰性海绵铁可以有效还原典型三苯甲烷染料孔雀石绿(MG)、亮绿(BG)、乙基紫(EV)和甲基紫(CV)、酸性棕(AC)、铬黑T(EB)、碱性棕(BB)、酸性蓝(AB)、直接黄(BY)、活性艳红(RR)等染料。还原脱色反应2h后,上述染料脱色率大多为80% ~ 90%。

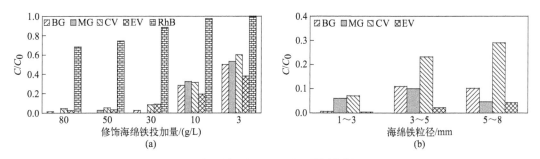

图5-29 海绵铁投加量和粒径对染料脱色的影响

针对皮革废水主要有机染料成分,选择了具有代表性的酸性棕(AC)、铬黑T(EB)、碱性棕(BB)、酸性蓝(AB)、直接黄(BY)、活性艳红(RR)等染料进行去除效果研究。

选用粒径1 ~ 3mm、3 ~ 5mm、5 ~ 8mm 4种规格的海绵铁采用2%的稀盐酸超声波活化3min后降解6种均为20mg/L、100mL的染料,海绵铁投加量30g/L,超声波功率200W,

取样间隔10min，取样测量结果如图5-30所示。可以看出海绵铁粒径对脱色有比较明显的影响，粒径越小，脱色效果越好。海绵铁粒径从1～3mm到5～8mm对酸性棕（AC）脱色率分别为97.3%、96.2%、94.9%，对直接黄（BY）脱色率分别为97.2%、96.9%、81.1%，对酸性蓝（AB）的脱色率分别为86.4%、79.7%、45.8%，对铬黑T（EB）脱色率分别为88.4%、86.4%、54.8%，对活性艳红（RR）脱色率分别为96.6%、88.2%、80.5%，对碱性棕（BB）脱色率分别为85.6%、76.0%、71.2%。在相同条件下，粒径越小，单位质量的海绵铁提供的表面积越大，总表面积越高，海绵铁与染料分子发生碰撞接触的机会就越多，形成的内电解原电池越多，增加了电极反应，提高了脱色率。

转速对染料脱色率影响如图5-31所示，对6种染料酸性棕（AC）、直接黄（BY）、酸性蓝（AB）、铬黑T（EB）、活性艳红（RR）、碱性棕（BB）脱色率从60r/min的50.3%、49.9%、47.2%、53.9%、63.8%、67.4%提高到了180r/min的90.7%、99.2%、95.4%、96.7%、96.2%、81.2%，该结果表明转速越快，海绵铁和染料分子越容易接触并在海绵铁表面发生反应，对染料的脱色效果越好，能使染料较快脱色。综合考虑，转速选为150r/min。

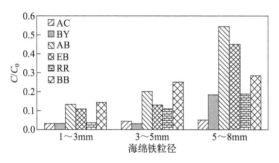

图5-30　海绵铁粒径对染料脱色率影响

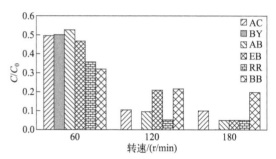

图5-31　转速对染料脱色率影响

选用粒径为1～3mm海绵铁经2%的稀盐酸活化后，降解6种浓度各为20mg/L、100mL的不同染料，海绵铁投加量为30g/L，超声波功率为200W，分别经0min、20min、40min、60min、80min、100min取样测量，结果如图5-32所示（书后另见彩图）。海绵铁对6种皮革染料都有较好的脱色效果，反应时间越长，脱色效果越好，超声作用100min后酸性棕、

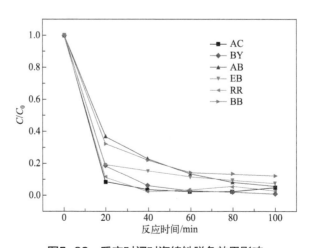

图5-32　反应时间对海绵铁脱色效果影响

直接黄、酸性蓝、铬黑T、活性艳红、碱性棕的脱色率分别达到了97.1%、99%、94.2%、92.6%、97.3%、87.8%。反应前20min内，6种染料脱色率很高，作用60min后脱色率基本趋于稳定，脱色率分别为97.1%、97.2%、86.5%、88.4%、96.6%和85.7%，再延长反应时间意义不大，所以后续实验反应时间均采用60min。

海绵铁对6种染料的降解速度有所不同，对直接黄、酸性蓝、活性艳红X-3B的处理效果要优于其他3种染料，这主要和染料的分子结构、分子量、水溶性等有关系。在海绵铁-US体系降解染料的过程中，同时存在活性氧的氧化作用和海绵铁的还原作用。

选用粒径为1～3mm海绵铁经2%盐酸活化后，分别降解初始浓度为20mg/L、100mg/L、180mg/L的6种染料，转速150r/min，温度25℃，100min后取样测量，结果如图5-33所示。可以看出，染料初始浓度越小，海绵铁的脱色效果越好。浓度变大，去除效果变差。6种染料酸性棕、直接黄、酸性蓝、铬黑T、活性艳红、碱性棕脱色率分别从20mg/L的96.6%、97.7%、87.7%、91.2%、97.1%、85.5%降到了180mg/L的86.4%、92.7%、80.7%、73.9%、91%、68.9%。染料的脱色率主要依赖于海绵铁表面的有效活性位点；在海绵铁投加量一定的条件下，染料初始浓度越高，染料分子与海绵铁表面有效活性位点接触的机会就越少，染料的去色效果相应变差。

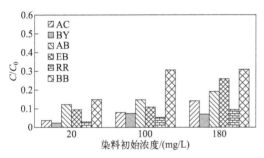

图5-33　染料浓度对海绵铁脱色效果影响

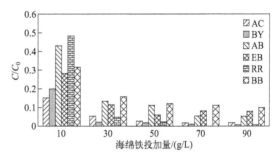

图5-34　海绵铁投加量对染料脱色效果影响

选用粒径为1～3mm海绵铁经2%的稀盐酸活化后，降解6种各为20mg/L、100mL的不同染料，海绵铁投加量分别为10g/L、30g/L、50g/L、70g/L和90g/L，摇床转速150r/min，分别作用60min，取样测量，结果如图5-34所示。随着海绵铁投加量的增加，染料溶液的脱色率也增大。当海绵铁投加量从10g/L增加到90g/L时，反应60min后酸性棕脱色率从84.9%到98.8%，直接黄脱色率从80.5%到99.4%，酸性蓝脱色率从57.2%到94.0%，铬黑T脱色率从72.2%到93.3%，活性艳红脱色率从52.1%到99.8%，碱性棕脱色率从68.4%到90.6%。

投加量的增加相当于增加了海绵铁表面的活性位点的数量，使其中原电池数量增加，从而为还原反应提供了更多的机会，增强了絮凝作用，提高了脱色率。当海绵铁投加量超过50g/L时，再增加其用量，脱色率增加不显著，可能由于脱色受铁表面积和染料分子向铁表面扩散的限制，物质转移将成为控制因素。考虑到节省成本，后续实验投加量采用30g/L。

选取粒径为1～3mm海绵铁经2%盐酸活化后，分别在3种体系下降解20mg/L、100mL 6种染料：a.仅投加海绵铁；b.仅有超声波；c.海绵铁超声波协同作用。结果如图5-35所示（书后另见彩图）。可以看出，海绵铁单独作用时，对6种染料的降解不超过40%，超声波单独作用时对6种染料的降解不超过30%，而超声波和海绵铁协同作用时，对6种染料的去除效果可达85%以上，可见海绵铁和超声波之间有明显的协同作用。对海绵铁用2%盐酸活化染料降解率可以提高5%左右，对酸性蓝的降解可提高20%以上，盐酸活化可以去除海绵铁表面的铁氧化物，可以使染料分子更容易和海绵铁接触，从而发生原电池氧化还原等反应。

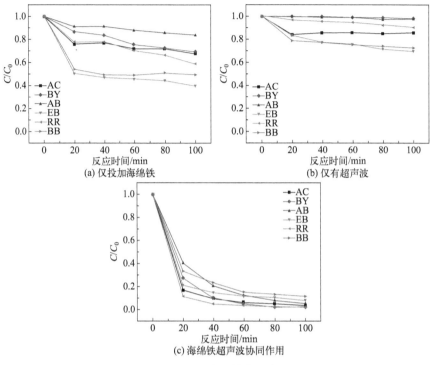

图5-35　体系效应影响

选用粒径为1～3mm规格海绵铁，投加量为30g/L，经2%稀盐酸活化后，分别降解20mg/L、100mL的6种染料，调节6种染料的初始pH值为2、4、6、8、10，摇床转速150r/min，60min后取样测量，结果如图5-36所示。把染料初始pH值调整到2、4、6时，反应后的pH值都有不同程度提高，说明在反应过程中有H$^+$的消耗；当pH值调节到8和10时，反应后pH值有不同程度下降，对原电池的反应造成了不利影响，脱色率逐渐降低。

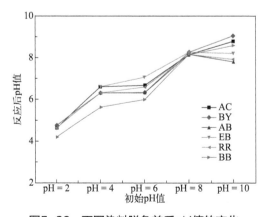

图5-36　不同染料脱色前后pH值的变化

原电池反应的发生与pH值的变化密切相关，不同情况下反应方程式如下：

阳极反应：$Fe \longrightarrow Fe^{2+}+2e^-$ $E^{\ominus}(Fe^{2+}/Fe)=-0.44V$

阴极反应：$2H^++2e^- \longrightarrow 2[H] \longrightarrow H_2$ $E^{\ominus}(H^+/H_2)=0V$

（酸性条件）$O_2+4H^++4e^- \longrightarrow 2H_2O$ $E^{\ominus}(O_2)=1.23V$

（碱性或中性条件）$O_2+2H_2O+4e^- \longrightarrow 4OH^-$ $E^{\ominus}(O_2/OH^-)=0.40V$

由方程可知，酸性条件下利于原电池反应，产生了更多的[H]和Fe^{2+}，同时，在酸性条件下，有利于去除海绵铁表面的钝化物质，增加有效的反应面积，提高反应速度。但在酸性过低的情况下，会破坏反应后生成的$Fe(OH)_2$和$Fe(OH)_3$等具有较强脱色作用的絮凝体，导致脱色效果不高。pH值较高时，形成的原电池其电位比较低，原电池反应不充分，对色度的去除不利。但在弱碱性的条件下，有利于$Fe(OH)_2$和$Fe(OH)_3$等絮凝体的形成，pH=8时比在中性的条件下脱色率高，pH值过高时生成较多的$Fe(OH)_2$和$Fe(OH)_3$絮凝体，覆盖在海绵铁表面，使染料分子与海绵铁表面接触困难，脱色率下降。对于不同染料pH值对其脱色率的影响存在差异，这主要由于染料本身的物理、化学性质和结构有差异。

5.6 强化生物降解法

5.6.1 技术原理

强化生物降解是指通过投加高效降解微生物、协调外源微生物与土著微生物的共生关系以促进污染物的降解；或在保证生物安全的前提下，利用某种生物活性原料和方法激发原有生化处理系统的潜力和效能，从而提升对污染物去除效果的生物处理方法。从一些特殊的环境中富集驯化、分离筛选和纯化出对工业废水中毒害污染物具有广谱高效降解作用的微生物菌株或菌群，培养增殖后将菌体吸附于载体材料上或包埋于高分子聚合物（聚乙烯醇、海藻酸钠、琼脂等）中制成固定化微生物菌剂，将其投加到污水处理系统或反应器中，既能增加微生物的生物量、保持微生物代谢活性，又能实现菌株的连续重复利用，较游离菌的活性污泥法以及自然挂膜的生物膜法具有较大的优势，可有效降解如苯酚、多环芳烃、染料、农药、抗生素等各种毒害污染物，是一种高效、低成本、无二次污染的污水处理技术。例如，在SBR反应器中接种吡啶降解菌株 *Rhizobium* sp. NJUST18和 *Shinella granuli* NJUST29，可显著促进反应器中颗粒污泥的形成和吡啶的高效降解。通过向处理焦化废水的曝气生物滤池中投加固定在沸石载体上的高效降解菌 *Paracoccus* sp. BW001和 *Pseudomonas* sp. BW003，对吡啶、喹啉及TOC的去除率提高到95%以上，同时也促进污染物冲击负荷后反应器微生物群落多样性的快速恢复。利用固定化高效微生物强化生物降解作为污水生态处理的前处理措施，可以缓解毒害有机物对后续氧化塘、人工湿地等的处理压力，提升污水处理效果；若在其前端耦合联用臭氧氧化、微波氧化、纳米铁还原吸附等工艺，形成"物化预处理-强化生物降解-生态法深度处理"的组合工艺，则处理效果更佳。

此外，通过某些特殊培养方式也能起到生物强化的效果。例如，给反应器提供每天12h的连续光照，能促进菌-藻共生颗粒污泥的形成，其结构致密、沉降性能更好，对COD、磷酸盐、氨氮等污染物的去除效率更高，能取得明显的生物强化效果。以污水处理厂的活性污泥颗粒为菌种来源，针对其生理特性用相应的富集培养基驯化得到高效的脱氮菌群，利用生物包埋技术将驯化后的脱氮菌群投加并固定于污水处理装置系统中，应用在高浓度含氮污水的处理，可强化生物脱氮效果。

5.6.2 技术流程

工业聚集型村镇会零星分布家庭式生产作坊或车间，导致生活污水混有一定量的工业废水，其水质、水量波动大，成分复杂且含有难降解毒害有机污染物。如果直接排入人工湿地、氧化塘等村镇污水处理设施，会导致系统内的植物和微生物受到毒害，降低处理效果，因此需对污水进行脱毒减害预处理。以广州市花都区某村镇为例，该村是珠江三角洲地区典型的工业聚集型村镇，有纺织印染厂、化妆品厂等众多小型企业，其工业废水与生活污水混合，已有的以人工湿地为主的污水处理设施难以保证污水处理效果。在人工湿地前设置强化生物降解工艺，投加固定化的高效降解菌和驯化脱氮污泥，利用固定化微生物反应器-人工湿地组合工艺提升对工业混合废水脱毒减害能力和氮磷营养盐的去除效果。工艺流程如图5-37所示。

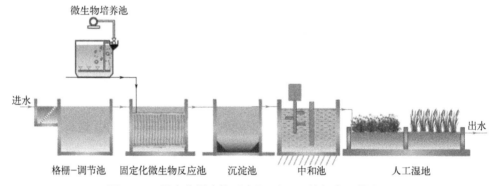

图5-37 固定化微生物反应器-人工湿地组合工艺流程

通过管网收集工业聚集型村镇的混合废水，经格栅去除大颗粒杂质，进入调节池储存。污水进入固定化微生物反应池后，微生物培养池中培养的高效降解菌和脱氮污泥经固定化包埋后投加到固定化微生物反应池中，污水在固定化生物反应池经脱毒减害和除氮后进入沉淀池，上清液进入人工湿地深度处理，污泥沉淀可部分回流至微生物培养池和固定化生物反应池中。

5.6.3 应用效果

5.6.3.1 高效脱色菌筛选与固定化

经过多次梯度驯化和分离纯化，从废水处理厂的曝气池中筛选出一株高效脱色菌，编号FS1。该菌株为革兰氏阳性菌，呈杆状，大小为（0.4～0.8）μm×（2.0～3.0）μm。菌落形态为圆形、表面光滑扁平、边缘整齐、淡黄色、不透明、有珍珠光泽，如图5-38所示。

通过BLAST比对16S rDNA序列同源性，该菌株序列与赖氨酸芽孢杆菌属的多株菌株同源性大于99%，结合其形态学特征，命名为 *Lysinibacillus* sp. FS1，并提交于中国典型培养物保藏中心（CCTCC），编号为CCTCC M 2013561。

利用海藻酸钠、聚乙烯醇和活性炭对菌株FS1进行固定化，从机械强度、弹性、黏连、传质性能、水溶胀性、密度、成球性、脱色率、重复利用性方面考察菌株最佳固定化条件。

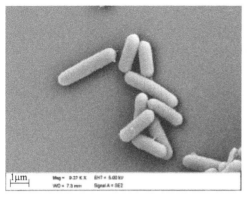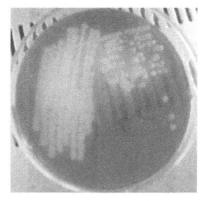

图5-38 菌株FS1的电镜照片和菌落形态

在海藻酸钠为1%、聚乙烯醇为10%、活性炭为5%、交联时间18h的条件下制作的固定化菌株各项性能最优，且脱色效果最好（图5-39）。经过24次的连续多批次脱色实验，固定化菌株对酸性红B的脱色率一直保持在93.7%以上，仍具有较强的连续持久脱色的能力。

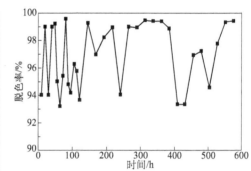

图5-39 固定化菌株FS1及对酸性红B的连续脱色效果

5.6.3.2 高效脱氮污泥驯化及固定化

氮素循环是地球生物圈中最重要的元素生物地球化学循环之一，包括一系列由微生物驱动的生物过程。利用微生物对氮素的转化将化合态氮转变为氮气的生物脱氮工艺，由于脱氮效率高和运行成本低，成为应用最广泛的污水脱氮技术。传统生物脱氮包括氨化、硝化、反硝化等过程，均由特定微生物的氮代谢功能完成。以污水处理厂的活性污泥颗粒为菌种来源，分别用相应的富集培养基驯化得到高效氨化菌群、硝化菌群和反硝化菌群，并分别将其包埋固定化，考察各脱氮菌群发挥最佳脱氮效能的固定化包埋条件和脱氮效能，解析驯化及固定化前后细菌群落结构、功能基因丰度及组成变化，从分子水平阐明菌株固定化在强化生物脱氮应用上的可行性。

（1）脱氮污泥驯化

氨化细菌将大分子含氮有机物通过氧化、水解、还原作用释放出氨氮，是氮循环中连接有机氮和无机氮的纽带。以蛋白胨为有机氮源对污水处理厂活性污泥进行驯化富集氨化细菌。驯化培养条件为：蛋白胨0.5g/mL、污泥接种量2.1g/L、DO 0.1～0.3mg/L、温度23～28℃，驯化周期48h。以48h氨氮生成量来表征驯化污泥的氨化能力，驯化过程中氨氮生成量变化如图5-40所示。驯化初始，污泥氨化能力较差，48h氨氮生成量为31.64mg/L；经过3个周期驯化后，氨氮生成量提高到64.52mg/L；第5个周期时氨氮生成量增加到80.17mg/L。第8个周期氨氮生成量达到稳定最大，表明氨化菌群驯化成熟。驯化成熟的氨化污泥MLSS为2.54g/L，48h氨氮生成量达到86.46mg/L，平均氨氮生成速率为0.69mg/(MLSS·h)，最高可达0.71mg/(MLSS·h)，氨化性能良好。

驯化成熟后的氨化细菌菌群絮体呈黑色，絮体颗粒粒径为0.4～0.6mm；从扫描电镜（SEM）照片（图5-41）可看出驯化成熟的氨化菌群絮体微生物丰富，主要为杆状菌、球菌等，絮体内核为污泥和无活性死亡菌体，为氨化细菌提供附着场地。

硝化作用是将氨氧化成硝酸盐的过程，包括两个阶段：一是氨氧化菌将氨转化为亚硝氮；二是亚硝氮被亚硝酸盐氧化菌氧化为硝氮。以硫酸铵为唯一氮源，CO_2为唯一碳源驯化硝化活性污泥，驯化培养条件为：硫酸铵0.5g/L，污泥接种量2.1g/L，DO 2～4mg/L，23～28℃。通过测定48h氨氮去除率表征硝化细菌活性。由于原始污泥携带丰富的硝化菌群，硝化性能良好。驯化初始48h氨氮去除率为77.5%，第2～第4周期由于污泥的驯化适应导致氨氮去除率下降，到第5周期氨氮去除率恢复到76.79%，第6周期氨氮去除率达到86.69%，而后稳定保持在80%以上，硝化菌群驯化成熟（图5-42）。成熟的硝化污泥MLSS为2.26g/L，平均氨氮去除负荷为0.64mg/(MLSS·h)，最高可达到0.90mg/(MLSS·h)。

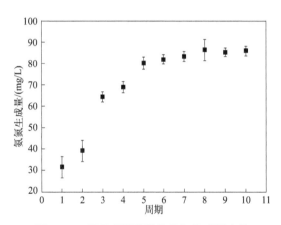

图5-40 氨化菌群驯化的氨氮生成量变化

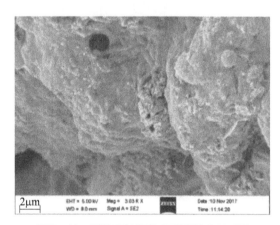

图5-41 驯化后的氨化细菌絮体SEM图

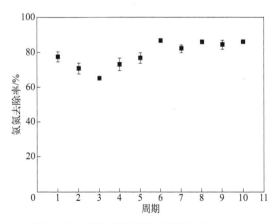

图5-42 硝化菌群驯化的氨氮去除率变化

驯化成熟后的硝化菌群絮体为黄色，粒径0.8～1.2mm；扫描电镜（SEM）照片（图5-43）显示驯化成熟的硝化菌群主要为球菌、短杆菌及少量丝状菌交织在一起，包含氨氧化菌及硝酸菌。

反硝化作用是反硝化细菌在缺氧及厌氧环境下将硝酸盐和亚硝酸盐逐步还原为氮气的过程。以硝酸钾为唯一氮源驯化反硝化菌群，驯化培养条件为：硝氮初始浓度100mg/L，污泥接种量2.1g/L，DO 0.1～0.2mg/L，23～28℃。硝氮在反硝化细菌的作用下被还原，当硝氮去除率达到稳定时可说明系统中的反硝化菌群达到了驯化成熟状态。驯化起始周期，硝氮12h去除率为47.4%，到第2周期时上升到84.8%，到第4周期硝氮去除率达到94.6%，此后稳定保持在95%以上，反硝化菌群的驯化达到稳定成熟状态（图5-44）。成熟的反硝化系统中污泥MLSS为2.65g/L，平均硝氮去除负荷为2.63mg/(MLSS·h)，最高可达3.39mg/(MLSS·h)。

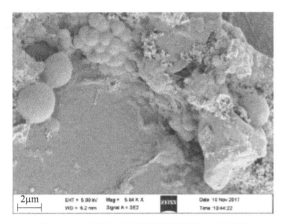

图5-43　驯化后的硝化细菌絮体SEM图

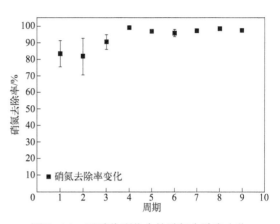

图5-44　反硝化驯化中的硝氮去除率变化

驯化成熟后的反硝化菌群絮体为黑色，粒径1.6～3.0mm；扫描电镜（SEM）照片（图5-45）显示驯化成熟的反硝化菌群以球菌为主，少量杆菌，密布于絮体表面。

（2）脱氮菌群的固定化

利用聚乙烯醇（PVA）-海藻酸钠（SA）包埋法对驯化成熟的氨化菌群、硝化菌群、反硝化菌群分别进行固定化包埋，通过正交试验探讨各包埋组分（SA、驯化污泥、污泥生物炭）质量分数和交联时间对目标化合物转化效率的影响，探寻各脱氮菌群最佳固定化包埋配比条件及特性。

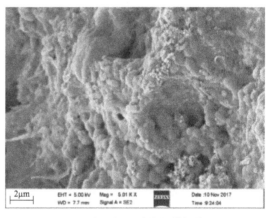

图5-45　驯化后的反硝化细菌絮体SEM图

1）氨化细菌

各因素对氨氮生成量的影响依次是驯化污泥＞污泥生物炭＞SA＞交联时间，综合分析得到氨化菌群的最佳包埋条件为PVA 10%、驯化污泥5%、污泥生物炭3%、SA1.2%、交联时间6h。

2）硝化细菌

各因素对硝氮去除率的影响依次是SA＞驯化污泥＞污泥生物炭＞包埋时间，综合分析得到硝化菌群的最优包埋条件为PVA 10%、驯化污泥5%、SA1.2%、污泥生物炭1%、交联时间6h。

3）反硝化细菌

各因素对硝氮去除率的影响依次是交联时间＞驯化污泥＞污泥生物炭＞SA，综合各因素分析得出反硝化菌群最佳包埋条件为PVA 10%、污泥生物炭2%、驯化污泥5%、SA0.8%、交联时间12h。

利用扫描电镜观察各脱氮菌群固定化包埋球的表面和内部结构，如图5-46所示。氨化菌群包埋球的表面附着大量的细菌聚集体，内部结构疏松，PVA网状骨架上附着大量的球菌和菌团。硝化菌群包埋球表面出现许多孔洞，可使氧气更易进入，为内部硝化细菌提供氧气，内部结构疏松，在PVA网状骨架上密布着硝化细菌，在孔隙中也有大量菌团。反硝化

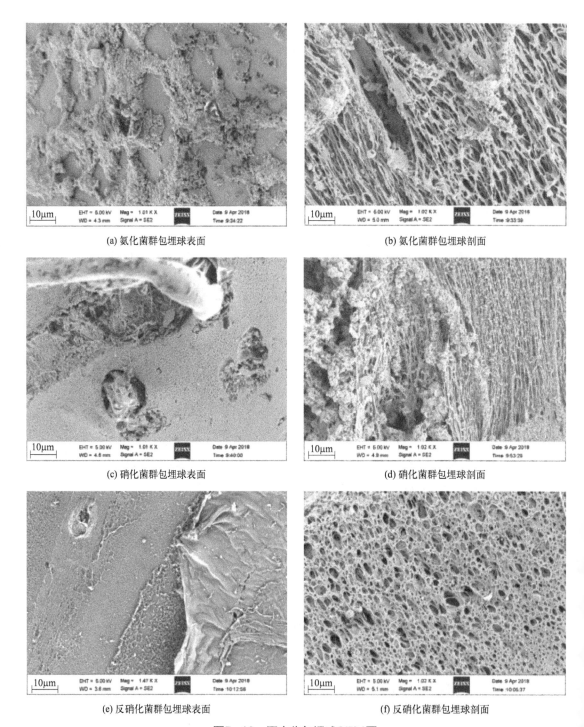

(a) 氨化菌群包埋球表面

(b) 氨化菌群包埋球剖面

(c) 硝化菌群包埋球表面

(d) 硝化菌群包埋球剖面

(e) 反硝化菌群包埋球表面

(f) 反硝化菌群包埋球剖面

图5-46　固定化包埋球SEM图

包埋小球表面光滑，内部为疏松网孔状，内有大量球菌。

用1g/L蛋白胨培养液考察氨化菌群包埋球的活性（图5-47），初期氨氮生成量为49.18mg/L，氨化速率较慢，原因是包埋球中的氨化菌群交联后失去部分活性，经过5个周期的驯化恢复，氨氮生成量达到81.44mg/L，提高近1倍，说明氨化菌群较好适应包埋环境，并快速恢复氨化活性。第12周期，氨氮生成量达到最高值94.60mg/L，氨氮生成速率为2.13mg/(MLSS·h)，此后氨氮生成量稳定维持在90mg/L左右，平均氨氮生成速率为2.00mg/(MLSS·h)。等量氮添加条件下，固定化氨化菌群的氨氮平均生成速率较游离菌群提高了1.9倍，具有更强的氨化能力。

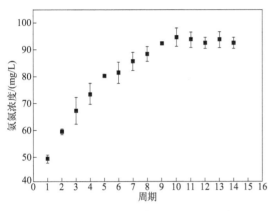

图5-47　固定化氨化菌群氨氮24h生成量　　　图5-48　固定化硝化菌群氨氮去除率

考察硝化菌群包埋球的活性（图5-48），初始氨氮浓度约100mg/L，初期硝化包埋球的氨氮去除率仅有15.25%，经过6个周期的驯化恢复，氨氮去除率达到86.63%，氨氮去除负荷为0.82mg/(MLSS·h)，较游离菌群提高28%。提高初始氨氮浓度至200mg/L，初期氨氮去除率为49.59%，经4个周期的驯化氨氮去除率达到81.52%，硝化性能良好，氨氮去除率达到稳定，平均氨氮去除负荷为1.52mg/(MLSS·h)，最高达到1.61mg/(MLSS·h)，固定化硝化菌群可短时间内适应更高的氨氮浓度，具有较强的抗冲击负荷能力。

考察反硝化菌群包埋球的活性（图5-49），硝氮初始浓度约100mg/L，初期反硝化包埋球硝氮去除率为61.9%，经过5个周期驯化后，硝氮去除率达到90.56%，硝氮去除负荷为4.36mg/(MLSS·h)，较游离菌群提高了66倍，表明固定化反硝化菌群具有较高的脱氮效率。硝氮浓度升高至200mg/L，经过两天驯化，硝氮去除率达到87.96%，硝氮去除负荷提高为8.14mg/(MLSS·h)。将硝氮浓度提高至300mg/L，较高的硝氮浓度抑制了反硝化活性，硝氮去除率为58.66%，经6个周期驯化，硝氮去除率达到92.09%，此后去除率稳定保持在90%以上，最高达99.26%，平均硝氮去除负荷为12.78mg/(MLSS·h)，最高可达13.26mg/(MLSS·h)，固定化反硝化菌群的反硝化性能优异，且具有较强抗冲击负荷能力。

（3）固定化污泥的传质性能

按照正交试验所得的最佳固定化包埋配比及交联时间制作包埋菌球弹性好，机械强度高（表5-7），其中硝化菌包埋小球以100r/min转速培养1个月仍保持外观完好。

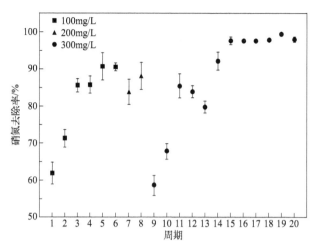

图5-49 固定化反硝化菌群硝氮去除率

表5-7 最优包埋配比条件下各组包埋小球物理特征

组别	粒径 φ/mm	密度 ρ/（g/mL）	成球难易	弹性	机械强度
氨化组	4.45	0.874	易	好	强
硝化组	3.85	0.926	易	好	强
反硝化组	4.22	1.020	易	好	强

根据 Pu 和 Yang 的包埋小球基质有效扩散系数 D_e 的计算模型：

$$\ln\left[\frac{C_S(1+\alpha)}{C_{S_0}\alpha}-1\right]=\ln\left[\frac{6(1+\alpha)}{9+9\alpha+q_1^2\alpha^2}\right]-\left(\frac{D_e q_1^2}{R^2}\right)t \qquad （5\text{-}6）$$

式中 C_S——溶液中扩散组分 t 时间的瞬时浓度，mg/L；

$\quad C_{S_0}$——溶液中扩散组分初始浓度，mg/L；

$\quad \alpha$——液体体积与颗粒体积之比；

$\quad q_1$——非零正根；

$\quad R$——颗粒半径。

对于硝化组，结合固定化污泥中氨氮浓度的变化情况[图5-50（a）]，进行线性拟合，氨扩散拟合方程为：

$$\ln\left(1.333\frac{C_S}{C_{S_0}}-1\right)=-1.2441-0.51\times10^{-3}t \qquad （5\text{-}7）$$

计算得到氨氮扩散系数 D_e 为 $0.3505\times10^{-9}\text{m}^2/\text{s}$。

对于反硝化组，结合固定化污泥中硝氮浓度的变化情况[图5-50（b）]进行线性拟合，硝氮扩散拟合方程为：

$$\ln\left(1.333\frac{C_S}{C_{S_0}}-1\right)=-0.9990-0.6\times10^{-3}t \qquad （5\text{-}8）$$

$$\ln\left(1.333\frac{C_S}{C_{S_0}}-1\right)=-0.7768-2.4\times10^{-3}t \qquad （5\text{-}9）$$

计算得到的硝氮扩散系数 D_e 为 $0.9792 \times 10^{-9} m^2/s$。

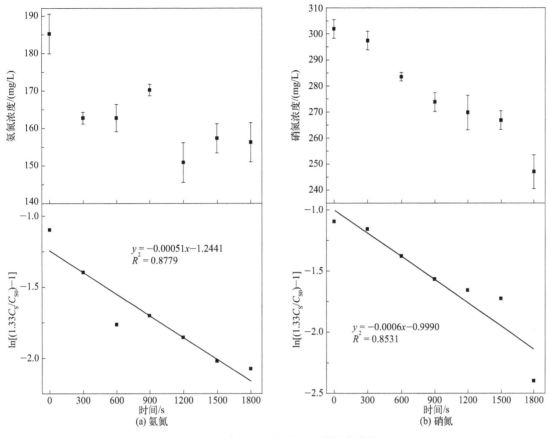

图5-50　氨氮、硝氮传质系数拟合曲线

氨氮、硝氮在包埋小球中的传质系数均小于在水中的传质系数，这是由于细胞被固定于载体中时，必然会占据部分扩散通道，使通道变小或通道数减少，扩散阻力加大。

（4）驯化及固定化过程脱氮功能基因丰度变化

氨氧化细菌AOB具有特异性催化 NH_4^+ 氧化为 NO_2^- 的氨单加氧酶基因 *amo*A，亚硝酸氧化菌NOB具有特异性催化 NO_2^- 氧化为 NO_3^- 的亚硝酸盐氧化还原酶α亚基基因 *nxr*A，选用 *amo*A 和 *nxr*A 作为分子标记基因来定量硝化污泥驯化及固定化过程中AOB、NOB的种群丰度。原污泥、硝化菌群和硝化菌包埋球中 *amo*A 和 *nxr*A 的实时荧光定量检测结果如图5-51所示。结果显示，原污泥、硝化菌群和硝化包埋球中 *amo*A 基因丰度分别为 $1.03 \times 10^9 copies/g$、$2.77 \times 10^9 copies/g$、$3.96 \times 10^9 copies/g$；*nxr*A 基因丰度分别为 $1.07 \times 10^6 copies/g$、$3.51 \times 10^8 copies/g$、$4.09 \times 10^9 copies/g$。驯化后的硝化菌群中 *amo*A 和 *nxr*A 基因丰度分别比原污泥增加了1.7倍和327倍，而硝化菌包埋球的 *amo*A 和 *nxr*A 基因丰度分别比硝化菌群增加了0.4倍和10.7倍，表明氨氧化细菌和亚硝酸盐氧化菌能较好地适应驯化和包埋过程，并稳定增殖。

以16S rRNA作为参比基因得到 *amo*A 和 *nxr*A 的相对丰度，结果如图5-51所示。相较于原污泥，驯化和包埋固定化后的 *amo*A、*nxr*A 基因相对丰度均明显提高，氨氧化细菌和亚硝酸盐氧化菌占比增大，说明驯化和包埋固定化过程对这两类细菌具有明显的富集作用。

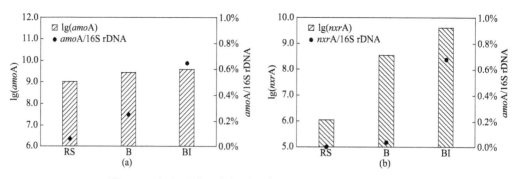

图5-51　污泥驯化和包埋过程中*amo*A、*nxr*A的丰度变化

RS—原始污泥；B—硝化菌群；BI—固定化硝化菌群

选择*nir*K和*nos*Z作为分子标记基因考察驯化及固定化过程中反硝化功能基因的变化情况，其中*nir*K是催化NO_2^-还原为NO的关键酶铜型亚硝酸还原酶编码基因，*nos*Z是催化N_2O还原为N_2的关键酶基因。实时荧光定量PCR结果（图5-52）显示，原污泥、反硝化菌群和反硝化包埋球中*nir*K基因绝对丰度分别为1.38×10^9copies/g、1.58×10^9copies/g、1.8×10^{10}copies/g；*nos*Z基因绝对丰度分别为6.96×10^8copies/g、7.06×10^9copies/g、1.35×10^{11}copies/g。驯化后的反硝化菌群中*nir*K和*nos*Z基因丰度分别比原污泥增加了0.1倍和9.1倍，而反硝化菌包埋球的*nir*K和*nos*Z基因丰度分别比反硝化菌群增加了10.4倍和18.1倍，表明反硝化细菌在驯化和包埋过程中稳定生长并增殖。

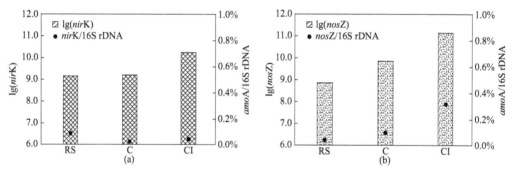

图5-52　污泥驯化和包埋过程中*nir*K、*nos*Z的丰度变化

RS—原始污泥；C—反硝化菌群；CI—固定化反硝化菌群

以16S rRNA作为内参得到*nir*K和*nos*Z的相对丰度，结果如图5-52所示。*nir*K基因相对丰度在驯化后降低，经固定化包埋后恢复到原污泥1/2的水平；而*nos*Z基因相对丰度在驯化和固定化包埋后均显著升高。表明携带*nir*K基因的反硝化菌在驯化和固定化包埋过程中虽有增殖但不占优势，而携带*nos*Z基因的反硝化菌则能适应并提高其种群优势。

5.6.3.3　组合工艺处理效果

（1）固定化生物反应器

固定化微生物反应器的结构如图5-53所示。反应器内部布设曝气支管及排泥管，连接鼓风曝气装置。脱色菌和驯化后的脱氮污泥经固定化包埋后，与醛化纤维丝球一起填装在塑料中空球内，塑料球外壳布满网孔，可保证污水自由流通进入内部被固定化菌株所降解。

多个悬浮球连接成串悬挂于反应器中，定期取出更换和清理。进入反应器的废水，通过底部开口过水、顶部开缺口溢流，以及曲折迂回的水流方式，增加与固定化载体的接触时间从而增加水力停留时间，达到预期处理效果。

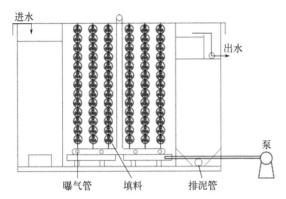

图5-53　固定化微生物反应器结构及填料

（2）对印染废水的处理效果

固定化微生物反应器对印染废水的色度去除率可达95%以上。反应器中的包埋菌株 *Lysinibacillus* sp. FS1能有效降解印染废水中的偶氮染料、氯代苯、酚类等化合物，有效降低废水毒性，提高可生化性，有利于后续人工湿地的净化处理。利用GC-MS检测分析反应器进出水中的染料及其中间产物，如$C_6H_4Cl_2O$、C_6H_7ClSi、$C_{14}H_{13}Cl_2N_7O$、$C_{18}H_{13}Cl_2N_3O_3$、$C_6H_{12}O_2S$的去除率分别为100%、100%、100%、100%和93.9%，几乎被完全去除。

由于投加了固定化的驯化污泥，反应器对混合污水常规污染物去除效果也十分明显，出水的pH值、色度、TN、TP、NH_3-N基本符合《纺织染整工业水污染物排放标准》（GB 4287—2012）中关于污染物排放控制的要求。反应器进、出水的水质参数变化如表5-8所列。

表5-8　固定化微生物反应器对处理单元进出水水质比较

处理单元	水质参数	进水			出水			去除率/%
		最小值	最大值	Mean ± SD($n=5$)	最小值	最大值	Mean ± SD($n=5$)	
混合污水	pH值	10.5	10.8	10.7 ± 0.2	8.2	8.7	8.5 ± 0.3	—
	DO	2.20	2.23	2.21 ± 0	0.4	1.0	0.7 ± 0.3	—
	色度/度	45	50	45 ± 2.9	2	2	02 ± 0	95.5
	SS	176.3	180.3	176.9 ± 2.2	—	—	—	—
	电导率/（S/m）	5541	5562	5552 ± 10.5	—	—	—	—
	氧化还原电位/mV	16.1	16.7	16.6 ± 0.3	—	—	—	—
	温度/℃	33.9	33.9	33.9 ± 0	25.0	25.0	25 ± 0	—
	TN	36.7	39.9	38 ± 1.6	0.7	1.1	6.2 ± 3.1	83.6
	TP	6.4	6.8	6.6 ± 0.2	0.6	1.5	0.9 ± 0.5	86.3
	NH_3-N	13.6	14.2	23.5 ± 5.5	3.8	4.4	1.9 ± 1.3	91.9
	NO_3^-	23.1	23.7	13.9 ± 5.5	1.5	2.3	4.1 ± 1.3	70.5
	COD	45100	46300	46000 ± 624.5	800	820	810.3 ± 10.0	98.2
	BOD_5	110	123	118 ± 6.6	41	45	43.2 ± 2.0	63.3
牛仔洗水	pH值	11.6	12.0	11.8 ± 0.3	9.1	9.7	9.4 ± 0.4	—
	DO	3.1	3.6	3.4 ± 0.4	0.2	0.4	0.3 ± 0.1	—

处理单元	水质参数	进水			出水			去除率/%
		最小值	最大值	Mean ± SD(n=5)	最小值	最大值	Mean ± SD(n=5)	
牛仔洗水	色度	600	600	600 ± 0	5	6	5 ± 0.7	99.1
	SS	875.4	884.7	881.2 ± 6.4	—	—	—	
	电导率/（S/m）	11930	11987	11987 ± 40.3	—	—	—	
	氧化还原电位/mV	−208.5	−213.6	−208.5 ± 3.6	—	—	—	
	温度/℃	23.5	24.7	24.7 ± 0.8	25	25	25 ± 0	—
	TN	69.4	71.7	70.5 ± 1.6	7.9	8.8	8.3 ± 0.6	88.2
	TP	11.2	10.2	10.8 ± 0.5	1.4	2.3	1.7 ± 0.4	84.2
	NH_3-N	16.7	18.5	17.5 ± 0.9	2.9	3.5	3.2 ± 0.3	81.7
	NO_3^-	48.5	55.4	52.8 ± 3.8	4.7	5.1	4.9 ± 0.2	90.7
	COD	52100	53200	52800 ± 556.7	871	1002	902 ± 68.4	98.2
	BOD_5	420	510	450 ± 45.8	298	317	305 ± 9.6	32.2

注：表中DO、SS、TN、TP、NH_3-N、NO_3^-、COD、BOD_5浓度单位为mg/L；"—"表示无需监测；Mean代表平均值；SD代表标准偏差。

（3）组合工艺对混合废水的处理效果

固定化微生物反应器-人工湿地组合工艺对工业聚集型村镇的混合废水中常规污染物的处理效果如图5-54和表5-9所示。

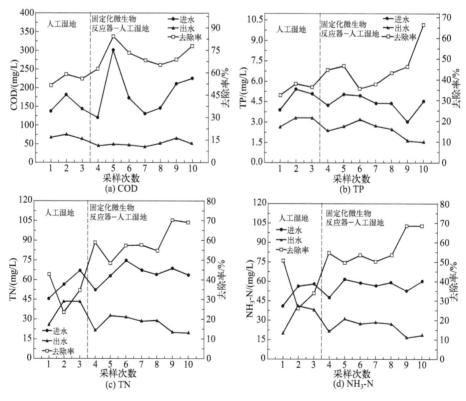

图5-54　组合工艺对COD、TP、TN、NH_3-N去除效果

（图中虚竖线左侧为单独人工湿地处理效果，右侧为增设固定化微生物反应器后处理效果）

表5-9　组合工艺对污染物处理效果比较

项目	人工湿地ICW（$n=3$）			固定化微生物反应器-人工湿地IMB-ICW（$n=7$）		
	进水浓度范围/（mg/L）	出水均值/（mg/L）	平均去除率/%	进水浓度范围/（mg/L）	出水均值/（mg/L）	平均去除率/%
COD	136.7～180.8	68.1 ± 5.5	55.4 ± 4.0**	120.2～300.3	49.5 ± 7.7	71.5 ± 7.4**
TN	45.63～67.17	37.69 ± 10.13	33.7 ± 9.9**	51.96～74.78	26.17 ± 5.58	59.5 ± 7.9**
NH_3-N	41.27～57.92	33.37 ± 11.44	37.0 ± 12.6*	47.74～62.08	24.51 ± 5.44	56.9 ± 8.2*
TP	3.03～5.00	3.06 ± 0.39	35.7 ± 3.0	3.87～5.39	2.36 ± 0.60	46.0 ± 10.0
TSS	46.47～76.44	12.67 ± 8.30	79.9 ± 12.6	30.77～92.00	7.92 ± 4.80	82.9 ± 10.9

注：*表示不同处理间差异显著（$P < 0.05$）；**表示不同处理间差异较显著（$P < 0.01$）。

从图5-54中可看出，混合废水的COD浓度波动较大，范围为120.2～300.3mg/L。在人工湿地处理阶段，出水COD浓度范围为63.4～74.2mg/L，平均去除率为55.4%，未达到排放要求；而增设固定化微生物反应器的运行稳定阶段，出水COD均值达到49.5mg/L，平均去除率提高至71.5%，达到《城镇污水处理厂污染物排放标准》（GB 18918—2002）中一级A排放标准。

由于区域有大量印染和纺织企业，废水中总磷浓度较生活污水偏高，组合工艺出水TP平均去除率达到46.0%，出水浓度均值为2.36mg/L。随着固定化生物反应器中微生物的生长和稳定，在一定程度上提高了磷的去除。但磷的主要去除仍为湿地系统中基质的吸附，导致系统对磷的处理效果有限。

进水TN浓度为45.63～74.78mg/L，NH_3-N浓度为41.27～62.08mg/L，养殖禽畜场的存在导致该地区的废水NH_3-N浓度较高。增设固定化微生物反应器，TN和NH_3-N的去除效果得以提升，平均去除率分别达到59.5%和56.9%。由于系统供氧不足和进水的C/N值偏低，导致系统对氮的去除效果较差。

采集连续运行过程中固定化微生物反应器进出水，利用GC-MS分析混合污水中有机物含量和主要成分。由反应器进水（上）与反应器出水（下）的气相色谱图（图5-55）可以看出，进水中有22个较为明显的峰，而处理后污水只在55min和70min左右出现明显的产物峰，峰的数量和面积明显降低。质谱定性结果（图5-56）表明，该废水样品中的化合物十分复杂，存在着许多难以质谱鉴定的烃类化合物。如图5-55所示，其中保留时间32.15min处的峰为3,4-二氯苯酚，其去除率为81.2%；68.88min处的峰为乙酸苯酯，其去除效果最好，可达95.6%。通过污水处理前后主要峰面积（表5-10）可以看出，除保留时间为56.38min外，其余10个主要产物峰的去除率都在50%以上。其质谱图鉴定结果如图5-56所示。通过对进水中有机物成分分析可以看出，混合污水以氯代苯酚和苯酯类等有机物为主，而大多数氯代苯酚和苯酯类化合物有毒性或致癌性，是我国"水中优先控制污染物"。因此，若不针对混合废水进行前期脱毒减害处理，将给当地生态环境造成严重威胁。菌株FS1能够快速、有效降解村镇混合废水中氯代苯酚和苯酯类等有机化合物，用于固定化微生物反应器对村镇混合废水的脱毒减害处理中，取得良好的效果。

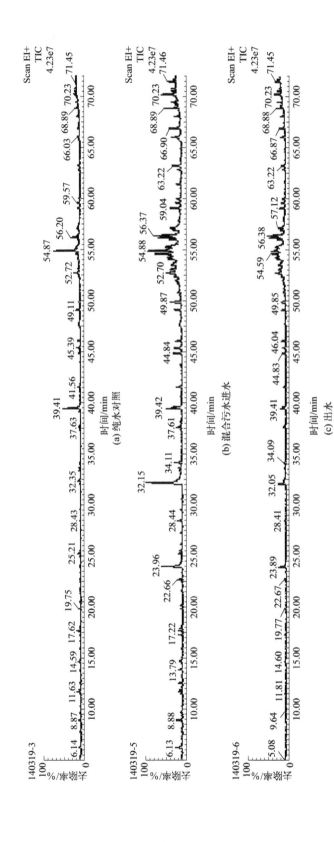

图5-55 废水样品的总离子流色谱图

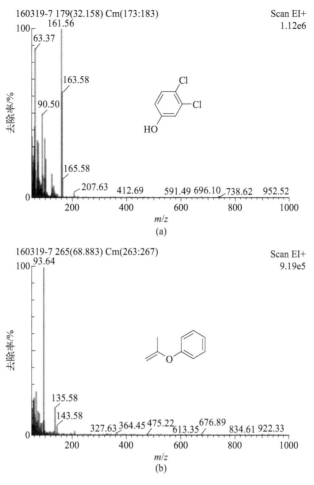

图5-56 质谱图鉴定结果

表5-10 污水处理前后峰面积

GC停留时间/min	峰面积		去除率/%
	进水	出水	
23.96	3126117	1035236	66.8
28.43	577126	276868	52.0
32.15	6941854	1304656	81.2
34.10	677520	288092	57.4
39.42	1552198	603744	61.1
44.83	1028201	391288	61.9
49.86	1223037	548256	55.1
56.38	4210548	2842424	32.4
63.22	1430808	611091	57.2
66.89	1384498	656570	52.5
68.88	1130577	49061	95.6

参考文献

[1] Bai Y H, Sun Q H, Sun R H, et al. Bioaugmentation and adsorption treatment of coking wastewater containing pyridine and quinoline using zeolite-biological aerated filters[J]. Environmental Science & Technology, 2011,45(5): 1940-1948.

[2] Huang Z, Deng D Y, Qiao J Q, et al. New insight into the cosolvent effect on the degradation of tetrabromobisphenol A (TBBPA) over millimeter-scale palladised sponge iron (Pd-s-Fe-0) particles[J]. Chemical Engineering Journal, 2019, 361: 1423-1436.

[3] Ju Y M, Liu R L, Tan X, et al. Mechanism for the elimination of pollutants from aqueous solutions adopting NiR_2O_4 (R = Fe, Cr and Al) with microwave energy[J]. Separation and Purification Technology, 2016, 170: 57-67.

[4] Ju Y M, Liu X W, Li Z Y, et al. Environmental application of millimetre-scale sponge iron (s-Fe-0) particles (Ⅰ): Pretreatment of cationic triphenylmethane dyes[J].Journal of Hazardous Materials, 2015, 283: 469-479.

[5] Ju Y M, Qiao J Q, Peng X C, et al. Photodegradation of malachite green using UV-vis light from two microwave-powered electrodeless discharge lamps (MPEDL-2): Further investigation on products, dominant routes and mechanism[J]. Chemical Engineering Journal, 2013, 221: 353-362.

[6] Ju Y M, Yu Y J, Wang X Y, et al. Environmental application of millimetre-scale sponge iron (s-Fe-0) particles (Ⅳ): New insights into visible light photo-Fenton-like process with optimum dosage of H_2O_2 and RhB photosensitizers[J]. Journal of Hazardous Materials, 2017, 323: 611-620.

[7] Kritzer P, Dinjus E. An assessment of supercritical water oxidation(SCWO): Existing problems, possible solution and new reactor concepts[J]. Chemical Engineering Journal, 2001, 83(3): 207-214.

[8] Li Q, Chen Z S, Wang H H, et al. Removal of organic compounds by nanoscale zero-valent iron and its composites[J]. Science of The Total Environment, 2021, 792: 148546.

[9] Liang J, Li W, Zhang L, et al. Coaggregation mechanism of pyridine-degrading strains for the acceleration of the aerobic granulation process[J]. Chemical Engineering Journal, 2018, 338: 176-183.

[10] Raper E, Stephenson T, Anderson D R, et al. Industrial wasterwater treatment through bioaugmentation[J]. Process Safety and Environmental Protection, 2018, 118:178-187.

[11] Varjania S, Rakholiya P, Ng H Y, et al. 2020. Microbial degradation of dyes: An overview[J]. Bioresource Technology, 314: 123728.

[12] Yu Y J, Huang Z, Deng D Y, et al. Synthesis of millimeter-scale sponge Fe/Cu bimetallic particles removing TBBPA and insights of degradation mechanism[J]. Chemical Engineering Journal, 2017, 325: 279-288.

[13] Zhao Y F, Cao X, Song X S, et al. Montmorillonite supported nanoscale zero-valent iron immobilized in sodium alginate (SA/Mt-NZVI) enhanced the nitrogen removal in vertical flow constructed wetlands (VFCWs)[J]. Bioresource Technology, 2018, 267: 608-617.

[14] 陈坤，杨德敏，袁建梅. 芬顿氧化/混凝/气浮/厌氧好氧组合工艺处理抗生素类制药废水[J]. 水处理技术，2021,47(9):136-139.

[15] 戴航，黄卫红，钱晓良，等. 超临界水氧化法处理造纸废水的研究[J]. 工业水处理，2000, 20(8): 23-25.

[16] 黄蒸，邓东阳，李辉，等. 改性海绵铁降解四溴双酚A的特性及机理[J]. 环境化学，2017, 36(5): 1083-1089.

[17] 康娟，周雯，权维强，等. 微波强化零价铁-芬顿法降解罗丹明B的研究[J]. 环境科学与技术，2015, 38(12): 205-209.

[18] 李方芳，鞠勇明，邓东阳，等. 海绵铁三金属降解对硝基苯酚的影响因素及催化机理[J]. 中国环境科学，2021,

42(10): 4670-4676.

[19] 林春锦，潘志彦，周红艺，等. 超临界水氧化法处理高浓度有机发酵废水[J]. 环境污染与防治，2000, 22(4): 23-24.

[20] 满滢，陶然，杨扬，等. 高效降解菌固定化反应器-人工湿地组合工艺处理工业型村镇废水[J]. 农业环境科学学报，2017, 36(5): 1003-1011.

[21] 戚瑶芳，郭芳艳，曹庆峰，等. 强化芬顿氧化体系降解高COD难降解废液的研究[J]. 水污染及处理，2022, 10(4): 173-180.

[22] 权维强，鞠勇明，任学昌，等. 天然水体成分对海绵铁处理印染废水的影响研究[J]. 工业水处理，2015, 35(8): 66-70.

[23] 权维强，檀笑，牛航宇，等. 微波-均相Fenton法深度处理工业聚集型村镇复合废水[J]. 环境工程学报，2016,10(10): 5528-5534.

[24] 苏萌，陶然，杨扬，等. 偶氮染料脱色菌*Lysinibacillus* sp.FS1的脱色性能[J]. 环境工程学报，2015, 9(10): 4664-4672.

[25] 中华人民共和国生态环境部，国家统计局，农业农村部. 第二次全国污染源普查公报[R]. 2020.

第6章
养殖型村镇混合废水处理生态工程技术

我国是畜禽养殖大国，近年来畜禽养殖业集约化、规模化和标准化程度越来越高，畜禽养殖业已成为农村经济的重要支柱产业和经济增长点，对整个国民经济发展发挥着越来越重要的作用。我国也是水产养殖第一大国，养殖水产品占世界水产品养殖总产量的60%以上，水产养殖业的快速发展，不但改善了中国人民的食物营养结构，繁荣了农村经济，也为保障食物安全、减少贫困人口发挥了重要作用。然而规模化、集约化养殖带来的环境污染问题也越来越严重。

农业污染源的调查对象为种植业、畜禽养殖业和水产养殖业等，其中畜禽养殖业主要包括生猪、奶牛、肉牛、蛋鸡、肉鸡五类畜种的规模养殖场及规模以下养殖户，水产养殖业包括人工淡水养殖和人工海水养殖。《第二次全国污染源普查公报》显示，我国主要污染物排放量中农业源占大部分，其中畜禽养殖氨氮污染物排放量占整个农业源的50%以上，化学需氧量占农业面源污染的93.75%，占全国污染物化学需氧量的46.67%，水产养殖业污染排放总量占农业源水污染排放总量的6.35%左右。农业农村部统计数据显示，近年来我国畜禽粪污年超过30亿吨，但粪污的综合利用率不足60%。养殖业污染物排放已成为全国水污染物排放的主要来源之一，也成为制约养殖业可持续发展的重要因素。

在规模化畜禽养殖场，养殖废水一般是饲料残渣、养殖区域冲洗圈舍、饲槽、地面等产生的清洁废水、混合畜禽粪便尿液等所产生的综合废水，其中以冲洗水和尿液为主。畜禽养殖废水含有大量的有机物、氮、磷、病原微生物等，是典型的高浓度有机废水。未经处理或未得到有效处理的粪污及养殖废水会通过地表径流和淋洗等方式向环境中排放氮、磷等养分，造成水体富营养化、污染周围的地表水和地下水质等环境问题，甚至增加人畜共患病传播的风险，影响人类健康（表6-1）。因此，处理高浓度畜禽养殖废水对于促进畜禽养殖业健康发展、保护农业农村环境有重要意义。

表6-1 农村养殖污染类别及对水环境影响

污染类别	污染物	危害
水体氮、磷污染	氮、磷	引起水体富营养化，污染地下水，危害水生生物
重金属污染	砷、汞、硒等	污染水体，危害人体健康

续表

污染类别	污染物	危害
兽药残留污染	抗生素、激素等	污染水体，危害水生生物，危害人体健康
微生物污染	禽流感等	传播人畜共患疾病，危害人畜健康

国内外对于畜禽养殖业带来的环境问题早已有深刻认识。日本在20世纪60年代提出了"畜产公害"问题。欧洲的荷兰、比利时、德国、丹麦和法国等畜禽养殖业发达的国家也通过法律及环境管理措施加强对畜禽养殖场粪尿及废水的处理、处置与综合利用。我国颁布的《畜禽养殖业污染物排放标准》（GB 18596—2001）（表6-2）、《水污染防治行动计划》、《农业农村污染治理攻坚战行动方案（2021—2025年）》等对养殖废水的环境排放进行了明确要求，并鼓励畜禽粪污协同治理达到资源化利用。

表6-2 国家畜禽养殖业排放标准　　　　　　　　　　　　单位：mg/L

标准	COD	BOD$_5$	NH$_3$-N	TN	TP	SS
《畜禽养殖业污染物排放标准》（GB 18596—2001）	400	150	80	—	8.0	200

为降低养殖废水对水环境造成的危害，必须将养殖废水集中处理，然而畜禽养殖废水有机物及氮磷污染浓度高、废水组分复杂以及排放量大、冲洗时间相对集中等特点，加剧养殖废水处理难度。本章集成养殖废水处理技术体系（图6-1），针对畜禽养殖废水污染物浓度高等问题，形成强化净化技术处理高浓度废水，以满足高浓度畜禽养殖废水的处理需求，对于处理后排出的较低浓度但具有更高排放标准需求的畜禽养殖尾水出水，研发基于菌藻共生的生态处理技术，进一步削减污染物浓度，达到排放目标。针对连片或分散式池塘养殖的水产养殖尾水，形成综合性的近自然生态技术，提升对水产养殖尾水的脱氮除磷能力。针对工厂化或高密度养殖废水，形成基于微藻资源化利用的综合处理技术，在消耗废水氮、磷基础上，

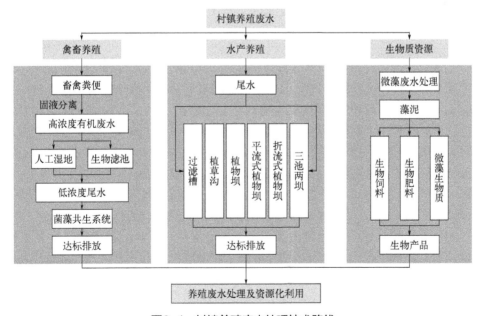

图6-1　村镇养殖废水处理技术路线

以微藻为原料生产绿色饲料、生物医药、保健药品等添加剂，延长养殖产业链，提升养殖业的经济效益和环境效益，从废水处理、资源化利用等途径实现村镇养殖废水的整治与利用。

6.1　高浓度畜禽养殖废水曝气生物滤池处理技术

畜禽养殖废水经沼气工程进行初步厌氧发酵处理，将废水中的有机物转变为甲烷回收利用。然而经厌氧发酵后的废水仍含有较高浓度的污染物，但因配套废水处理设施价格昂贵，管理成本高且缺少资金等，多数规模化畜禽养殖场缺乏对后续废水的深度处理。此外，因养殖过程中大量使用兽药，导致养殖废水成为环境中抗生素及耐药基因污染的重要来源之一。但目前对此类废水的处理基本上只针对N、P和COD，对具有较高潜在风险的抗生素类药物的处理则很少有人关注，因此寻找更加简易有效的方式对养殖废水进行有效处理，有十分重要的实际意义。其中，生物滤池因成本低、占地小、抗冲击负荷强和易于管理，已被广泛地用来处理各种类型的废水。

6.1.1　技术原理

曝气生物滤池（BAF）是普通生物滤池的一种变形，主要依靠填料表面附着生长的生物膜和填料自身的物理截留去除污染物。其基本原理是微生物在填料表面附着生长，形成生物膜，污水流经填料时，污染物、溶解氧等通过传质作用从液相扩散到生物膜表面和内部，被填料吸附截留以及生物膜中微生物进行氧化分解，随处理沿程形成的微生物的食物链分级捕食作用和生物膜内部微厌氧环境的反硝化作用，从而实现污水中污染物的快速去除。BAF具有可承受较高污染负荷和水力负荷，而且挂膜速度快、水利停留时间短、基建费用低、易于管理等优点。对比单级生物滤池，多级曝气生物滤池可根据单级滤池的出水水质情况，在后续的滤池内改变溶解氧浓度或者碳氮比等条件来进一步提高废水中氮磷的去除效能。

6.1.2　技术流程

养殖废水经固液分离之后，液体部分先进入厌氧池进行发酵，去除有机质和悬浮物后，其出水进一步进入曝气生物滤池降解污染物。在该工艺中，填料是生物滤池的核心组成部分，作为微生物的载体填料材质和粒径大小都会在一定程度上影响着生物膜的生长、繁殖、脱落、形态及空间结构，同时其过滤性能又影响着生物滤池对悬浮物的去除效果，因此选择合适的填料是维持生物滤池中微生物种群的生物量和多样性以及工艺处理效果的关键因素。

为探究不同填料的生物滤池对养猪废水污染物的去除效能与差异，本节以厌氧发酵后的养猪废水为处理对象，以三种常用填料陶粒（TL）、沸石（FS）、砾石（LS）为填料分别构建三组三级串联式曝气生物滤池（图6-2），考察不同填料生物滤池对养猪废水中氮、磷、化学需氧量及抗生素类药物和抗性基因的去除效能，优选具有较佳性能的填料。

生物滤池成功启动后，整个实验过程包括4个阶段（表6-3）：阶段Ⅰ进水为稀释后的养猪废水C/N值为1～2；阶段Ⅱ进水与阶段Ⅰ稀释倍数相同，但在原水中通过投加葡萄糖提高C/N值至4～6；阶段Ⅲ进水为养猪废水原水，污染负荷提高，同样在原水中投加葡萄糖提高

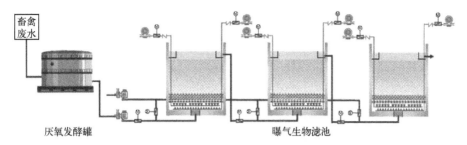

图6-2 三级曝气生物滤池工艺示意

C/N值至4～6；阶段Ⅳ，除原水中通过投加葡萄糖提高C/N值至4～6外，运行期间每批次换水时对第二级和第三级滤池分别投加葡萄糖，以提高第二级和第三级装置中的C/N值。

表6-3 不同阶段进水水质参数

运行程序	TN/(mg/L)	TP/(mg/L)	COD/(mg/L)	C/N值
阶段Ⅰ	90～110	16.2～17.8	140～160	1～2
阶段Ⅱ	90～110	25.5～28.4	500～550	4～6
阶段Ⅲ	270～300	58.3～72.8	1200～1300	4～6
阶段Ⅳ	270～300	61.2～72.6	1200～1300	4～6

6.1.3 技术效果

6.1.3.1 N去除

三组不同填料生物滤池对TN的去除率如图6-3（书后另见彩图）所示。总平均去除

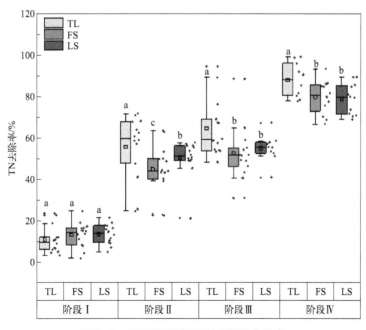

图6-3 不同处理阶段TN的平均去除率

TL—陶粒；FS—沸石；LS—砾石

率陶粒组滤池要显著高于沸石组和砾石组滤池（$P < 0.05$）。阶段 I 陶粒、沸石和砾石三组滤池对TN的平均去除率较低，且此阶段三组滤池的TN去除率没有显著性差异（图6-3，$P > 0.05$），较低的C/N值不能为反硝化过程提供充足的碳源，因而限制了TN的去除。阶段 II 将进水中C/N值提高至4～6之间，TN去除率有明显提升，其中陶粒组滤池对TN的平均去除率显著高于沸石组和砾石组滤池（$P < 0.05$）。阶段 III 进水污染负荷提高后，三组滤池对TN的去除并未受到影响。阶段 IV 通过对后两级滤池分别投加碳源后，对TN的去除显著提高，陶粒、沸石和砾石三组滤池对TN的去除率分别为85.2%、79.8%和79.0%。

养猪废水中氮主要以NH_3-N的形式存在，占到TN含量的95%以上，三组不同填料生物滤池处理沿程中NH_3-N的动态变化如图6-4所示，前两个阶段三组滤池的第一级均能够有

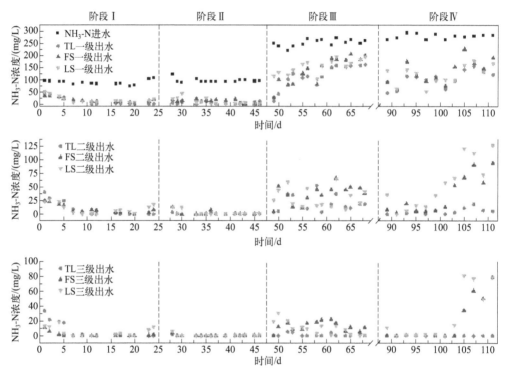

图6-4　处理沿程NH_3-N的动态变化

TL—陶粒；FS—沸石；LS—砾石

效地去除NH_3-N，出水中NH_3-N平均浓度均低于1mg/L（图6-5，书后另见彩图）。阶段 III 进水中NH_3-N平均浓度为250.6mg/L，因NH_3-N负荷增大，第一级对NH_3-N的平均去除率贡献较高，经第二级和第三级的处理后，陶粒组对NH_3-N的去除效能优于沸石和砾石组滤池。阶段 IV 运行期间，陶粒组滤池出水中NH_3-N基本被完全去除，而沸石组和砾石组滤池后期第二级和第三级出水NH_3-N浓度不断升高。相较于沸石和砾石组滤池，陶粒组滤池对NH_3-N的去除更加稳定和高效。

三组不同填料生物滤池处理沿程NO_3^--N浓度变化如图6-6所示，进水NO_3^--N浓度范围在0.4～4.4mg/L，均值为2.5mg/L±0.1mg/L，可知厌氧消化处理后的养猪废水中NO_3^--N含量较低。阶段 I ，沸石组和砾石组滤池第一级滤池中，NH_3-N几乎完全转化为NO_3^--N；阶段 II ，

陶粒、沸石和砾石三组滤池出水NO_3^--N与阶段Ⅰ相比NO_3^--N浓度显著降低，部分NO_3^--N经微生物反硝化作用去除；阶段Ⅲ，进水NH_3-N负荷提高，陶粒、沸石和砾石三组滤池的第二级、第三级出水中NO_3^--N浓度不断升高，而后滤池碳源不足导致反硝化作用受限。阶段Ⅳ，碳氮比提高后促进最终出水中NO_3^--N浓度降低。

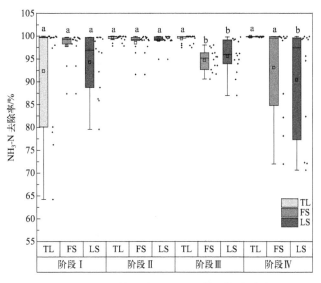

图6-5　不同处理阶段NH_3-N的平均去除率

TL—陶粒；FS—沸石；LS—砾石

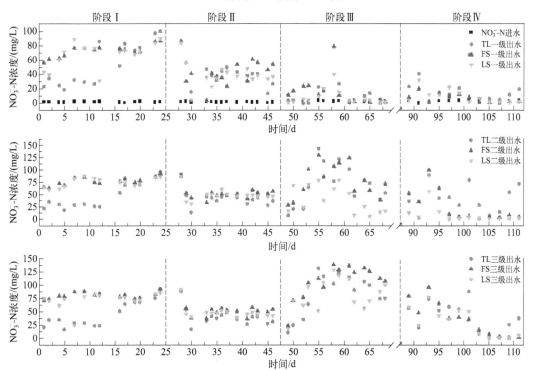

图6-6　处理沿程NO_3^--N浓度变化

TL—陶粒；FS—沸石；LS—砾石

6.1.3.2　COD去除

三组不同填料的生物滤池对COD的平均去除率见图6-7（书后另见彩图）。阶段Ⅰ陶粒、沸石和砾石组滤池COD平均去除率为39.6%、51.2%和48.1%，阶段Ⅱ至阶段Ⅳ的进水COD浓度提升，但最终出水中COD浓度均可降低至50～150mg/L。在本研究中滤池第一级出水的COD基本上已被消耗完全，所以造成第二级和第三级滤池内碳氮比较低，从而影响脱氮性能，阶段Ⅳ通过对三组滤池的后两级添加碳源进一步提高了TN的去除。

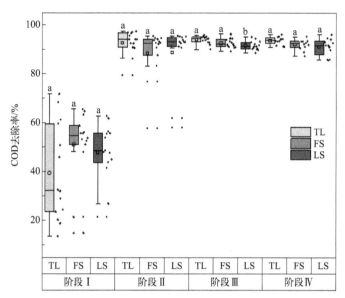

图6-7　不同处理阶段COD的平均去除率

TL—陶粒；FS—沸石；LS—砾石

6.1.3.3　TP去除

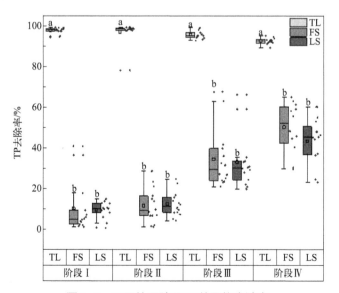

图6-8　不同处理阶段TP的平均去除率

TL—陶粒；FS—沸石；LS—砾石

三组不同填料生物滤池处理对TP的去除率见图6-8（书后另见彩图），陶粒组滤池在整个实验过程每个阶段对TP的去除率均显著高于沸石和砾石两组（$P < 0.05$），而沸石组和砾石组之间没有显著性差异（$P > 0.05$）。阶段Ⅰ和阶段Ⅱ沸石组和砾石组滤池对TP的平均去除率仍在10%。阶段Ⅲ和阶段Ⅳ进水污染物浓度提高后，沸石组滤池对TP的平均去除率分别提高至34.4%和50.1%，砾石组滤池对TP的平均去除率分别提高至33.0%和43.2%。本节陶粒组滤池在初期就能对TP实现有效去除，说明陶粒对废水中TP能够起到长期且高效的吸附作用，而沸石和砾石对废水中TP的吸附能力有限，但在阶段Ⅲ和阶段Ⅳ提高污染物负荷的情况下，陶粒组和沸石组滤池的TP去除率显著升高。

6.1.3.4 抗生素去除

对常用的畜禽类抗生素药物进行检测，主要包括四环素类、磺胺类、喹诺酮类、大环内酯类共4大类13种抗生素类标样对养猪废水进行定量检测，结果检出3大类共5种抗生素药物，包括四环素类2种［氧四环素（OTC）、四环素（TC）］、磺胺类1种［磺胺二甲基嘧啶（SMZ2）］、喹诺酮类2种［环丙沙星（CFX）、诺氟沙星（OFX）］，其中养猪废水原水OTC的含量最高达5018ng/L，其次为OFX 1495ng/L。

养猪废水中的5种抗生素药物去除效果见图6-9。三组滤池出水中OTC、TC、SMZ2、OFX和CFX浓度平均可降低60%～97%。TL组生物滤池对OTC的去除率高达97.4%，其中TL组第一级滤池对OTC的去除可高达91.4%，显著高于FS组（71.6%）和LS组（63.8%）生物滤池（$P < 0.05$）。其他4种抗生素药物在经三组不同填料生物滤池处理后，较原水中的浓度均有显著降低，总体而言，三组不同填料的生物滤池均对所研究的5种抗生素药物具有良好的去除效果，但TL组滤池对所研究的5种抗生素药物的去除率要高于FS组和LS组。

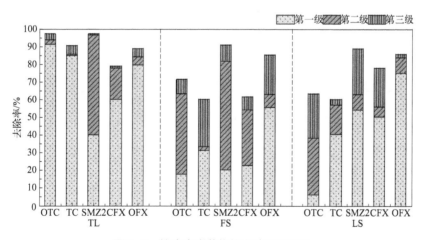

图6-9　抗生素类药物的去除沿程变化

TL—陶粒；FS—沸石；LS—砾石

6.1.4　设计参数

（1）曝气生物滤池

根据功能可划分为C型（主要考虑碳氧化）曝气生物滤池、N型（主要考虑硝化脱氮）曝气生物滤池、DN型（具有硝化、反硝化功能的滤池）曝气生物滤池，相关筛选参数见表6-4。

表6-4 不同类别生物滤池的筛选参数

类型	功能	参数	取值
碳氧化曝气生物滤池（C池）	降解污水中含碳有机物	滤池表面水力负荷（滤速）/ [m³/(m²·h)]	3.0~6.0
		BOD负荷/ [kgBOD/(m³·d)]	2.5~6.0
		空床水力停留时间/min	40~60
碳氧化/部分硝化曝气生物滤池（C/N池）	降解污水中含碳有机物并对氨氮进行部分硝化	滤池表面水力负荷（滤速）/ [m³/(m²·h)]	2.5~4.0
		BOD负荷/ [kgBOD/(m³·d)]	1.2~2.0
		硝化负荷/ [kgNH₃-N/(m³·d)]	0.4~0.6
		空床水力停留时间/min	70~80
硝化曝气生物滤池（N池）	对污水中的氨氮进行硝化	滤池表面水力负荷（滤速）/ [m³/(m²·h)]	3.0~12.0
		硝化负荷/ [kgNH₃-N/(m³·d)]	0.6~1.0
		空床水力停留时间/min	30~45
		反硝化负荷/ [kgNO₃⁻-N/(m³·d)]	1.5~3.0
		空床水力停留时间/min	15~25
后置反硝化生物滤池（post-DN池）	利用外加碳源对硝氮进行反硝化	滤池表面水力负荷（滤速）/ [m³/(m²·h)]	8.0~12.0
		反硝化负荷/ [kgNO₃⁻-N/(m³·d)]	1.5~3.0
		空床水力停留时间/min	15~25
精处理曝气生物滤池	对处理设施尾水进行含碳有机物降解及氨氮硝化	滤池表面水力负荷（滤速）/ [m³/(m²·h)]	3~5.0
		空床水力停留时间/min	35~45

（2）生物滤池设计程序

包括工艺选择、池型选择、滤池结构、水流形态、滤料粒径、滤料填装高度、出水系统和曝气系统等指标参数的选择（表6-5）。

表6-5 生物滤池设计参数要求

指标类别	设计参数要求
池型选择	应综合考虑进水方式、反冲洗方式、单格面积、滤料种类、滤池构造和平面布置等因素，一般可选用矩形或圆形
滤池结构	分为缓冲配水区、承托层及滤料层区、出水区。主体由滤池池体、布水及反冲洗布水布气系统、承托层、滤料层、工艺曝气系统、反冲洗系统、出水系统、自控系统组成
曝气生物滤池分格规定	每级滤池不应少于两格，单格滤池面积不宜大于100m²
水流形态	上向流进水或下向流进水
滤料粒径	常采用的滤料主要以球形轻质多孔陶粒为主，轻质滤料粒径宜为3~10mm 陶粒滤料粒径选取建议：硝化、碳氧化滤池宜为3~5mm或4~6mm，前置反硝化滤池宜为4~6mm或6~9mm。当出水对SS要求较高时，最后一级滤池内的滤料粒径宜选用1.8~2.5mm
滤料填装高度	宜结合占地面积、处理负荷、风机选型和滤料层阻力等因素综合考虑确定，陶粒滤料宜为2.5~4.5m，轻质滤料宜为2.0~4.0m
滤板	宜采用钢筋混凝土或钢制结构，滤板上开孔率应大于5%
缓冲配水区	应根据滤池截面积大小、池形结构合理设置反冲洗配气管道系统
出水系统	可采用多槽出水或单边出水，反冲洗排水和出水槽（渠）宜分开布置 滤池进、出水液位差应根据配水形式、滤速和滤料层水头损失确定，其差值不宜小于1.8m

指标类别	设计参数要求
曝气系统	宜采用单孔膜空气扩散器，也可采用穿孔管 曝气生物滤池出水溶解氧宜为3~4mg/L 单孔膜空气扩散器布置密度应根据需氧量要求通过计算后确定；单个曝气器设计额定通气量宜为0.2~0.3m³/h，每平方米滤池截面积的单孔膜空气扩散器布置数量不宜少于36个；采用穿孔管时孔口设计流速不宜小于30m/s
面积设计	见4.2.2"设计参数计算"

（3）曝气生物滤池组合方式

当进水浓度较高或对处理要求较高时，可以考虑多级串联生物滤池处理系统。推荐陶粒型三级组合滤池用于高浓度养殖废水处理。

6.2 高浓度畜禽养殖废水人工湿地处理技术

近几十年来，人工湿地成为处理高浓度养殖废水的重要措施。一些欧美国家将养殖废水经过多级氧化塘处理和活性污泥处理后再利用人工湿地进行处理。学者早期应用表面流湿地处理养牛和养猪场废水，后续又分别开展了利用表面流CWs处理乳制品废水的研究，并发现垂直潜流人工湿地对猪场废水处理率优于水平潜流人工湿地。垂直潜流人工湿地、水平潜流人工湿地和表面流人工湿地三种人工湿地单元能够创造不同的氧化还原环境，因此基于硝化-反硝化理论，将单项人工湿地任意组合形成不同的组合人工湿地，将富氧工艺垂直潜流人工湿地和缺氧工艺水平潜流人工湿地串联组合，可为人工湿地硝化反硝化脱氮提供良好的反应环境，有效克服传统饱和流水平潜流湿地缺氧、不利于硝化反应或垂直潜流湿地好氧环境、不利于反硝化脱氮的缺点，改善废水处理效果。

然而在应用人工湿地技术处理畜禽养殖废水的过程中，由于高浓度进水及植物地上部分残体所造成的有机物积累，可能导致人工湿地内部堵塞，影响其净化效果问题。此外在北方寒冷地带，低温对湿地的有效运行也存在一定的影响。针对此问题，亟待研发具有防堵塞、低温下高效运行的组合人工湿地工艺，实现高浓度废水畜禽养殖废水高效净化与达标排放。

6.2.1 技术原理

高浓度畜禽废水人工湿地处理工艺是由多个垂直潜流（VF）人工湿地和水平潜流（HF）人工湿地按一定次序串联的工艺。当养殖废水流逐级经过垂直潜流人工湿地水时，通过人工湿地植物-微生物和基质的物理、化学和生物过程去除水体中的氨氮、总磷和有机物等，且湿地内部好氧环境有利于将氨氮转化为硝氮；之后在最后一级设置水平潜流人工湿地，基于内部厌氧环境通过反硝化作用去除硝氮，从而实现水体中氮营养盐的深度处理。

6.2.2 技术流程

多级人工湿地处理奶牛品废水的人工湿地设计流程见图6-10。该人工湿地系统由2个垂直潜流人工湿地单元和1个水平潜流人工湿地单元，采用V-V-H形式。采用砾石作为基质，并种植芦苇。考虑到在北方寒冷地区利用人工湿地处理高浓度畜禽养殖废水，需要解决低温冻结及湿地堵塞问题，在人工湿地中设计了旁路系统，一旦出现壅水堵塞等现象，水流沿旁路系统直接排出以免堵塞；此外，还在人工湿地投放蚯蚓以减缓填料堵塞；为防止低温环境中出现冻结，在人工湿地表面铺设低密度可漂浮的多孔质轻石材料，覆盖人工湿地表层，维持人工湿地的净化效果（图6-11）。

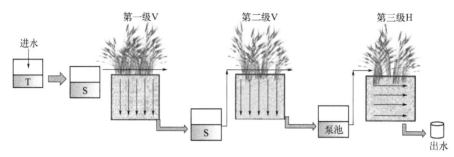

图6-10　三级人工湿地示意

T—配水池；S—虹吸池

图6-11　人工湿地防堵塞旁路系统及表层覆盖防冻材料

6.2.3　技术效果

6.2.3.1　去除效果

高浓度养殖废水进水浓度见表6-6。多级组合人工湿地对污染物的去除效果见图6-12。经过各级人工湿地处理后，高浓度养殖废水TN浓度逐渐降低，最终出水浓度由进水的（159±60）mg/L降为（22±15）mg/L，去除率为（86±12）%。NH$_3$-N去除趋势与TN的相似，由进水的（67±26）mg/L降为（13±11）mg/L，达到了养殖废水排放标准。NO$_3^-$-N经过前2级VF后升高，经过第3级HF显著降低，该HF单元为NO$_3^-$-N反硝化提供了适宜条件。TP的平均进水浓度为（26±11）mg/L，最终出水浓度为（7±3）mg/L，去除率为（75±28）%。COD$_{Cr}$进水浓度达（3750±2072）mg/L，去除率达95%以上；悬浮颗粒物（SS）和总大肠埃希菌（E.Coli）的去除效率接近100%。整体表明人工湿地组合系统对富含高浓度有机质的养殖废水具有较好的净化效果。

表6-6　高浓度养殖废水进水浓度

主要指标	TN/(mg/L)	NH₃-N/(mg/L)	COD/(mg/L)	TP/(mg/L)	SS/(mg/L)	总大肠埃希菌/（CFU/L）
浓度	159 ± 60	67 ± 26	3750 ± 2072	26 ± 21	652 ± 478	1.2 × 10⁵

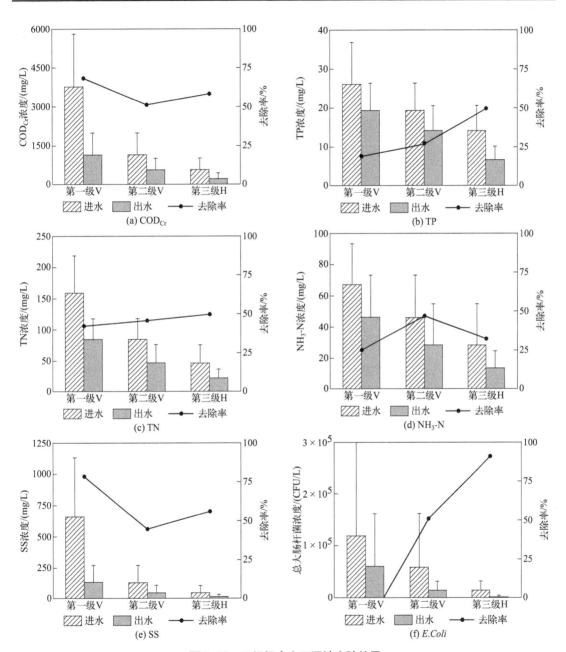

图6-12　三级组合人工湿地去除效果

6.2.3.2　去除贡献

人工湿地单元N、P组成如图6-13所示。原进水中TN主要由有机氮（Org-N）和NH₃-N

组成，废水经过各级人工湿地单元后，有机氮和NH_3-N比例有所下降，NO_3^--N比例增加。TP的主要成分PO_4^{3-}-P高于有机磷（Org-N），且二者流经人工湿地后浓度均逐级降低。

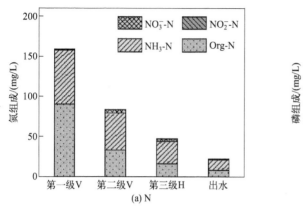
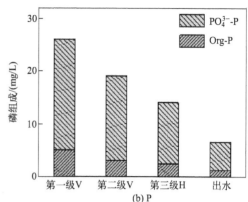

图6-13　三级组合人工湿地氮磷组成

　　人工湿地各单元中氮的质量平衡分布见图6-14。总体来说，基质储存了近48%的TN。在第一级VF中，35%的氮被储存在基质上，而15%被释放到大气中。而在第二级VF和第三级HF中，则分别有35%和39%的氮被释放到大气中，表明在人工湿地中发生了明显的反硝化作用。

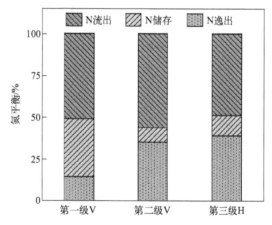

图6-14　三级组合人工湿地氮质量平衡

6.2.4　设计参数

　　① 人工湿地设计具体流程见图6-15。

　　② 人工湿地组合形式：a.待处理目标水体氮素以氨氮为主，则其设计应以垂直潜流人工湿地为第1级，后续包括1级垂直潜流人工湿地水→2级垂直潜流人工湿地→⋯→n级垂直潜流人工湿地→水平潜流人工湿地；b.待处理目标水体氮素以硝氮为主，则其设计应以水平潜流人工湿地为第1级，后续辅以垂直潜流人工湿地和水平潜流人工湿地。

　　③ 为防止堵塞，人工湿地可通过设置旁路系统减轻壅水堵塞；也可以添加蚯蚓减缓堵塞。为防止冻结，可在人工湿地表层覆盖一层轻质可漂浮填料，起到保暖防冻结等作用。

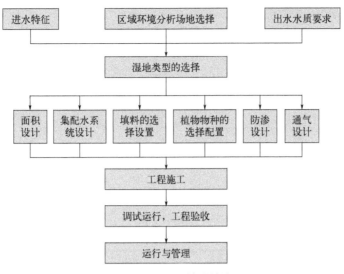

图6-15　人工湿地设计流程

6.3　畜禽养殖废水菌藻共生生态净化技术

6.3.1　技术原理

高浓度畜禽养殖废水经过生物生态处理后，排放的低污染养殖尾水与生活废水混合，需进一步强化处理。为提升水质强化氮磷营养物去除，可通过构建固定化菌藻体系净化混合废水。菌-藻系统依据微生物生态学原理，将藻种采用适当比例，通过化学或物理的手段将筛选的高效菌藻微生物菌剂定位于合适的载体上，构建菌-藻建立菌藻互生增殖的关系，形成复杂而稳定的微生态系统。通过自养、异常或者混养的营养方式利用废水中的碳、氮和磷等成分作为营养来源生长代谢，从而实现废水净化。

6.3.2　技术流程

构建不同试验装置，开展地衣芽孢杆菌、硝化细菌、四尾栅藻和月牙藻等四种微生物的单菌、单藻和菌藻在游离态和固定化状态下去除养殖废水中氨氮（NH_3-N）、硝氮（NO_3^--N）及溶解态磷（DP）的效果研究。

分两批试验进行，第一批分三组对游离态菌-藻进行研究：一组研究水样中地衣芽孢杆菌和硝化细菌处理废水的效果；一组研究水样中月牙藻和四尾栅藻处理废水的效果；最后一组研究地衣芽孢杆菌、硝化细菌、月牙藻和四尾栅藻的协同处理废水的效果，培养在2000lx、25℃的光照培养箱中进行。每天测定NH_3-N、NO_3^--N、DP以及DO的含量。

第二批分三组对固定化菌-藻进行研究：一组研究固定化地衣芽孢杆菌和硝化细菌处理废水的效果；一组研究固定化月牙藻和四尾栅藻处理废水的效果；最后一组研究固定化地衣芽孢杆菌、硝化细菌、月牙藻和四尾栅藻的协同处理废水的效果，培养在2000lx、25℃的光照培养箱中进行。每天测定NH_3-N、NO_3^--N、DP以及DO的含量。同时利用扫描电镜分析每天固定化载体剖面、内部菌藻分布特征。

两批试验样品每组有三个平行样，各组编号见表6-7。

表6-7 试验组中菌藻的组成

编号	单菌	单藻	菌藻	游离	固定
1				✓	
2	✓			✓	
3		✓		✓	
4			✓	✓	
5					✓
6	✓				✓
7		✓			✓
8			✓		✓

注：1～4组为第一批试验；5～8组为第二批试验。

6.3.3 技术效果

6.3.3.1 菌藻共生材料对NH₃-N去除

不同菌藻系统对NH_3-N的去除率如图6-16所示，其去除率由高到低的顺序依次为：固定菌藻、游离菌藻、固定菌、固定藻、游离藻、游离菌。其中，固定菌-藻组去除效果最高且较稳定，达到90.4%；其次是游离菌-藻组。这表明菌藻组合对NH_3-N的去除比单菌和单藻试验组效果好。

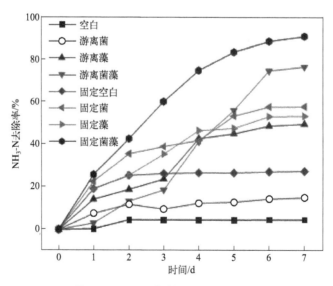

图6-16 不同试验组NH₃-N去除率

6.3.3.2 菌藻共生材料对NO₃⁻-N去除

菌藻共生材料对NO_3^--N的去除率如图6-17所示，其高低依次为：固定藻 > 固定菌藻 > 固定菌 > 游离菌藻 > 游离藻 > 游离菌。菌藻组合效果优于单菌和单藻试验组。固定试验组（固定藻、固定菌藻、固定菌试验组）总体去除NO_3^--N的效果优于游离试验组。而且固定菌藻试验组和固定藻试验组的去除效率相差不大，含有藻的试验组要比不含藻的试验组去除效果好，但是去除效率均偏低（最大去除率为62.1%），这可能是因为细菌将NH_3-N氧化成NO_3^--N，使得水样中NO_3^--N的浓度增加，而微藻又将NO_3^--N转化为自身的所需物质，使得NO_3^--N的浓度降低。

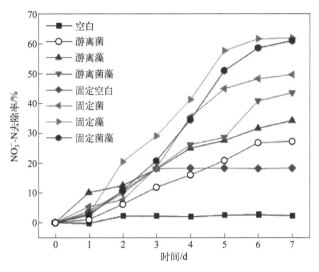

图6-17　不同试验组NO_3^--N去除率

6.3.3.3　菌藻共生材料对DP去除

水体中溶解态磷（DP）浓度过高会引起富营养化，藻类大量繁殖，尤其是蓝藻，从而使水质恶化，间接地危害水产品，因此DP是监测控制水质的重要指标之一。图6-18所示DP的去除率由高到低的顺序依次为：游离菌藻（80.1%）＞固定菌藻（72.2%）＞游离藻（59.3%）＞固定藻（48.1%）＞固定菌（32.5%）＞游离菌（31.0%）。菌藻组合要比单菌和单藻处理效果好，并且含有藻的试验组要比不含藻的试验组效果好，也进一步说明DP的去除主要是微藻起作用。

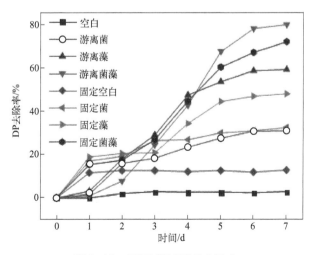

图6-18　不同试验组DP去除率

6.3.3.4 菌藻共生材料对DO影响

由图6-19可知，试验组游离藻、游离菌藻、固定藻、固定菌藻DO值先上升后出现波动，但是基本在对照值左右。游离菌和固定菌实验组中DO值逐渐下降，可能是加入微藻的试验组由于光合作用产生氧气补充了一部分细菌消耗的氧气，加入细菌的试验样由于细菌的新陈代谢作用消耗了氧气，并且水中NO_2^--N转化为NO_3^--N过程中需要消耗大量的氧气，所以DO值有所下降。

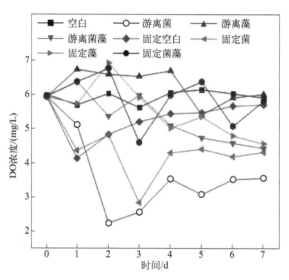

图6-19 不同试验组DO浓度变化

6.3.3.5 固定化材料内部菌藻分布规律

利用扫描电镜可以直观地观察固定化小球表面和截面的分布情况以及菌藻的生长，有的甚至可以观察到固定前后菌藻形态的变化。本次试验中，菌藻在固定化小球内部以及截面的分布结果如图6-20所示。由图6-20（a）、（b）可知，空白小球的表面较光滑致密，内部是均匀的多孔状结构。图6-20（c）、（d）分别是在不同放大倍数下观察到的小球表面，由图可知小球表面很致密，在放大5000倍的情况下表面依然很光滑致密，当水中有机物颗粒较大时，会在一定程度上阻碍其进入小球内部，进而被微生物降解，也会影响其他营养物质及代谢产物的传递及扩散。由图6-20(e)、（f）可知，固定化小球成型过程是由外逐渐向内交联的过程，导致小球截面越接近中心内部孔隙越大，而越接近边缘空隙越致密。在中心处细菌生物量较大，而边缘处细菌较少，说明空隙的大小也会影响细菌的繁殖代谢。空隙较大细菌就有足够的生存空间，就适合细菌的繁殖，也有利于把有害的代谢产物及时排放出去。图6-20（g）、图6-20（h）说明加入体积较大的微藻后使得小球表面产生一定的空隙，且强度降低，存在一定的破损，且细菌的生长速度要比微藻快得多，且越接近微藻，细菌的生物量也越大，由此可知该试验菌藻之间存在协同作用。由图6-20（i）两幅图可以更清楚地看到，固定小球的截面在5000倍下微藻镶嵌在交联产生的空隙里，而细菌则附着在固定载体形成的多孔结构表面，细菌的数量远远大于微藻的数量。由图6-20（j）可知，与空白小球相比，含有菌藻的固定化小球的表面并不光滑，也不致密，并且有一定的破损，内部截面的空隙也没有空白小球的大，并且不均匀。这些都在一定程度影响菌藻的代谢和营养物质的传输。

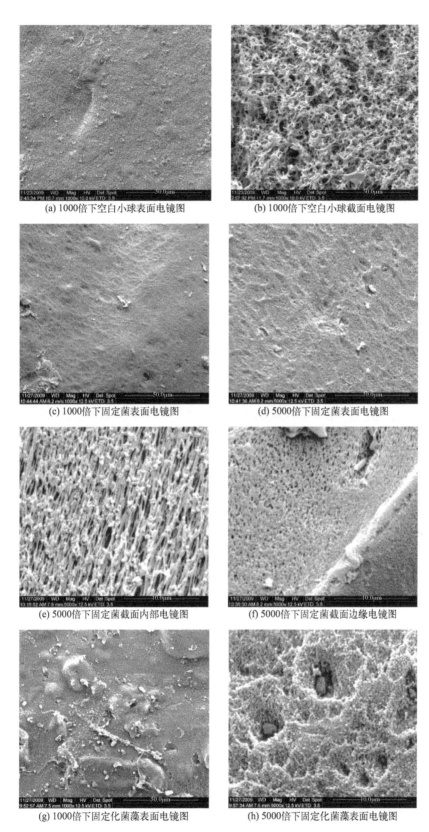

(a) 1000倍下空白小球表面电镜图　　　　(b) 1000倍下空白小球截面电镜图

(c) 1000倍下固定菌表面电镜图　　　　(d) 5000倍下固定菌表面电镜图

(e) 5000倍下固定菌截面内部电镜图　　　　(f) 5000倍下固定菌截面边缘电镜图

(g) 1000倍下固定化菌藻表面电镜图　　　　(h) 5000倍下固定化菌藻表面电镜图

图6-20

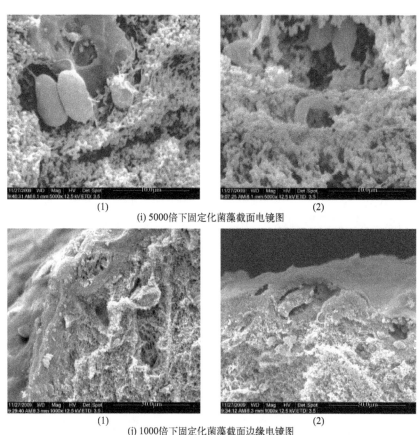

(i) 5000倍下固定化菌藻截面电镜图

(j) 1000倍下固定化菌藻截面边缘电镜图

图6-20 不同试验样品扫描电镜

6.3.4 设计参数

通过单菌、单藻和菌藻在游离态和固定化状态下去除养殖废水中 NH_3-N、NO_3^--N 及DP 的对比研究，优化确定了发挥不同作用的地衣芽孢杆菌、硝化细菌、四尾栅藻和月牙藻的菌藻共生组合体系，按照接种量比例为1:2:2:2的比例，制备固定化菌藻小球，用于村镇混合废水生态强化净化处理。可有效实现畜禽养殖废水的深度强化处理。

6.4 水产养殖尾水生态处理技术

中国的水产行业多采用高密度养殖，通常伴随过量的施肥和投饵。过多的肥料和饵料会残留于水体，造成养殖水体及周边自然水生态环境中总氮、总磷和高锰酸盐指数的升高。当前，在生态环境保护和绿色健康发展的压力下，对养殖尾水处置后达标排放的要求越来越严，绿色养殖是我国水产养殖业发展的方向。

农业农村部等部委印发了《关于加快推进水产养殖业绿色发展的若干意见》（2019），要求推进养殖尾水治理，鼓励通过采用人工湿地和生物净化等方式，使养殖尾水得到资源化利用或达标排放。针对水产养殖尾水，充分利用地形，基于现有沟渠系统进行优化改造，构建过滤槽、植物过滤坝、水生植物带等多种工艺，形成基于水生植被的水体净化技术，实现对氮、磷等高效去除。此类技术可减少动力、能源和日常维修管理费用，具有投资少、见效快、节约能源、运行性能稳定、日常维护简单等优点，可适用于水产养殖治理。

6.4.1 多级过滤槽处理技术

6.4.1.1 技术原理

多级过滤槽是利用养殖池塘周围的排水沟渠进行开挖修建的沟槽，是在其内填筑碎石、沸石、火山石、海砂等不同滤料组合成的过滤槽系统。该技术通过滤料物理拦截过滤尾水中的悬浮物，以及滤料表面物理化学特性吸附尾水中的有机物、氨氮、总磷等污染物，最终由滤料表面生物膜的微生物进行降解去除。经过多级过滤槽的预处理后，养殖尾水可进入湿地等系统进一步深度处理。该技术适用于淡水/海水集中连片或分散型池塘养殖的养殖尾水过滤处理。

6.4.1.2 技术流程

采用养殖池塘→排污管→格栅→单级碎石过滤槽/两级碎石-海砂过滤槽/三级碎石-沸石或火山石-海砂过滤槽→溢流槽。预处理后的出水排至下一级处理单元（湿地或生态塘）进一步深度处理。

养殖尾水格栅池+多级过滤槽系统示意如图6-21所示。

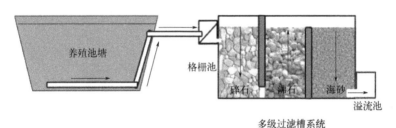

图6-21 养殖尾水格栅池+多级过滤槽系统示意

6.4.1.3 设计参数

水产养殖尾水过滤预处理多级过滤槽系统可设置成单级碎石槽、两级碎石-海砂槽、三级碎石-沸石/火山石-海砂槽，其设计参数如下：

① 多级过滤槽系统面积应根据养殖品种、养殖密度、产量、排水水力停留时间等因素因地制宜进行设计，建议为养殖水体总面积的0.2% ～ 0.5%。

② 塘底排污管：养殖池塘底部最低处铺设PVC排水管道，PVC管上均匀钻孔径2 ～ 5cm的孔洞。排污管从池塘底部最低处延伸至池塘边，在池塘边埂上开挖土槽掩埋排污管，出口引至多级过滤槽系统的格栅处。出口水面低于养殖池塘水面，利用水压将池塘底部废水引入多级过滤槽系统。不排水时将PVC管出口堵住。

③ 格栅池：位于排污管出口后方、多级过滤槽前端。倾斜放置在排污管出口后方，拦截尾水中的落叶、枯枝、纸张塑料等大垃圾。利用格栅条后方的引流管将尾水引至过滤槽进行过滤预处理。格栅池上方可加装水泥盖板，并定期清理格栅池垃圾。

④ 单级碎石槽：其主体为碎石填料，粒径不小于5cm。碎石槽上方铺设布水管，将养殖尾水均匀引至碎石上方，碎石槽形状一般为长方形，面积为养殖鱼塘总面积的0.2%～0.5%，深度不超过80cm。碎石槽下方设置孔状挡板，孔直径小于碎石直径。碎石槽出口处修筑小型溢流池。

⑤ 两级碎石-海砂过滤槽：由碎石槽和海砂槽并联组成，碎石槽填装碎石，粒径不小于5cm，海砂槽填装海砂，总面积为养殖鱼塘总面积的0.2%～0.5%，深度不超过80cm。碎石槽和海砂槽之间由隔板分隔，隔板底部设置连接孔。尾水从海砂槽流出后进入下一级处理单元。

⑥ 三级碎石-沸石/火山石-海砂过滤槽：由碎石槽、沸石/火山石槽和海砂槽并联组成，碎石槽填装粒径不小于5cm的碎石，沸石/火山石槽填装粒径不小于5cm的沸石或火山石，海砂槽填装海砂。总面积为养殖鱼塘总面积的0.2%～0.5%，深度不超过80cm。

6.4.2 植草沟池技术

6.4.2.1 技术原理

植草沟池技术，是将利用生物生态的方法，采用"植草沟+生态塘"的工艺，在养殖尾水排放口建造具有自身独特结构并发挥相应生态功能的植草沟池生态系统，实现对养殖尾水的净化及循环利用。该系统首先改造原有排水渠或周边河沟构建植草沟，一方面通过延长水流时间，提升固体悬浮物沉淀效果，另一方面通过筛选出的耐淹、耐旱、耐盐碱且具有一定水质净化能力的植物，搭配过滤基质，使植草沟通过生物降解、物理吸附作用对养殖尾水进行初步处理；其次在植草沟后构建生态塘，利用水体中不同层次的水生植物去除水体中污染物，并设置曝气系统增加水体中的溶解氧，加速水体中有机质的分解，实现尾水净化及循环利用。

6.4.2.2 技术流程

植草沟池系统工艺流程包括：养殖尾水→植草沟→生态塘→养殖池塘/周边水域（图6-22），处理后水质达标排放或循环利用。

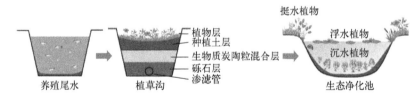

图6-22 植草沟池系统"植草沟+生态净化池"工艺流程

6.4.2.3 设计参数

① 植草沟植物层选择具有当地生长优势的水生植物品种，根据不同植物的特点进行合理布局，以达到最佳净化效果。填充基质包括砾石、生物质炭陶粒、种植土层（砂质土）等填料。

② 生态净化池沿岸至对岸依次种植挺水植物、浮水植物、沉水植物和挺水植物，形成水生植物带，沟渠内水生生物的密度与摆放以不阻挡水流流动为宜。

③ 植草沟设计可参照生态沟设计方法，具体见表6-8。

表6-8 植草沟池系统设计参数说明

参数	说明
纵坡坡度	植草沟纵坡坡度不应大于4%
边坡系数	受场地因素限制，植草沟的宽度一般根据原预留地的范围来确定。边坡系数取值宜处于0.1~0.25之间
断面尺寸	在确定长、宽、边坡和纵坡系数的基础上，过水断面取水力最优断面，利用曼宁公式并结合具体断面形式求得植草沟断面尺寸。 $$A = \frac{Qn}{R^{2/3}S^{1/2}}$$ 式中，Q为设计流量，m^3/s；A为过水断面面积，m^2；R为水力半径，m；S为渠底坡度；n为曼宁系数，一般取0.02~0.1。 例：植草沟沟底宽600mm，沟顶宽800~1000mm，植物草沟深600mm
植物布设	植草沟顶部种植耐水淹、耐旱、净水能力较强的植物，如翠芦莉、长春花、香根草。植草沟内种植密集的草皮，不种植乔木及灌木，植被高度控制在0.1~0.2m
填料	（1）基质：孔隙率在30%~45%，有效粒径>80%，渗透系数>5×10⁻⁶m/s。 （2）收集管：底部铺设直径100mm以上渗滤管用于收集过后的水体。 （3）填料配比：上层铺设种植土层，中层和下层选择常见且具有较高过滤性能的填料。 （4）实例：种植土层（砂质土）、生物质炭陶粒（粒径10~20mm）、砾石（粒径30~50mm），生物质炭陶粒混合层与种植土层间铺设土工布，防止土壤颗粒进入生物质炭陶粒混合层
生态净化池	（1）挺水植物：可选择香蒲、水芹菜、鸢尾和美人蕉等，可吸收水体中的营养物质，对同水域的藻类的生长也起到抑制的作用。 （2）浮水植物：可选择睡莲等，吸收水体中的营养物质，并通过遮蔽太阳光，抑制有害藻类在养殖水体的暴发性增长，减少有害藻类对水体和养殖对象的负面危害。 （3）沉水植物：可选择狐尾藻、眼子菜、金鱼藻和伊乐藻等。根茎生于泥中，整个植株沉入水中，在生长过程中会吸收水体中的营养物质，包括氮、磷等，对于缓解水体富营养化起到积极作用

6.4.3 植物坝技术

6.4.3.1 技术原理

植物坝技术是将生态沟渠技术与植物组合，通过将养殖池塘原有排水沟渠及其岸坡改造为具有氮磷等污染拦截阻断及原位削减作用的原位水体综合修复技术。植物坝单元由天然纤维层、生物基质层和挺水植物层组成，废水流经生物基质层的鹅卵石透水坝时流速降低，较小的砂石颗粒物沉降，基质表面附着微生物可通过微生物作用降解污染物；废水流经耐污性较强的观花或观叶水生植物，通过水生植物对污染物的拦截作用、水生植物根系形成的微生物膜对有机质的降解作用和植物本身对营养盐的吸收作用等去除污染物。植物坝示意如图6-23所示。

(a) 剖面图

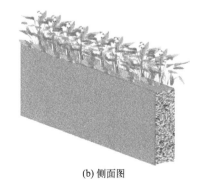
(b) 侧面图

图6-23 植物坝示意

6.4.3.2 设计参数

植物坝系统可利用现有排水沟渠或池塘改造，原位实现废水减污去毒作用，提升养殖废水处理的生态和经济效益，无需额外投资构建水处理系统。定量化与标准化养殖废水治理的植物坝的设计与配置的技术参数（表6-9），为养殖鱼塘废水的生态治理技术提供应用模式，以促进技术应用。

表6-9 植物坝系统设计参数

指标类别	设计参数要求
滤料层	（1）滤料层包括外层的天然纤维层、底部的生物基质层和水生植物种植层。滤料层与河道常水位持平。 （2）天然纤维层：建议选用天然材料制成麻袋，尺寸可根据实际情况选用，以能无障碍透水且不漏砾石等基质为准。 （3）生物基质层：采用麻袋包裹卵石或者砾石构成，基质粒径保持下粗上细；砾石粒径5～10cm
水生植物	选择适应当前流速生长的大型水生植物间隔种植在滤料层的鹅卵石透水坝中，水生植物选择兼具以下几点要求： （1）耐污能力强； （2）抗病能力强； （3）根系发达，茎叶茂密； （4）以观赏为主，可选植物包括美人蕉、菖蒲、风车草、再力花等
长度	整体平面尺寸长度和宽度可视排水渠具体情况合理调节

6.4.4 平流式植物坝多塘处理技术

6.4.4.1 技术原理

平流式植物坝多塘处理技术，是利用植物坝将塘池划分为多个区块而形成植物坝多塘系统，它通过平流式推流延长水流时间，提升固体悬浮物沉淀效果，并利用水生植物的吸附、截留和释氧能力，在基质-微生物-水生植物的共同作用下层层削减水体中的污染物，实现尾水净化的处理及循环使用。

6.4.4.2 技术流程

平流式植物坝多塘处理技术由n个植物坝组成（图6-24）。废水以推流态的形式在整个系统中穿行，出水排放河流或回用于养殖塘。

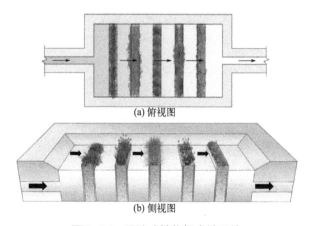

(a) 俯视图

(b) 侧视图

图6-24 平流式植物坝多塘系统

6.4.4.3 设计参数

在沟渠或者池塘等尾水受纳水体内建造具有自身独特结构并发挥相应生态功能的平流式植物坝多塘系统，具体设计参数见表6-10。

表6-10 平流式植物坝多塘处理系统设计参数

参数	说明
植物坝数量	该系统由多个植物坝串联布设完成，且各单元数量不小于3
植物坝规格	植物坝横架于水面上，宽度和高度均依据沟渠或池塘的宽度和水位等水文信息确定，一般宽度和高度维持在0.5m
水流方式	采用平流式的水力路径
水生植物	选择适应当前流速生长的挺水植物，间隔种植在滤料层的鹅卵石透水坝中

6.4.5 折流式植物坝多塘处理技术

6.4.5.1 技术原理

折流式植物坝多塘处理技术是将廊道式塘池串联形成植物坝多塘系统。该技术利用植物坝布设改变水体流向，保证水流以折流方式运行。该技术通过延缓水流速度、延长水流路径及水力停留时间，利用水生植物的吸附、截留和释氧能力，在微生物-水生植物的共同作用下降解污染物，达到净化尾水、提升水体透明度和生态景观效果的目的。

6.4.5.2 技术流程

折流式植物坝多塘处理工艺主要包括：养殖尾水→植物坝单元1→植物单元2→…植物坝单元n；废水以折流形式在整个系统中穿行，出水排放河流或回用于养殖塘（图6-25）。

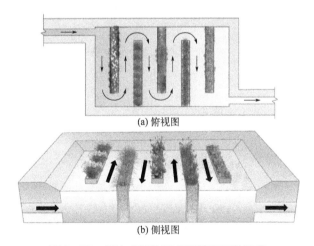

(a) 俯视图

(b) 侧视图

图6-25 折流式植物坝多塘处理工艺示意

6.4.5.3 设计参数

折流式植物坝多塘系统是由n个植物坝单元串联组成的单元组合，具体说明见表6-11。

表6-11　折流式植物坝多塘处理系统设计参数

参数	说明
植物坝数量	该系统由多个植物坝串联布设完成，且各单元数量不小于3
植物坝规格	植物坝的构建长度以水体宽度的2/3为参考，宽度和高度均依据沟渠或池塘的宽度和水位等水文信息确定，一般宽度和高度维持在0.5m
水流方式	采用折流式的水力路径
水生植物	选择适应当前流速生长的挺水植物，间隔种植在滤料层的鹅卵石透水坝中

6.4.6　三池两坝

6.4.6.1　技术原理

"三池两坝"是指沉淀池、过滤坝、曝气池、过滤坝、生态池等多种池坝组合的工艺。该工艺在池塘升级改造基础上，利用物理和生物生态的方法，对养殖尾水进行生态化处理，实现循环利用或达标排放。养殖尾水进入沉淀池进行预处理，以去除其中大的悬浮物；再经第一级过滤坝进一步去除悬浮物；然后进入曝气池，经氧化、挥发、分解等过程去除尾水中有机物和氨氮等营养物质；最后经过第二级过滤坝进入生态池，通过在生态池种植水生植物、放养水生动物等构建综合立体生态位处理系统，有效削减水体中氮、磷污染物，实现尾水循环和利用或者达标排放。

6.4.6.2　技术流程

"三池两坝"工艺技术流程包括：养殖池塘→沉淀池→过滤坝→曝气池→过滤坝→生态净化池（见图6-26）。

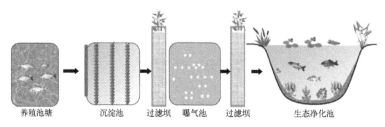

养殖池塘　　沉淀池　过滤坝　曝气池　过滤坝　　生态净化池

图6-26　三池两坝工艺示意

6.4.6.3　设计参数

三池两坝工艺设计参数见表6-12。

表6-12　三池两坝设计参数

指标类别	设计参数要求
面积配比	为达到尾水处理最佳效果，沉淀池与生态净化池面积应尽可能大，沉淀池、曝气池、生态净化池的比例约为45:5:50
沉淀池	沉淀池面积不小于尾水处理设施总面积的45%，平均水深不低于2m，需要布水均匀，在沉淀池内设置"之"字形挡水设施

指标类别	设计参数要求
曝气池	曝气池面积占治理设施总面积的5%左右，水深不低于3m。风机功率配备不小于每100个曝气头3kW
生态净化池	生态净化池面积占治理设施总面积的50%左右。池内可种植沉水、挺水、浮叶等各类水生植物，吸收净化水体中的氮、磷等营养盐（覆盖面积不小于生态净化池40%）。 生态净化池底部种植沉水植物（苦草、轮叶黑藻、伊乐藻等），四周岸边种植挺水植物（茭白、美人蕉、鸢尾等）。 池中可适当放养鲢、鳙、贝类等滤食性水生动物
过滤坝	采用空心砖或钢架结构搭建过滤坝外部结构，依据实际环境设计过滤坝大小。坝体中填充大小不一的滤料，可选择牡蛎壳、碎石、陶粒、棕片、活性炭、细砂、火山石等多孔吸附介质，可结合景观效果种植低矮景观植物，进一步滤去水体中悬浮物

6.5 微藻资源化利用技术

微藻是效率极高的由光能驱动的"活的化工厂"，它是地球上将无机碳（二氧化碳或碳酸氢盐）与无机氮转化为有机碳（主要为糖类与油脂）和有机氮（主要为蛋白质）的效率极高的一种生物。微藻具有生长快、产量高、可定向培养、适应能力强、易调控等特点，使得高密度培养后的微藻系统可吸收利用氮、磷元素，积累大量油脂、蛋白质、多糖、色素、不饱和脂肪酸等物质，在能源、食品、饵料、保健品及药品等行业有巨大的应用价值。

6.5.1 技术原理

微藻能够利用氨氮、硝氮、亚硝氮或有机氮作为营养氮源，利用无机磷酸盐作为磷元素的来源，并可通过光合作用固定二氧化碳。而利用养殖废水替代传统培养基对性状优良的藻株进行培养，可以减少对水资源和营养盐的消耗，从而降低微藻规模化的培养成本，同时实现养殖废水中的氮、磷脱除。

6.5.2 技术流程

利用养殖废水进行微藻生物质综合利用流程主要包括：优质富含营养成分的藻种选育→扩种培养→养殖废水处理→尾水规模化培养微藻→微藻采收→微藻高值化产品生产→净化后尾水回用（见图6-27）。

6.5.3 技术效果

6.5.3.1 藻种筛选

经水样采集、平板划线分离逐步分离纯化等步骤，筛选生长速度快、易于收获、适应废水中生长的丝状微藻，并进行室外扩大培养。部分筛选的丝状微藻种类见图6-28。微藻的制备及室外大规模培养过程见图6-29。

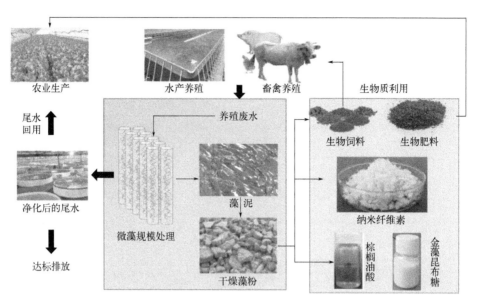

图6-27　微藻生物质综合利用技术流程示意

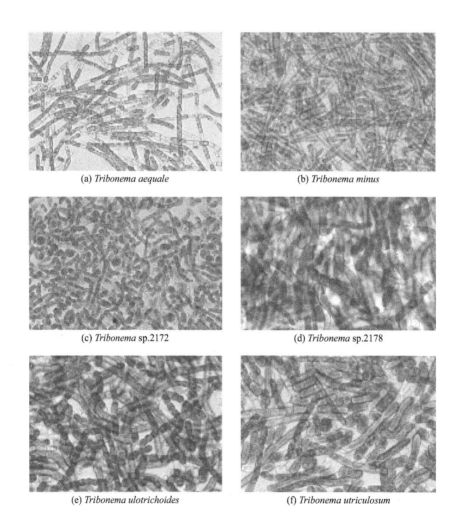

(a) *Tribonema aequale*

(b) *Tribonema minus*

(c) *Tribonema* sp.2172

(d) *Tribonema* sp.2178

(e) *Tribonema ulotrichoides*

(f) *Tribonema utriculosum*

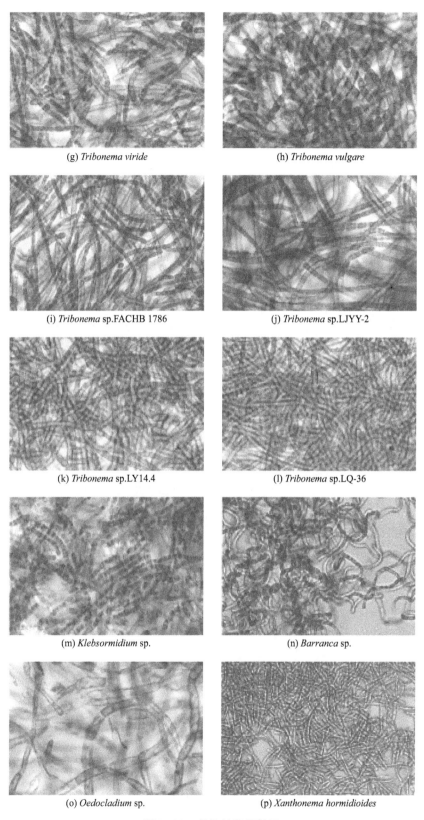

(g) *Tribonema viride*

(h) *Tribonema vulgare*

(i) *Tribonema* sp.FACHB 1786

(j) *Tribonema* sp.LJYY-2

(k) *Tribonema* sp.LY14.4

(l) *Tribonema* sp.LQ-36

(m) *Klebsormidium* sp.

(n) *Barranca* sp.

(o) *Oedocladium* sp.

(p) *Xanthonema hormidioides*

图6-28　筛选丝状微藻图

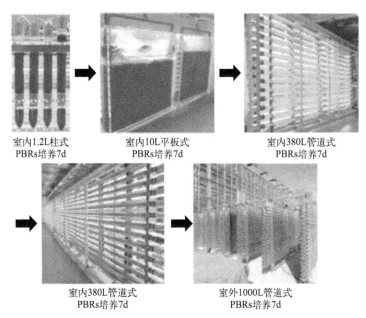

室内1.2L柱式
PBRs培养7d

室内10L平板式
PBRs培养7d

室内380L管道式
PBRs培养7d

室内380L管道式
PBRs培养7d

室外1000L管道式
PBRs培养7d

图6-29　微藻的制备及室外大规模培养过程（PBRs：光生物反应器）

6.5.3.2　新型光生物反应器

将研发的光生物反应器（柱状光生物反应器、跑道式光生物反应器、内置光源跑道式光生物反应器）应用于废水处理，增加光合作用效率，实现产油微藻低成本高密度培养（图6-30）。

(a) 柱状光生物反应器

(b) 跑道式光生物反应器

(c) 内置光源跑道式光生物反应器

图6-30　光生物反应器

6.5.3.3 标志链带藻在废水中的培养及对氮磷的去除

标志链带藻能够耐受废水中较高的氮、磷浓度，且对废水中氮、磷有显著的去除作用。该藻能利用废水中的营养成分积累较高的生物量和淀粉含量并且藻细胞能快速沉降，具有极高的经济价值和应用价值，是一株淀粉生产能力较高和废水处理能力较强的极具开发潜力的藻株。本研究筛选能够积累淀粉且易于沉降的标志链带藻（*Desmodesmus insignis* strain JNU 24），并利用奶牛场废水替代培养基，利用柱状光反应器对标志链带藻进行培养，设置4种$NaNO_3$浓度下（3.6mmol/L、6.0mmol/L、9.0mmol/L、18.0mmol/L）的BG-11培养基和4种奶牛场废水浓度（DWW：25%、50%、75%、100%），比较其在BG-11培养基中和奶牛场废水中的生物量、蛋白质含量、碳水化合物含量、淀粉含量和积累规律，以及对废水中氮、磷的去除效率，为利用微藻处理废水和生物质生产提供理论参考。

（1）柱状反应器中标志链带藻生物质浓度的积累

标志链带藻在不同培养基和废水中的生长情况如图6-31所示。在4个不同初始$NaNO_3$浓度的BG-11培养基培养下，藻细胞均能快速生长。在$NaNO_3$浓度为9.0mmol/L时生物质浓度最高，可达6.23g/L。在$NaNO_3$浓度为6.0mmol/L和18.0mmol/L时，两者藻细胞生物质浓度大小没有显著差异。低$NaNO_3$浓度下生物质浓度最低，标志链带藻生物量并未随氮浓度的升高而增大。

标志链带藻在废水中生长良好，在4个不同废水稀释浓度下，藻细胞生物质浓度随着废水浓度的升高而升高。未稀释原废水实验组（100% DWW）藻细胞生长最好，生物质浓度最高（10.3g/L）。25%废水实验组中藻细胞生物质浓度虽然最低（6.34g/L），但却显著高于不同氮浓度BG-11培养基培养下的生物质，标志链带藻在奶牛场废水中生长较好。

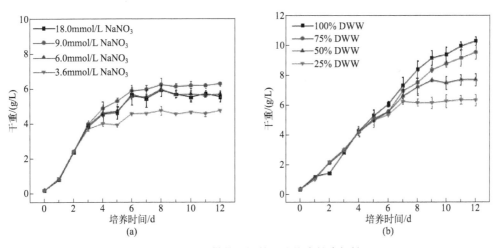

图6-31 标志链带藻在柱状反应器中的生长情况

（2）柱状反应器中标志链带藻对TN、TP消耗

随着培养时间的延长，100% DWW组TN去除率约为79.6%，其余3个稀释废水中的TN去除率分别为79.5%、73.4%和90.8%（图6-32）。同时100% DWW组中TP浓度在培养的第4天降至31.4μmol/L，去除率达98.5%，其余3个稀释废水中TP去除率分别为98.7%、98.7%和97.6%，表明标志链带藻对奶牛场废水中TN、TP的去除效果显著，对该废水有一定的修复作用，奶牛厂废水也可作为培养标志链带藻的一种廉价替代基质。

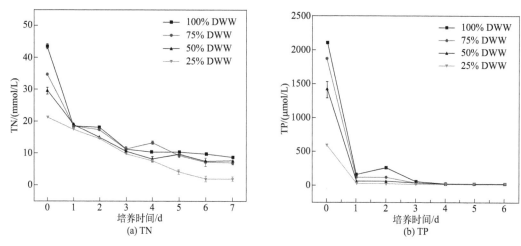

图6-32 柱状反应器中废水TN和TP的含量变化

（3）柱状反应器中标志链带藻生化组成

在柱状反应器中，标志链带藻在不同氮浓度BG-11培养基和废水培养下，藻细胞中3大物质的含量均发生了变化，其中，含量最多的是碳水化合物类，其次是蛋白质和脂类（图6-33、图6-34）。在BG-11培养基培养下，随着氮浓度的升高，藻细胞蛋白质、碳水化合物的含量逐渐增加，脂类物质含量逐渐降低。同样，在废水培养中，随着废水浓度的升高，藻细胞蛋白质、碳水化合物的含量逐渐增加，脂类含量逐渐降低。100%的DWW中藻细胞蛋白质、碳水化合物的含量达到最高，分别为2.4%和54.4%，脂类物质含量减少至18%。结果表明废水培养下，藻细胞中三大成分含量均高于不同氮浓度BG-11培养基的培养结果，并且奶牛厂废水在促进标志链带藻碳水化合积累方面占有显著优势。

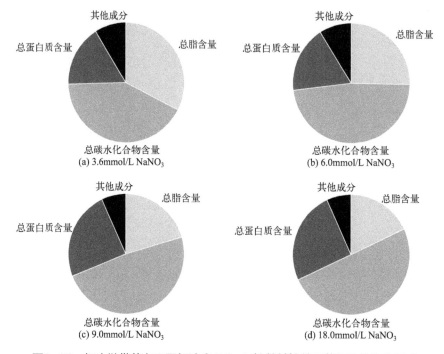

图6-33 标志链带藻在不同氮浓度 BG-11培养基培养下藻细胞的生化组成

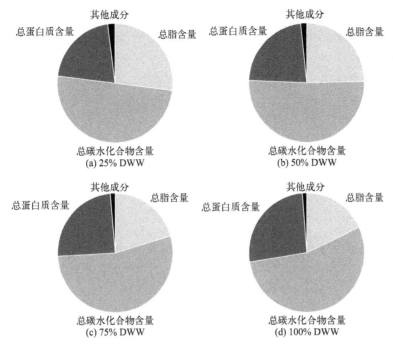

图6-34　标志链带藻在废水培养下藻细胞的生化组成

（4）柱状反应器中标志链带藻淀粉含量变化

在柱状反应器培养下，标志链带藻在不同氮浓度BG-11培养基和废水培养下藻细胞中淀粉含量也发生了不同的变化（图6-35）。在BG-11培养基组中，随NaNO₃初始浓度由高到低的下降，藻细胞淀粉含量（以干重计）也降低，分别为41%、40.7%、39.4%、39%。在废水培养下，75% DWW培养的藻细胞淀粉含量最高，占藻细胞干重的50.9%，100% DWW培养下藻细胞淀粉含量最低。

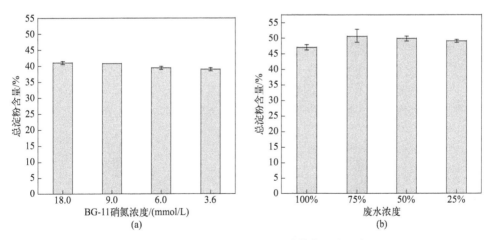

图6-35　柱状反应器培养中标志链带藻的淀粉含量

（5）柱状反应器中标志链带藻单位体积淀粉含量和产率

通过比较柱状反应器中不同氮浓度BG-11培养基和废水培养下标志链带藻单位体积藻细胞淀粉含量和产率（图6-36），发现在BG-11培养基培养下，氮浓度为9.0mmol/L时单位体积藻细胞淀粉含量和产率最高，分别达到2.6g/L和212mg/(L·d)。在废水培养条件下，75% DWW培养的单位体积藻细胞淀粉含量和产率最高，分别达到4.9g/L和405mg/(L·d)。

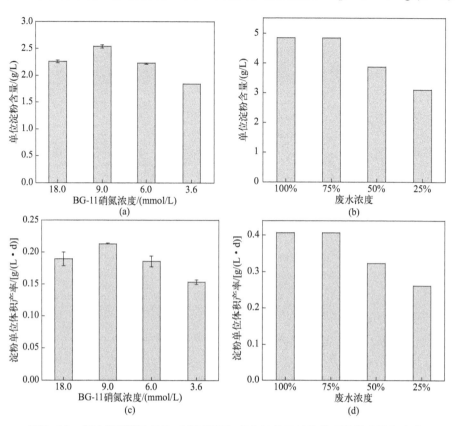

图6-36　标志链带藻在BG-11培养基和废水培养下单位体积淀粉含量和产率

（6）平板光生物反应器中标志链带藻的放大培养

基于柱状反应器中的培养结果，以效果较好的9.0mmol/L NaNO₃ 的BG-11培养基和75% DWW于3.0cm平板光生物反应器中进行室内扩大培养，进一步观察藻细胞的生长情况。平板反应器中9.0mmol/L NaNO₃ 的BG-11培养基和75% DWW培养下标志链带藻的生化组成变化见图6-37，在培养末期（21d），相对于9.0mmol/L NaNO₃ 的BG-11培养基，75% DWW培养下的藻细胞碳水化合物大量积累，达到藻细胞干重的61.9%，表现出显著优势。

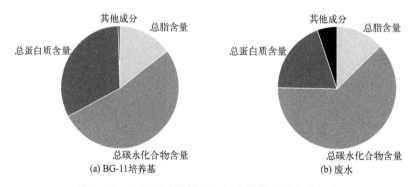

图6-37　平板反应器培养下标志链带藻的生化组成

平板反应器培养下，9.0mmol/L NaNO$_3$ 的BG-11培养基与75%DWW培养下藻细胞中淀粉含量的变化可见图6-38。在BG-11培养基中，藻细胞淀粉含量呈先上升后下降的趋势，在第9天时达到最大值，为藻细胞干重的39.42%；而在75% DWW中藻细胞淀粉含量逐渐增加，到21d时达到最高值，为藻细胞干重的48.75%。到培养21d时，9.0mmol/L NaNO$_3$ 的BG-11和75% DWW培养中单位体积藻细胞中淀粉含量分别为1.39g/L和4.75g/L，单位体积藻细胞淀粉产率分别为70mg/(L·d)和230mg/(L·d)。75%的废水中单位体积藻细胞的淀粉含量和产率均超过9.0mmol/L NaNO$_3$ 的BG-11培养基培养的3倍，结合标志链带藻在平板光生物反应器中生长情况，利用废水进行大规模培养标志链带藻的效果良好、优势显著，极具开发利用价值。

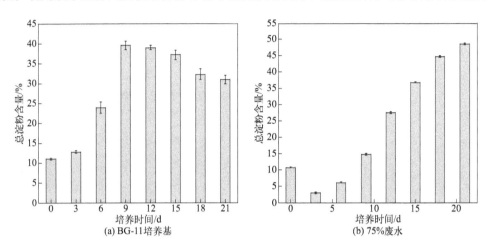

图6-38　平板反应器培养中标志链带藻的淀粉含量

6.5.3.4　丝状微藻处理豆腐废水效果及资源化利用

小型黄丝藻（*Tribonema minus*）是一种易采收、油脂含量高的丝状微藻。以下研究以不同浓度豆腐废水（TW：12.5%、25%、50%、70%、100%）为营养基质，研究丝状微藻净化不同浓度豆腐废水效果以及生产高价值的生物质潜力，并设置培养基组作为对照。

（1）丝状微藻生长和成分

丝状微藻生物量和成分含量见图6-39。在豆腐废水浓度分别为12.5%和25%的低浓

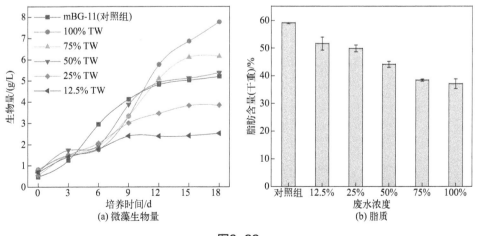

图6-39

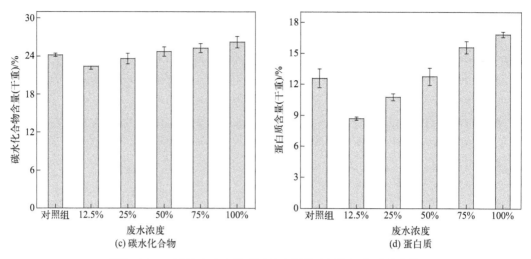

(c) 碳水化合物　　　　　　　　　(d) 蛋白质

图6-39　不同浓度废水处理过程中微藻生物量及各成分占比

度组，由于缺乏营养丝状微藻生长受到抑制，生物量浓度分别为2.52g/L和3.85g/L，显著低于对照组（mBG-11，5.21g/L，$P<0.05$）。当废水浓度从50%上升到100%时，生物量浓度明显高于对照值。尤其是在100%条件下，丝状微藻最高的生物量浓度达7.77g/L，是培养基组中生物量的1.5倍，丝状微藻能够以豆腐废水为营养基质生长。此外，当废水浓度从12.5%上升到100%时，蛋白质和碳水化合物的含量分别上升到最大值16.80%和26.56%。

（2）中性脂类、棕榈油酸和金藻昆布多糖的含量比较

如图6-40所示，生物量、中性脂类和棕榈油酸的生产率随废水浓度的增加而增加，当废水浓度从12.5%上升到100%时，生物量生长率可达到431.67mg/(L·d)。尽管在100%废水中观察到较少量的中性脂类和棕榈油酸，但其生产率达到了与对照组相当的水平。整体上，富营养的高浓度废水可作为一种有前途的替代培养基，培养丝状微藻黄丝藻作为生物质原料联合生产生物柴油、棕榈油酸、金藻昆布多糖等高值产品。

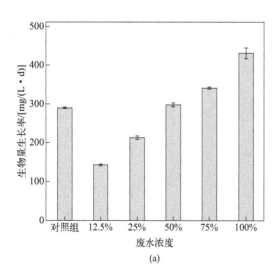

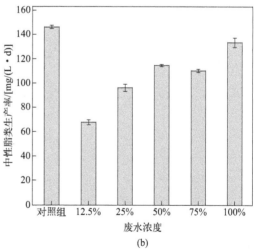

(a)　　　　　　　　　　　　　　　(b)

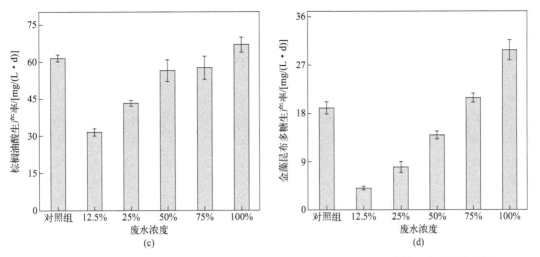

图6-40　不同处理组中微藻生物量生产率、中性脂类、棕榈油酸和金藻昆布多糖的比较

6.6　养殖废水组合处理技术

根据农村养殖废污水排放分散、水质和水量波动大的特点，以及地表水水质标准和再生水利用等需求，本节总结几项结构简单、易于维护管理和运行成本低的适用技术进行组合（图6-41），包括预处理技术（化粪池、沼气池）、生物处理技术（生物滤池）和生态处理技术（人工湿地、稳定塘、生态沟渠、生态塘池）等，以及基于藻类的资源化利用等，以期促进农村畜禽养殖业可持续发展、保护农业农村环境。

① 针对高浓度畜禽养殖废水，首先通过干湿分离，将粪便等有机固体废物发酵，生产的肥料用于农业活动。对于分离后高浓度液体，则进行下一步处理：a. 液体经厌氧发酵生产沼气后，采用曝气生物滤池等技术处理；b. 液体经厌氧发酵生产沼气后，采用多级组合人工

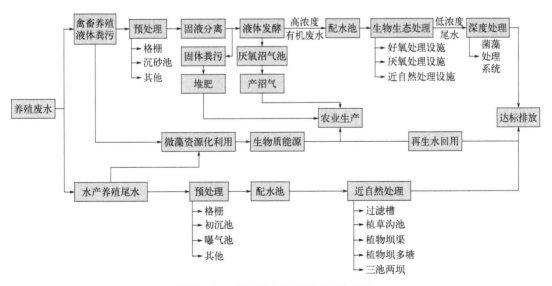

图6-41　养殖废水处理利用工艺流程

湿地技术处理，出水可回用于农业灌溉等。

②针对经生物-生态处理后排出的低浓度畜禽养殖废水，或有水质提标要求的养殖废水出水，可进一步采用菌藻共生脱氮固磷技术，对水体中的氮磷等进行深度处理，以达到排放要求。

③针对水产养殖废水，可采用多级过滤槽、植物坝、植草沟池、平流式植物坝多塘系统、折流式植物坝多塘系统、三池两坝等生态处理技术对水产养殖废水进行深度处理。

④在循环经济的背景下，针对畜禽养殖、食品加工或化工生产所排放的废水，可利用筛选的微藻处理养殖废水，同时生产含有宽泛营养成分的微藻生物质，实现废水高值化利用。

参考文献

[1] 刘梅，原居林，倪蒙，等."三池两坝"多级组合工艺对内陆池塘养殖尾水的处理［J］. 环境工程技术学报，2021, 11(1): 97-106.

[2] 广东省农业农村厅. 广东省水产养殖尾水处理技术推荐模式. 2021.

[3] 中国工程建设协会标准，中国市政工程华北设计研究总院. 曝气生物滤池工程技术规程[M]. 北京：中国计划出版社，2009.

[4] 生态环境部土壤生态环境司，中国环境科学研究院. 农村生活污水治理技术手册[M]. 北京：中国环境出版集团，2020.

[5] Borin M, Politeo M, Stefani G D. Performance of a hybrid constructed wetland treating piggery wastewater[J]. Ecological Engineering, 2013, 51, 229-236.

[6] Cooper P, Griffin P, Humphries S, et al. Design of a hybrid reed bed system to achieve complete nitrification and denitrification of domestic sewage[J]. Water Science & Technology, 1999, 40(3): 283-289.

[7] Dunne E J, Culleton N, O'Donovan G, et al. An integrated constructed wetland to treat contaminants and nutrients from dairy farmyard dirty water[J]. Ecological Engineering, 2005, 24(3): 219-232.

[8] Healy M G, Rodgers M, Mulqueen J. Treatment of dairy wastewater using constructed wetlands and intermittent sand filters[J]. Bioresource Technology, 2007, 98: 2268-2281.

[9] Tanner C C, Nguyen M L, Sukias J P S. Nutrient removal by a constructed wetland treating subsurface drainage from grazed dairy pasture[J]. Agriculture Ecosystems and Environment, 2005, 105: 145-162.

[10] Tunçsiper B. Nitrogen removal in a combined vertical and horizontal subsurface-flow constructed wetland system[J]. Desalination, 2009, 247(1-3): 466-475.

[11] Vymazal J. Removal of nutrients in various types of constructed wetlands[J]. Science of the Total Environment, 2007, 380(1-3): 48-56.

[12] Vymazal J, Kröpfelová L. Multistage hybrid constructed wetland for enhanced removal of nitrogen[J]. Ecological Engineering, 2015, 84: 202-208.

[13] Kato K, Inoue T, Ietsugu H, et al. Performance of six multi-stage hybrid wetland systems for treating high-content wastewater in the cold climate of Hokkaido, Japan[J]. Ecological Engineering, 2013, 51: 256-263.

第7章

商旅服务型村镇
复合污染处理技术

随着我国城市居民消费水平的提高和消费需求的多元化，生态旅游迅速发展，成为当前发展新农村经济、提高农民收入的一种重要方式。旅游业在提高农村经济水平的同时，也带来了不容忽视的生态环境问题。以农家乐为主产生的餐厨垃圾及餐饮废水是影响商旅服务型村镇环境的主要因素之一，而这些地区居民的环保意识相对薄弱，环保资金投入不足，环卫设施设备落后，大量餐厨垃圾与餐饮废水得不到合理处置，导致水体污染和村镇环境恶化，进而影响社会经济的可持续发展。

与传统村镇相比，商旅服务型村镇污水中餐饮废水占比大，餐饮废水不仅含有以浮油、乳化油、溶解性油等形式存在的油脂类物质，还含有较多的固体悬浮物质，易堵塞排水管网，同时废水中氮、磷等营养物浓度较高，处理难度大、费用高。餐饮废水中的油类物质漂浮于水体表面，不仅影响水体的复氧及自然净化过程，也对污水处理系统造成严重冲击。餐饮废水净化处理通常包括油水分离预处理和水中碳、氮、磷污染物净化去除两部分（图7-1）。

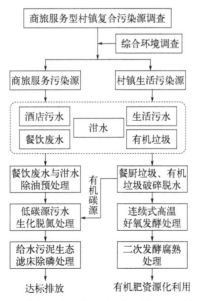

图7-1 商旅服务型村镇复合污染治理技术路线

针对餐饮废水固液、油水分离预处理，需重点克服传统技术占地面积大和效率低的问题；针对除油后污水碳氮比失调、碳源不足导致脱氮困难的问题，需重点研究碳源高效利用的生物脱氮工艺；针对生物工艺出水中磷元素含量偏高的问题，需重点研究高效磷吸附的材料及处理工艺。此外，餐厨垃圾有机质含量高，易腐败发臭，极易引起病菌繁殖、蚊蝇滋生和水体污染，是村镇生态环境综合治理关注的重要环节。针对村镇缺乏农家乐餐厨垃圾统一回收和集中处理的现状，需重点研发餐厨垃圾就地处理装置。

7.1 餐饮废水电絮凝油水分离预处理技术

目前，我国绝大多数餐饮行业对餐饮废水的预处理仍然采用传统的隔油池处理方法，以三格式隔油池最为常见。为了解决隔油池分离效果差、占地面积大、油脂在管道内壁凝固造成管道堵塞等问题，人们试图研发一种可以就地安装的小型化、智能化餐饮废水预处理集成设备，用于取代传统的隔油池。而常用的油水分离技术有物理分离法（包括重力分离、粗粒化分离和膜处理）、化学分离法（包括絮凝分离和电解分离）和生物化学分离法（包括活性污泥分离技术和生物膜分离技术）。重力分离法除油效果较稳定，是除油技术中最方便、能耗最低、应用最广的技术，但其主要去除废水中的分散油和悬浮油，对乳化油和溶解油的去除效果较差。膜分离法去除油脂的效率较高，但黏附油脂后的膜较难清洗，寿命较短，运行和维护成本较高。絮凝分离法是一种常用的、成本低廉的油水分离方法，技术工艺成熟，但药剂量大，当水质波动较大时处理效果会变差，并产生大量化学污泥。电解分离法通过电解产生的大量微小气泡吸附在油滴表面上，使油滴可以随着气泡一起上浮到水面上而实现油水分离。电絮凝法对油脂去除效率高，占地面积小，操作简便，无需投加化学药剂，能间断运行，易自动化控制，但需要消耗电能，同时需要重点关注电极板的钝化与损耗。电絮凝技术作为餐饮废水的预处理工艺，具有良好的应用前景。

7.1.1 技术原理

电絮凝技术是以铝、铁及其合金作为阳极构成电解池，在阴、阳极之间施加一定的电压后金属阳极失去电子并产生金属阳离子作为絮凝剂，与溶液中的 OH^- 结合生成高活性和高吸附能力的絮凝基团，利用其吸附架桥和网捕卷扫等作用吸附水中的污染物质；在电解过程中阳极产生的新生态氧 $[O]$ 会与水中的有机物发生氧化反应起到一定的破乳化作用；在阴极析出的 H_2 等微小气泡会吸附在产生的悬浮絮体、疏水性分散油或颗粒油脂上而使其上浮到水体表面实现油水分离，从而去除污染物（图7-2）。电絮凝用于餐饮废水的预处理，能有效去除废水中的COD、动植物油、悬浮物、色度和细菌、病毒等多种污染物。

7.1.2 技术流程

餐饮废水经过格栅、隔油池拦截其中的浮渣和初步去除浮油后进入调节池，通过泵送流量调整电絮凝的反应时间，在气浮沉淀池中泥水分离、刮除浮油后，出水可排入下水道或进入后续的处理设施（图7-3）。

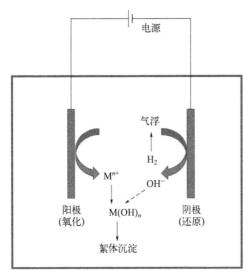

图7-2 电絮凝技术原理示意

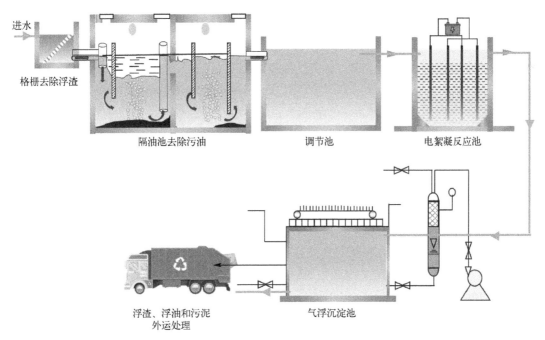

图7-3 电絮凝技术流程

　　电极材料的选择对电化学过程起着重要作用，电絮凝技术中采用的可溶性金属阳极一般为铝阳极或者钢铁阳极，因为铁、铝材料无毒且价格低廉。一般情况下，废水经电絮凝气浮时，铝电极效果优于铁电极，是因为铁阳极形成Fe^{3+}絮凝体之前会先产生Fe^{2+}，而铝阳极直接形成Al^{3+}，效率更高。并且采用铁电极产生的Fe^{3+}会造成废水颜色偏红，影响观感，因此在餐饮废水预处理时建议采用纯铝板电极。

　　与处理效果直接相关的主要技术参数有极板连接方式、反应时间、电流密度及沉淀时间等，通常可基于批次实验结果设计电极室、外部反应区等的尺寸以及初步确定电流控制参数（图7-4）。

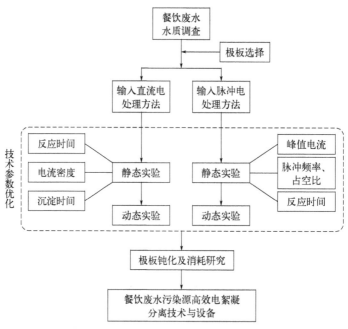

图7-4 高效电絮凝技术参数优化研究技术路线示意

电絮凝的阳极过程大体上可以分为活性溶解和钝化两个过程。以铝阳极为例,在阳极溶解形成Al^{3+}的同时也在产生不导电的氧化物,这类物质部分溶于或不溶于溶液,在阳极表面逐渐形成牢固附着且致密的氧化物膜,这个过程将降低阳极溶解效率,增加系统能耗。采用周期换向脉冲电流则能够延缓甚至完全消除铝极板的钝化作用,因为在反向脉冲通电时,原阳极板表面的铝氧化物将被还原。

7.1.3 技术效果

以闽粤地区餐饮废水为例,农家乐、餐厅等产生的餐饮废水通常先经过带有格栅和初沉功能的隔油池或隔油器去除食物残渣、较大粒径的悬浮固体、部分悬浮油和分散油后排入调节池。废水中COD浓度为1500 ~ 3000mg/L、油脂浓度为0.124 ~ 0.671g/L、SS浓度为200 ~ 800mg/L、TP浓度为6 ~ 12mg/L。

批次实验和连续流动态实验设备极板连接方式为单极并联。批次实验中极板尺寸为14cm × 14cm × 2mm,极板间距为2cm,反应槽内极板数量为6块。动态实验通过水泵将餐饮废水以设计水量输送到电絮凝反应器进行处理。反应器中间设置独立电极室,由电极室底部进水,经过电解反应后进入外部的气浮沉淀反应区,外部反应区顶部刮渣板出浮渣,底部设置排泥、排空口,中下端出水。

7.1.3.1 反应时间的影响

合适的反应时间可以通过设计合理的电极室尺寸来实现以保障处理效率,降低运行能耗。本小节讨论了在工作电流恒定为5A(电流密度为25.51mA/cm^2)的条件下,电絮凝池中停留时间分别为1min、2min、3min、5min、10min、15min时对COD、油脂、TP和SS的处理效率,在反应结束后静置30min抽取反应池内中间层水样测试。实验水样为餐厅隔油池后多批次水样混合后的均质废水，电导率为950μS/cm。

如图7-5所示，原水在经过3min处理后，COD浓度由2902.5mg/L降至696.3mg/L，继续延长处理时间，COD的去除率没有明显上升，保持在80%左右。前5min油脂的去除率随处理时间的延长有明显的上升，可达95%的去除率，但是5min以上的处理时间未能进一步提升去除率。TP和SS的去除率随处理时间的延长而提高，这是因为电解时间延长，阳极板溶解出更多的活化Al^{3+}，这些Al^{3+}可以形成微小的絮凝团，对胶体粒子或悬浮微粒具有极强的凝聚作用。超过5min的处理时间，出水已检测不到SS。因此，综合各指标的去除效果以及从节能角度出发，选择5min为最佳处理时间。

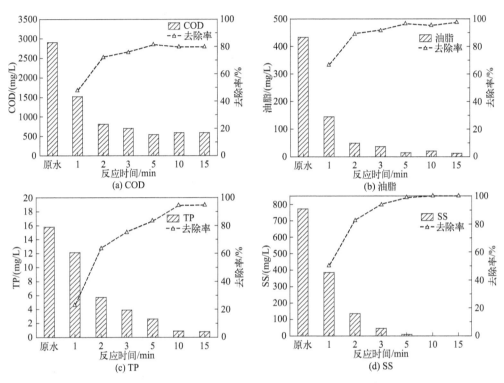

图7-5　反应时间对COD、油脂、TP和SS的去除效果

7.1.3.2 电流密度的影响

电流密度是影响电絮凝反应的重要因素之一，较高的电流密度下，阳极可以在相同时间内产生更多的Al^{3+}，而阴极可以产生更多的微小H_2气泡。但是较大的电流密度易加快电极板的钝化，降低处理效率。本小节讨论了在5min反应时间的条件下，工作电流恒定为2.5A、3A、3.5A、4A、4.5A、5A（即电流密度分别为12.75mA/cm²、15.31mA/cm²、17.86mA/cm²、20.41mA/cm²、22.96mA/cm²、25.51mA/cm²）时的处理效果，反应结束静置30min后取样测试。本批次实验水样电导率为785μS/cm。

如图7-6所示，随着电流密度的升高，各污染物浓度去除率均有上升。出水COD的浓度变化范围不大，可能是由于该批次水样中溶解性有机物浓度较高，加大电流强度也无法得到更好的去除效果。油脂去除率保持在90%左右，因此可以看出电絮凝对油脂的去除率较高。TP在电流强度为4A（电流密度为20.41mA/cm²）以上时有很高的去除率，而SS的去除率保持在95%左右，推断大电流强度在相同时间内产生了更多的Al^{3+}，与PO_4^{3-}形成了$AlPO_4$，使得TP的去除率得到较大的提高。综合各污染物的去除情况，选择4A（电流密度$20.41mA/cm^2$）为最佳工作电流。

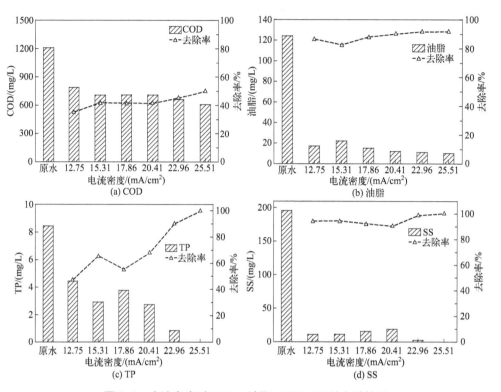

图7-6　电流密度对COD、油脂、TP和SS的去除效果

7.1.3.3　沉淀时间的影响

沉淀（静置）是反应区结构设计的重要参数之一。本小节讨论了工作电流恒定为4A（电流密度为$20.41mA/cm^2$）、反应时间为5min的条件下，反应结束后静置10min、20min、30min、40min、50min、60min时的处理效果，取中间层水样测试。本批次实验中原水电导率为978μS/cm。经检测，出水SS在50mL水样中未检出，相比原水156mg/L的SS浓度，具有非常高的去除率。而COD、油脂和TP的去除率均变化不大，由此可以判断沉淀时间对各污染物的去除率影响不大，反应区内的絮凝、沉淀和气浮过程效率较高。

7.1.3.4　脉冲电峰值电流的影响

峰值电流是影响脉冲电絮凝的重要因素，本小节讨论了在占空比为40%、处理时间为5min、脉冲频率为110Hz条件下，峰值电流分别为5A、6A、7A、8A、9A、10A时的处理效果。反应后静置30min，取中间层水样测试。本批次实验中原水电导率为1101μS/cm。

如图7-7所示，各污染物去除率随着峰值电流的提高均有所提升，在峰值电流等于8A时，除TP外，其他污染物去除率达到最大值，COD、油脂、SS去除率分别为60.4%、84.6%、73.4%，此时TP去除率也达到了60.8%。当峰值电流大于8A时，COD、油脂和SS污染物去除率出现不同程度的下降，这可能是因为峰值电流影响了电流密度的大小，过大的电流密度导致电解出的 Al^{3+} 过多，胶体表面电荷会发生逆转，并最终造成胶粒的重新悬浮而影响处理效果。综合各污染物的去除情况，选择8A为最佳峰值电流。

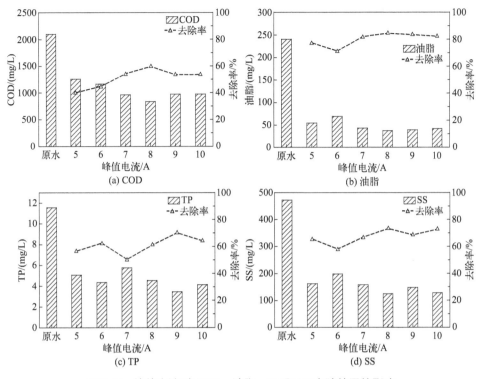

图7-7 峰值电流对COD、油脂、TP和SS去除效果的影响

7.1.3.5 占空比的影响

占空比是脉冲电絮凝的一项重要参数，它表示在一个脉冲周期内脉冲的持续时间与整个周期的比值。本节讨论了在峰值电流为8A、处理时间为5min、脉冲频率为110Hz条件下，占空比分别为20%、30%、40%、50%、60%、70%对处理效果的影响。处理后静置30min，取中间层水样测试。本批次实验中原水电导率为713μS/cm。

如图7-8所示，占空比50%为最佳条件，此时COD、油脂、TP和SS去除率分别为66.6%、75.9%、79.9%和60.9%。占空比增加会提高处理效果，但提升至50%及以上时，处

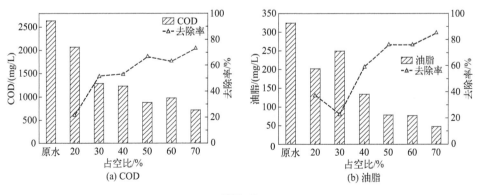

图7-8

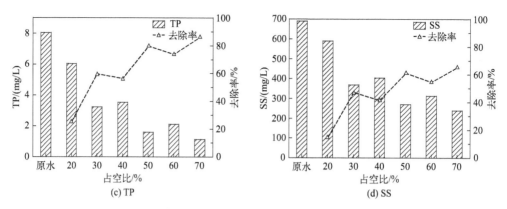

图7-8 占空比对COD、油脂、TP和SS去除效果的影响

理效果的差异不大，而在电解时间一定的条件下，占空比的大小直接影响着处理电耗，占空比越小，有效通电时间越短，电耗就越小。

7.1.3.6 周期换向电流的影响

目前，电极板的钝化理论认为极板表面覆盖的不导电金属氧化物是降低金属阳极溶蚀速度的原因。通过周期换向输出电流，改变电极板的极性（本实验中阴、阳极板均为纯铝），可以使阳极板表面的氧化物在反向通电变为阴极时被还原。为消除极板钝化所带来的电絮凝效率下降，将输出电流变成周期换向电流。

如图7-9（a）所示（直流电，双极串联，极板间距1cm，处理时间3min，沉淀1h，废水电导率672μS/cm，电流强度0.98A，电流密度5mA/cm²，正负极时间相等），换向周期越短，处理效果越差，这是由于氧化膜还未来得及完全还原，极板的极性就发生了改变，降低了金属离子的溶出效率。因此，在3min的处理时间内，极板的换向周期为30s最为合适，此时可以获得较好的SS和油脂处理效果。同时，由图7-9（b）可以看出，随着极板的换向周期延长，处理过程中恒定电流所需的电压值也逐渐下降，从而可以达到降低处理能耗和提高电絮凝效率的目的。

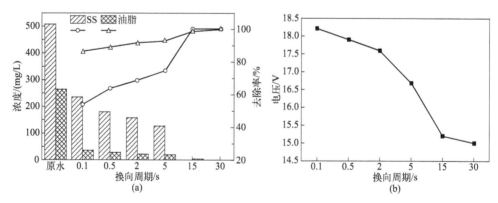

图7-9 换向周期对处理效果和电压值的影响

7.1.4 设计参数

电絮凝设计参数如表7-1所列。

表7-1 电絮凝设计参数

设计参数	推荐值	备注说明
电流密度/（mA/cm²）	20.41	SS和油脂去除效果最佳
反应时间/min	5	
电流强度/A	8	最佳处理效果和较小能耗
占空比/%	50	

在电絮凝反应中，采用双极连接方式，电流密度为5mA/cm²时即可获得最佳处理效果，SS和油脂几乎被完全去除，该条件下单位体积废水的电能消耗约0.58kW·h/m³；采用周期为30s的换向输入电流可以维持较高的污染物去除率，同时恒定电流状态下所需的电压也相对较低，可以达到降低处理能耗的效果。

7.2 新型分段进水多段A/O低碳脱氮技术

餐饮废水经油水分离后需要进一步处理达到相应标准后才能排放，所用工艺通常以经济高效的生物法为主。油水分离后的污水存在碳、氮、磷比例失调及有机物浓度偏低问题，是制约脱氮效率提升的关键因素。将基于活性污泥法的多段A/O（缺氧/好氧）工艺与生物膜法相结合，研发新型分段进水多段A/O串联的碳源高效利用脱氮工艺技术和设备，通过设计分段进水比例，可以使污水中的有机物最大限度地参与缺氧池的反硝化过程，提高系统的脱氮率，并省去传统A/O工艺的回流泵，降低运行成本和维护费用。

7.2.1 技术原理

传统的多段A/O工艺设计通常仅依据工程经验估算工艺段数，所确定的分段数及其有效池容在实际工程应用中存在较大的偏差，无法实现降低脱氮成本和提高脱氮率的目标。因此，需要利用化学计量法建立科学的设计模型用于指导工艺的设计。

通过硝化和反硝化生化反应的化学计量关系，计算原水在首段好氧池和各缺氧池的进水量分配比例系数，结合原水的碳氮比（C/N值），可以科学地预测生化系统的脱氮效率，并确定最佳的分段数，推导出新型分段进水多段A/O工艺的理论模型；通过实验比较不同原水C/N值和各段池容比例的脱氮效率，验证理论模型的适用性和局限性并进一步修正理论模型的设计参数；通过开展小试、中试和示范工程的研究，对设备进行定型设计，形成不同规模的系列产品。

7.2.2 技术流程

新型分段进水多段A/O串联工艺流程如图7-10所示。将好氧池作为首段，原水从第一段好氧池和各段缺氧池的前端进入反应器。反应器的好氧池和缺氧池内皆采用软性填料挂膜，该系统一般无需回流，缺氧池无需搅拌，相对于传统A/O串联系统能够进一步降低能耗，运行维护也相对简单。

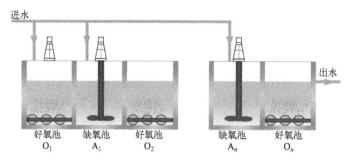

图7-10　新型分段进水多段A/O串联工艺流程

在设计工艺参数之前，需要对工艺进水的水质、水量特征进行详细调研，确定原水的碳氮比（C/N值）和设计处理量；根据出水的水质要求，通过校验理论脱氮率确定进水的分段数以及各段进水的分配比例；再根据各级进水量设计生化池的有效容积和进行电气设备选型（图7-11）。

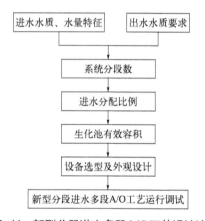

图7-11　新型分段进水多段A/O工艺设计流程

新型分段进水多段A/O工艺可以从理论上推导出各分段数、各分段进水流量分配系数与脱氮率三者的关系。假设第 i 段缺氧池进水中TKN（凯氏氮）在第 $i+1$ 段好氧池（O_1 除外）被全部氧化为 NO_3^--N，NO_3^--N 与第 $i+2$ 段缺氧池进水中COD的量，正好与生物进行反硝化反应所需的碳氮比（COD/NO_3^--N值）相匹配，则存在以下的关系：

$$r_1 + r_2 + \cdots + r_i + \cdots + r_n = 1 \tag{7-1}$$

$$r_i = r_1 \left(\frac{b}{a}\right)^{1-i} \tag{7-2}$$

$$r_1 \sum_{i=1}^{n} \left(\frac{b}{a}\right)^{1-i} = 1 \tag{7-3}$$

$$r_i = \frac{\left(\dfrac{b}{a}\right)^{1-i}}{\sum\limits_{i=1}^{n} \left(\dfrac{b}{a}\right)^{1-i}} \tag{7-4}$$

脱氮率η可表示为：

$$\eta = \frac{Q \times TKN - Q_n \times TKN}{Q \times TKN} = \frac{Q - Q_n}{Q} = 1 - r_n = 1 - \frac{\left(\frac{b}{a}\right)^{1-n}}{\sum\limits_{i=1}^{n}\left(\frac{b}{a}\right)^{1-i}} \quad (7\text{-}5)$$

式中 Q_n——第n段的进水量；

r_n——第n段的进水流量分配系数；

a——反硝化反应去除每克硝氮（NO_3^--N）需要消耗的COD的量；

b——原水中COD与TKN的比值，即原水C/N值；

Q——总进水量；

TKN——总凯氏氮，是有机氮和氨氮之和。

由式（7-5）可以得出，系统分段数、原水C/N值和a值是影响脱氮率的几个重要因素。其中a是常数，与内源衰减系数、可生物降解比例以及进水水质有关，需要通过具体实验确定。在原水a值和C/N值一定时，增加系统分段数可以提高系统的脱氮率，但是随着系统分段数的增加，脱氮率的提高幅度逐渐减小。系统分段数的增多将会增加污水处理设施的复杂程度，同时工艺运行控制也更加烦琐，因此过多的系统分段数不利于实际工程应用。

7.2.3 技术效果

进水C/N值（b值）和系统的反硝化脱氮C/N值（a值）是影响新型分段进水多段A/O串联工艺脱氮效能最关键的因素，同时也影响着系统各A/O反应单元的流量分配、容积比例。因此在工程应用中，b值及a值是工艺设计的重要参数。而在实际情况中，基于理论模型确定系统各参数会遇到三种不同的条件，即$b > a$、$b=a$和$b < a$，其分别对应着进水碳源充足、恰好满足反硝化所需碳源和碳源不充足三种条件。本小节分别基于进水碳源充足和不充足两种条件，按照理论模型分别建立两组反应器，考察其脱氮效能。反应器参数如表7-2所列。

表7-2　反应器参数

反应器	段数	有效容积/L	好氧区容积/L	缺氧区容积/L	好氧区容积分配/L
反应器1	4	103.5	64.5	39.0	13.0+12.5+17.0+22.0
反应器2	4	69.0	41.5	27.5	21.5+9.0+6.5+4.5

7.2.3.1 基于模型设计的反应器在进水低C/N值条件下的脱氮效率

反应器1采用四段式改进型分段进水多段A/O工艺，设计进水水质COD=150mg/L、TKN=40mg/L，计算出各段进水流量分配系数r_i，a值经烧杯实验确定为5，总有效容积为103.5L，按照等氨氮容积负荷分配好氧池容积，第n段缺氧池与第$n-1$段好氧池容积比为1:1。该反应器在流量分配系数r_1=0.154、r_2=0.205、r_3=0.274、r_4=0.366，在原水C/N = 3.75和HRT=20h的条件下连续运行。如图7-12可知，经过3个月的连续运行，反应器对COD、NH_3-N

和TN的平均去除率分别为84.3%、96.0%和31.2%。TN去除率的最大值为45.0%，并未达到模型预测值（63.4%），推测其原因为硝化液携带的DO浓度偏高使得缺氧池总体的DO浓度较高，兼性的反硝化细菌依靠有氧呼吸降解有机物来获得能量，同时碳氮比偏低也会造成反硝化速率降低。

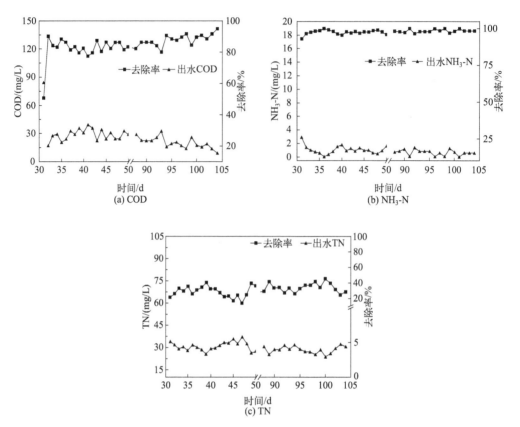

图7-12　反应器1运行时对COD、NH₃-N和TN的去除效果

稳定运行3个月后，将HRT延长至22h，连续采样进行水质分析。如图7-13所示，系统

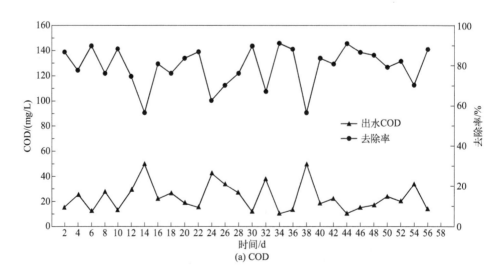

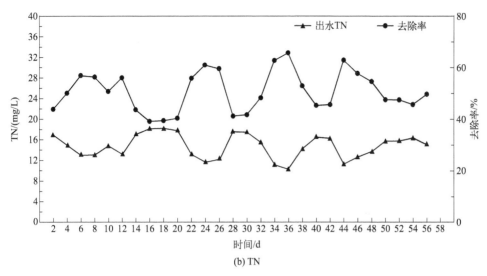

(b) TN

图7-13　反应器1稳定运行时对COD和TN的去除效果

对COD和TN的平均去除率为79.4%和50.8%。系统的实际脱氮能力与模型预测值仍有一定偏差（实际脱氮率为50.8%，模型预测值为63.4%）。造成偏差的可能原因是理论模型的假设条件中，有机物全部用于反硝化，而实际运行过程中有机物被消耗的途径不仅是微生物的反硝化。因此在工程应用中，应对系统a值进行相应修正，并且尽量减少好氧池的DO进入缺氧池。

7.2.3.2　基于模型设计的反应器在进水高C/N条件下的脱氮效率

反应器2采用四段式改进型分段进水多段A/O串联工艺，设计进水水质COD=210mg/L、TKN=30mg/L，计算出各段进水流量分配系数r_i（r_1=0.386、r_2=0.276、r_3=0.197、r_4=0.141），总有效容积为69L。按照等氨氮容积负荷分配好氧池容积，第n段缺氧池与第$n-1$段好氧池容积比为1:1。在进水C/N值为7的条件下连续运行，NH_3-N容积负荷为0.10kg/($m^3 \cdot$ d)，NO_3^--N反硝化容积负荷为0.12kg/($m^3 \cdot$ d)，连续运行1个月，系统对COD、NH_3-N和TN的平均去除率分别为92.8%、98.5%和50.0%，如图7-14所示。其中对TN的去除率最高可达82.2%，接近理论值（85.9%）。连续运行3个月后，系统对COD和TN的平均去除率为91.5%和61.4%（图7-15）。

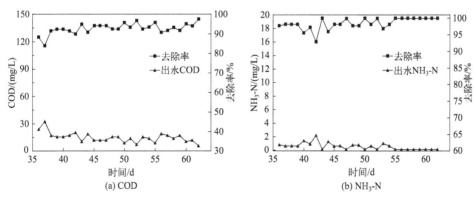

(a) COD

(b) NH_3-N

图7-14

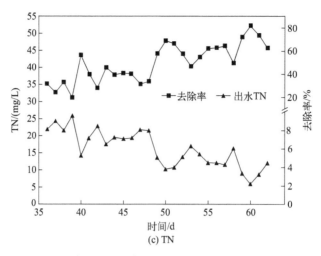

(c) TN

图7-14 反应器2运行时对COD、NH₃-N、TN的去除效果

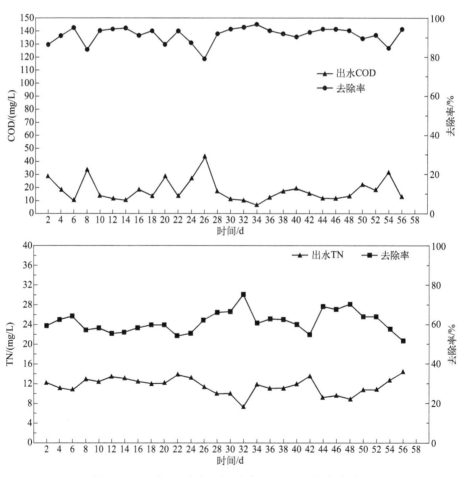

图7-15 反应器2稳定运行时对COD和TN的去除效果

7.2.3.3 水质波动条件下的脱氮效能实验

改进型分段进水多段A/O串联工艺基于理论模型和固定的进水C/N值计算各分段的进水

流量分配，并根据生化负荷确定各池区的容积大小。农村生活污水通常具有C/N值偏低和水质波动较大的特征，但又受限于经济与技术条件，无法频繁监测水质并调整进水分配方案。因此在遭遇水质变化（即进水C/N值变化）和保持进水流量分配不变时，研究系统对有机物和总氮的去除效果，对工程设计具有重要意义。因此，本小节采用按低C/N值条件设计的反应器1进行研究。

反应器1在进水C/N值为3.75（COD=150mg/L、TKN=40mg/L）的设计条件下运行至稳定后，改变进水的C/N值，分别在C/N值为1、2、3、5、6、7的进水条件下运行，HRT=20h，结果如图7-16所示。当C/N值在5~7范围内时，COD的去除率并不随进水C/N值的增大而发生明显变化，平均去除率分别为84.4%、88.2%和84.9%；TN的去除率随进水C/N值的增大而增大，平均去除率分别为38.3%、46.2%和55.3%。当进水C/N值在1~3范围内时，系统TN去除率随着进水C/N值的减小也明显降低，在进水C/N值分别为3、2、1时平均TN去除率分别为31.6%、30.2%和20.1%。因此在实际运行过程中，进水C/N值较低时系统的TN去除率也会下降，此时系统需要额外投加碳源以保障反硝化脱氮的需求和TN的去除率。

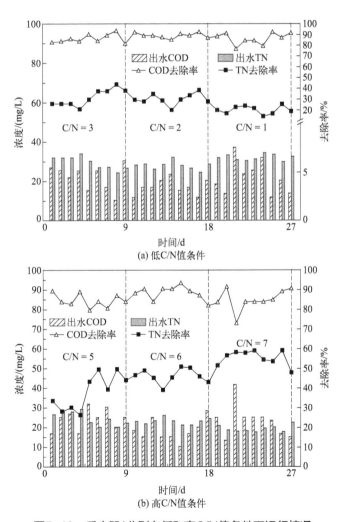

图7-16　反应器1分别在低和高C/N值条件下运行情况

7.2.3.4 工艺应用成效

以新型分段进水多段A/O脱氮技术为核心的农村分散点源污染治理集成技术在福建省的农村地区得到了广泛应用，总处理规模超过2.5×10⁴m³/d（见表7-3）。该技术脱氮处理效果稳定，与人工湿地等强化除磷技术组合，在无需额外投加碳源的条件下出水能稳定优于《城镇污水处理厂污染物排放标准》（GB 18918—2002）一级B标准，同时能够承受一定程度的负荷冲击，分散式污水处理站运行和维护管理相对简易。

表7-3　新型分段进水多段A/O脱氮技术在福建省的应用情况

序号	项目名称	总处理规模/（m³/d）	行政村数量/个
1	厦门市集美区后溪镇污水治理示范工程	300	1
2	漳州市漳浦县盘陀镇村庄环境综合整治项目	1780	10
3	龙岩市武平县象洞镇环境综合整治项目	200	2
4	漳州市云霄县马铺乡农村环境综合整治项目	1390	12
5	漳州市芗城区农村与城中村生活污水收集与处理工程	6710	71
6	漳州市华安县农村生活污水收集与处理工程	7928	84
7	龙岩市漳平市农村污水收集与处理（一期）项目	5110	47
8	九龙江流域（新罗段）面源污染治理工程设计施工及运营一体化项目	2240	36

7.2.4　设计参数

建议设计参数如表7-4所列。

表7-4　建议设计参数

C/N值	段数	反硝化C/N值	r_1/%	r_2/%	r_3/%	r_4/%	NH₃-N去除率/%	TN去除率/%	HRT/h
低C/N值（3.75）	4	5	15.4	20.5	27.4	36.6	96.0	50.8	22
高C/N值（7）	4	5	38.6	27.6	19.7	14.1	96.0	61.48	13

① 基于理论计算，系统的理论最大脱氮率与工艺分段数呈正相关的关系，工艺分段数越多，理论脱氮率越高，但分段数增加会导致进水控制过于复杂，且部分分段容积过小，建设施工难度加大。一般地，在实际工程应用中分段数不宜大于4段。

② 采用四段式改进型分段进水多段A/O工艺处理低C/N值（b=3.75）和高C/N值（b=7）的污水时，对COD的平均去除率达到92.8%。

③ TN的去除率略低于模型预测值，一方面可能是因为上级好氧单元携带过多的富余DO进入缺氧单元影响了反硝化的进程；另一方面可能是理论计算反硝化过程消耗的COD量与实际有偏差。因此，在工程应用中应对系统a值进行修正，并且尽量减少上一级好氧池的DO进入下一级缺氧池。

7.3 给水污泥生态滤床除磷技术

餐饮废水和村镇生活污水均存在较高浓度的磷,而一般生物处理法对磷的去除率有限,较好的去除率仅为50%左右,因此亟须开发低成本的高效除磷材料及工艺以实现磷的高效去除。自来水生产过程所产生的混凝污泥中含有较高含量的铝、铁等成分,对磷酸盐有较好的吸附效果和较高的吸附能力,以给水污泥作为吸附材料的生态滤床工艺,具有很好的应用前景。

7.3.1 技术原理

给水厂混凝处理过程中使用的药剂按照化学成分与性质可分为无机混凝剂、有机絮凝剂和微生物絮凝剂三大类。目前我国使用最为广泛的是无机铁、铝盐聚合混凝剂,这一类给水厂污泥中含有较为丰富的混凝剂残留物,这些金属氢氧化物残留物可与溶液中的磷酸盐发生化学反应后转化成难溶性磷酸盐,因此给水厂污泥对水中的磷具有一定的吸附潜力。已有的研究表明,给水污泥烘干或改性条件下均能获得较好的除磷效果,而直接采用原始给水污泥作为生态滤床填充材料吸附磷有助于简化工艺流程,降低预处理及运行成本。

给水污泥生态滤床除磷技术原理示意见图7-17。

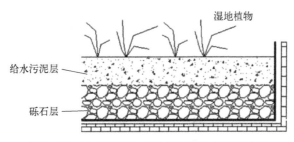

图7-17 给水污泥生态滤床除磷技术原理示意

7.3.2 技术流程

以给水污泥为主要滤料的生态滤床应用于村镇生活污水的深度除磷处理,可采用多级串联的形式,并将给水污泥与传统滤床填料混合使用,以降低填料堵塞风险,具体工艺流程如图7-18所示。

图7-18 给水污泥生态滤床除磷处理工艺流程

7.3.3 技术效果

自来水厂的不同处理工艺及其控制策略造成给水污泥组分的差异，因此需要对拟作为生态滤床填充材料的给水污泥进行组分、理化性质分析，再通过静态吸附试验，研究给水污泥在湿状态（含水率70%～85%）和烘干后对磷酸盐的吸附动力学和等温吸附曲线，获得给水污泥的吸附特性以及对磷酸盐的吸附量。通过动态吸附试验，比较不同水流方式（表面流、水平潜流、垂直潜流）和水流速度对生态滤床除磷效果的影响，以获得优化的生态滤床结构和合理流态。

给水污泥生态滤床除磷技术路线如图7-19所示。

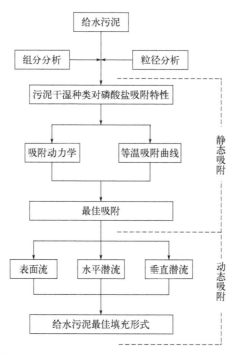

图7-19　给水污泥生态滤床除磷技术路线

7.3.3.1 给水污泥理化性质

给水污泥经机械脱水后含水率介于70%～85%之间，污泥呈棕绿色小块状，黏性差、有弹性，掺水搅拌后在显微镜下可观察到絮状物。污泥的性质与组成会因不同生产周期的原水水质和所用混凝剂的不同而产生差异，以厦门市某自来水厂的某批次脱水污泥为例，给水污泥元素组成、主要氧化物含量及粒径分析如表7-5～表7-7所列，给水污泥中Al和Fe的质量比重最大，分别为（143.77±6.85）mg/g干污泥和（50.24±0.22）mg/g干污泥，以氧化物的形态表示为Al_2O_3含量（27.16±1.293）%、Fe_2O_3含量（7.18±0.031）%。给水污泥的干湿状态对其污泥颗粒的粒径分布范围与平均值影响均不大，但90%以上的颗粒粒径从湿污泥的588.18μm变大到干污泥的766.94μm，增大30.39%。结果表明，给水污泥经过105℃烘干后，虽然粒径分布范围和平均粒径变化不大，但绝大部分污泥颗粒的粒径显著增大，使得相同当量的给水污泥总比表面积下降，相同当量的干污泥对水溶液中磷酸盐的吸附量与湿污泥相比显著下降。

表7-5 给水污泥元素组成

元素	湿污泥/（mg/g）	干污泥/（mg/g）
Si	72.33 ± 0.05	243.29 ± 0.18
O	51.62 ± 0.37	173.64 ± 1.26
Al	42.74 ± 2.04	143.77 ± 6.85
Fe	14.94 ± 0.07	50.24 ± 0.22
Ca	1.02 ± 0.05	3.44 ± 0.16
P	0.50 ± 0.001	1.67 ± 0.003
K	3.37 ± 0.004	11.33 ± 0.012
Na	0.44 ± 0.01	1.47 ± 0.05
Mg	0.63 ± 0.01	2.13 ± 0.03
Ti	0.90 ± 0.01	3.04 ± 0.04
S	0.38 ± 0.004	1.28 ± 0.01
Mn	0.48 ± 0.01	1.61 ± 0.03
Cl	0.09 ± 0.003	0.31 ± 0.01
F	0.23 ± 0.005	0.76 ± 0.02

表7-6 给水污泥中主要氧化物含量

污泥类型	SiO_2/%	Al_2O_3/%	Fe_2O_3/%	MgO/%	CaO/%
湿污泥	15.50 ± 0.011	8.07 ± 0.385	2.13 ± 0.009	0.11 ± 0.001	0.14 ± 0.007
干污泥	52.13 ± 0.038	27.16 ± 1.293	7.18 ± 0.031	0.36 ± 0.004	0.48 ± 0.023

表7-7 给水污泥粒径分析

污泥类型	粒径分布/μm	平均粒径/μm	90%以上的颗粒粒径/μm
湿污泥	0.717~1227.41	236.98	< 588.18
干污泥	1.491~1227.41	255.41	< 766.94

7.3.3.2 给水污泥粒径对磷素吸附影响

给水污泥是自来水厂的副产物，通常为露天堆放后定期外运处置，堆放过程会造成含水量下降和污泥干化，因而有必要研究烘干后的给水污泥对磷素的吸附能力。对干污泥采用两种不同的预处理方式，分别选用研磨后不过筛的干污泥或研磨后过筛粒径 < 0.9mm的干污泥进行对比实验。将烘干研磨后不过筛及过筛后粒径 < 0.9mm的干污泥分别加入200mL的10mg/L的KH_2PO_4溶液中，在27℃条件下分别置于200r/min的摇床中振荡，在不同时间段取上清液用孔径0.45μm的水系滤膜过滤，测滤出液中的磷浓度并计算污泥的磷吸附量（以正磷酸盐计）。

如图7-20所示，在27℃和200r/min振荡条件下，研磨后过筛（粒径 < 0.9mm）的干污泥在反应开始后96h趋于吸附平衡，磷吸附量达到3.13mg/g，而研磨后不过筛的干污泥在144h时仍未达到吸附平衡。此外，根据干污泥的粒径分析结果，烘干后的给水污泥粒径均值为255.41μm，90%以上的颗粒粒径均 < 766.94μm，采用干污泥研磨并且经过0.9mm筛

选后能除去粒径 > 0.9mm的大颗粒，从而使相同当量的干污泥的总比表面积变大，即经过0.9mm筛选的干污泥总吸附面积较大，因而其对磷酸盐的吸附量也较大。因此，在后续实验中均采用研磨过筛的方式对干污泥进行预处理。

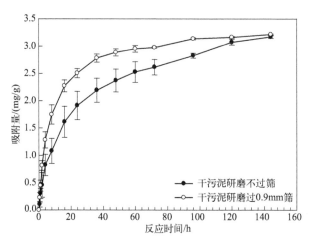

图7-20　经过研磨后的干污泥对磷酸盐的吸附量

7.3.3.3　给水污泥干湿状态对磷素吸附影响

将相同当量的干、湿污泥分别加入200mL的10mg/L的KH_2PO_4溶液中，在27℃条件下分别置于200r/min的摇床中振荡，在不同时间段取上清液用孔径0.45μm的水系滤膜过滤，测滤出液中的磷浓度并计算污泥的磷吸附量（以正磷酸盐计）。实验结果如图7-21所示，湿污泥对溶液中磷的吸附在反应开始后36h趋于吸附平衡，磷吸附量达到0.94mg/g，溶液中磷酸盐浓度由原来的10mg/L降至0.59mg/L，磷去除率达到94.1%；相同当量的干污泥在反应开始后96h才趋于吸附平衡，干污泥磷吸附量达到3.13mg/g，换算为湿污泥后相当于0.93mg/g，溶液中磷酸盐浓度由原来的10mg/L降至0.56mg/L，磷去除率达到94.4%。经过0.9mm筛选的干污泥对水溶液中磷酸盐的吸附量略小于湿污泥对水溶液中磷酸盐的吸附量，二者相差不大，但是湿污泥能够更快地达到吸附平衡，其达到吸附平衡的时间仅为干污泥的1/3左右。实验结果表明，湿污泥对水溶液中磷酸盐的吸附效率更高、吸附反应速度更快。

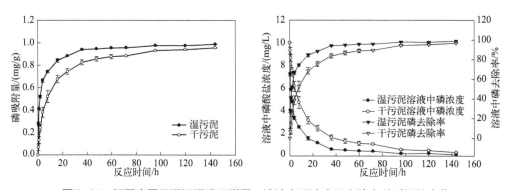

图7-21　相同当量干湿污泥磷吸附量、溶液中磷浓度及去除率随时间的变化

干污泥换算为湿污泥

（1）吸附动力学模型拟合

对不同初始磷浓度溶液中干湿状态的给水污泥的吸附动力学进行模型拟合，拟合结果如表7-8所列。可以看出，不同初始磷浓度溶液中，相同当量的干湿污泥对磷吸附的准二级动力学模型拟合相关系数（R^2）均达到0.96以上，说明给水污泥吸附磷的吸附动力学特征符合准二级动力学模型即以化学吸附过程为主。由吸附结果可以看出，随着溶液中磷酸盐初始浓度的增加，给水污泥对磷的平衡吸附量也相应增大。一方面是因为初始浓度越高，可供给水污泥吸附的磷酸盐越多，与给水污泥接触的概率就越大，从而增加了吸附量；另一方面可能是因为给水污泥中的金属氢氧化物与溶液中的磷酸盐发生化学反应后转化成难溶性磷酸盐。

表7-8　相同当量干湿污泥吸附磷动力学模型拟合参数

污泥类型	溶液初始磷浓度/(mg/L)	准一级动力学模型			准二级动力学模型			颗粒内扩散模型	
		K_1/h^{-1}	q_e/(mg/g)	R^2	K_2/[g/(mg·h)]	q_e/(mg/g)	R^2	K_i/[mg/(g·min)]	R^2
湿污泥	10	0.4132	0.923	0.9462	0.1485	0.984	0.9986	0.5141	0.9446
	25	0.2602	1.406	0.9132	0.2344	1.507	0.9681	0.6407	0.9661
	50	0.1840	1.957	0.9158	0.1157	2.124	0.9647	0.7984	0.9643
	100	0.1609	2.563	0.9251	0.0765	2.795	0.9692	1.0009	0.9664
干污泥（换算为湿污泥）	10	0.1089	0.889	0.9807	0.6276	0.970	0.9897	0.3317	0.9441
	25	0.1535	1.371	0.9324	0.1469	1.484	0.9745	0.5427	0.9730
	50	0.1244	1.935	0.9423	0.0824	2.114	0.9784	0.7152	0.9747
	100	0.0861	2.489	0.9460	0.0395	2.802	0.9774	0.7780	0.9758

注：K—反应速率常数；q_e—平衡吸附量；R^2—相关系数。

（2）等温吸附模型拟合

将相同当量的干、湿污泥分别加入200mL不同磷浓度的KH_2PO_4溶液中，在27℃和200r/min的摇床中分别振荡96h（干污泥）和48h（湿污泥），取上清液用孔径0.45μm的滤膜过滤，测定滤出液中的磷浓度并计算污泥的磷吸附量（以正磷酸盐计）。由表7-9中数据和Langmuir吸附等温方程计算得到湿污泥和干污泥的R_L［$R_L=1/(1+bC_0)$，b为吸附平衡常数；C_0为溶液中磷初始浓度］在实验浓度范围内（0.5～200.0mg/L）的值分别为0.065～0.965和0.064～0.965，表明给水污泥对磷的吸附在单层吸附的假设前提下属优先吸附的反应。Freundlich吸附等温方程拟合得到湿污泥和干污泥的特征系数n值分别为3.4990和3.7341，该值介于1～10之间，同样表明给水污泥对磷的吸附反应属优先吸附的反应，$1/n$的值在0.1～0.5之间表明吸附容易进行。由此可知，Langmuir吸附等温方程和Freundlich吸附等温方程都能较好地拟合给水污泥对磷的吸附特征，且相关系数（R^2）都达到0.90以上，其中Freundlich吸附等温方程对于干湿污泥的相关系数均达到0.98以上，表明Freundlich吸附等温方程拟合更为准确。而由Langmuir吸附等温方程可知湿污泥和干污泥的理论饱和吸附量分别为3.487mg/g和2.953mg/g，干污泥的饱和吸附量略小于湿污泥的饱和吸附量，因此实际应用中无需烘干处理。

表7-9　给水污泥吸附磷的平衡参数

污泥类型	Langmuir			Freundlich		
	q_0/(mg/g)	b	R^2	K_F	n	R^2
湿污泥	3.487	0.0718	0.9339	0.8177	3.4990	0.9898
干污泥（换算为湿污泥）	2.953	0.0731	0.9016	0.7663	3.7341	0.9882

注：q_0—理论饱和吸附量；b—吸附平衡常数；K_F，n—Freundlich方程中与吸附有关的常数，Freundlich方程等温线中，以 $\lg q_e$ 对 $\lg C_e$ 作图，由截距求得 K_F，由斜率求得 n，当 $1 < n < 10$ 时，表示优先吸附。

7.3.3.4　生态滤床除磷效果

为了提高给水污泥在实际工程应用中对磷的吸附效率与去除效果，以生态滤床模拟装置进行中试实验，研究不同的水力流态下给水污泥生态滤床对磷酸盐的吸附去除效果。如图7-22所示，在水平潜流的水力流态下容易发生水流短流而造成出水的磷酸盐浓度超标，但延长水力停留时间（HRT）至4.8h时出水磷酸盐浓度能达到《城镇污水处理厂污染物排放标准》（GB 18918—2002）一级A标准，此时的水力停留时间低于滤床的最小水力停留时间，就整个系统而言，水平潜流生态滤床对磷酸盐的吸附具有良好应用前景。

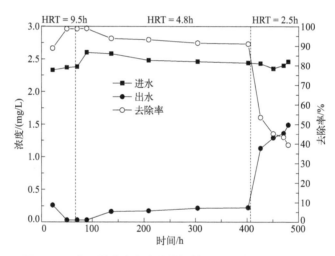

图7-22　水平潜流生态滤床模拟装置对磷酸盐的吸附效果

7.3.4　设计参数

① 经机械脱水后，给水污泥粒径越细小分散，比表面积越大，对磷的吸附量越大，吸附饱和越快。未经处理的湿污泥对磷的吸附量为0.92mg/g，在吸附反应时间大于36h时磷的去除率可达到93.1%，继续延长吸附反应时间对磷去除率的提升不明显；经干燥和粒径筛分处理后的干污泥对磷的吸附量为3.13mg/g（换算为湿污泥相当于0.93mg/g），在吸附反应时间大于96h时磷的去除率可达到94.4%以上。

② 湿污泥和干污泥的理论饱和吸附量分别为3.487mg/g和2.953mg/g（换算为湿污泥），干污泥的饱和吸附量略小于湿污泥的饱和吸附量。污泥干燥处理对磷的吸附量和去除率没有明显提升，因此实际应用中无需干燥处理。

③ 滤床滤料在吸附饱和后需要进行更换，更换周期宜根据处理水量、原水总磷浓度、设计出水总磷浓度和占地面积综合考虑，建议水力停留时间不少于36～96h。

7.4 餐厨垃圾高效好氧发酵技术

常见的餐厨（厨余）垃圾处理工艺主要有制成饲料、厌氧消化和好氧堆肥等。饲料化在"动物同源性污染"学说的影响下被各地所摒弃而改为饲养黑水虻等制成生物蛋白；厌氧消化处理常用于城市餐厨垃圾的集中规模化处理；好氧堆肥技术是通过人为构建、调节和控制适宜微生物高速繁殖的生存环境，强化微生物的生命代谢活动，促进微生物将可生物降解的有机物向稳定的腐殖质转化。好氧堆肥技术具有病原菌杀灭较完全、基质分解较彻底、堆制周期短、异味小、成本较低、可以规模采用机械处理和可以生产有机肥或土壤改良剂等优点，更适宜在农村推广应用。由于农村尚未形成餐厨垃圾集中回收的有效机制，实施就地就近处理处置可有效节省垃圾运输成本。

7.4.1 技术原理

餐厨垃圾高温好氧发酵技术通过投加专用菌剂和优化控制反应条件实现动态高温好氧发酵，使得垃圾快速减量化和稳定化，避免腐败发臭，可实现连续进料间歇出料，操作管理简便，是一种环境友好、技术稳定和经济可行的生物处理技术。

餐厨等有机垃圾好氧发酵的技术原理为利用发酵设备为高温好氧微生物提供稳定的温度、湿度和氧气等最佳生存环境，使发酵堆体内的微生物始终保持在指数繁殖生长的活跃阶段，使发酵堆体始终保持在高温发酵阶段，将垃圾中的有机物在好氧微环境下快速水解、分解并最终降解成以H_2O和CO_2等为主的无机物和稳定的有机物，从而实现有机垃圾的快速减量化、稳定化和资源化（图7-23）。有机垃圾破碎脱水预处理所产生的压滤液具有机物含量高和氮、磷含量低等特点，可作为市政污水厂（站）反硝化碳源加以利用，提高污水厂（站）的脱氮效果和降低脱氮成本。

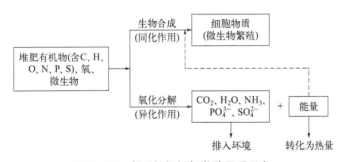

图7-23 餐厨垃圾好氧发酵原理示意

好氧发酵易受微生物、温度、pH值、物料粒径、水分含量、通气和C/N值等因素影响。针对餐厨垃圾油脂含量和盐分含量高的特点，利用高通量的分子生物学技术可以快速筛选出高效降解油脂的耐盐微生物，通过组方复配和实验，可以针对不同组分的餐厨垃圾形成有针对性的多效功能菌配方。

7.4.2 技术流程

餐厨等有机垃圾在经过称重和人工分拣后，通过破碎机和脱水机的预处理实现初步减量和除盐除油，为提高后续的微生物好氧发酵效率提供少水、少油、少盐和细小粒径条件。破碎和脱水除油后的物料被送入好氧堆肥发酵仓，仓体外部设保温加热单元、内部设搅拌通风单元，为有机垃圾与好氧微生物提供充分接触的反应条件，好氧堆肥发酵仓可根据处理规模和现场用地条件设置成单一仓体或多个仓体的组合。选择合理的辅料有助于提高发酵效率和发酵产物的品质。根据好氧堆肥发酵的微生物代谢规律，通常要求较长的发酵时间，因此为提高发酵效率和降低垃圾的堆肥发酵费用，保障发酵产物的品质，宜在设备化堆肥发酵结束后做二次堆肥发酵。为避免餐厨有机垃圾在处理过程中对周边环境造成二次污染，宜将预处理产生的污水经过处理后排入市政污水管网，并为发酵设备配套尾气除臭设备对发酵尾气进行净化处理（图7-24）。

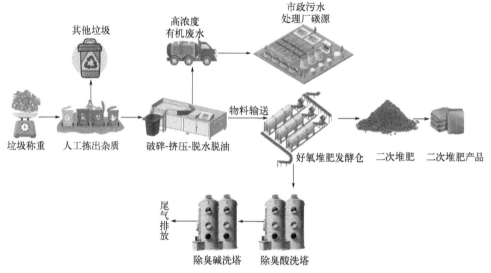

图7-24 餐厨垃圾高效好氧发酵技术路线

7.4.3 技术效果

7.4.3.1 辅料比例对餐厨垃圾好氧发酵效果的影响

以米糠作为辅料，用于调节餐厨垃圾含水率和C/N值。取15kg餐厨垃圾匀浆，分别以垃圾与辅料质量比3:1、4:1和5:1添加辅料，加入市售菌剂和堆肥产物作为接种微生物，将各堆肥原料充分混合均匀。堆肥反应器选用白色塑料泡沫箱，容积72L，保温效果良好，在箱体底部开孔，有利于透气和沥出液排出。堆肥过程中每24h进行一次翻堆以保证通气。

堆肥是微生物分泌胞外酶使垃圾中有机物矿质化和腐殖化最终变成有机肥料的过程。根据堆体温度变化规律，分别于升温阶段（第4天）、高温阶段（第7天）、降温阶段（第11天）和腐熟阶段（第15天）采集样品，测定堆肥微生物对发酵底物的降解能力，如表7-10所列。

表7-10 微生物胞外酶活力单位定义

酶	底物	IU定义
蛋白酶	酪蛋白	1g堆肥样品1min水解酪蛋白产生1μg酪氨酸所需的酶量
脂肪酶	甘油三酯	1g堆肥样品1min消耗1μg甘油三酯所需的酶量
淀粉酶	淀粉	1g堆肥样品1min分解1μg淀粉所需的酶量
蔗糖酶	蔗糖	1g堆肥样品1min产生1mg葡萄糖所需的酶量
脱氢酶	三苯基四氮唑	1g堆肥样品1h产生1μg三苯基甲䐶所需的酶量

（1）好氧发酵过程中温度与含水率的变化规律

如图7-25（a）所示，堆肥开始后，微生物快速分解物料中的有机质而产生热量并导致堆体升温。其中，堆辅比（堆肥原料与辅料质量比，下同）3:1实验组的升温速率和最高温度要略高于4:1和5:1，在堆肥后第4天进入55℃以上高温阶段并维持了6d，在第6天出现最高温度71.8℃，随后温度快速下降，到第11天左右堆体温度与环境温度趋于一致，不再有明显变化，可认为一次发酵已结束。4:1处理仅次于3:1，第4天进入高温阶段，最高温度70.9℃，高温阶段维持了6d。相较而言，5:1实验组的升温阶段和降温阶段均较为缓慢，高温阶段维持了5d，中温阶段（40～55℃）维持了4d，堆肥热量持续周期更长，于第14天左右温度下降至室温，由此可见5:1实验组所需的一次发酵周期较长。三组实验的处理高温温度及其持续时间均达到了GB 7959—2012标准的要求，大部分虫卵、病原菌、寄生虫等致病性微生物被杀灭，保证了堆肥质量。

水分含量是影响堆肥效果的关键因素之一。由于微生物只能利用水溶性的物质，所以含水率的提高有利于微生物活动，但过高的含水率会影响固液表面氧气的渗透，导致总体有机物去除和升温效果的减弱，因此有研究表明堆体最合适的含水率为50%～60%。三组不同堆辅比条件下含水率在堆肥周期内的变化情况如图7-25（b）所示，由于堆辅比的不同，各个处理的初始含水率虽略有差异，但总体维持在60%～63%。堆体含水率的下降主要是沥出液的排出和高温带动水分蒸发二者共同作用的结果。堆辅比3:1实验组的含水率下降最为明显，周期结束后含水率降至30%，一方面因其高温效果最好，另一方面最高的辅料投加比例使得堆体孔隙率提高，有利于水分散失和渗透。有文献指出含水率降至35%，反应速率降低60%，因此在第9天含水率降至35%左右时，堆体温度也快速下降。含水率降低速率依

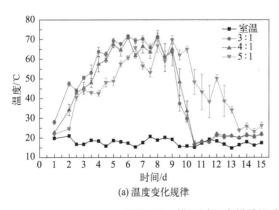
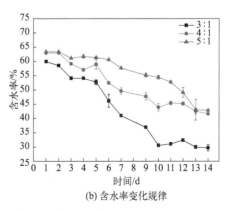

(a) 温度变化规律　　　　　　(b) 含水率变化规律

图7-25 堆肥过程中堆体温度和含水率的变化规律

次为3:1实验组＞4:1实验组＞5:1实验组，4:1和5:1实验组周期结束时含水率从63%降至42%左右，降低了21个百分点。

（2）好氧发酵过程中pH值和氨氮变化规律

如图7-26所示，不同堆辅比在一个堆肥周期内pH值变化规律较为一致。初始pH值为4.7左右，在第2天下降至4.4后快速回升至8.5并基本保持稳定，在堆肥后期产物pH值在7.5～8.5的区间范围内波动，呈弱碱性。研究表明，堆肥初期，细菌和真菌消化有机物时，释放出的乙酸、丙酮酸等有机酸的积累会导致pH值下降。堆辅比5:1实验组pH值的上升趋势要略滞后于其他两个实验组。如图7-27所示，水溶性氨氮的变化规律与堆体pH值变化相耦合。总体而言，水溶性氨氮在初期由0.4mg/g略微下降后便逐步升高，这是因为微生物大量繁殖分解蛋白类有机物放出大量的氨氮，氨氮浓度的增加使得堆体pH值上升。3:1、4:1和5:1实验组水溶性氨氮的最终浓度分别稳定在1.51mg/g、1.01mg/g和0.74mg/g的水平。堆辅比5:1实验组的水溶性氨氮浓度曾出现2.27mg/g的峰值，但随后下降，分析其原因可能是氨氮挥发所致，也有可能是微生物对氮素的转化作用所致。

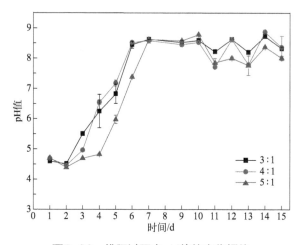

图7-26 堆肥过程中pH值的变化规律

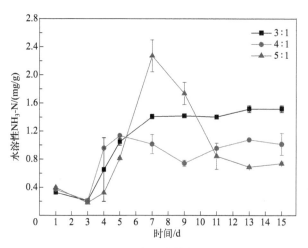

图7-27 堆肥过程中水溶性氨氮的变化规律

（3）好氧发酵过程中有机质与腐熟度变化规律

餐厨垃圾中含有大量有机质，部分组分极易腐败分解。由于各实验组的餐厨匀浆程度一定，添加不同比例的米糠会引起有机质质量分数的变化，但实测数据显示三个实验组的有机质含量相差不大（87.8%～89.0%），这说明米糠与实验所用的餐厨垃圾有机质含量较为接近。有机质变化过程如图7-28（a）所示，有机质在堆肥期间保持波动中下降的趋势，尤其在升温和高温阶段其下降速度相较于后期更快。堆肥结束后，产物有机质含量大小依次为堆辅比3:1＞4:1＞5:1，分别降至85.0%、84.0%和83.5%，这是因为5:1堆料中餐厨垃圾成分更多，更易降解，因此有机质减少幅度更大。总体而言，所有实验组的有机质含量虽有所下降，但并不显著，其原因可能由于掺入的米糠有机质含量高，并且主要成分木质素难降解，因此餐厨垃圾有机质的降解量不足以引起堆料有机质变化的明显差异。堆辅比3:1、4:1和5:1有机质损失量依次为30.1%、27.1%和37.0%。

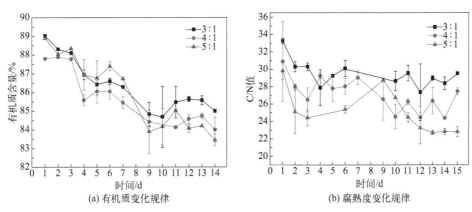

图7-28　堆肥过程中有机质与腐熟度的变化规律

C/N值是评价腐熟度的参数之一。一般堆肥起始C/N值适宜范围在25～30之间。餐厨匀浆原料的固有C/N值为19.8±0.5，辅料米糠的C/N值为77.8±11.0，按餐厨与米糠质量比3:1、4:1和5:1混合均匀后堆体初始C/N值分别为33.3±0.3、30.9±4.6以及29.8±1.0，略高于堆肥初始适宜值。从图7-28（b）可以看出，三个实验组的C/N值总体上均呈现波动中下降的趋势，堆肥实验结束后，堆辅比3:1、4:1和5:1的C/N值分别在28.5、25.6和22.8的水平波动，堆肥前后C/N值分别下降了4.8、5.3以及7.0。研究表明，堆体的C/N值从起始的25～30下降至16时，可认为堆肥基本腐熟。但三组实验组堆肥起始C/N值较高，堆肥时间短，发酵不完全，周期结束时仅有堆辅比5:1实验组的C/N值小于25，也可认为该组堆体基本腐熟，而堆辅比3:1和4:1实验组的腐熟效果不佳，其原因可能为堆体初始C/N值过高，导致微生物需要降解去除更多的有机质，并导致堆肥稳定周期延长和腐熟时间增加。

C/N值判断得出的腐熟度有可能与其他腐熟度指标存在较大的偏差。未腐熟的堆料中含有有机酸、多酚等中间产物，这些中间产物会抑制植物生长并随着植物生长进程的增加逐渐转化消失，种子发芽率指数［GI，GI=（堆肥浸提液的种子发芽率 × 种子平均根长）/（对照组种子发芽率 × 种子平均根长）× 100%］反映了堆肥施用后对植物生长的影响，是评价腐熟度最具代表性的指标。用种子发芽实验测定堆肥产物的植物毒性，GI ＞ 50%认为基本无毒性，当GI达到80%～ 85%时可以认为产物对植物没有毒性。本实验所用的大白菜种子对照组发芽率（GR，GR=发芽种子数/种子总数×100%）为100%，堆肥结束后，堆辅比3:1、4:1和5:1三个实验组的GI分别为23.9%±9.0%、34.9%±0.8%和59.9%±1.7%，只有堆辅比5:1实验组堆肥结束时GI超过50%，可认为该组基本无毒性，腐熟度最好。本实验整体GI较低，这可能是由于餐厨垃圾中盐等调味料成分较多对种子发芽和植物生长造成抑制作用。为进一步提高堆体腐熟度和GI，在一次堆肥周期结束后，应继续延长堆肥时间使其达到二次腐熟。综合C/N值和GI两种评价指标，结果表明在15d的单一堆肥周期内仅有堆辅比5:1实验组达到了基本腐熟，腐熟效果最好，堆辅比4:1实验组次之，堆辅比3:1实验组最差。

7.4.3.2 进料比对餐厨垃圾好氧动态发酵效果的影响

将餐厨、米糠和堆肥产物按照17:5:2的质量比混匀，每一实验组分装9kg混合物置于泡沫箱（58L，54cm×40cm×27cm）中，加盖保温棉以减少热量散失。每天人工翻堆两次以提供好氧环境，待温度升至55℃以上时开始每天投加餐厨垃圾。

本研究共设置4个反应器，餐厨垃圾投加比分别为0%、5%、10%、15%，编号分别为0号、1号、2号、3号。投加比计算公式如下：

$$投加比 = \frac{投加餐厨垃圾量}{反应器内物料总量} \times 100\% \tag{7-6}$$

（1）不同进料比对餐厨垃圾堆肥温度和含水率的影响

堆体温度是衡量堆肥腐熟程度最直接且最主要的指标之一，因此考察了不同进料比下堆肥温度的变化情况。由图7-29可以看出，加料前，4个反应器温度在3d内从30℃迅速升至70℃，变化情况基本一致。0号反应器由于后续没有持续加料，仅保持了3~4d高温后就急剧下降，最后稳定在33℃左右。在加料后的第4~8天，1号和2号反应器均维持在70℃左右的高温，第8天后呈现上午温度较高、晚上温度较低的波动情况，其原因可能是开始进料时反应器中仍旧有较多的有机质，一段时间后，底料中的有机质消耗殆尽，此时投加的物料不足以维持反应器全天的温度。自开始连续投加餐厨垃圾后，1号反应器堆体温度维持在（54.2±12.4）℃，2号反应器堆体温度比1号反应器高，始终维持在（64.8±5.4）℃。

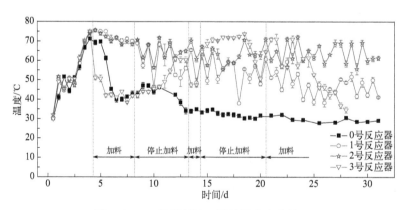

图7-29　不同进料比下堆体温度变化情况

3号反应器在投加物料后，温度快速下降至40~50℃，可能因为投加比过大导致堆体含水率过高、氧传递效果变差，好氧微生物活性受到抑制，产热减少，进而造成堆体温度下降。3号反应器停止加料期间（第8～13天），微生物活性得到逐渐恢复，温度逐渐升高。待温度升至55℃以上且保持1～2d后，继续按原计划投加物料，发现在重新投加物料后温度又急剧下降，再次停止加料。总结3号反应器两次投加失败的经验教训，推测堆体温度升至高温（55℃以上）后不能即刻开始投加物料。因此待3号反应器温度升高至55℃以上并保持数天且即将开始降温（第15～20天）时，再开始投加餐厨垃圾。然而3号反应器仅维持高温4d后温度又急剧下降。因此，15%的投加比在当前控制条件下无法达到连续持久的堆肥腐熟效果。

总体而言，在当前的控制条件下，餐厨垃圾投加比10%的发酵效果优于5%和15%，能使堆体温度始终保持在55℃以上。

含水率对堆肥效果影响很大，过高或过低都会抑制好氧微生物的活性。从图7-30可以看出，0号反应器经过好氧腐熟后，含水率从最初的62%快速下降至45%左右后基本保持不变。而1号和2号反应器则均呈现先降低后升高的趋势：含水率从最初的62%分别降至第12天时的35%和30%，然后又缓慢升至第31天时的55%和58%，此时堆体的含水率已经接近开始运行时的含水率，若继续投加将不利于微生物的生长进而影响高温发酵反应和发酵效果。因此，在堆体含水率升至55%以上时，应当通过降低投加比或投加类似米糠的辅料来调低堆体的含水率。

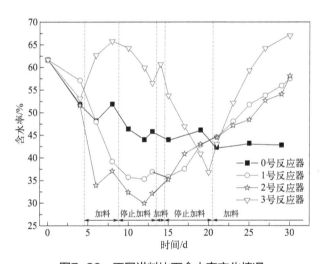

图7-30　不同进料比下含水率变化情况

（2）不同进料比对餐厨垃圾油脂去除和垃圾减量率的影响

油脂是长链脂肪酸和甘油连接形成的聚合物，在餐厨垃圾中极为常见且含量较高。餐厨垃圾的厌氧消化技术可以通过分解、产酸、产甲烷三阶段对油脂进行降解，而实验考察了好氧堆肥技术对餐厨垃圾中油脂的降解去除情况。由图7-31可以看出，由于后续无餐厨垃圾的持续投加，0号反应器油脂含量从刚开始的16%下降并最后稳定在9%左右；1号反应器由于餐厨垃圾投加量较少，油脂仍旧有很好的去除，油脂含量同0号反应器一样最终稳定在9%左右；与1号反应器不同，由于投加比例的增加，2号反应器油脂含量先降低后增高最后稳定在16%左右。相对于餐厨垃圾35%的本底含油量，经过堆肥反应后，1号和2号反应器含油量分别下降了26个百分点和19个百分点。1号和0号反应器最终含油量大致相同，而2号反应器最终油脂含量较高，说明好氧堆肥在不大于5%的投加比例下，能够有效地将餐厨垃圾的油脂较为彻底地降解去除。

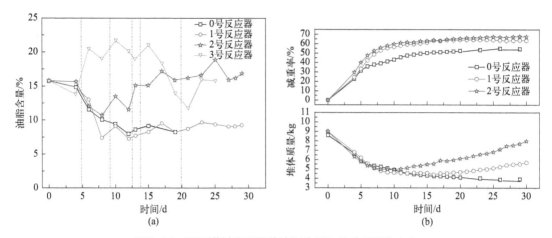

图7-31　不同进料比下堆体油脂含量和堆体质量的变化

好氧堆肥过程中由于有机物的降解消耗和水分的蒸发下渗等，垃圾质量和体积都会减小，因此好氧堆肥常用于垃圾减量。对0号、1号和2号3个反应器的堆体质量变化进行分析（由于3号反应器运行期间加料不具有连续性，这里不做考虑）。从图7-31（b）可以看出，1号反应器和2号反应器堆体质量呈现先降低后缓慢升高的过程，不同的是1号反应器质量开始增加是在第15天，而由于餐厨垃圾投加量的提高，2号反应器质量拐点出现在第11天，比1号反应器提早了4d。3个反应器餐厨垃圾减量率变化趋势都是先快后缓，最后分别稳定在54.13%、60.39%和68.32%。

7.4.3.3　各参数与理化指标及垃圾减量率与能耗的分析

以某餐厅餐厨垃圾为对象，进行连续好氧发酵，堆肥周期为24h，每天连续投加30～40kg餐厨垃圾，考察物料投加前后及长时间运行的系统温度、含水率、pH值的变化情况，研究分析了发酵周期结束后有机质、水溶性COD、水溶性氨氮、C/N值等参数的变化趋势，并进行了垃圾减量率与能耗的分析。

（1）堆体温度、pH值、进料量和含水率的变化趋势

堆体温度是好氧发酵能够顺利进行的关键因素，是反映堆肥成败的重要指标，高温条件下嗜热菌活性增强，能有效地促进有机质和油脂的降解，同时可以保证较高的减重率。

餐厨垃圾好氧发酵设备连续运行123d，处理负荷为30kg/d左右。调试过程中发现，在一段时期内堆体温度始终达不到50～65℃的高温阶段，这使得物料中有机质不能够被充分降解，造成堆体物料含水率偏高。经分析其可能的原因是设备翻堆复氧频率较低，造成堆体局部厌氧产酸，致使pH值下降至4.2左右，此时微生物活性较低，并造成发酵反应产能减少。在监测周期的第3天，加入工业级Na_2CO_3逐步调节体系pH值至最优范围6.0～6.8。图7-32显示了pH值调节前后，在连续监测的9d中堆体温度、进料量与周期前后含水率变化的对应关系。pH值上升后，堆体温度由原先的44～46℃快速地上升至50℃以上，这是因为pH=6.0～7.5为绝大多数微生物的较适生长范围，微生物活性得到大幅度提升，水解菌群和消化菌群协同作用，降解有机质并释放热能，提高了发酵堆体的温度。

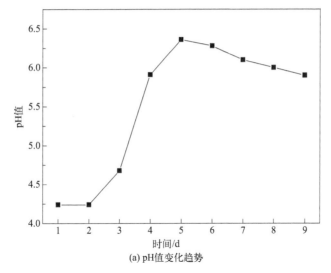

(a) pH值变化趋势

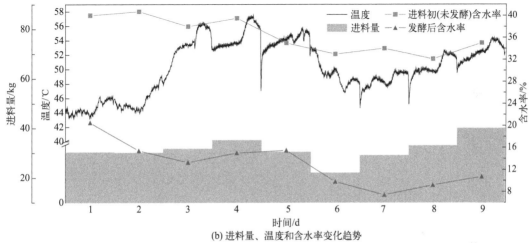

(b) 进料量、温度和含水率变化趋势

图7-32　发酵堆体每一周期pH值、进料量、温度和含水率变化趋势

由图7-32的温度变化曲线和进料量的对应关系还可以看出，进料量的多少与温度的升降幅度呈极显著的正相关关系（$P < 0.01$），第4天和第9天进料量超过35kg，则发酵温度呈明显上升趋势。进料初，堆体含水率一般维持在32.1%～40.7%，一个发酵周期结束后含水率下降至7.4%～20.5%这一较低水平，尤其是pH值调控后，堆体发酵温度明显上升，发酵周期结束后的堆体含水率进一步下降至10%左右。由此可推断，餐厨垃圾好氧发酵设备运行已成功启动，且日处理负荷有进一步提高的巨大潜力，随着进料量的增加，一方面可进一步提高发酵温度，使堆体短期快速达到稳定腐熟；另一方面，由于微生物只能利用水溶性的物质，初始含水率的合理提高（45%～55%）有利于微生物活动，使堆体持续升温和保持高温。

（2）发酵周期结束后产品理化性质指标及评价

正常发酵周期结束后，餐厨垃圾好氧发酵产物外观呈黑褐色粒状，除较大骨头外，堆肥产品粒径大小一般在3～10mm范围内，触感松散，含水率低（7.4%～15.5%），C/N值下降较为明显，由处理前的20.5下降至15.3，其他理化指标详见表7-11。

表7-11　餐厨垃圾发酵产品理化性质

油脂含量/%	水溶性COD含量/%	水溶性氨氮含量/%	水溶性TN含量/%	水溶性蛋白含量/%	水溶性多糖含量/%	有机质含量/%	C/N值
26.8	23.9	0.35	0.73	0.77	3.90	87.0	15.3

注：表中所列数值均为平均值。

（3）垃圾减量率与能耗分析

餐厨垃圾好氧发酵前后物料的减量率由干物料降解率和水分减重率组成，干物料降解率可用有机质损失量表示。以日处理负荷30kg计，发酵前后含水率由80%±2.8%快速下降至11.6%±3.1%，水分减重达20.52kg。餐厨垃圾有机质含量稳定在94.56%这一水平，9d的连续监测表明，经过1个发酵周期后产品有机质含量平均值为87.0%。24h发酵周期结束后，原料有机质损失率为61.5%，即干物料减重3.5kg。由此计算得出，餐厨垃圾好氧发酵前后减重率为80.1%。

餐厨垃圾的最大含水率为80%，则每天将80%含水率的30kg（试验阶段的进料量）餐厨垃圾由20℃加热到80℃所需的能耗Q_1为1.68kW·h。

假设每批次的餐厨垃圾经处理后，含水率从80%降到40%，并且假设发酵条件不成熟，堆体的最高温度仅为40℃，在此温度下，同理可得餐厨垃圾中的水分汽化所需的能耗Q_2为8.02kW·h。

综上可得每天处理30kg的餐厨垃圾所需总电耗最大值约为9.70kW·h，处于较高的水平。

为进一步降低餐厨垃圾发酵的单位处理能耗，对餐厨垃圾好氧发酵设备进行优化。为达到节能目的，采取的改进措施有以下4项：

① 以空气源热泵代替电加热器，降低水浴加热的能耗，目前市售的空气源热泵的热能效率约为300%［10.8kJ/(kW·h)］，而电加热器的热能效率为80%［2.9kJ/(kW·h)］，因此空气源热泵的水浴加热能耗仅需原电加热能耗的约1/3。

② 在反应腔底部增设渗滤液排水过滤槽，通过重力作用将游离水直接排出反应腔，将大幅度降低液态水的汽化能耗，理论上40℃液态水的汽化能耗为0.67kW·h/kg，即单位重量的餐厨垃圾去除40%的游离水所需的汽化能耗为0.27kW·h，改进后理论上此部分能耗将不再产生。

③ 采用保温棉代替石棉作为保温材料，提高保温效果，减少反应腔内的热量损失。石棉无法成规格形状完全包裹在水浴腔外，存在部分部位稀薄甚至是下滑脱落的现象，而保温棉能按水浴腔外部形状进行自由裁剪，用胶粘的形式包裹在水浴腔外部，厚度均匀，保温效果更好。

④ 提高装置的日处理量，降低单位垃圾的处理能耗。

7.4.4　设计参数

① 处理餐厨垃圾时，在堆体含水率过高且出现游离水时，可适当添加辅料进行调节，以餐厨垃圾与米糠的质量比为3:1添加辅料对堆体发酵较为有利。

② 投料比不宜大于15%，10%的投料比更容易实现餐厨垃圾动态高温好氧发酵，但随着时间的延长，含水率和C/N值都会朝着不利于微生物生长的方向发展，因此超过一定时间（约30d），应当补充类似米糠的辅料来调节堆体的含水率和C/N值。

③ 从腐熟指标C/N值和种子发芽率指标来看，仅有堆辅比为5∶1时的发酵产物达到基本腐熟，而对发酵较为有利的3∶1堆辅比的产物尚未达到腐熟的要求，由此可知辅料主要起调节堆体含水率和促进堆体发酵放热升温的作用。

④ 好氧发酵设备在运行初期（启动阶段）需通过设备辅助加热的方式，使堆体含水率快速降低，中后期则只需强化保温措施。发酵过程中可能需要添加辅料，调节堆体的含水率，使得发酵顺利进行。

参考文献

[1] Moussa D T , El-Naas M H , Nasser M , et al. A comprehensive review of electrocoagulation for water treatment: Potentials and challenges[J]. Journal of Environmental Management, 2017, 186: 24-41.

[2] Shankar R, Singh L, Mondal P, et al. Removal of COD, TOC, and color from pulp and paper industry wastewater through electrocoagulation[J]. Desalination and Water Treatment, 2013, 52(40-42): 7711-7722.

[3] Zhu G B, Peng Y Z, Wang S Y. Effect of influent flow rate distribution on the performance of step-feed biological nitrogen removal process[J]. Chemical Engineering Journal, 2007, 131(1-3): 319-328.

[4] Yang Y, Tomlinson D, Kennedy S, et al. Dewatered alum sludge: a potential adsorbent for phosphorus removal[J]. Water Science & Technology, 2006, 54(5): 207-213.

[5] Chang J I, Chen Y J. Effects of bulking agents on food waste composting[J]. Bioresource Technology, 2010, 101(15): 5917-5924.

[6] Adhikari B K, Barrington S, Martinez J, et al. Effectiveness of three bulking agents for food waste composting[J]. Waste Management, 2009, 29(1) : 197-203.

[7] 谢志刚, 吉芳英, 黄鹤, 等. 农家乐污水中溶解性有机质的三维荧光特性研究[J]. 中国给水排水, 2009, 25(15): 103-105.

[8] 吴杰, 林向宇, 邓玉君, 等. 旅游型村镇污水排放规律与水质特征研究[J]. 湖南农业科学, 2014, 5(7): 42-45.

[9] 郭浩, 赵岩, 叶建东, 等. 净化槽处理民俗餐饮废水的中试研究[J]. 水处理技术, 2013, 39 (4): 80-83.

[10] 祝贵兵, 彭永臻, 吴淑云, 等. 分段进水生物脱氮工艺的优化控制运行研究[J]. 中国给水排水, 2006, 22(21): 1-5.

[11] 王勤华, 贺俊兰. 净水厂产泥量的确定和相关参数的选择[J]. 中国给水排水, 2002, 18(8): 64-66.

[12] 袁东海, 景丽洁, 张孟群, 等. 几种人工湿地基质净化磷素的机理[J]. 中国环境科学, 2004, 24(5): 614-617.

[13] 马啸宙, 魏东洋, 马宏林, 等. 基于给水污泥吸附水溶液中磷的影响因素[J]. 环境工程学报, 2015, 9(8): 3659-3666.

[14] 王信, 马啸宙, 周雯, 等. 给水污泥负载Fe合物除磷行为效果及机理[J]. 环境工程学报, 2016, 10(10): 5420-5428.

[15] 高思佳, 王昌辉, 裴元生. 热活化和酸活化给水处理厂废弃铁铝泥的吸磷效果[J]. 环境科学学报, 2012, 32(3): 606-611.

[16] 王晓君, 温文霞, 潘松青, 等. 辅料比例对餐厨垃圾好氧堆肥及微生物特性的影响[J]. 环境工程学报, 2016, 10(6): 3215-3222.

[17] 杨延梅, 席北斗, 刘鸿亮, 等. 餐厨垃圾堆肥理化特性变化规律研究[J]. 环境科学研究, 2007, 20(2): 72-77.

[18] 邹德勋, 汪群慧, 隋克俭, 等. 餐厨垃圾与菌糠混合好氧堆肥效果[J]. 农业工程学报, 2009, 25(11) : 269-273.

第8章
村镇生活污水生物生态处理技术

我国是村镇人口大国，据统计，2021年全国约有2.7万个乡镇、48.13万个行政村、236.08万个自然村，村镇常住人口64626.4万人，占全国人口总数的45.75%。截至2021年，村镇居民生活污水排放量约为217.54亿立方米，约为城镇居民生活污水排放量的60%，村镇居民人均排放量为68L/d，约为城镇居民的1/2，农村生活污水排放量占农村污水排放量的64%。近年来，国家加强了城镇化和美丽乡村振兴战略部署，将生活污水治理列为农村环境整治的重要内容。然而，由于历史欠账较多，治理基础薄弱，农村人居环境整治中还存在诸多问题，农村生活污水治理是最突出的短板。

人工湿地（constructed wetlands, CWs）技术是一类基于自然的污水处理解决方案，全球有50多个国家在使用CWs进行污水处理，它利用自然的生物地球化学和物理过程来去除有机物和营养物质，同时为人类提供生态系统服务和娱乐等，因技术路线相对简单、处理便捷、无动力或很少的动力即可维持运行、投资和运营成本低等优点，在农村生活污水处理中有着巨大优势。我国约有50%的人工湿地工程建于华东地区，以水平流和垂直流湿地为主；约30%分布在华南、西南地区；东北、华北、华中占比较小，仅有10%；西北地区人工湿地应用最少，只占3%，故有较广阔的发展前景。传统的CWs在应用过程中存在易受气候、温度影响，占地面积大，基质易堵塞，处理效果不稳定，氮磷去除效率较低等问题，这在一定程度上影响了人工湿地对污水的净化效果，甚至限制了人工湿地的应用。为了提升人工湿地的运行效果，国内外学者从气候、进水水质、运行条件、湿地组成、湿地结构等方面进行了广泛研究，推动了CWs技术的发展，小型化、一体化处理技术装备是农村生活污水技术改造与研发的重要方向。

本章针对当前改造工艺纷繁复杂、难以抉择的问题，以人工湿地生态处理技术为核心，系统介绍该技术的优化设计策略与方法，提出基于人工湿地技术的生活污水分级分类处理推荐工艺，然后从适用范围、技术原理、技术流程、技术效果及技术参数等方面对单级湿地、组合湿地、强化型湿地、生物处理+湿地组合（如"厌氧+人工湿地""生物接触氧化+人工湿地"等）展开阐述，以期为农村生活污水治理与资源化利用提供实用的低成本、低能耗、易维护、适应出水水质要求的技术方案，依据农村生活污水处理出水的分级排放标准，提供技术模式参考。

8.1 概述

8.1.1 人工湿地设计与运维思路

人工湿地是一种具有多种生态功能和社会经济效益的自然水污染控制解决方案，是一种可靠和可持续的二级和三级污水处理方案。它们在改善水质方面的可持续性和成功应用在很大程度上取决于优化的设计和运行方案、适当的管理和维护，以及可实现的强化和改造策略（图8-1）。

8.1.2 设计基本原则

① 生态优先。人工湿地水质净化工程应当优先利用自然或近自然的生态方式，通过湿地生态系统中物理、化学、生物等协同作用提升水的生态品质，不宜采用投加药剂等强化措施净化水质。应当坚持选择本土物种，避免外来物种入侵。

② 因地制宜。根据当地气温、降雨、地形地貌、土地资源等实际情况选择人工湿地水质净化工程的场址、布局、工艺、参数、植被等。鼓励利用坑塘、洼地、荒地等便于利用的土地和绿化带、边角地等开展人工湿地建设。

③ 绩效明确。作为污染治理设施，人工湿地水质净化工程应当加强进出水监管，明确污染物削减要求。坚持建管并重，健全运行维护机制，保障运行维护经费，实现长效运行。

8.1.3 设计总体要求

8.1.3.1 进出水水质

① 进水水质。为保证人工湿地水质净化功能和可持续运行，人工湿地进水水质需考虑水生态环境目标要求、当地水污染物排放标准、社会经济情况、用户需求、湿地处理能力等因素综合确定。

② 出水水质。人工湿地出水水质原则上应达到受纳水体水生态环境保护目标要求。当有再生水回用需求时，出水水质需满足再生水回用用途要求。

③ 设计水量。不同地区农村人均用水量差异明显，分区人均水量数据仅供参考，实际应坚持走村入户摸清当地生活污水产排特征，避免出现设计规模偏大、收不上污水、进水浓度偏低、污水处理设施闲置率高、投资浪费等现象。

8.1.3.2 分级分类处理工艺选择

目前对农村生活污水的分类分级处理依据有两方面，一方面是依据出水排放去向，另一方面是依据治理设施规模。此处重点从出水排放去向的分类出发对污水处理工艺进行划分与推荐，出水去向主要包括直接排入水体、间接排入水体、深度处理与尾水再生利用4个方面（表8-1）。

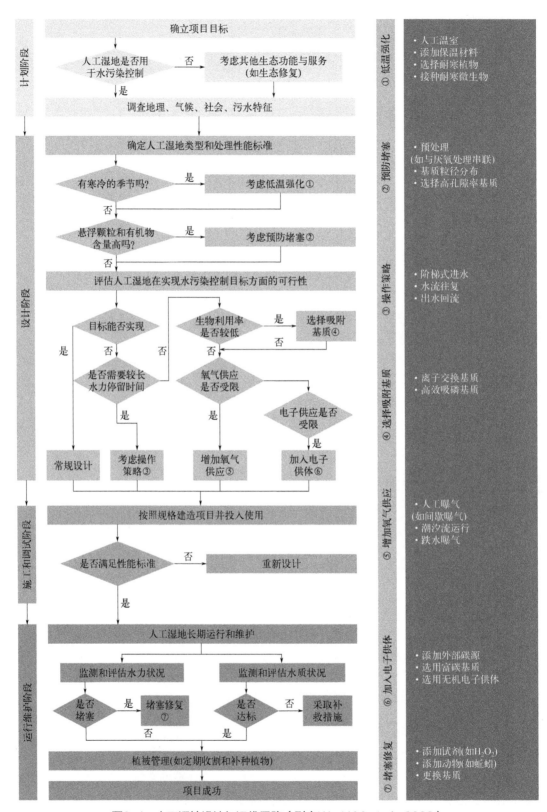

图8-1 人工湿地设计与运维思路（引自Wu H M et al., 2023）

表8-1 分级分类处理工艺选择

排放方式	工艺	出水标准	出水去向	控制指标
直接排放	生物+多级生态	准地表水	生态敏感区	pH值、SS、COD、NH₃-N、TP、TN
	预处理+多级生态 预处理+强化生态	一级A	Ⅱ～Ⅲ类功能水体、半封闭水体	pH值、SS、COD、NH₃-N
	预处理+单级生态	一级B	Ⅱ～Ⅲ类功能水体	pH值、SS、COD、NH₃-N
	预处理+单级生态	二级	Ⅳ～Ⅴ类功能水体	pH值、SS、COD、NH₃-N
	预处理+单级生态	三级+轻度黑臭（氨氮）	功能未明确水体	pH值、SS、COD、NH₃-N
间接排放	预处理+单级生态	三级	池塘、沟渠、生态缓冲带	pH值、SS、COD
深度处理	多级生态 强化生态	准地表水	生态敏感区	pH值、SS、COD、NH₃-N、TP、TN
	多级生态 强化生态	一级	Ⅱ～Ⅲ类功能水体	pH值、SS、COD、NH₃-N
尾水再生利用	预处理+单级生态	农田灌溉水	村庄周边农田、草场、林地房前屋后菜园、果园、花园	pH值、SS、COD
	预处理+单级生态	杂用水（氨氮一级B）	城市绿化、道路清扫、消防、建筑施工	NH₃-N
	预处理+多级生态 预处理+强化生态	杂用水（氨氮一级A）	冲厕、车辆冲洗	NH₃-N
	预处理+强化生态 预处理+多级生态 生物+多级生态	渔业水质	养殖塘	pH值、SS、NH₃-N
	预处理+多级生态	景观环境用水	观赏性、娱乐性河道与湿地	NH₃-N、TP、TN
	生物+多级生态 预处理+强化生态	景观环境用水	湖泊、水景观类	NH₃-N、TP、TN

注：1. 出水标准包括《农田灌溉水质标准》（GB 5084—2021）、《城镇污水处理厂污染物排放标准》（GB 18918—2002）、《城市污水再生利用 城市杂用水水质》（GB/T 18920—2020）、《城市污水再生利用 景观环境用水水质》（GB/T 18921—2019）、《渔业水质标准》（GB 11607—89）、《城市黑臭水体整治工作指南》等。

2. 预处理是指厌氧水解等工艺；生物处理是指接触氧化、A/O、A²/O、MBR等工艺；单级生态是指单级湿地；多级生态是指单级湿地的多级串联工艺；强化生态是指回流、潮汐流、加碳强化等湿地工艺。

依据污水处理中控制指标的确定、污染物排放控制要求、尾水利用要求，出水直接排放时，"预处理+单级生态"适用于三级～一级B排放标准要求，"预处理+多级生态""预处理+强化生态""生物+多级生态"适用于一级A～准地表水水质要求，出水去向从宽松到严格要求依次为功能未明确水体、Ⅳ～Ⅴ类功能水体、Ⅱ～Ⅲ类功能水体和生态敏感区，基本控制指标为pH值、SS、COD和NH₃-N，TN与TP根据实际需求考虑控制程度。

出水间接排放时，"预处理+单级生态"适用于三级出水要求，出水去向为具有消纳能力的池塘、沟渠、生态缓冲带，基本控制指标为pH值、SS和COD，且要确保消纳体出水去向满足污染物排放控制要求。

深度处理主要指已有农污处理设施出水不达标或有提标要求的情况，"多级生态"和"强化生态"适用于出水提标至一级或准地表水水质，出水去向为生态敏感区或Ⅱ～Ⅲ类功能水体，基本控制指标为pH值、SS、COD和NH₃-N，TN与TP根据实际需求考虑控制程度。

尾水再生利用主要指出水具有利用条件的情况，在农户或村庄周边有足够农田、草场、林地等消纳体的情况下，采用"预处理+单级生态"可满足《农田灌溉水质标准》（GB 5084—2021）要求，基本控制指标为pH值、SS、COD，氮、磷作为营养物质资源，在农用地中回用，可减少化肥等使用。杂用水基本控制指标为NH_3-N，水质要求与一级A排放标准相同，可采用"预处理+单级生态"或"预处理+多级生态"或"预处理+强化生态"进行处理。渔业水质基本控制指标为pH值、SS、NH_3-N，对NH_3-N要求较高，可采用"预处理+强化生态""预处理+多级生态""生物+多级生态"进行处理。当出水用于河道与湿地景观补水时，水质要求与一级A排放标准相同，当用于湖泊与水景观补水时，水质要求高于一级A排放标准，基本控制指标为pH值、SS、COD、NH_3-N、TN、TP，此时可采用"预处理+强化生态""预处理+多级生态""生物+多级生态"进行处理。

8.1.3.3　湿地处理强化策略

针对人工湿地运行效果可能存在的问题，总结了相应的强化策略（图8-2）。

（1）应对供氧不足的强化策略

由于进水方式与水力饱和状态，湿地通过大气供氧（以O_2计）的速率为$5.77 \sim 18.45$g/($m^2 \cdot$ d)，通过植物根系泌氧的速率为$0.005 \sim 12$g/($m^2 \cdot$ d)，而有氧消耗达450g/($m^2 \cdot$ d)，低的氧传递速率限制了处理效率的提升。针对此问题，采取人工曝气增氧措施，加快氧气传递速率，可显著提高污染物的去除率，即使在低温条件下，该强化措施依然有效，这还有助于减少有机质沉积降低堵塞风险。早期的研究主要采用连续24h曝气方式，后来逐渐发展为间歇曝气方式，这种方式可以创造交替的好氧和缺氧环境，可促进硝化、反硝化过程去除TN，并降低能耗。间歇曝气方式可有效去除COD［97%，29.3g/($m^2 \cdot$ d)］、NH_3-N［95%，3.5g/($m^2 \cdot$ d)］和TN［80%，3.3g/($m^2 \cdot$ d)］，优于不曝气湿地系统。此外，间歇曝气还可减少湿地温室气体排放。潮汐流运行方式是提高氧传递速率的另一种有效方法，通过有序的充水、排水过程使湿地床体形成干/湿周期交替循环，通过空隙吸力将大气氧吸入床体，潮汐流湿地氧传递速率［350g/($m^2 \cdot$ d)］可以充分满足有机碳和NH_3-N的需氧量，并有助于提高TN去除率（70%），能耗约为人工曝气湿地的$1/2$（211kW·h/d）。

（2）应对电子供体不足的强化策略

污水中碳和/或电子供体不足是限制人工湿地反硝化脱氮过程的关键因素，学者们广泛开展了能提供电子的替代基质的筛选研究，越来越多的低成本有机碳源基质被应用于湿地基质组成（包括玉米、牡蛎壳、堆肥、有机木材膜、麦秸、稻壳、核桃壳和甘蔗渣），可明显改善异养反硝化效果。生物质炭具有高吸附能力、电子交换能力和导电性等性能，对营养盐、重金属、新污染物等的去除有明显促进效果，并使湿地温室气体排放量减少。但是，在生物质炭广泛应用于人工湿地之前，仍需要延长生物炭的寿命，并综合考虑经济效益问题。除了有机碳源，研究还发现富含Fe、Mn、Al、Ca和S元素的无机矿物材料也可以用作电子传递体促进污染物去除，可明显提高磷沉淀效率，增强硫自养反硝化、锰基自养反硝化和铁基自养反硝化等自养反硝化作用。例如，以天然黄铁矿为湿地基质，系统可获得较高的TN（去除率88%）和TP（去除率69%）的去除效果。此外，铁矿石作为一种廉价的导电性基质，可用作与微生物燃料电池耦合的湿地阳极材料，在提高污染物去除性能的同时，产生微量电流，关于微生物燃料电池耦合人工湿地的研究尚处于研发阶段。上述基质在实际工程中的长期应用效应研究还较少，仍需从基质寿命、更换、二次污染、堵塞风险等方面开展更多深入研究。

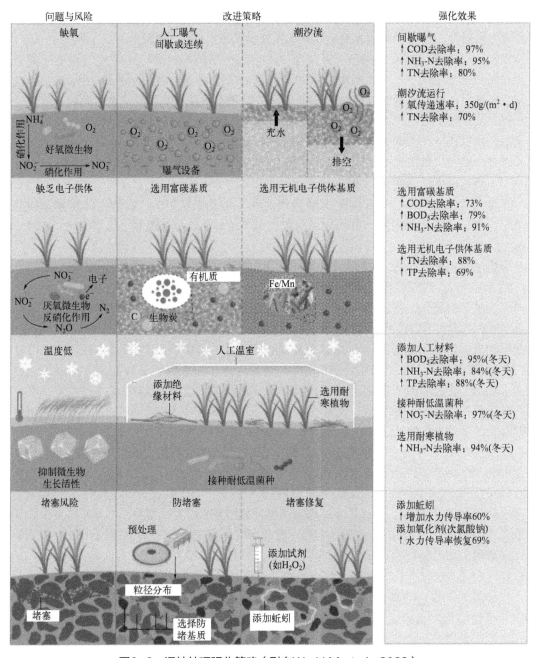

问题与风险	改进策略		强化效果

图8-2　湿地处理强化策略（引自Wu H M et al., 2023）

（3）应对低温影响的强化策略

寒冷的气候条件会严重影响水力学和（生物）地球化学过程，阻碍植物的生理过程和养分吸收，抑制功能微生物的生长和活性，是导致人工湿地失效的重要因素。冰冻层的出现还会导致植物休眠或死亡、湿地供氧不足、基质吸附位点反应活性降低及管道损坏等问题。因此，在寒冷地区利用人工湿地技术是存在困难的，特别不宜使用表面流湿地。

通常情况下，较长的水力停留时间或更大更深的湿地床层可以在一定程度上缓解低温影响。此外，选择耐寒植物、接种耐寒微生物等策略也具有一定强化作用，耐寒植物有芦苇、香蒲、蔗草等木质素含量较高的挺水植物和菹草等，生物强化包括接种嗜冷微生物来增强微生物活性，或者引入耐寒底栖生物来促进生物扰动活性等措施。

其他操作策略包括人工保温、人工曝气和污水再循环等。温带和寒冷气候地区常常采用添加高纤维含量的、无二次污染物的植物覆盖物绝缘材料，例如15cm厚的木屑绝缘层可以保证湿地在冬季保持良好处理性能［BOD$_5$（去除率95%）、NH$_3$-N（去除率84%）和TP（去除率88%）］。污水再循环方式也已应用于实际湿地工程，可在寒冷气候下提高湿地的水动力和水温，例如出水再循环比例为100%的人工湿地对TN去除率从19%提高至66%。人工曝气可通过增加氧气供应和提高微生物活性来加强寒冷气候下的污染物去除。

（4）湿地基质堵塞的应对策略

针对湿地堵塞问题，可在湿地前增加预处理单元减少颗粒物，或选用防堵塞基质并优化级配。若已发生堵塞问题，可采取添加氧化试剂（H$_2$O$_2$、次氯酸钠等）改良水力传导率，或添加蚯蚓等动物松土。

基质堵塞问题主要发生在潜流湿地中，英国曾调查了255个潜流湿地工程（湿地年龄中位数为10年），52%出现不同程度的堵塞现象，美国近50%的人工湿地在运行5年后出现不同程度的堵塞问题。堵塞会引起湿地过水能力降低，导致污水壅积在湿地表面，壅水还会阻隔氧气向基质层内扩散，降低湿地对污染物的去除效果，使出水水质达不到设计标准，还会缩短人工湿地的运行寿命。堵塞可能是由生物膜、化学沉淀物、固体颗粒物、植物碎屑、湿地单元结构设计不合理、施工过程控制及运行管理不当等多方面因素造成的。过高的进水负荷、连续运行、缺乏运维管理等均可引起堵塞，堵塞程度受基质孔隙度、水力条件、有机负荷、水深、生物膜、植物根系和人工曝气等因素影响，其中进水条件对堵塞的影响最大，高的有机物和悬浮物负荷缩短了湿地寿命。

添加厌氧消化与沉淀池等预处理是降低湿地进水负荷的有效办法，可削减进水悬浮颗粒物30%～50%。此外，湿地基质的选择也很重要，一般来说，基质的孔隙率越大，发生堵塞的可能性就越小。因此，基质孔隙率是选择基质的关键参数，而粒径分布对基质发生堵塞后的恢复至关重要。基质成分对水力传导性也有影响，Ca、Fe和Al含量高且导电性强的基质很容易通过沉淀和吸附形成含磷的堵塞物质。不同粒径填料之间配比选择也非常重要，潜流湿地应尽量避免使用土壤，有研究提出"反向"级配排列，即大粒径填料在上部，小粒径在中间或底部，认为这样有机物的积累可以减少约70%。

投加蚯蚓等底栖动物可以改善堵塞，蚯蚓通过摄取颗粒有机物并在消化过程中将难降解的有机物转化为易于生物降解的物质，减少有机物和悬浮物的含量累积。蚯蚓通过钻洞等行为活动使基质间形成孔隙，缓解堵塞，蚯蚓的引入可使人工湿地表面累积污泥量减少40%，水力传导率提高60%。除了动物修复方法，过氧化氢和次氯酸钠等强氧化性试剂也可以通过将有机物进行氧化分解来缓解堵塞程度，次氯酸钠可以使堵塞湿地水力传导率恢复到原来状态的69%，且有研究发现过氧化氢对植物和生物膜没有明显的长期负面影响。

（5）湿地植物管理策略

湿地植物定期收割可提高人工湿地的长期性能，当进水负荷较低的时候，收获植物地上生物量可以提高10%以上的养分去除效率，气候温暖的地区一年收获几次湿地植物，可以去除相当一部分污染物，并可以减少温室气体排放。收获的植物生物质可回收用于生产可再生能源和资源（如沼气、生物燃料、生物炭和可溶性蛋白质）。植物碳源生物炭回归湿地还可以提高处理性能。生命周期分析认为，基于湿地植物的生物燃料生产过程比现有的生物燃料生产过程排放的温室气体更少，且湿地植物的能量产出高于玉米、大豆、草地等，但如何使人工湿地成为资源生产系统仍需要系统研究。

8.1.3.4 场址选择

① 场址选择应因地制宜，优先选择低洼地、盐碱地、贫瘠地、沼泽、滩涂和废弃河道等进行建设。

② 场址选择需妥善考虑地形、高程等因素，便于湿地进水及处理后的出水排放或回用。

③ 场址选择应符合相关防洪排涝的规定，不宜布置在洪水淹没区。

④ 场址应设在居民区域主导风的下风向，饮用水水源的下游。

8.2 单级湿地

单级湿地包括表面流湿地（SFCW）和潜流湿地，潜流湿地按水流方式又分水平流湿地（HFCW）与垂直流湿地（VFCW）。

8.2.1 适用范围

单级湿地适用于各种地形条件、有较大面积闲置土地、有足够土地用于出水消纳的地区（图8-3）。三种单级湿地在处理生活污水时，出水均可满足《农田灌溉水质标准》（GB 5084—2021），可用于农户房前屋后菜园、果园和花园，或村庄周边农田、草地和林地等浇灌；若对出水水质有更高要求，在适宜水力负荷条件下，垂直流湿地出水可满足城市污水排放一级B标准；在处理生活污水尾水时，可使用表面流湿地，对尾水进行深度净化，可优先考虑对坑塘、洼地、类湿地等资源加以利用。若采用表面流湿地，宜建于居民点长年风向的下风向，防止水体散发臭气和滋生蚊虫的侵扰。

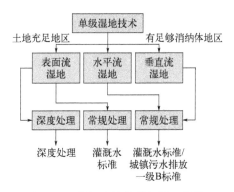

图8-3 单级湿地分类与适用范围

8.2.2 技术原理

人工湿地主要通过填料、植物和微生物的协同作用来实现对污水的净化，三种单级人工湿地因水流方式不同，在水质净化作用原理、优势上有所差异。

表面流湿地是各类型人工湿地中最接近自然湿地的一种类型，池中一般填有土壤、砂、煤渣或者其他基质材料，供水生植物固定根系。水位较浅，水流缓慢，通常以水平流方式在基质表面漫流，部分污水蒸发或渗入湿地基质，出水经溢流堰流出。绝大部分污染物通过植物水下茎、杆（秆）上的生物膜以及填料表面生物膜的作用去除，不能充分利用填料及丰富的植物根系。表面流湿地水面暴露于空气中，氧通过水面扩散补给，在水层表面以及不同深度形成好氧区、缺氧区和厌氧区，这种环境条件类似于生物处理工艺的 A^2/O 工艺，具有与兼性塘相似的特点，但由于湿地植物对阳光的遮挡，一般不会出现兼性塘中藻类大量繁殖的情况。污水中悬浮颗粒物与可溶性污染物一方面被基质与植物茎叶表面形成的胶体吸附而拦截，同时在水相、基质表层、植物茎叶表面微生物的作用下发生好氧与厌氧转化，而后分解的小分子污染物经植物吸收去除。长期运行过程中，湿地植物凋落物沉积分解，可为反硝化提供碳源，有利于 TN 去除。这种湿地类型不容易发生堵塞现象，但污染物进水负荷和去除负荷均相对较低，BOD_5、COD 和 SS 去除能力一般，硝化能力较弱，反硝化能力较强，除磷效果一般，占地面积较大。

水平流湿地中，污水在湿地床表面下水平流过基质填料层，充分利用了填料与植物根系的截留、表面生长的生物膜吸附、植物吸收代谢等协同作用，受气候影响小，不容易滋生蚊蝇。水平流湿地中的 DO 主要来自进水、表面大气交换与植物根系泌氧，床体表面浅层以及植物根表微域为好氧区，其余区域主要为缺氧区与厌氧区，类似于 A^2/O 工艺，污水可在床体中经历多次 A^2/O 过程，实现有机物降解、硝化-反硝化、厌氧释磷-好氧聚磷等过程，部分小分子污染物经植物吸收代谢转化去除。该湿地类型对 BOD_5、COD 和 SS 去除能力好，虽可发生一定程度硝化作用，但由于床体以缺氧/厌氧环境为主，硝化作用仍较弱，反硝化作用强，短期除磷效果一般。

垂直流湿地系统中，污水纵向流过基质填料层，利用填料与植物根系的截留、表面生长的生物膜吸附、植物吸收代谢等协同作用达到净化水体的目的。与水平流湿地不同之处在于，该类型湿地通过纵向水流传输带动大气扩散，氧传递效率较高，特别是当床体运行状态为不饱和状态时，硝化能力强，适合氨氮含量较高的污水处理。该类型湿地多富集好氧反硝化菌，在碳源充足的情况下反硝化作用明显，对有机物的好氧降解能力强，对磷有明显的好氧吸附与生物聚磷能力，耐水力负荷冲击，处理效率较高，占地面积较小，对布水均匀要求较高。

8.2.3 技术流程

为了确保人工湿地长效运行，一般需要设计预处理设施，收集的污水先经过格栅拦截去除垃圾等大件杂物，防止对电力设备造成干扰与破坏，然后进入沉淀池，以重力分离为基础，控制流速，使密度大的无机颗粒下沉，有机悬浮颗粒能够随水流带走，进入厌氧调节池进行水解酸化，把非溶解性有机物转变为溶解性有机物、大分子有机物分解为中小分子，聚磷菌厌氧释磷，有机氮氨化，改善污水可生化性，一般停留时间为 2.5 ~ 4.5h，若进水 COD 浓度较高，利用厌氧调节池削减 COD 浓度，一般停留时间为 1 ~ 5d，视实际情况而定，厌氧调节池兼具水量调节作用。预处理出水直接或经配水池分配到单级人工湿地中。污水经湿地处理后，在满足《农田灌溉水质标准》（GB 5084—2021）的情形下可直接资源化利用；污水采用垂直流湿地处理后，在满足城镇污水排放一级 B 标准的情形下可直接排放或用于绿化、道路清扫、消防、建筑施工等杂用功能。工艺流程见图 8-4。

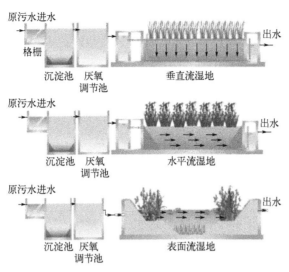

图8-4 单级湿地处理农村生活污水的流程

8.2.4 技术效果

以砾石为填料构建了表面流湿地、水平流湿地和垂直流湿地，每种类型构建3个湿地，分别不种植物、种植再力花、种植美人蕉，研究其在0.25m/d下对实际生活污水长期处理效果，试验条件详见表8-2，进水水质特征见表8-3。

表8-2 试验条件

项目	表面流湿地	水平流湿地	垂直流湿地
面积/m²	0.48	0.48	0.48
水深/m	0.55	0.55	0.55
基质厚度/m	0.2	0.6	0.6
基质类型	砾石		
植物	无植物/再力花/美人蕉		
水力负荷/（m/d）	0.25		
进水方式	24h连续进水		

表8-3 进水水质特征

项目	高温季节	低温季节
COD/（mg/L）	220.34 ± 61	96.50 ± 12.58
NH_3-N/（mg/L）	23.26 ± 3.49	15.07 ± 1.35
TN/（mg/L）	17.63 ± 1.31	18.83 ± 2.39
TP/（mg/L）	2.52 ± 0.82	1.81 ± 0.18
T/℃	29.43 ± 0.74	13.50 ± 3.09
DO/（mg/L）	0.42 ± 0.24	3.17 ± 2.52
pH值	6.99 ± 0.27	7.39 ± 0.03

高温季节生活污水中的污染物浓度普遍高于低温季节，垂直流湿地出水DO浓度（3.6～5.8mg/L）显著高于表面流湿地与水平流湿地（0.2～0.4mg/L）。三种单级湿地处理效果如图8-5～图8-7所示。

垂直流湿地对COD、NH₃-N、TN和TP的去除效率分别为70%～83%、35%～80%、17%～24%和26%～43%，明显高于水平流湿地和表面流湿地。垂直流湿地中的好氧环境更有利于硝化反应，而表面流与水平潜流处于厌氧状态，更适合于反硝化反应。垂直流人工湿地中充足的氧气有利于有机物的好氧降解和聚磷。对COD的去除能力大小依次为垂直

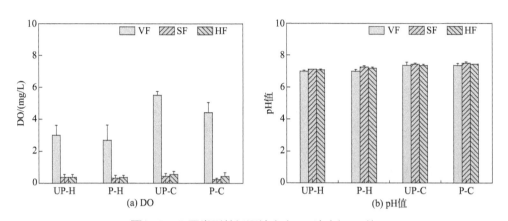

图8-5　不同类型单级湿地出水DO浓度与pH值

UP—无植物；P—有植物；H—高温；C—低温；VF—垂直流；SF—表面流；HF—水平流

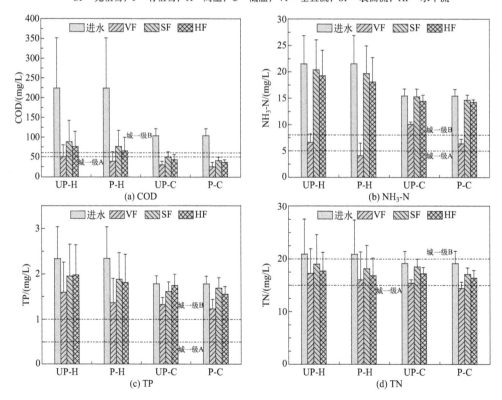

图8-6　不同工艺人工湿地出水水质

UP—无植物；P—有植物；H—高温；C—低温；VF—垂直流；SF—表面流；HF—水平流

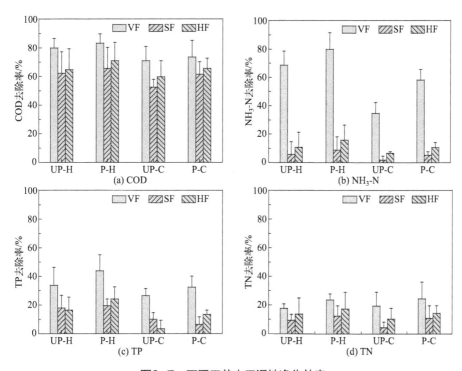

图8-7　不同工艺人工湿地净化效率

UP—无植物；P—有植物；H—高温；C—低温；VF—垂直流；SF—表面流；HF—水平流

流湿地 > 水平流湿地 > 表面流湿地，种植植物的湿地去除效率稍高于无植物湿地；对 NH_3-N 的去除能力大小依次为垂直流湿地 ≫ 水平流湿地 > 表面流湿地，种植植物的湿地去除效率高于无植物湿地；对 TN 的去除能力大小依次为垂直流湿地 > 水平流湿地 > 表面流湿地，种植植物的湿地去除效率高于无植物湿地；对 TP 的去除能力大小依次为垂直流湿地 > 水平流湿地 > 表面流湿地，种植植物的湿地去除效率高于无植物湿地。高温季节湿地处理性能普遍高于低温季节。

4种污染物在单级湿地中的进水负荷与去除负荷存在线性关系，图8-8展示了垂直流湿地进水负荷与去除负荷的关系，基本呈现随进水负荷增加而增加的趋势，实际应用中可以根据进水负荷情况估计去除负荷，为湿地面积设计提供参考。

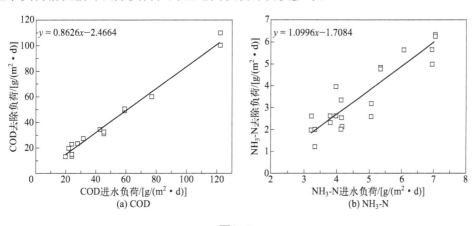

图8-8

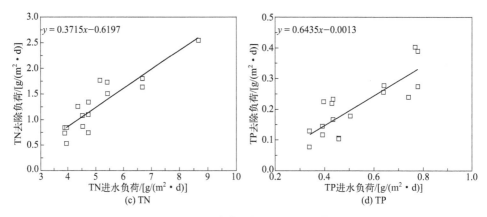

图8-8　垂直流湿地进水负荷与去除负荷的关系

8.2.5　设计参数

为了降低人工湿地堵塞风险，保障长效运行，需根据进水水质条件选取预处理工艺，如进水含油量高（>50mg/L），则需设置除油设施，控制水流流速为0.002～0.01m/s，停留时间为0.5～1min；如进水浊度较高（SS>100mg/L）；则需设置沉淀池；如进水负荷较高（COD>200mg/L），一般需设置厌氧水解酸化池。经预处理的污水水质应符合相关规定要求。

表面流湿地水深一般为0.1～0.6m，是植被茂密的单元。在这种类型人工湿地中，可以种植芦苇、水葱、香蒲、灯心草等挺水植物，睡莲等浮水植物，以及伊乐藻、金鱼藻、黑藻等沉水植物。还可以种植慈姑、雨久花、千屈菜、泽泻等水生花卉类的观赏植物，既可以处理污水，也可以美化环境。

潜流湿地为了维持良好的水力传导效率，基质一般不采用土壤，取而代之的是砾石、沙砾、碎石，而这些基质Fe、Ca、Al含量较低，一般不用于含磷污水的去除，对磷有去除要求的情况下，基质的Fe、Ca、Al含量不应低于20%。

水平流湿地一般床体厚度为0.6～1.2m，垂直流湿地一般床体厚度为0.6～1.5m。孔隙率宜为0.35～0.5。

表8-4给出了3种单级湿地对4种污染物的去除负荷、水力负荷与水力停留时间参考。表面流湿地与水平流湿地出水主要用于灌溉回用，主要控制COD浓度即可，灌溉水对COD的要求为60～200mg/L，低浓度出水可参考水力负荷低值，高浓度出水可参考水力负荷高值。垂直流湿地出水可用于灌溉回用，或达一级B标准排放，主要控制COD与NH_3-N浓度，低浓度出水同样参考水力负荷低值，高浓度出水参考水力负荷高值，如对出水TN与TP浓度有控制要求，水力负荷应再降低。单级湿地的面积大小设计可根据去除负荷与进出水水质要求计算。

表8-4　湿地设计参数

指标	表面流湿地	水平流湿地	垂直流湿地
COD去除负荷/［g/(m^2·d)］	≤25	≤35	≤40
NH_3-N去除负荷/［g/(m^2·d)］	≤0.7	≤1.1	≤5
TN去除负荷/［g/(m^2·d)］	≤1	≤1.5	≤2

指标	表面流湿地	水平流湿地	垂直流湿地
TP去除负荷/[g/(m² · d)]	≤0.15	≤0.2	≤0.4
水力停留时间/d	1~2.5	0.8~1.5	0.1~1
水力负荷/ (m/d)	0.2~0.4	0.25~0.5	0.3~0.5
深度/m	0.3~0.6	0.6~1.2	0.6~1.5
长：宽	>3:1	(3:1) ~ (10:1)	(1:1) ~ (3:1)

按控制指标的表面积去除负荷确定湿地面积，有多个控制指标时，以面积大的结果为依据，湿地面积计算公式如下：

$$A = \frac{Q(C_i - C_o)}{R} \tag{8-1}$$

式中　A——湿地面积，m²；

　　　Q——流量，m³/d；

　　　C_i——进水浓度，mg/L；

　　　C_o——出水浓度，mg/L；

　　　R——面积去除负荷，g/(m² · d)。

水力停留时间计算公式如下：

$$t = \frac{nLWd}{Q} \tag{8-2}$$

式中　t——水力停留时间，d；

　　　n——介质的孔隙度，%；

　　　L——湿地长度，m；

　　　W——湿地宽度，m；

　　　d——浸没水深，m；

　　　Q——流量，m³/d。

8.3　多级组合湿地

多级组合湿地是指不同流态单级湿地的串联组合，这种串联组合工艺可提高污水处理负荷，提高污染物处理效率与稳定性，且运行管理简便。应用最广泛的几种组合工艺有表面流与潜流人工湿地组合工艺、水平潜流与垂直潜流人工湿地组合工艺、多级垂直流人工湿地组合工艺等。多级组合湿地的选取和组合方式大多依据经验，其处理效率波动也较大，如何保证人工多级组合湿地系统的去除效果稳定持久是一个难题。有研究综合对比了2003年以来60个多级组合湿地工程脱氮效率，通过线性回归分析发现VF-HF组合类型去除氨氮效率稍高于其他组合类型，而含有SF的组合类型总氮去除效率高于其他组合类型。因此，考虑对有机物与氮、磷的综合去除效果提升，将3种不同单级湿地进行串联组合可能提供解决方案。

8.3.1　适用范围

多级组合湿地技术适用于土地相对充足且对出水水质要求较严的地区。直接用于原污水处理的多级湿地出水可达《城镇污水处理厂污染物排放标准》（GB 18918—2002）一级A标准要求，而生物处理+多级组合湿地或直接用于尾水深度处理的多级组合湿地出水可达准地表水标准，出水除了可直接排放到地表环境，一般还适用于景观水体回用、杂用水、渔业用水等要求（图8-9）。

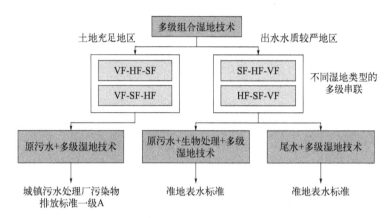

图8-9　多级组合湿地分类与适用范围

8.3.2　技术原理

（1）多级组合湿地

氮、磷的高效去除一直是污水处理的难点，基于表面流湿地、水平流湿地、垂直流湿地的结构与污水处理特点，将具有不同优点的单级湿地进行有机串联组合，提供多种氧化还原环境，为氮的硝化、反硝化与厌氧氨氧化反应创造条件，为磷的厌氧释放-好氧聚合创造条件，条件合适的情况下还可发生反硝化除磷，同时实现氮、磷高效去除。

（2）原污水＋生物处理＋多级组合湿地或尾水＋多级组合湿地

生物处理工艺具有一定的脱氮除磷效果，但出水氮、磷通常难以达到准地表水高标准要求，自身出水水质提升需要付出较高代价。人工湿地具有丰富的微环境条件，可富集各类功能微生物，在脱氮除磷方面具有优势。将生物处理工艺与多级湿地相结合，可以实现污水处理优势互补。生物工艺一方面可为湿地提供适宜水质，使湿地发挥净化优势，另一方面可减小湿地进水负荷，避免湿地堵塞现象发生，有效减小湿地占地面积，综合提高出水水质。

8.3.3　技术流程

原污水经收集后，经格栅/沉淀池处理、厌氧池酸化调节后，依次进入垂直流湿地、水平流湿地和表面流湿地。污水在垂直流湿地经历好氧降解、硝化-反硝化、好氧聚磷/吸附、植物吸收等过程，在水平流湿地和表面流湿地中进一步经历缺氧降解、硝化-反硝化、厌氧氨氧化、反硝化聚磷、植物吸收等过程，最终出水可达《城镇污水处理厂污染物排放标准》（GB 18918—2002）一级A标准要求，可排入地表功能水体、景观回用或杂用。技术流程见图8-10。

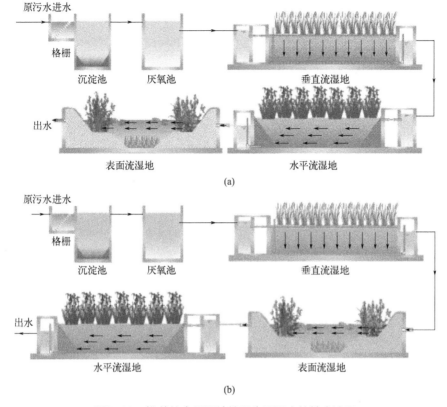

(a)

(b)

图8-10　推荐的多级湿地处理生活污水的技术流程

对于出水要求较高的地区，污水经收集后，经格栅/沉淀池处理，去除大粒径杂物与砂子后采用生物接触氧化或A/O、SBR、MBR等生物工艺进行处理，出水经沉淀池后，若生物处理出水中的氮以硝氮为主，则选择进入表面流湿地-水平流湿地-垂直流湿地，污水在表面流湿地中进一步经历反硝化、反硝化聚磷、植物吸收等过程，在水平流湿地中经历厌氧氨氧化、反硝化聚磷、植物吸收等过程，在垂直流湿地中经历硝化、好氧降解等过程，最终出水达准地表水水质要求，可直接排入敏感水体、功能水体或景观回用；若生物处理出水中的氮以氨氮为主，则还可选择进入水平流湿地-表面流湿地-垂直流湿地，最终出水达准地表水水质要求。工艺流程见图8-11。

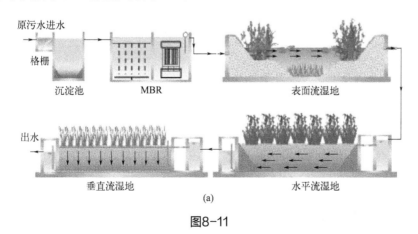

(a)

图8-11

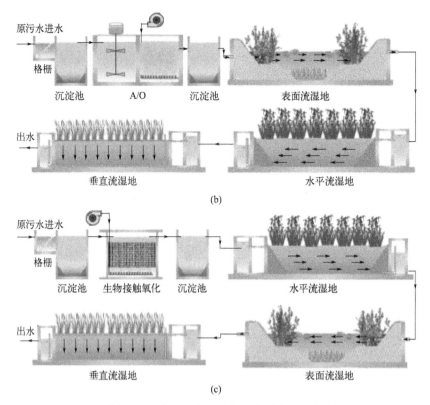

图8-11 生物处理+多级组合湿地处理农村生活污水的技术流程

对于已建污水处理站出水未达标的情况，尾水经调节池或直接进入表面流湿地-水平流湿地-垂直流湿地或水平流湿地-表面流湿地-垂直流湿地进行深度处理，出水达标排放或资源化回用。工艺流程见图8-12。

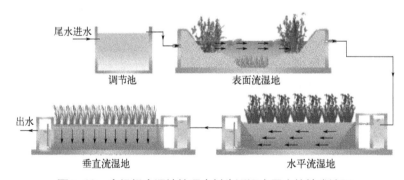

图8-12 多级组合湿地处理农村生活污水尾水的技术流程

8.3.4 技术效果

8.3.4.1 多级组合湿地处理效果

构建由垂直流湿地、水平流湿地、表面流湿地以不同串联次序组成的三级湿地（见图8-13），包括垂直流湿地-水平流湿地-表面流湿地（CW1）、垂直流湿地-表面流湿地-水平流湿地（CW2）、表面流湿地-垂直流湿地-水平流湿地（CW3）、表面流湿地-水平流湿地-垂直流湿地（CW4）、水平流湿地-表面流湿地-垂直流湿地（CW5）和水平流湿地-垂直流湿地-表面流湿地（CW6），研究3种基本湿地类型串联顺序对多级组合湿地处理效果的影响。每个单级湿地面积均为0.48m²，潜流湿地基质厚度为60cm，湿地基质为粒径1～2cm的砾石，表面流湿地种植耐水淹的再力花，潜流湿地种植风车草。原生活污水经过初级格栅与沉淀池后，分别泵入6组多级湿地中，水力负荷（HLR）为0.2m/d。

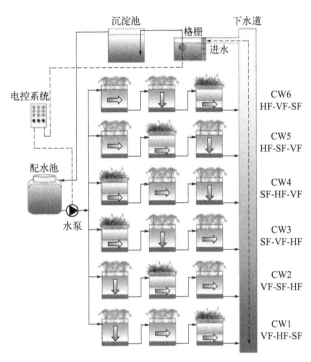

图8-13　多级组合湿地处理原污水装置

（1）处理效率

研究表明（图8-14和图8-15），处理原污水时，垂直流湿地的位置对脱氮除磷性能起关键作用。在以垂直流湿地为第一级的多级组合湿地中（CW1和CW2），TN、NH₃-N、TP、COD的去除率明显高于其他多级组合湿地，其中TN的平均去除率分别为47%和53%，NH₃-N的平均去除率分别为98%和94%，TP的平均去除率分别为50%和46%，COD的平均去除率分别为86%和87%。垂直流湿地为第二级的多级组合湿地处理效果次之，垂直流湿地为第三级的多级组合湿地处理效果最差。

在以垂直流湿地为第一级的多级组合湿地中（CW1和CW2），TN最终出水浓度分别为11.7mg/L和10.6mg/L，满足《城镇污水处理厂污染物排放标准》（GB 18918—2002）一级A标准要求，NH₃-N最终出水浓度分别为0.3mg/L和1.1mg/L，满足《地表水环境质量标准》（GB 3838—2002）Ⅲ类水质要求，COD最终出水浓度分别为16.2mg/L和15.8mg/L，满足《地表水环境质量标准》（GB 3838—2002）Ⅳ类水质要求，TP最终出水浓度分别为0.96mg/L和1.0mg/L，满足《城镇污水处理厂污染物排放标准》（GB 18918—2002）一级B标准要求，若要达到更好的出水水质，需要配合除磷能力更强的填料。

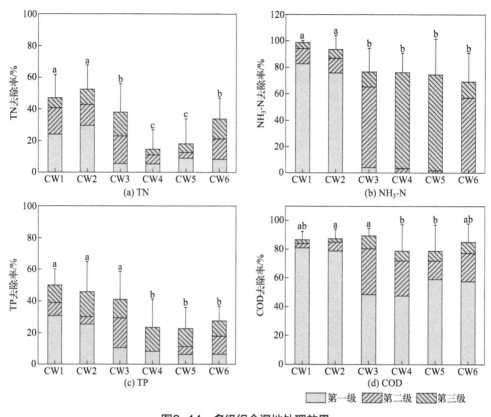

图8-14 多级组合湿地处理效果

不同字母表示组间去除率存在显著性差异（$P<0.05$）

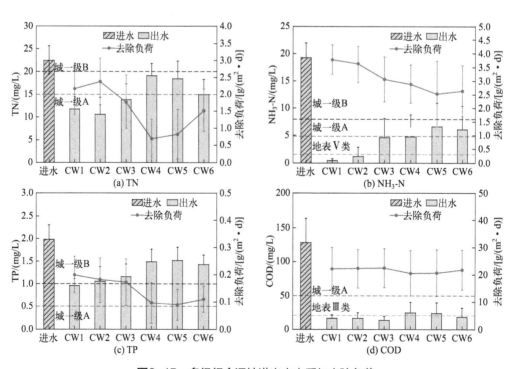

图8-15 多级组合湿地进出水水质与去除负荷

（2）多级组合湿地脱氮途径

氮在CW1和CW2、CW3和CW6、CW4和CW5中的转化过程相似（图8-16，书后另见彩图）。

非饱和流的垂直流（VF）湿地中富集硝化菌与好氧异养反硝化菌，可使进水中大部分NH_3-N通过硝化作用转化为NO_3^--N和NO_2^--N从而被去除，继而通过好氧异养反硝化菌的作用将NO_3^--N和NO_2^--N转化为N_2，使TN得到去除。VF湿地中可观察到比其他湿地高的NO_2^--N含量。

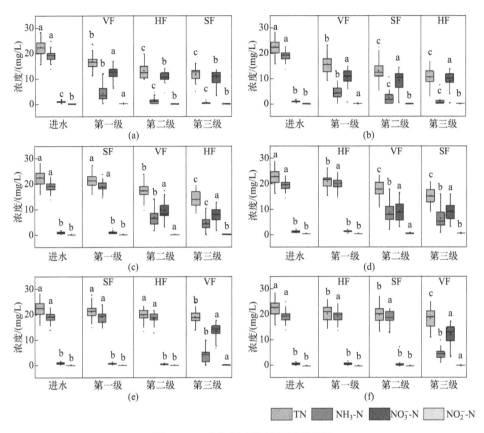

图8-16 多级组合湿地氮转化规律

不同字母表示组间去除率存在显著性差异（$P < 0.05$）

在VF湿地后续的水平流（HF）和表面流（SF）湿地中更易于富集缺氧异养反硝化菌和厌氧氨氧化菌，可对VF湿地出水中的NH_3-N和NO_3^--N通过异养反硝化与厌氧氨氧化途径进一步去除。因此，VF湿地在饱和流湿地前的多级组合湿地脱氮效果较好。

在VF湿地前的HF和SF湿地中易于富集缺氧异养反硝化菌，而不易于富集厌氧氨氧化菌和硝化菌。因此，当HF和SF湿地位于VF湿地前时，两种饱和流湿地虽然有较高的反硝化潜力，但由于NH_3-N难以转化为NO_2^--N和NO_3^--N，导致后续反硝化过程难以进行，TN去除效率较低，而此时COD已被大量消耗，致使后续VF湿地的好氧反硝化反应由于缺乏碳源而难以进行。因此，VF湿地在饱和流湿地后的多级组合湿地脱氮效率较低。

氮、磷和有机物在多级组合湿地中的进水负荷与去除负荷存在明显线性关系（图8-17），基本呈现去除负荷随进水负荷增大而增大的趋势。实际应用中可以根据进水负荷情况估计去除负荷，为湿地面积设计提供参考。

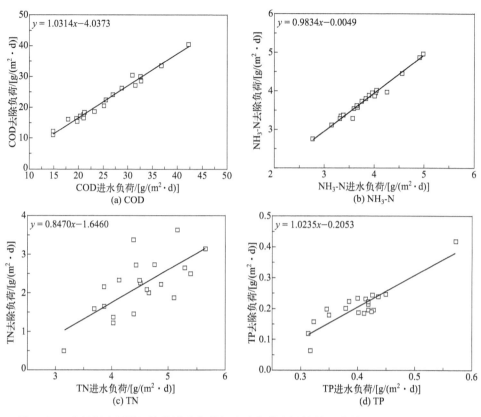

图8-17　多级组合湿地污染物进水负荷与去除负荷之间的关系（以VF-HF-SF为例）

8.3.4.2　生物处理+多级组合湿地处理效果

以MBR生物处理工艺为例，研究MBR+多级组合湿地的污水处理效果（图8-18，书后另见彩图）。MBR由设备间、好氧池、缺氧池和产水池组成，好氧池间歇曝气将DO浓度控制在$1.0 \sim 1.5$mg/L，形成以NO_3^--N为主且低COD的出水，出水分别进入6组由VF、HF、SF以不同串联次序组成的三级湿地，包括VF-HF-SF（CW1）、VF-SF-HF（CW2）、SF-VF-HF（CW3）、SF-HF-VF（CW4）、HF-SF-VF（CW5）和HF-VF-SF（CW6）。每个单级湿地面积均为0.48m²，湿地基质为粒径$1 \sim 2$cm的砾石，表面流湿地种植耐水淹的再力花，潜流湿地种植风车草，湿地HLR为0.2m/d。

（1）生物处理+多级组合湿地处理效果

结果（图8-19和图8-20）表明，MBR出水TN和NH₃-N满足《城镇污水处理厂污染物排放标准》（GB 18918—2002）一级A标准要求，COD满足《地表水环境质量标准》（GB 3838—2002）Ⅵ类水质要求，TP未达《城镇污水处理厂污染物排放标准》（GB 18918—2002）一级B标准要求。出水经多级组合湿地处理后，各项指标浓度显著降低。

以饱和流湿地为第一级的多级组合湿地（CW4、CW3、CW5和CW6）的综合表现较好，其中又以CW4（SF-HF-VF）最优，其对MBR出水TN、NH₃-N、TP和COD的去除率分别为74%、90%、72%和47%。出水浓度分别低至2.8mg/L、0.2mg/L、0.4mg/L、12.6mg/L，TN接近《地表水环境质量标准》（GB 3838—2002）Ⅴ类水质要求，NH₃-N优于《地表水环境质量标准》（GB 3838—2002）Ⅱ类水质要求，TP达《地表水环境质量标准》（GB 3838—2002）Ⅴ

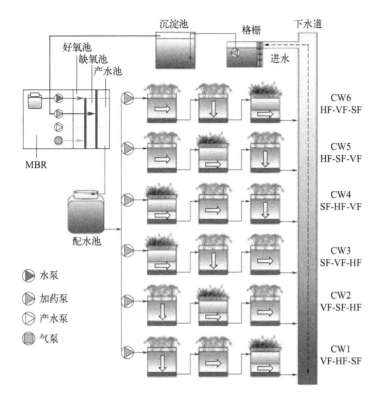

图8-18 MBR+多级组合湿地处理装置

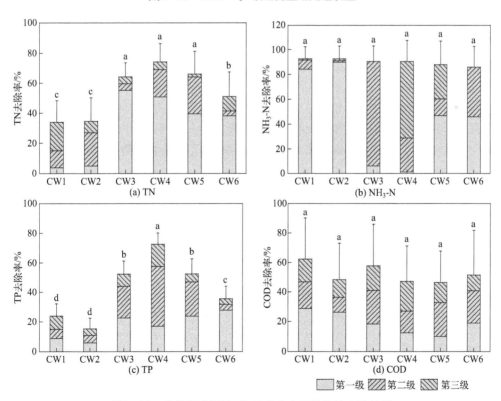

图8-19 多级组合湿地对MBR出水污染物的去除效果

不同字母表示组间去除率存在显著性差异（$P < 0.05$）

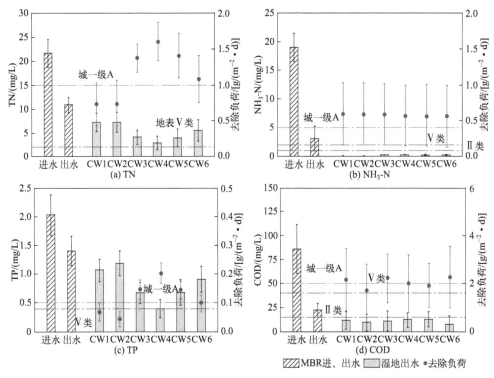

图8-20 生物处理+多级组合湿地进出水水质及湿地去除负荷

类水质要求，COD达《地表水环境质量标准》（GB 3838—2002）Ⅱ类水质要求。

（2）生物处理+多级组合湿地脱氮途径

氮在多级组合湿地中的转化规律如图8-21所示（书后另见彩图）。

VF湿地中富集硝化菌与好氧异养反硝化菌，具有良好的硝化与好氧异养反硝化能力，但由于生物处理单元出水COD较低，VF湿地能够反硝化去除的TN量并不高，且随着VF湿地在多级组合湿地中的次序越靠后，TN去除量越少。

HF和SF湿地中更易于富集缺氧异养反硝化菌和厌氧氨氧化菌，可将生物工艺出水的

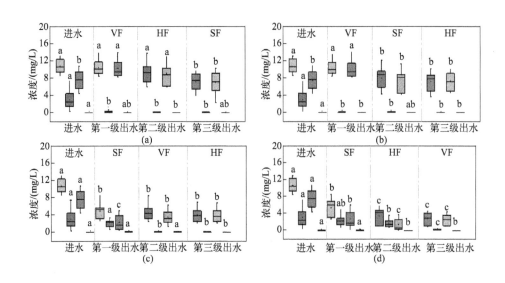

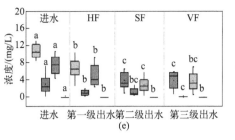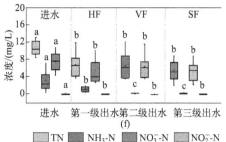

图8-21　氮在多级组合湿地中的转化规律

不同字母表示组间去除率存在显著性差异（$P<0.05$）

NH_3-N和NO_3^--N通过异养反硝化与厌氧氨氧化途径进一步去除，由于缺氧异养反硝化菌利用碳进行反硝化的效率比好氧异养反硝化菌更高，因此，在相同进水COD浓度下，饱和流湿地脱氮效率更高。在SF湿地长期运行过程中，植物凋落物在湿地中累积，可增加湿地中可利用碳源，从而表现出对NO_3^--N具有更高的反硝化效率。HF与SF湿地中也发现了较丰富的反硝化除磷菌，这是多级组合湿地高效除磷的重要机制。

氮、磷和有机物在多级组合湿地中的进水负荷与去除负荷存在明显线性关系（图8-22），去除负荷基本呈现随进水负荷增大而增大的趋势。实际应用中可以根据进水负荷情况估计去除负荷，为湿地面积设计提供参考。

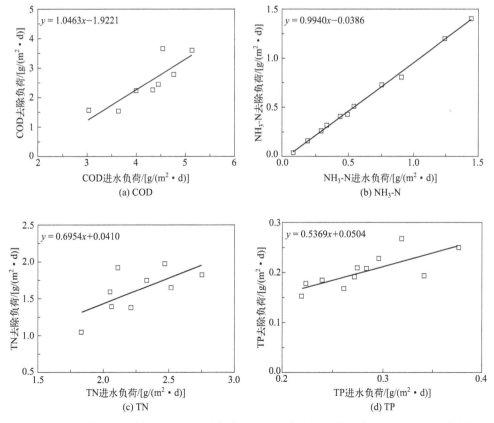

图8-22　多级组合湿地处理尾水时进水负荷与去除负荷之间的关系（以SF-HF-VF为例）

8.3.5 设计参数

处理原生活污水时，为了降低人工湿地堵塞风险，保障长效运行，需根据进水水质条件选取预处理工艺，其要求同单级湿地预处理要求所述。

在采用多级组合湿地处理原生活污水时，推荐使用以垂直流湿地为第一级的组合湿地，其综合净化效果最佳。为了使出水达到《城镇污水处理厂污染物排放标准》（GB 18918—2002）一级A标准要求，湿地设计可参考表8-5中列出的参数，如对TP有严格控制要求，应采用高效除磷填料。

表8-5 湿地设计参数

设计参数	原水处理	尾水处理
	垂直流湿地–水平流湿地–表面流湿地 垂直流湿地–表面流湿地–水平流湿地	表面流湿地–水平流湿地–垂直流湿地 水平流湿地–表面流湿地–垂直流湿地
COD去除负荷/ [g/(m² · d)]	≤60	≤17
NH₃-N去除负荷/ [g/(m² · d)]	≤8.0	≤2.5
TN去除负荷/ [g/(m² · d)]	≤5.5	≤4.0
TP去除负荷/ [g/(m² · d)]	≤0.6	≤0.2
水力停留时间/d	1.0～2.0	0.6～2.0
水力负荷/ (m/d)	0.2～0.4	0.2～0.4

在采用生物处理+多级组合湿地时，多级组合湿地推荐使用表面流湿地-水平流湿地-垂直流湿地、水平流湿地-表面流湿地-垂直流湿地（表8-5）。表面流湿地在长期运行中，植物凋落物在湿地中累积，可为脱氮提供碳源，表面流湿地前置的多级组合湿地在 NO_3^--N深度去除方面具有显著优势，同时湿地中可发生反硝化除磷过程，除磷效果也较好。

8.4 复合垂直流湿地

复合垂直流湿地是一种复合型潜流人工湿地系统，水流包括下行流和上行流，底部串联连通，水体流动依靠两端高度差推动。该工艺由于水流方向为纵向，可以通过增加湿地深度提高处理负荷，占地面积相对较小。

8.4.1 适用范围

复合垂直流湿地是下行与上行垂直流湿地工艺的组合工艺，旨在发挥硝化作用的同时加强其反硝化作用，提高整体脱氮效果。复合垂直流湿地适用于达标排放的污水处理厂出水、微污染河水、农田退水及类似性质的低污染水的水质净化，经深度处理后，通常出水可达准地表水水质标准。

8.4.2 技术原理

复合垂直流湿地结构如图8-23所示，由下行池与上行池组成。复合垂直流湿地基质层有机物的积累与分布规律与其特有的水流方式有关。污水首先被投配到下行池，在下行池由上至下流动的过程中，大部分悬浮的颗粒状有机物由于沉淀、过滤作用而被截留下来，而一些胶体物质也会由于絮凝、沉淀、离子交换等作用而滞留在下行池基质中。穿过下行池进入上行池中的有机物主要是一些可溶解的有机物，极易被微生物所降解，或者随水流带出系统外，不容易积累在基质中，因此呈现出下行池有机物的含量明显高于上行池的规律。基质对磷的吸收是湿地去除磷的首要因素，符合动力学方程的速率和容量关系。基质对氮的吸附是一个复杂的过程，通常可以认为系统基质对氮的积累主要发生在下行池表层。

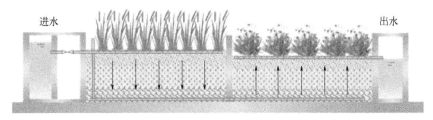

图8-23　复合垂直流湿地结构

下行池通过水流下渗带动大气复氧，加上根区泌氧，在床体表层形成较宽的好氧区，而上行池由于缺乏大气复氧来源，表层好氧区较小，从而形成下行池硝化作用强化、上行池反硝化作用强化的功能区。同时，污水渗过复合垂直流湿地的过程中，经过植物根区，在根区好氧-缺氧-厌氧微环境生境下，经历多重氧化还原反应而被转化降解，并通过植物根系吸收去除。

8.4.3 技术流程

尾水中悬浮颗粒物较少，无需设置沉淀池，污水进入调节池后流入复合垂直流湿地下行池基质表面的多孔布水管，使进水均匀分布于下行池整个表面，随后污水垂直向下流过下行池基质。湿地底部有0.5%的倾斜度，污水自流进入上行池底部，下行池基质层比上行池基质层高，水流会自动淹没第二池的基质层，污水后续被上行池基质表面的多孔集水管均匀收集，最后从上行池基质层底部流出系统。污水下行-上行的复合水流过程可避免其他类型湿地易出现的"短路"现象，而且形成了下行流池好氧、上行流池厌氧的复合水处理结构，可对尾水氮、磷进行深度处理，使出水水质达准地表水水质，可排入地表功能水体、景观回用或杂用。技术流程见图8-24。

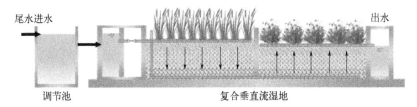

图8-24　复合垂直流湿地处理生活污水尾水的技术流程

8.4.4 技术效果

以碎石为基质、深度为1.5m的复合垂直流湿地在水力负荷为0.52m/d、水力停留时间为0.94d的条件下对污水厂尾水的处理效果表明（图8-25），季节变化对尾水COD的去除影响较大，去除率为32%～51%，春夏季去除率较高；NH₃-N去除率为30%～57%，冬季明显低于其他季节；TN去除率为40%～66%，春夏秋三季去除率较高；TP去除率为60%～68%。

污水厂尾水经复合垂直流湿地处理后，COD出水浓度为20～40mg/L，满足《地表水环境质量标准》（GB 18918—2002）地表水Ⅳ～Ⅴ类水质标准，NH₃-N出水浓度为0.2～0.6mg/L，满足《地表水环境质量标准》（GB 18918—2002）地表水Ⅱ～Ⅲ类水质标准，TN出水浓度为4.6～8.7mg/L，优于《地表水环境质量标准》（GB 18918—2002）一级A水质标准，TP出水浓度为0.04～0.08mg/L，满足地表水Ⅱ类水质标准。

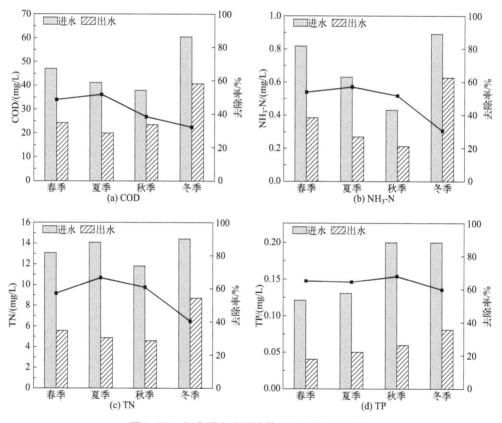

图8-25　复合垂直流湿地进出水水质与去除率

复合垂直流湿地中富集了丰富的氮转化功能菌（图8-26，书后另见彩图），硝化细菌相对丰度为0.28%～0.31%，与自然土壤差别不大，但反硝化细菌相对丰度高达1.84%～1.93%，明显高于自然土壤，湿地中还存在厌氧氨氧化菌，相对丰度为0.35%～0.39%，而自然土壤中的厌氧氨氧化菌相对丰度很低，仅为0.01%。表明复合垂直流湿地与自然土壤相比，具有较好的反硝化与厌氧氨氧化潜力。季节对湿地中氮转化功能菌的影响较小。

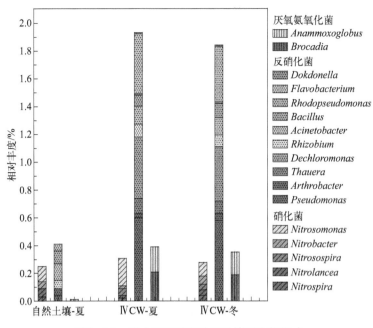

图8-26　复合垂直流湿地氮功能微生物组成

　　氮、磷和有机物在复合垂直流湿地中的进水负荷与去除负荷存在明显线性关系（图8-27），基本呈现去除负荷随进水负荷增大而增大的趋势。实际应用中可以根据进水负荷情况估计去除负荷，为湿地面积设计提供参考。

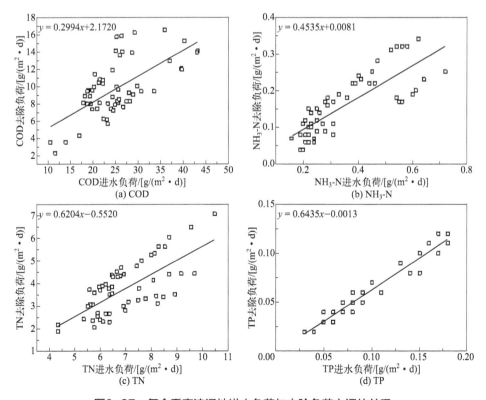

图8-27　复合垂直流湿地进水负荷与去除负荷之间的关系

8.4.5　设计参数

在采用复合垂直流湿地处理生活污水尾水时，为了使出水达到准地表水水质标准，湿地设计可参考表8-6中列出的参数，如对TP浓度有严格控制要求应采用高效除磷填料。

表8-6　湿地设计参数

设计参数	复合垂直流湿地
COD进水浓度/（mg/L）	30～60
NH$_3$-N进水浓度/（mg/L）	1.5～8.0
TN进水浓度/（mg/L）	1.5～15.0
TP进水浓度/（mg/L）	0.3～1.0
水力停留时间/d	0.8～2.0
水力负荷/（m/d）	0.3～1.2
湿地深度/m	0.5～1.5
COD去除负荷/[g/(m^2·d)]	1.5～15.0
NH$_3$-N去除负荷/[g/(m^2·d)]	0.8～2.5
TN去除负荷/[g/(m^2·d)]	0.6～3.0
TP去除负荷/[g/(m^2·d)]	0.03～0.12

8.5　回流立式湿地

回流立式湿地是为了应对传统人工湿地占地面积大和净化速度缓慢的问题而开发的新型立式一体化结构，包括单级回流立式湿地（RVCW）与组合回流立式湿地（RHCW）。该技术由两部分组成，上层为人工湿地系统，下层为储水池，这两部分是纵向叠置的。批次污水在系统中进行间歇循环回流处理，直至出水达到排放标准。该技术一方面从空间架构上减小了湿地占地面积，另一方面通过间歇回流运行方式提高了湿地处理负荷，从而又进一步减小了湿地占地面积。该技术优势明显，占地面积小、高水力负荷、操作简便、可自动化管理和运行、可快速除去污染物，适用于农村地区分散污水的就地处理及资源化。

8.5.1　适用范围

回流立式湿地是小型化和一体化的工艺，适用于庭院式污水就地处理，能节约管网建设成本，占地面积小，适合土地资源稀缺的地区（图8-28）。

单级回流立式湿地（RVCW）采用的是潮汐流垂直流湿地工艺，拥有出色的复氧能力，能快速去除COD、BOD$_5$和NH$_3$-N等污染物，运行模式灵活，适用于生活污水原水处理，处理负荷远高于其他湿地类型，出水可快速达到《农田灌溉水质标准》（GB 5084—2021）要求或《城镇污水处理厂污染物排放标准》（GB 18918—2002）一级B标准要求。

组合回流立式湿地（RHCW）则结合了垂直流湿地和水平流湿地的优点，在满足快速

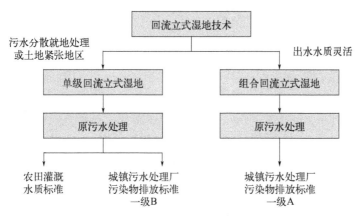

图8-28 回流立式湿地分类与适用范围

去除COD与NH₃-N的同时，提高了TN的去除能力，出水水质可达《城镇污水处理厂污染物排放标准》（GB 18918—2002）一级A标准要求，适用于出水水质要求较严的地区。

8.5.2 技术原理

回流立式湿地结构如图8-29所示。

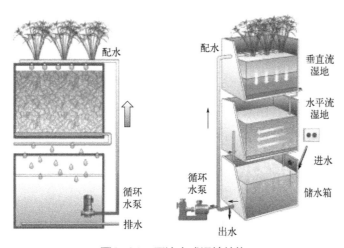

图8-29 回流立式湿地结构

单级回流立式湿地由上层的潮汐流垂直流湿地与下层的储水池组成，垂直流湿地周期性地处于干湿状态，有利于系统氧交换，具有良好的氧化条件，在污水间歇回流的过程中快速去除COD与NH₃-N。间歇回流运行是指污水进入湿地下层储水池后，回流泵启动将污水从储水池快速送入湿地系统，然后回流泵自动关停，待污水经过上层湿地系统处理流回储水池后，回流泵再次启动，如此往复循环处理，储水池中的水位监控器控制循环泵的运行工况，通常停留仅几小时后即可达标排放。

组合回流立式湿地是基于传统硝化-反硝化理论，在单级回流立式湿地基础上增加水平流湿地缺氧单元，批次污水在间歇回流处理的过程中，在系统中重复发生好氧硝化-缺氧反硝化过程，提高了TN去除效率。

8.5.3　技术流程

该工艺技术可独门独户收集污水，有条件收集村落污水的情况下也可以统一收集处理。原污水经格栅与沉淀池去除大件杂物与颗粒砂石后，进入厌氧调节池进行厌氧酸化水解，提高有机物可生化性，然后通过提升泵进入回流立式湿地储水箱，待污水到达储水箱高位时，停止进水，湿地循环回流泵启动，将污水快速提升进入垂直流湿地，然后循环回流泵关停，待污水经历各级湿地处理回流至储水箱高位时，循环回流泵再次启动，如此往复循环处理若干小时后，水体达标，储水箱电磁阀打开，出水资源化回用或直接排放。技术流程见图8-30。

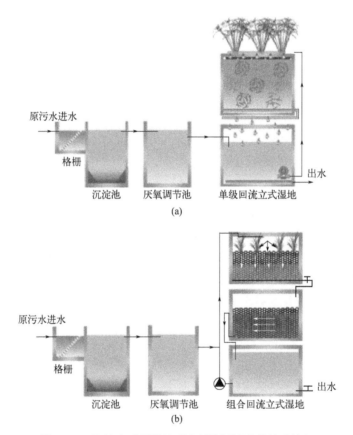

图8-30　回流立式湿地处理农村生活污水的技术流程

8.5.4　技术效果

8.5.4.1　常规污染物去除效果

构建占地面积为$0.48m^2$、种植风车草的组合回流立式湿地系统，内循环时间设为0.5h，批次处理污水量为250L，研究RHCW在24h停留时间内对生活污水常规污染物的去除性能。结果如图8-31所示，RHCW在运行6h后即可高效去除COD、TN和NH_3-N等主要污染物。COD平均去除率高达94%，TN平均去除率达到83%，NH_3-N平均去除率达到85%。出水水质均满足《城镇污水处理厂污染物排放标准》（GB 18918—2002）的一级A标准。

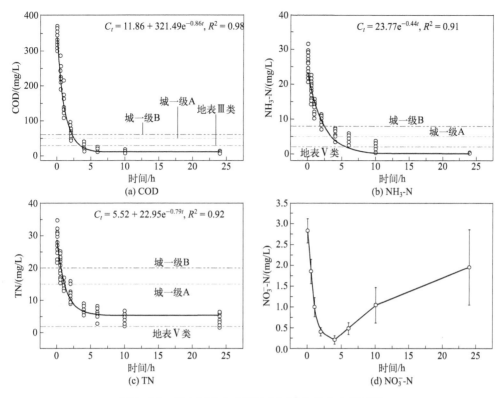

图8-31　组合回流立式湿地中污染物动态去除过程

进水COD的初始浓度较高（>300mg/L），RHCW中的TN可以发生有效反硝化过程。NH₃-N浓度在快速下降同时，NO_3^--N浓度始终低于3mg/L，其浓度前期呈现下降趋势，4h后，由于碳源消耗反硝化过程减弱，硝化作用持续，其浓度才逐渐增大，表明系统可能发生了短程硝化和反硝化过程。每批次污水处理时间若设定为6h，则每天可以处理3～4批次的污水，相应水力负荷高达2m/d。

8.5.4.2　重金属去除效果

考虑到农村地区污水中可能含有重金属混合污染，本小节介绍了RHCW对含有重金属（如As、Cu、Cd、Zn、Pb）的生活污水的处理效果。通过向普通生活污水中添加5种重金属，制备了农村含重金属混合污水，初始浓度设定为：C_{As}=100μg/L，C_{Cu}=1000μg/L，C_{Pb}=100μg/L，C_{Cd}=10μg/L，C_{Zn}=2000μg/L。回流周期设定为：t=15min，t=30min，t=45min。

正常运行条件下，5种常见重金属在RHCW中处理6h的去除率达50%以上（见图8-32），表明RHCW可以有效地降低混合污水中的重金属含量，削减其环境风险。Cu和Zn经RHCW处理后，其浓度分别降至0.5mg/L和1.0mg/L，满足《城镇污水处理厂污染物排放标准》（GB 18918—2002）。

改变RHCW的运行条件，其研究结果如表8-7所列。除了Cu以外，回流周期对其他重金属的去除率影响差异不显著，说明1h内的回流周期对重金属去除影响不大。pH值对重金属的去除也没有显著影响。将运行时间延长至24h后，As、Cd、Pb和Cu的去除率显著增大（$P<0.05$），平均去除率分别为87%、88%、100%和94%。在实际运行中，适当延长回流周期，可减少循环能耗，并可以根据常规污染物和重金属的出水要求，灵活调节运行时间。

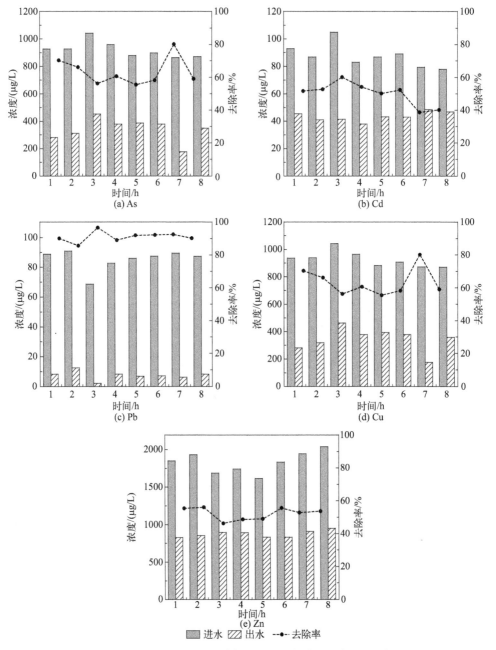

图8-32　组合回流立式湿地在常规运行条件下重金属处理情况

回流周期30min，未人为调节水体pH值

表8-7　不同条件下5种重金属的去除率

单位：%

重金属	t=30min pH=7	t=30min pH=6	t=30min pH=9	t=15min pH=7	t=45min pH=7	运行时间=24h
As	50 ± 3a	53 ± 3a	50 ± 2a	68 ± 15a	60 ± 2a	87 ± 4b
Cd	62 ± 3a	60 ± 3a	63 ± 4a	70 ± 9a	67 ± 9a	88 ± 3b
Pb	91 ± 3a	90 ± 3a	93 ± 3a	93 ± 1a	95 ± 2a	100b

重金属	t=30min pH=7	t=30min pH=6	t=30min pH=9	t=15min pH=7	t=45min pH=7	运行时间=24h
Cu	63 ± 9a	58 ± 6a	62 ± 7a	66 ± 3a	83 ± 14b	94 ± 2c
Zn	51 ± 2a	50 ± 3a	52 ± 2a	59 ± 5a	59 ± 5a	53 ± 2a

注：不同字母表示同一种重金属在不同运行条件下存在显著性差异（$P < 0.05$）。

8.5.4.3 农药去除效果

为了了解RHCW在处理含有农药的农村生活污水的效果，本小节选取了毒死蜱、硫丹、氰戊菊酯和敌草隆4种常见农药并设计了3种RHCW（表8-8）进行研究，其初始浓度分别为（78.9 ± 2.2）μg/L、（78.1 ± 1.2）μg/L、（59.2 ± 0.2）μg/L 和（66.2 ± 3.8）μg/L。系统运行期间，分别在0h、1h、3h、5h、7h、9h、12h、24h、36h、48h和72h采样，以了解农药含量随时间的变化。

表8-8 3种RHCW设计

RHCW1	RHCW2	RHCW3
无植物	有植物	植物+铁基生物炭（2000g）

RHCW对各种农药的去除效果见表8-9，去除率在45%～100%之间。具体来说，与RHCW1（无植物系统）相比，RHCW2（有植物系统）和RHCW3（有植物并添加了铁基生物炭的系统）在运行3d后，对毒死蜱、硫丹和氰戊菊酯的去除率均达到95%以上。所有系统对氰戊菊酯和硫丹的去除效率无显著性差异（$P > 0.05$），但对于毒死蜱和敌草隆，RHCW3的去除率达到99%，显著高于RHCW1的去除率为90%和45%（$P < 0.05$）。研究发现，加入铁基生物炭可以明显提高对农药的去除效果，尤其是对于毒死蜱和敌草隆。

表8-9 RHCW农药去除率与半衰期

项目	进水/(μg/L)	RHCW1		RHCW2		RHCW3	
		去除率/%	半衰期/h	去除率/%	半衰期/h	去除率/%	半衰期/h
毒死蜱	78.9 ± 2.2	90 ± 5a	2.5	95 ± 3b	2.3	99 ± 2c	1.5
硫丹	78.1 ± 1.2	98 ± 2a	3.9	99 ± 1a	4.1	99 ± 1a	2.2
氰戊菊酯	59.2 ± 0.2	99 ± 2a	7.7	99 ± 1a	8.7	100 ± 1a	3.3
敌草隆	66.2 ± 3.8	45 ± 4a	10.7	64 ± 5b	11.0	99 ± 3c	4.1

农药在RHCW中的去除符合一级动力学过程（见图8-33，书后另见彩图），在RHCW3系统中，4种农药的去除速率常数高于RHCW1和RHCW2，具体来说，RHCW3对毒死蜱、硫丹、氰戊菊酯、敌草隆4种农药的去除速率常数分别为RHCW2的1.8倍、2.6倍、1.5倍和2.7倍。

从快速去除阶段来看，氰戊菊酯是最容易被去除的，其在7h内被快速去除；毒死蜱在9h内被快速去除；而硫丹和敌草隆的去除在12h之前完成。

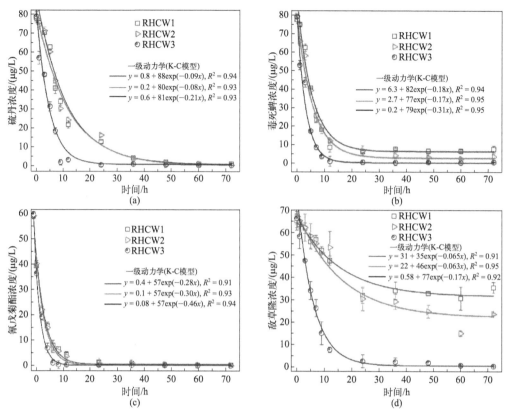

图8-33　4种农药在RHCW中的去除动力学过程

8.5.4.4　高浓度污染物去除效果

在回流湿地技术的研究领域中，Gross及其团队提供了单级垂直流湿地回流系统（RVCW）处理高浓度污水的效果，研究装置占地面积0.9m²，处理量0.3m³/批次，流速390L/h。表8-10展示了该系统在8h内对主要污染物的去除情况，TSS、BOD₅和粪大肠埃希菌的去除率分别达98%、100%和99%。在高COD浓度的情况下，TN的去除效率高达69%。阴离子表面活性剂与硼去除率也较高，分别达到92%和65%。96h的动态处理效果如图8-34所示，这些数据可为回流湿地技术的进一步应用提供参考。

表8-10　进出水情况

项目	进水	出水	去除率/%
TSS	（158±30）mg/L	（3±1）mg/L	98
BOD₅	（466±66）mg/L	（0.7±0.3）mg/L	100
COD	（839±47）mg/L	（157±62）mg/L	81
TP	（22.8±1.8）mg/L	（6.6±1.1）mg/L	71
TN	（34.3±2.6）mg/L	（10.8±3.4）mg/L	69
NH₃-N	（0.3±0.1）mg/L	（0.9±0.7）mg/L	
NO₂⁻-N	（0.3±0.2）mg/L	（0.2±0.2）mg/L	

项目	进水	出水	去除率/%
NO_3^--N	（3.0±1.3）mg/L	（8.6±4.3）mg/L	
电导率（EC）	（1.2±0.1）dS/m	（1.3±0.1）dS/m	
pH值	6.3～7.0	7.0～8.0	
阴离子表面活性剂	（7.9±1.7）mg/L	（0.6±0.1）mg/L	92
硼	（1.6±0.1）mg/L	（0.6±0.1）mg/L	65
粪大肠埃希菌	（5×10⁷±2×10⁷）CFU/100mL	（2×10⁵±1×10⁵）CFU/100mL	99

注：表中为处理8h时的效果。

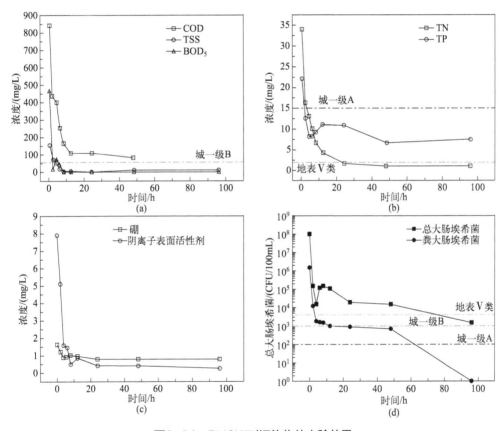

图8-34　RVCW对污染物的去除效果

8.5.5　设计参数

（1）回流立式湿地面积设计方法

以氧传递速率（OTR）作为设计基础，考虑污染物（COD、NH_3-N）负荷与OTR的相互关系和温度对OTR的影响，引入污染物需氧量负荷（LON）、温度修正系数θ等，构建了回流立式湿地面积（A）计算公式：

$$A^{b-1} = \frac{aQ^{(b-1)}P_{in}^b}{P_{in} - P_{out}} \qquad (8\text{-}3)$$

式中　Q——处理水量，m^3/d；

　　P_{in}——模拟湿地系统进水污染指数，mg/L；

　　P_{out}——模拟湿地系统出水污染指数，mg/L；

　　a,b——系数，根据试验数据模拟，20℃下单级回流立式湿地的系数 a 和 b 可分别设置为 6.30 和 0.59，组合回流立式湿地的系数 a 和 b 可分别设置为 3.97 和 0.69。

湿地系统进水污染指数 P_{in} 的表达式为：

$$P_{in} = 0.5C_{COD,\,in} + 4.3C_{NH_3\text{-}N,\,in} \qquad (8\text{-}4)$$

或者

$$P_{in} = C_{BOD_5,\,in} + 4.3C_{NH_3\text{-}N,\,in} \qquad (8\text{-}5)$$

式中　$C_{COD,\,in}$——COD进水浓度，mg/L；

　　$C_{NH_3\text{-}N,\,in}$——NH$_3$-N进水浓度，mg/L；

　　$C_{BOD_5,\,in}$——BOD$_5$进水浓度，mg/L。

湿地系统出水污染指数 P_{out} 的表达式为：

$$P_{out} = 0.5C_{COD,\,out} + 4.3C_{NH_3\text{-}N,\,out} \qquad (8\text{-}6)$$

或者

$$P_{out} = C_{BOD_5,\,out} + 4.3C_{NH_3\text{-}N,\,out} \qquad (8\text{-}7)$$

式中　$C_{COD,\,out}$——COD出水浓度，mg/L；

　　$C_{NH_3\text{-}N,\,out}$——NH$_3$-N出水浓度，mg/L；

　　$C_{BOD_5,\,out}$——BOD$_5$出水浓度，mg/L。

（2）脱氮容量

上述湿地面积计算公式主要基于COD与NH$_3$-N的去除，若有TN去除要求，可进一步根据消耗单位质量COD可去除的TN量，即脱氮容量，估计湿地系统对TN的去除情况。据试验数据计算，单级回流立式湿地脱氮容量为 0.064～0.090，组合回流立式湿地脱氮容量为 0.078～0.124。

8.6　潮汐流湿地

人工湿地床体长期处于淹没状态，氧环境较差，当处理较高浓度的污水时，饱和潜流人工湿地中的氧不足以满足有机物及氨氮的氧化去除。因此，如何解决人工湿地床体供氧不足的问题，成为提高湿地处理能力的关键。潮汐流湿地（TFCW）一种新型的人工湿地模式，是解决人工湿地供氧能力不足的一种新途径，通过周期性的淹没排空过程强化湿地系统增氧，从而提高对有机物和营养物质的去除效率。如何调控TFCW充水与排空周期实现污染物高效去除是关键科学问题，有研究将分流进水与潮汐流运行相结合，取得了良好效果。

8.6.1 适用范围

改进型潮汐流湿地适合在土地资源相对紧张、出水水质要求较严的地区应用，该工艺对TN处理效果好，配合吸磷填料，出水可达城市污水排放一级A标准，但运行方式相对复杂。

8.6.2 技术原理

潮汐流湿地在人工湿地系统进水与排干的过程中，利用床体浸润面的变化产生的孔隙吸力将大气氧吸入床体，显著改善人工湿地床体的氧环境，空气进入湿地基质的孔隙中，使得基质中的生物膜、水膜迅速与氧结合，有利于有机物与NH_3-N氧化。改进型潮汐流湿地引进分流进水方式，运行周期分6个运行阶段。在进水阶段1，部分污水从上部布水下行进入湿地，垂直流带动大气复氧，有机物与NH_3-N被氧化，部分NO_3^--N经好氧反硝化被还原为N_2；在淹水阶段1，污水在湿地中静置，NO_3^--N持续进行缺氧反硝化，有机物进一步被消耗；在进水阶段2，剩余污水从湿地底部以上行流进入，污水中的有机物为反硝化补充了新的碳源；淹水阶段2，系统中有机物持续消耗，NH_3-N与NO_3^--N可能通过厌氧氨氧化途径被进一步去除；排水阶段，污水从底部排水管排出，空气通过孔隙吸力进入床体；排空阶段，污水排空后，湿地闲置，截留于湿地中的有机质进一步被氧化分解，减少有机质累积。有研究认为潮汐流湿地技术相比曝气湿地能够降低约50%的能源损耗。

8.6.3 技术流程

该技术可独门独户收集污水，有条件统一收集村落污水的情况下也可以统一收集处理。原污水经格栅与沉淀池去除大件杂物与颗粒砂石后，进入厌氧调节池进行厌氧酸化水解，提高有机物可生化性，然后一部分污水通过提升泵从潮汐流湿地上部进入湿地，经历动态进水、淹水静置阶段后，剩余污水通过加压泵从潮汐流湿地底部上行进入湿地，经历动态进水、淹水静置阶段后，排水，湿地排空静置。出水达一级A标准，直接排入功能水体或进行资源回用（图8-35）。

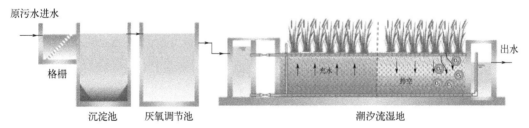

图8-35 改进型潮汐流湿地处理农村生活污水的技术流程

8.6.4 技术效果

分流进水是一种新型的运行方式，Wang等发现采用分流进水法可以有效提高潮汐流湿地TN处理效率，12h为一个运行周期，周期内运行状态分6个阶段，其运行过程如图8-36

所示。分流比是指湿地底部进水量与湿地上部进水量之比，是影响系统效果的重要参数，该研究对比了0:1、1:4、1:3、1:2、1:1等不同分流进水比例对TFCW处理实际生活污水的影响，其中0:1即不分流进水，为传统潮汐流湿地运行模式。实际生活污水经过沉淀预处理后进入TFCW，每批污水处理时间为12h，一天可处理2批污水，水力负荷为0.64m/d，TFCW填料为牡蛎壳，孔隙率为0.4。

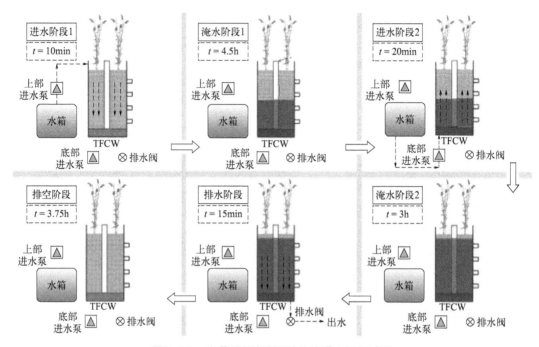

图8-36　改进型潮汐流湿地分流进水运行过程

研究发现（图8-37），在5种不同分流比0:1、1:4、1:3、1:2和1:1运行条件下，相应淹水阶段1的水位深度分别为79cm、63cm、59cm、53cm和40cm。分流进水对SS的去除无显著影响，去除率高达92%～94%；分流进水对COD_5的去除也无显著影响，去除率高达95%～97%；分流进水对BOD_5的去除也无显著影响，去除率高达94%～97%；分流进水对TP的去除影响不大，去除率高达90%～95%，随分流比增大而去除率呈下降趋势；

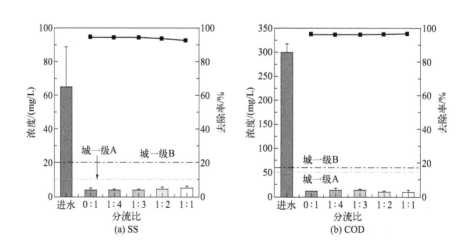

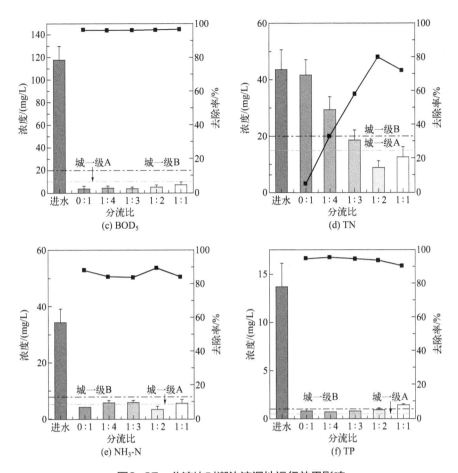

图8-37　分流比对潮汐流湿地运行效果影响

TFCW对NH₃-N的去除率高达83%～90%，分流比1:2时最高；分流比对TN的去除影响极为显著，去除率随分流比的增大而增大（5%～80%），1:2时达最高。

进水水质特征见表8-11。从出水水质来看，SS、COD、BOD₅在各种运行条件下均优于《城镇污水处理厂污染物排放标准》（GB 18918—2002）一级A标准，分流比1:2时NH₃-N与TN均可稳定达到一级A标准。牡蛎壳是一类钙含量达39%的天然材料，吸磷潜力高，具有良好实际应用价值，分流比1:2时TP达一级B标准，在进水高达13.64mg/L的条件下出水水质仍能达一级标准。

表8-11　进水水质特征　　　　　　　　　　　　　　　　单位：mg/L

SS	COD	BOD₅	TN	NH₃-N	TP
65.12 ± 24	299.4 ± 17	117.83 ± 12	43.56 ± 7	34.17 ± 5	13.64 ± 2.4

不同分流比条件下（图8-38，书后另见彩图），潮汐流湿地中的细菌（bacteria）、古菌（archaea）、*amoA*氨氧化基因丰度变化不大，*nxrA*硝化基因随分流比的增大呈下降趋势，分流比增大可明显提高*narG*、*nirS*、*nirK*、*norB*、*nosZ*等反硝化基因与厌氧氨氧化菌（anammox）基因丰度，使湿地中可以发生多种脱氮途径，显著促进了TN的去除。

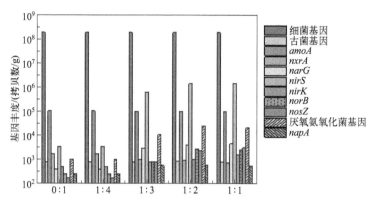

图8-38 不同分流比下潮汐流湿地功能基因丰度

8.6.5　设计参数

改进型潮汐流湿地最佳分流比为1∶2，在实际应用中，可参考表8-12提供的去除负荷进行湿地面积估计。牡蛎壳是一类钙含量达39%的天然材料，吸磷潜力高，对磷指标有控制要求的湿地设计可考虑采用牡蛎壳填料。

表8-12　湿地设计参数

设计参数	改进型潮汐流湿地
水力停留时间/d	0.5
水力负荷/（m/d）	≤0.7
COD去除负荷/ [g/(m² · d)]	≤120
NH_3-N去除负荷/ [g/(m² · d)]	≤14
TN去除负荷/ [g/(m² · d)]	≤14
TP去除负荷/ [g/(m² · d)]	≤1.8

注：填料为牡蛎壳，分流比为1∶2。

8.7　微生物燃料电池耦合湿地

传统的水污染控制技术存在高能耗和大量碳足迹的问题，污水中的资源和能源回收成了污水处理的新趋势和新举措。微生物燃料电池（microbial fuel cell，MFC）利用具有电化学活性的微生物可将污水中的有机物转化为电能，在污水净化和发电方面具有独特的潜力。为了提高废水处理效率并且拓展MFC的应用场景，将MFC嵌入人工湿地（CW）中形成CW-MFC系统已成为研究热点，CW-MFC系统是一种新型的水污染处理技术，在解决水污染问题和能源回收方面具有很大潜力，目前对CW-MFC系统的产电性能和去污效率方面已做了大量研究，但此项技术距落地于实践工程还有一定距离。

8.7.1 适用范围

MFC一般应用于饱和流湿地，在改善缺氧型饱和流湿地净化效率方面具有优势，能够促进污染物氧化还原反应的电子传递过程，有利于脱氮、难降解有机物降解、重金属吸附沉淀，还可根据电化学信号微变化监测COD去除效果。CW-MFC适用于原污水处理，综合出水水质可满足《城填污水处理厂污染物排放标准》（GB 18918—2002）一级A标准，出水可直排和资源化利用。

8.7.2 技术原理

将微生物燃料电池和人工湿地进行耦合形成的新型污水处理系统见图8-39。微生物燃料电池是一种利用微生物的电化学活性将废水中有机物的化学能转化为电能的系统，一般由厌氧阳极区、好氧阴极区、分隔层及外部电路组成，阳极区的电化学活性菌在降解废水中有机物的同时产生电子并传递给阳极，再通过外电路传递至阴极，从而形成电流。在微生物燃料电池-人工湿地（CW-MFC）系统中，人工湿地的好氧区和厌氧区可为微生物燃料电池提供所需的氧化还原梯度；通过湿地中丰富的微生物，形成电极-微生物生物电极效应、植物-微生物根际效应、基质-微生物生物膜效应，提高人工湿地的处理效能和产电效能。CW-MFC通常采用上行流湿地构型。

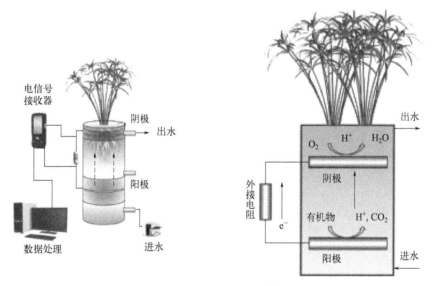

图8-39 CW-MFC的结构与原理

8.7.3 技术流程

原污水经前处理去除固体颗粒物后，进入CW-MFC，阳极微生物分解有机物产生电子，通过外部电路流向阴极产生电能，同时污染物沿程被湿地各单元降解处理，污水处理后达标排放或资源化回用。此外，过程中产生的电能可以用于设备供电或者外部接口供能。技术流程见图8-40。

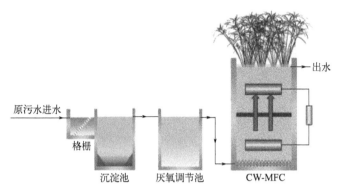

图8-40　CW-MFC处理农村生活污水的技术流程

8.7.4　技术效果

8.7.4.1　阴极材料对CW-MFC污水处理及产电性能影响

阴极性能是CW-MFC系统性能的关键设计因素，本节探讨了颗粒活性炭（GAC）和柱状活性炭（CAC）作为空气阴极材料时的性能差异及其应用潜力，并设计了三明治结构（S）与环状结构（R），为CW-MFC系统中空气阴极结构的优化与实际应用提供借鉴。

阴极结构对CW-MFC的污染物去除性能影响如图8-41所示（书后另见彩图）。根据图

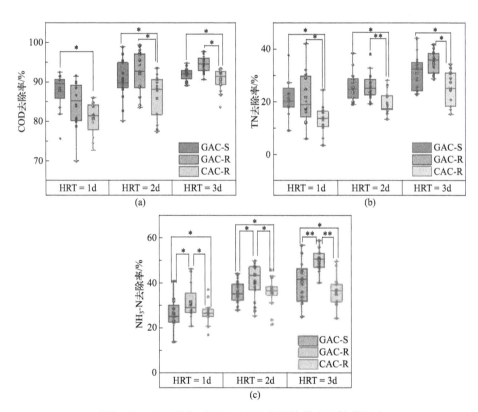

图8-41　阴极结构对CW-MFC的污染物去除性能影响

*表示 $P < 0.05$，**表示 $P < 0.01$

8-41（a），CW-MFC系统在三种不同停留时间下COD去除性能如下。在停留时间（HRT）为1d时，GAC-S、GAC-R和CAC-R的平均去除率分别为87%、84%和80%。COD去除率随着HRT的增加而增加，在3d的水力停留时间下，所有系统的COD平均去除率均达90%。GAC-S系统的COD平均出水浓度为31mg/L，GAC-R系统出水COD浓度最低，为21mg/L，CAC-R的出水COD浓度最高，为37mg/L，这与每个系统的产电量相一致。这些发现似乎支持使用电压信号原位监测CW-MFC中COD去除性能的可行性研究。总之，CW-MFC的产电性能受阴极效能的影响，空气阴极出水中较低的COD浓度有利于阴极氧还原过程（ORR），从而降低阴极过电位并输出更多的生物电；反之亦然。

TN和NH$_3$-N的去除性能如图8-41（b）、（c）所示。水力停留时间为1d时，GAC-S、GAC-R和CAC-R对NH$_3$-N的去除率分别为26%、31%和27%。而这三个系统在3d水力停留时间下NH$_3$-N的去除率分别提高了14%、20%和10%。表明延长的停留时间有利于提高NH$_3$-N和TN的去除效率，GAC-R表现最好，GAC-S次之，CAC-R最差。GAC-R的表现可能与其更紧密的堆积结构、电极层中的兼性和厌氧微环境以及一半的阴极浸没在水中有关。三个系统的主要脱氮过程为硝化和反硝化，CAC-R中NO$_3^-$-N累积浓度高于GAC-S和GAC-R，GAC-S中NO$_2^-$-N累积浓度高于GAC-R和CAC-R（图8-42，书后另见彩图）。总体而言，三种CW-MFC在未种植湿地植物的情况下对氮素的去除处于可接受范围。

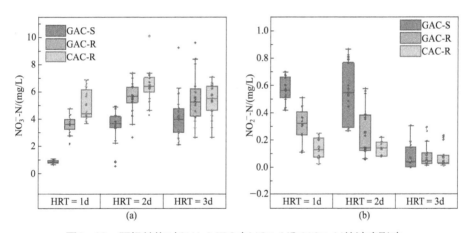

图8-42　阴极结构对CW-MFC中NO$_3^-$-N和NO$_2^-$-N的浓度影响

8.7.4.2　CW-MFC中植物与阴极相互作用关系

湿地植物是CW-MFC系统的重要组成部分，能够在生物电转化和污染物去除过程中发挥多重作用。但是，植物栽培仍然是一个关键的实践问题，大型湿地植物根系与阴极之间的相互关系尚不明确。本研究在CW-MFC系统的不同阴极位置种植风车草，探究了大型植物根系与阴极之间的相互作用关系（图8-43）。通过对不同栽培系统之间的除污特性、产电效能、微生物活性以及植物生理特性进行综合分析，结果表明，相对于未种植植物的CW-MFC系统，种植植物的系统呈现出更优的生物电输出特性，并显著提高了污染物去除效率（表8-13）。此外，植物根系与阴极的相对位置会导致不同的阴极工作模式。植物根系直接置于空气阴极时，形成的"植物根系辅助生物-空气阴极"是CW-MFC系统中最佳阴极工作模式，可以实现快速稳定的电压输出（550～600mV）和出色的废水处理性能（图8-44，COD去除率 > 90%，TN和TP去除率 > 85%）。这表明，在高效的CW-MFC系统中能否在阴极区域建立"多功能阴极"是关键。

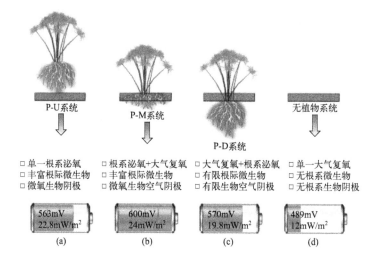

图8-43 CW-MFC系统中植物根系与阴极关系

P-U、P-M、P-D分别代表植物种植于阴极上方、中间、下方

表8-13 CW-MFC进出水水质　　　　单位：mg/L（pH值除外）

系统	COD	TP	TN	NH₃-N	NO₃⁻-N	NO₂⁻-N	pH值	DO
进水	401 ± 14	2.3 ± 0.2	29.2 ± 1.0	29.0 ± 1.0	0.07 ± 0.0	n.d.	7.5 ± 0.1	4.2 ± 0.4
P-U系统	35 ± 15	0.3 ± 0.1	6.6 ± 4.0	3.7 ± 2.0	1.93 ± 0.7	0.06 ± 0.10	7.5 ± 0.3	1.6 ± 0.8
P-M系统	31 ± 15	0.3 ± 0.1	5.6 ± 3.0	2.9 ± 2.0	1.76 ± 0.8	0.03 ± 0.00	7.2 ± 0.1	2.0 ± 0.2
P-D系统	33 ± 16	0.3 ± 0.1	7.3 ± 4.0	2.5 ± 1.0	3.11 ± 0.9	0.03 ± 0.00	7.5 ± 0.2	0.7 ± 0.3
无植物系统	53 ± 12	1.5 ± 0.1	20.5 ± 1.0	18.3 ± 1.0	2.83 ± 1.0	0.12 ± 0.20	7.1 ± 0.1	0.5 ± 0.2

注：n.d.—未检出。

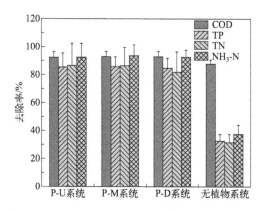

图8-44 CW-MFC系统对常规污染物去除效果

研究还表明，在CW-MFC系统中，植物的生长状态和健康状况对生物发电和污染物去除的影响非常重要。健康的植物可以提供更多的根系和生物催化剂，从而增强CW-MFC系统的生物反应活性。相反，受到生物或环境胁迫的植物可能会降低CW-MFC系统的性能。因此，在CW-MFC系统中，必须确保植物的正常生长和健康状况，以实现最佳的生物发电和废水净化效果。

综上所述，植物在CW-MFC系统中发挥着重要的作用，可以促进生物电转化和污染物去除过程，并改善阴极性能。植物的生长状态和健康状况以及与阴极的相对位置都对CW-MFC系统的性能产生重要影响。因此，在设计和运行CW-MFC系统时应考虑植物栽培和阴极位置的因素，以实现最佳的生物发电和废水净化效果。

8.7.4.3 基于黄铁矿电极的CW-MFC系统除污及产电性能

电极材料的成本是限制CW-MFC系统大规模应用的主要因素，因此"以废治废"是极具前景的解决方案。采用广泛存在的低价值矿物——黄铁矿（FeS_2）直接作为CW-MFC系统的电极材料，构建了三个CW-MFC系统：以颗粒活性炭（GAC）为常规电极（GE）的CW-MFC系统、以单一天然黄铁矿为电极（PE）的CW-MFC系统，以及以天然黄铁矿和GAC等体积比混合为电极（PGE）的CW-MFC系统，探究了在不同CW-MFC系统下的污染物迁移转化过程、生物电化学特性、功能微生物活性及植物生理特性，以揭示FeS_2作为CW-MFC系统电极材料的可行性。

研究表明（图8-45）：当阳极和阴极材料中加入FeS_2时，未影响CW-MFC系统对有机物的去除但可提高TP去除率（6%～10%）。然而，黄铁矿阴极的氧化条件恶化限制了硝化作用的进行。FeS_2的还原性较强且对微生物有一定毒性，显著抑制了氨氧化过程，导致系统氮去除率显著降低（TN去除率降低了36%）。此外，输出电压也降低了41%。生化反应机制表明：单一FeS_2作为阴极材料时，FeS_2争夺阴极区域末端电子受体，含铁化合物沉淀引起阴极堵塞，以及对湿地植物和阴极微生物的毒性会导致阴极性能的恶化。值得注意的是，反应过程中FeS_2释放的铁离子和硫酸根会影响出水水质，可能存在潜在的环境风险。

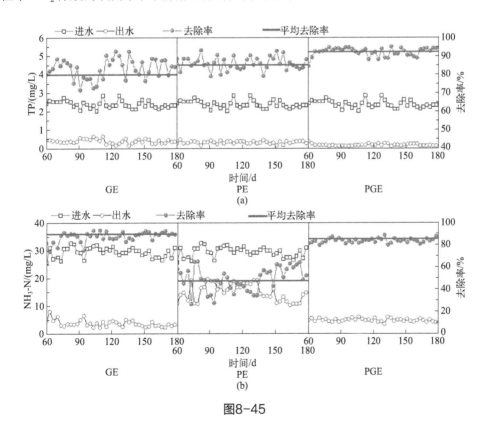

图8-45

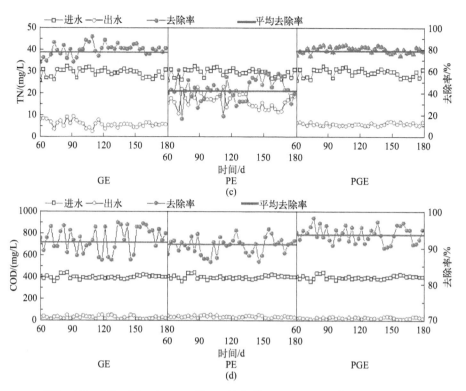

图8-45 GE、PE、PGE三种不同电极的CW-MFC系统污水处理性能

8.7.4.4 CW-MFC系统对新污染物PFASs去除特性

CW-MFC系统独特的电子传递特点可能促进新污染物降解，研究表明（图8-46 ～图8-48）：CW-MFC系统能够有效去除污水中96%以上的全氟和多氟烷基物质（PFASs），且CW-MFC系统对PFASs的胁迫具有一定抗冲击能力，随着运行周期的持续，系统的脱氮效率和生物电转化性能发生了不同程度的降低，闭路运行的CW-MFC系统1（S1）对TN去除率和输出电压分别下降了7.22%和7.32%，开路运行的CW-MFC系统2（S2）对TN去除率和输出电压下降程度更大。其胁迫机制主要为，PFASs对植物光合作用产生损害，激活植物抗氧化应激防御系统，影响微生物群落结构，间接抑制了微生物酶活性。

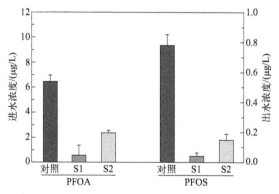

图8-46 CW-MFC系统PFASs进水和出水浓度

PFOA—全氟辛酸；PFOS—全氟辛烷磺酸

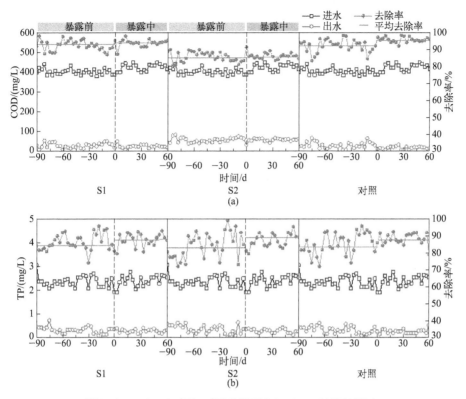

图8-47 PFASs添加对系统处理COD与TP性能的影响

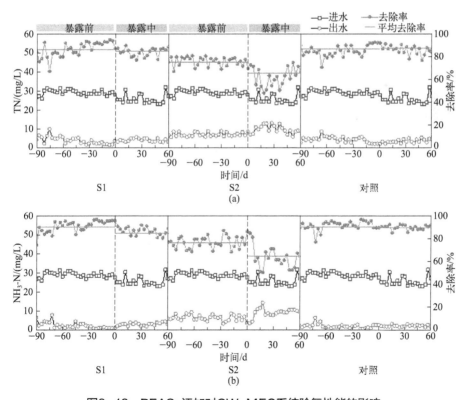

图8-48 PFASs添加对CW-MFC系统除氮性能的影响

8.7.5　设计参数

微生物燃料电池耦合湿地的设计参数涉及多个方面，其中包括电极材料和植物等的选择，以下是一些常见的设计参数。

（1）湿地植物选择

选择适应湿地环境的植物，具有较强的耐湿能力和良好的水处理效果。常见的湿地植物包括风车草、芦苇、香蒲等。根据具体水质特点和处理目标，选择适合的湿地植物组合。

（2）MFC电极材料选择

传统的MFC电极材料包括碳纤维毡或碳纤维布，但也可以考虑其他材料如氧化石墨烯和导电聚合物等新型材料。材料应具有较高的导电性、较大的比表面积和良好的生物相容性。可考虑将湿地植物的根系与阴极电极材料耦合，发挥植物根际的多功能特性。

（3）MFC电极尺寸和布置

MFC电极的尺寸和布置方式会影响电池输出功率和效率。电极尺寸应根据预期的电流密度和电压要求来确定，大尺寸电极可提高电池输出，但也会增加内部电阻。电极的布置方式可以选择串联或并联，具体取决于所需的电流密度和电压输出。

（4）湿地流速控制

水流速度对废水的均匀分布和湿地中微生物的代谢活动至关重要。适宜的水流速度可以促进废水与微生物之间的有效接触，提高废水的处理效率。水流速度的控制应根据具体情况进行调节，通常建议流速使水力停留时间在 $1 \sim 3d$。

（5）操作条件

确定合适的操作条件对CW-MFC系统的性能至关重要。控制温度在适宜微生物生长和代谢的范围内，通常为 $20 \sim 35℃$。确保适当的pH值，一般在 $6.5 \sim 8.5$ 之间，可以通过添加缓冲剂来调节pH值。提供足够的溶解氧供应，以促进微生物的活性和MFC的性能。具体操作条件需要根据具体的应用场景和处理目标进行综合考虑和优化设计。同时，定期维护和监测系统的运行状态，及时调整参数以确保系统的稳定性和效率。

8.8　加碳强化湿地

针对碳源不足的问题，通过外加碳源以提高水体脱氮效率成为行之有效的方法。然而出于高效性、安全性、可再生性、经济性和二次污染等角度，外加碳源材料的选择及其添加方式需慎重考虑。现有的外加碳源主要有2类：

① 传统碳源如低分子的碳水化合物，包括一些常见的糖类及甲醇、乙醇等有机小分子物质，这类有机碳源反应虽然迅速，硝氮的去除效果较好，但是也存在潜在的环境风险，价格也比较昂贵；

② 新型碳源，如植物材料等，这些物质都含有丰富的纤维素等物质，且能在一定程度上提高脱氮效率。

8.8.1　适用范围

当受纳水体对TN有严格控制要求，但污水处理设施尾水中的TN浓度未达到规定标准时，需要采用强化脱氮措施。加碳湿地技术主要用于低C/N值尾水深度脱氮处理，使其达到一级A标准或准地表水水质等较严要求。

8.8.2　技术原理

加碳湿地技术针对人工湿地处理低C/N值水体时脱氮效率不高的问题，通过利用废弃的湿地植物秸秆等有机材料，采用水解浸泡的方式提取易于利用的有机碳，为反硝化过程提供额外的电子供体，以提升反硝化效率。

反硝化是一种将硝酸盐氮还原为氮气的过程，在反硝化过程中，硝酸盐氮（NO_3^-）会与有机碳反应，生成氮气（N_2）等产物，如下表达式所示：

$$NO_3^- + 有机C \longrightarrow N_2(NO+N_2O)+CO_2+H_2O$$

利用湿地植物材料释碳的优点在于：a. 在本地廉价易得；b. 解决部分湿地植物秸秆废物处置问题且节约运行成本。

8.8.3　技术流程

尾水经过调节池或直接通过布水管/渠进入人工湿地，植物水解池中的植物秸秆以一定固液比进行水解处理，其有机碳水在流量控制阀的控制下通过补充支管自流进入湿地系统缺氧层，尾水中的NO_3^--N与提供的有机碳发生反应，进行反硝化过程，生成N_2等产物，从而降低尾水中的氮含量，出水达到规定排放标准后，直接排入功能水体或用于景观回用等途径。技术流程见图8-49。

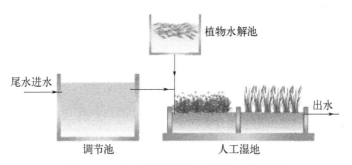

图8-49　加碳湿地强化尾水脱氮技术流程

8.8.4　技术效果

8.8.4.1　植物材料释碳性能及植物成分

（1）释碳性能

芦竹、美人蕉、甘蔗渣、风车草和稻草秆5种植物材料释碳性能见图8-50与表8-14，从水解释碳曲线可见，以C_m值来描述植物材料的水解释碳能力，C_m为单位质量材料在水中释放的饱和COD浓度，单位为mg/（g·L），C_m越大说明材料的释碳能力越大。固液比显著影响植物材料的碳释放（$P < 0.01$），固液比为 $1:80$（即1g/80mL，1g固体溶于80mL液体中，下同）时C_m值最大，碳源释放阻力最小，其次为 $1:40$ 和 $1:20$。不同植物材料的释碳能力存在显著性差异（$P < 0.01$），其中甘蔗渣释碳能力最大，其次为风车草、芦竹、美人蕉和稻草秆，这与植物材料的组分组成有关。植物材料在水解中能同时释放碳、氮，单位质量植物材料水解释放的TN在 $0.73 \sim 2.54$ mg/(L·g)范围内，水解液的C/N值基本在40以上，远高于反硝化适宜的碳氮比（ $5 \sim 10$ 之间）。

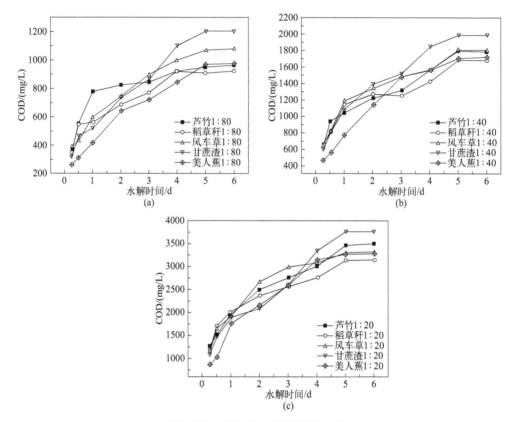

图8-50　植物的水解释碳特征曲线

表8-14　不同植物水解释碳特征比较

植物碳源	固液比	TN/[mg/(L·g)]	C_m/[mg/(L·g)]	C/N值	COD（第6天）/（mg/L）
芦竹	1:80	2.54	96.5	37.9	965
	1:40	1.37	71.3	51.9	1784
	1:20	1.57	69.9	44.6	3495
美人蕉	1:80	1.68	97.6	59.0	976
	1:40	1.28	68.6	53.4	1716
	1:20	0.90	65.7	72.9	3284
风车草	1:80	0.73	107.6	148.0	1076
	1:40	1.32	72.0	54.6	1801

植物碳源	固液比	TN/ [mg/(L·g)]	C_m/ [mg/(L·g)]	C/N值	COD（第6天）/（mg/L）
风车草	1:20	0.84	66.2	78.8	3314
甘蔗渣	1:80	1.65	120.5	73.0	1205
	1:40	1.10	79.6	72.2	1992
	1:20	0.96	75.2	78.5	3763
稻草秆	1:80	0.68	92.3	135.7	923
	1:40	0.74	67.2	91.1	1682
	1:20	0.76	62.9	82.7	3146

（2）植物成分

5种植物材料主要由木质素、纤维素和半纤维素组成，这三种成分所占比重可高达80%以上。其中，纤维素含量占26.8%～35.3%，半纤维素含量占10.0%～20.9%，木质素含量占19.7%～28.1%，纤维素分子以紧密的状态存在，使其较难降解。半纤维素的结构及组成有很大不确定性，主要由一些较短的支链组成，容易水解。木质素是通过化学键连接而成的高分子化合物，一般很难分解，且无法形成可发酵性糖类，在植物体内主要起保护作用，木质素含量越高，植物越难降解。由此可知，植物半纤维素的含量决定了水解效率，而木质素的含量决定了水解难易程度。

由表8-15可知，5种植物材料中，甘蔗渣的半纤维素含量最高，美人蕉最低。5种植物的释碳能力依次为甘蔗渣＞风车草＞芦竹＞美人蕉＞稻草秆，这与植物体内半纤维素含量的整体规律相一致。稻草秆的半纤维素含量虽然较高，仅次于甘蔗渣，其木质素含量是最高的，在一定程度上阻止了稻草秆的水解。因此，在筛选植物材料之前，可以先对植物成分进行测定，挑选半纤维素含量较高且木质素含量较低的植物材料，可以提高筛选效率。

表8-15　5种植物材料组成组分占比　　　　　单位：%

植物材料	纤维素	半纤维素	可溶性木质素	不可溶木质素	总木质素
甘蔗渣	35.3 ± 0.3	20.9 ± 0.1	4.8 ± 0.1	21.4 ± 0.1	26.2 ± 0.1
风车草	26.8 ± 0.3	14.2 ± 0.3	7.3 ± 0.1	12.3 ± 0.7	19.6 ± 0.8
芦竹	27.0 ± 0.4	14.4 ± 0.7	9.0 ± 0.3	14.7 ± 0.5	23.7 ± 0.1
美人蕉	27.4 ± 0.5	9.9 ± 0.2	8.8 ± 0.4	12.4 ± 0.3	21.3 ± 0.7
稻草秆	30.0 ± 0.1	16.8 ± 0.4	8.3 ± 0.4	19.7 ± 0.5	28.0 ± 0.1

8.8.4.2　植物碳源种类对反硝化脱氮效率影响

碳源对反硝化脱氮效率的影响研究在温室中进行，温度控制在26℃。试验容器为高30cm、直径24cm的聚乙烯桶（开口封闭），其中填充高度10cm的砾石基质（粒径8～13mm）。反应器用生活污水浸泡挂膜成功后，更换以植物水解液为有机碳源的人工配制污水2000mL，污水主要污染物浓度为：TN 63.0mg/L、NH_3-N 29.2mg/L、NO_3^--N 33.1mg/L、

COD 534mg/L，无碳源对照组COD浓度为40mg/L，pH值为6.3。在试验的1h、3h、6h、12h、24h、48h、72h和96h采集水样，检测其TN、NH_3-N、NO_3^--N、NO_2^--N、COD和pH值。

（1）脱氮效率对比

脱氮效率如图8-51所示，不同植物水解液脱氮效率不同，添加芦竹、美人蕉、风车草、甘蔗渣和稻草秆的水解液对TN去除率依次为71%、71%、43%、49%和23%，对NO_3^--N的去除率依次为97%、89%、59%、41%和9%；对NH_3-N的去除率依次为56%、54%、47%、50%和44%，未添加植物水解液的对照组对TN、NO_3^--N和NH_3-N的去除率依次为21%、−10%和70%。

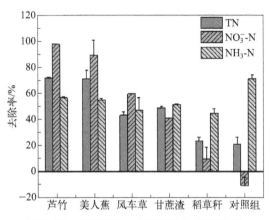

图8-51　不同植物水解液下96h脱氮效果

添加水解液的实验组，其NH_3-N去除率低于无添加水解液的实验组（$P < 0.05$），不同植物水解液对NH_3-N的去除没有显著影响（$P > 0.05$）。其原因在于，添加水解液使水中有机物含量增加，有机物降解是好氧过程，这与好氧硝化过程产生竞争，此外，在碳源充足或硝氮含量过高的厌氧环境下，易发生氨氧化作用而导致NH_3-N去除率低下。

（2）COD浓度变化

COD浓度变化如图8-52所示。随着反应进行，COD浓度在24h以前快速下降，之后变化缓慢并趋于稳定，这与反硝化反应趋势相一致，当反应至24h时硝氮的去除也趋于最大值，之后反硝化反应趋于缓慢。

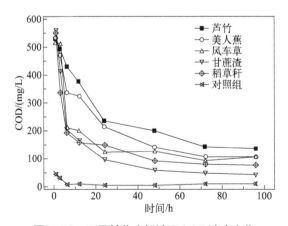

图8-52　不同植物水解液下COD浓度变化

在生物脱氮工艺中，COD与NO_3^--N含量的比值是一个重要的参数，它代表了系统能提供的有机物量。张亚雷等提出如下公式：

$$COD/NO_3^- \text{-}N = 2.86/(1-Y_H) \tag{8-8}$$

式中　Y_H——微生物生长因子。

研究显示满足完全反硝化的COD/NO_3^--N值的范围在4～10之间，比值范围如此之大是因为COD只是单一指标，无法表征其复杂成分，COD主要分成四种类型，即"可溶解性与非可溶解性"和"可降解性与不可降解性"。微生物在反硝化过程中只利用可溶性的并且容易被降解的有机物，另外的三种均为不可利用性有机物。植物水解液为可溶性COD，但不同植物水解液成分不同导致生物降解性不同，因此不同植物材料脱氮效率不同。

（3）pH值变化

pH值的变化趋势如图8-53所示。实验初始阶段由于添加的植物水解液偏弱酸性导致整个系统偏酸性，对照组pH值变化幅度较小，稳定在7左右。添加植物水解液为碳源，随着反硝化过程的进行，pH值逐渐上升，呈现弱碱性。以下是反硝化过程产碱的原理：

$$NO_3^- + 5H(有机电子供体) \longrightarrow 1/2N_2 + 2H_2O + OH^-$$
$$NO_2^- + 3H(有机电子供体) \longrightarrow 1/2N_2 + H_2O + OH^-$$

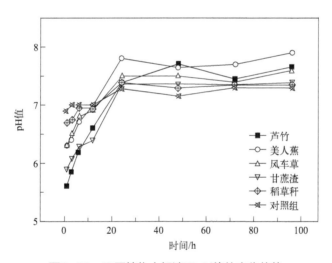

图8-53　不同植物水解液下pH值的变化趋势

（4）氮动态变化过程

氮的动态变化过程如图8-54所示。添加植物水解液能显著提高NO_3^--N的去除率（$P < 0.05$），添加碳源后的24h为反应的高峰期，NO_3^--N浓度快速降低，反硝化的中间产物NO_2^--N也在24h达到最大积累，但添加风车草水解液NO_2^--N在48h达到最大积累。不同植物碳源的脱氮效率存在显著性差异（$P < 0.05$），以芦竹为碳源的去除效果最佳，NO_3^--N去除率达97.4%，且NO_2^--N浓度也最低，仅为0.09mg/L。有研究指出，硝酸还原酶活性跟碳源的种类没有明显关系，但不同的碳源能显著影响氧化亚氮还原酶活性。以芦竹作为外加碳源可提高氧化亚氮还原酶活性，减少NO_2^--N的还原产物累积，从而促进NO_2^--N还原。此外，添加芦竹水解液的基质反硝化细菌数量最多，为4.70×10^4MPN/g（表8-16），且基质反硝化

细菌数量与NO_3^--N的去除率呈显著正相关（R^2=0.856，$P < 0.05$）。

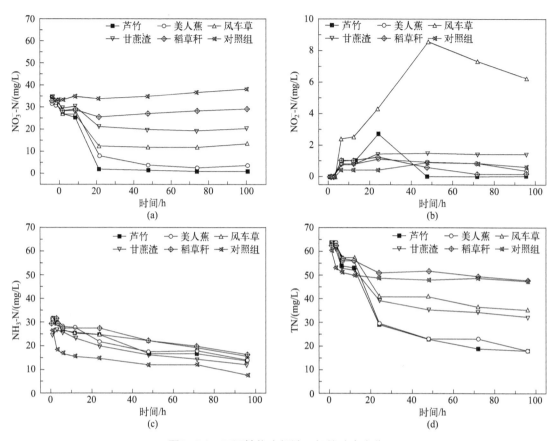

图8-54　不同植物水解液下氮的动态变化

表8-16　不同植物材料基质反硝化细菌计数、强度及脱氮容量与去除负荷

碳源类型	反硝化细菌数/(MPN/g)	24h脱氮容量	96h脱氮容量	24h总氮去除负荷 N/[mg/(L·g)]	96h总氮去除负荷 N/[mg/(L·g)]	第24小时反硝化强度/[mg/(kg·h)]	第96小时反硝化强度/[mg/(kg·h)]
芦竹	4.70×10^4	0.112	0.113	4.43	5.90	0.42	0.14
美人蕉	3.36×10^4	0.104	0.104	4.06	5.54	0.41	0.14
风车草	3.23×10^4	0.055	0.064	2.80	3.41	0.28	0.08
甘蔗渣	2.71×10^4	0.054	0.062	3.36	4.32	0.29	0.09
稻草秆	1.79×10^4	0.031	0.034	1.42	1.81	0.15	0.05

注：总氮去除负荷N：$N = \dfrac{(C_0 - C_t)}{(COD_0 / C_m)}$。式中$N$为总氮去除负荷，mg/(L·g)；$C_0$为初期总氮浓度，mg/L；$C_t$为$t$时刻总氮浓度，mg/L；$COD_0$为实验初始COD浓度，mg/L；$C_m$为单位质量材料在水中释放的饱和COD浓度，mg/（L·g），采用1:20固液比时的C_m。

（5）基质反硝化强度对比

基质反硝化强度是湿地反硝化能力的主要度量依据，能反映湿地基质的脱氮能力。基质反硝化强度与反应时间有关（表8-16），研究发现最大基质反硝化强度发生在第24小时，此时，芦竹碳源基质反硝化强度最大为0.42mg/(kg·h)，稻草秆基质反硝化强度最小为0.15mg/(kg·h)。

TN去除量与有机物消耗量之比称为该有机物的脱氮容量。5种植物水解液的脱氮容量在0.031～0.112之间［以单位质量（1g）COD计］，表现为：芦竹≈美人蕉＞风车草≈甘蔗渣＞稻草秆。不同有机质脱氮容量不同，已有的研究认为甲醇的脱氮容量为0.033～0.210［以单位质量（1g）COD计］，污水有机物的脱氮容量为0.16～0.26［以单位质量（1g）BOD_5计］。植物碳源廉价于甲醇等小分子有机物，且二次污染较小，具有实际应用价值。

以TN去除负荷来表征植物材料的脱氮能力大小，不同材料的脱氮能力依次为：芦竹＞美人蕉＞甘蔗渣＞风车草＞稻草秆。以芦竹为碳源对TN的去除负荷最大，为4.43mg/(L·g)，稻草秆最小，仅为1.42mg/(L·g)。

综上所述，在合适的运行条件下芦竹脱氮容量和总氮去除负荷均最大，是一种廉价、实用性强的植物碳源。

8.8.4.3 植物碳源反硝化的最优C/N值条件确定

以芦竹水解液为碳源，开展不同C/N值对反硝化脱氮效率的影响研究，研究装置同前述第8.8.4.2小节，C/N值分别设置为0.5、4.5、9、12、15和18，每个装置添加人工配制污水2000mL，人工配制污水：TN浓度为25mg/L，NO_3^--N浓度为9.7mg/L，pH值为6.3，与C/N值对应的COD浓度分别为13mg/L、120mg/L、220mg/L、300mg/L、380mg/L和460mg/L，在研究的1h、3h、6h、12h、18h、24h、48h和72h采集水样，检测TN、NH_3-N、NO_3^--N、NO_2^--N、COD含量及pH值。

不同C/N值时的脱氮率如图8-55所示。C/N值为0.5、4.5、9、12、15和18时对NH_3-N的去除率依次为39%、70%、73%、74%、62%和56%，对NO_3^--N的去除率依次为25%、41%、77%、95%、96%和97%，对TN的去除率依次为22%、45%、70%、82%、72%和77%，不同C/N值对N的去除有显著性差异（$P < 0.01$）。

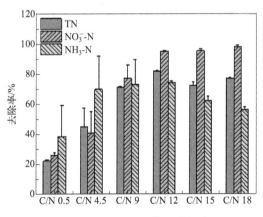

图8-55 不同C/N值下脱氮率

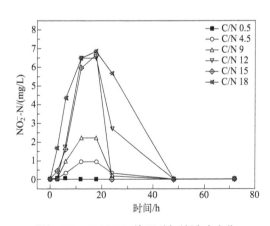

图8-56 不同C/N值亚硝氮的浓度变化

NH_3-N去除率随C/N值增大先增大后减小，而NO_3^--N与TN的去除率基本随C/N值增大而增大，C/N值高于12以后，去除率趋于稳定。从图8-56可见，C/N值越高，NO_2^--N的积累量越高，当C/N值为12、15和18时，NO_2^--N浓度在18h积累最大，分别为6.51mg/L、6.74mg/L

和6.83mg/L，这主要来自反硝化反应 NO_2^--N 的积累，高浓度碳源提供了充足电子供体，使 NO_3^--N 能迅速还原为 NO_2^--N，随着反应的进行，NO_2^--N 的累积量明显降低至趋于零。而当 C/N 值较低，如0.5时，由于电子供体的缺乏，NO_3^--N 还原为 NO_2^--N 受阻，NO_2^--N 积累量较低。

在 TN 浓度相同情况下，初期碳源浓度的增加有利于反硝化反应的进行，当 C/N 值较高时（C/N值 > 12），碳源已超过反硝化菌反应所需，并非制约反硝化的主导因素，碳源的增加使系统内部不以 NO_3^--N 为电子受体的异养菌与反硝化细菌竞争生存空间，且添加有机物影响 NH_3-N 的去除，因此随着 C/N 值的增大 TN 去除趋于稳定（见图8-57）。

完全反硝化作用所需 C/N 值（COD/NO_3^--N 值）理论值为2.86，实际污水处理中所需的 C/N 值要高于理论值：有的研究认为垂直流湿地的 C/N 最优值在 5 ~ 10 之间，进水 C/N 值为10时，TN 的去除率达到70%，脱氮效果比较理想。本研究，C/N 值 > 9时，TN 去除率高于70%，且 TN 去除率没有显著性差异（$P > 0.05$）。当 C/N 值为9时，出水 COD 浓度仅17mg/L；而 C/N 值为12和18时，出水 COD 浓度分别为39mg/L和82mg/L（见图8-58）。综合而言，以植物水解液为碳源脱氮最佳 C/N 值为 9 ~ 12。

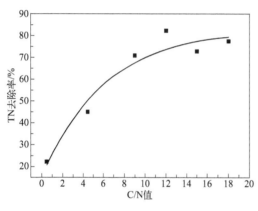

图8-57　不同C/N值对TN的去除率

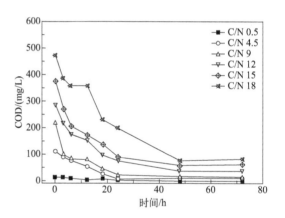

图8-58　不同C/N值下COD浓度变化

8.8.4.4　植物碳源强化湿地工程应用效果

（1）湿地工程简介

人工湿地工程位于广东省惠州市，属于南亚热带气候，常年的平均年降雨量有1770mm，年平均气温22℃。该工程采用的工艺为垂直流湿地（VFCM）-水平流湿地（HFCW）层叠组合工艺，由四个相同面积的单元并联而成，其中每个并联单元中的垂直流湿地尺寸为6m×4m×1.5m（长×宽×高），水平流湿地尺寸为6m×4.5m×0.8m（长×宽×高），组合单元面积共51m²。污水经水泵提升进入垂直流湿地，水流自表层向下至垂直流湿地底层，通过穿孔花墙进入水平潜流湿地进一步处理，最后从水平潜流湿地的表层出水。人工湿地以砾石为填充基质，四个并联单元分别为A、B、C和D（表8-17，图8-59），其中A、C单元分别种植耐污性较好、去污能力强的风车草、美人蕉、芦竹和再力花等常见湿地植物，B、D单元为不种植植物的对照组，且A、B单元添加植物水解液为碳源，植物水解液以重力流滴灌方式进入垂直流湿地基质30cm深度处。

植物水解液由芦竹、风车草和美人蕉多种植物混合水解而成，按照植物材料和水的固液比为1g：20mL的比例加水浸泡，常温常压下水解，水解液COD达3000～4000mg/L。设计了四种处理条件，即C/N 5+HLR 0.5m/d、C/N 5+HLR 1m/d、C/N 8+HLR 0.5m/d、C/N 8+HLR 1m/d。

表8-17 不同单元处理组

A	B	C	D
有植物	无植物	有植物	无植物
加碳源	加碳源	不加碳源	不加碳源

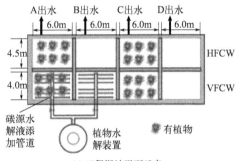

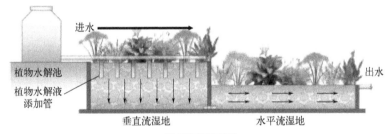

图8-59 工程湿地示意

（2）湿地进出水水质

各湿地进出水水质与对污染物的去除效果如图8-60～图8-62、表8-18所示。

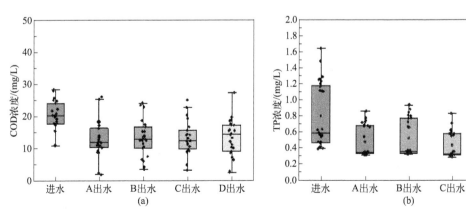

图8-60 污水厂尾水及湿地出水COD与TP浓度

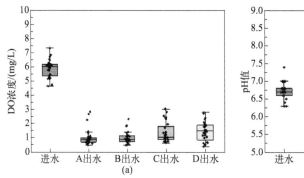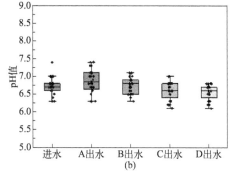

图8-61　污水厂尾水及湿地出水DO浓度与pH值

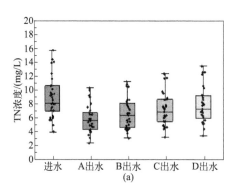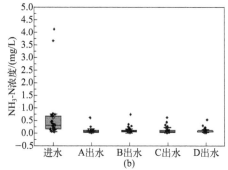

图8-62　污水厂尾水及湿地出水TN与NH₃-N浓度

表8-18　尾水水质与湿地氮磷去除率

单元	C/N值	HLR/（m/d）	TN	NH₃-N	NO₃⁻-N	TP
尾水水质	2.2		（8.9±2.9）mg/L	（0.6±0.9）mg/L	（6.8±2.0）mg/L	（0.8±0.3）mg/L
A	5	0.5	（4.0±5.5）%	（67.1±21.9）%	（29.4±6.0）%	（21.0±4.8）%
	5	1	（33.2±3.1）%	（68.0±19.0）%	（29.0±6.5）%	（40.6±4.8）%
	8	0.5	（35.0±5.2）%	（87.5±3.8）%	（13.7±20.1）%	（50.3±2.5）%
	8	1	（37.0±4.0）%	（89.0±7.6）%	（32.3±2.5）%	（39.7±5.4）%
B	5	0.5	（26.7±7.8）%	（58.5±25.5）%	（21.5±5.7）%	（18.3±5.4）%
	5	1	（24.2±3.1）%	（68.2±24.3）%	（21.9±7.8）%	（39.4±6.0）%
	8	0.5	（28.0±4.3）%	（84.3±4.6）%	（3.1±18.6）%	（38.8±3.6）%
	8	1	（25.8±4.3）%	（83.1±9.7）%	（21.2±2.2）%	（34.4±9.2）%
C		0.5	（19.8±3.1）%	（61.6±20.6）%	（13.7±4.0）%	（21.8±7.2）%
		1	（16.1±3.4）%	（75.6±14.8）%	（16.7±7.4）%	（45.3±4.6）%
		0.5	（19.3±2.7）%	（88.1±4.7）%	（−11.2±25.6）%	（50.7±3.3）%
		1	（17.6±3.0）%	（87.8±11.8）%	（13.0±3.9）%	（50.9±3.6）%
D		0.5	（14.1±1.4）%	（62.5±23.8）%	（8.0±1.4）%	（8.7±5.7）%
		1	（9.3±2.1）%	（67.4±14.5）%	（11.4±8.5）%	（36.0±5.3）%
		0.5	（14.8±4.2）%	（90.9±4.6）%	（−13.4±22.4）%	（42.9±7.1）%
		1	（10.8±3.3）%	（83.7±18.2）%	（7.5±1.3）%	（39.9±3.9）%

污水处理厂尾水水质有机物含量较低，COD浓度在11～28mg/L，平均仅为19mg/L。添加植物水解液为碳源COD浓度可达85mg/L。人工湿地四个单元最终出水COD平均浓度基本稳定在15mg/L，达到《地表水环境质量标准》（GB 3838—2002）Ⅰ类水标准。可见添加植物水解液出水水质并没有恶化，无二次污染。

研究期间温度在25～30℃之间，满足生物硝化反硝化的最适温度范围。进水溶解氧（DO）浓度较高，可达6mg/L，为NH_3-N的硝化作用提供了外部条件，而湿地内部的溶解氧浓度较低，基本在2mg/L以下，整个湿地处于厌氧或者缺氧环境，为反硝化作用提供了外部环境，加碳湿地消耗的DO更多。人工湿地进水与出水pH值均在6.0～7.5之间，处于硝化反硝化作用的最佳pH值范围6～8。湿地进水的NH_3-N浓度波动较大（0.10～4.12mg/L），为一级A水质。进水的TN浓度为3.97～15.76mg/L，波动较大，平均为8.9mg/L，处于一级A或一级B水质间；进水NO_3^--N浓度在2.96～11.80mg/L，平均为6.8mg/L，且NO_3^--N/TN值在0.8左右，表明进水中氮素主要以氧化态形式存在，这为反硝化反应提供了基础。进水COD/TN值在0.64～4.80之间变动，平均仅为2.2，远低于生物反硝化脱氮的最佳比值，C/N值已经成为湿地反硝化脱氮的限制因素，有必要对人工湿地系统添加碳源。

（3）氨氮的去除效果

人工湿地氨氮去除负荷见图8-63。添加碳源的湿地单元对NH_3-N的去除率在58%～89%之间，未添加碳源的湿地单元对NH_3-N的去除率在61%～90%之间，加碳与否对NH_3-N的去除无显著影响（$P>0.05$），虽然加碳湿地消耗更多DO，但组合湿地氧化能力较强（垂直流湿地具有复氧能力），未妨碍对NH_3-N的去除，且是否种植植物对NH_3-N的去除无显著影响（$P<0.05$）。但NH_3-N的进水浓度影响对NH_3-N的去除率，随进水浓度的增大，NH_3-N的去除负荷增大，组合湿地除氨氮容量较高。

（4）硝氮的去除效果

人工湿地硝氮去除负荷见图8-64。添加碳源的湿地单元对NO_3^--N的去除率在3%～32%之间，未添加的湿地单元对NO_3^--N的去除率在-13%～16%之间，添加碳源显著促进了对NO_3^--N的去除（$P<0.05$）。碳源在NO_3^--N的反硝化过程中起电子供体的作用，NO_3^--N去除率随着C/N值的增大而增大。C/N值为5时对NO_3^--N的去除率为21%，C/N值为8时对NO_3^--N的去除率最高，为32%，去除负荷可达1.34g/(m^2·d)。

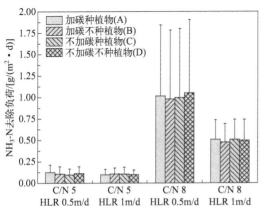

图8-63　人工湿地氨氮去除负荷

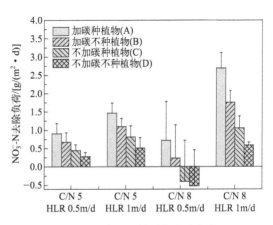

图8-64　人工湿地硝氮去除负荷

人工湿地进水及出水NO_2^--N浓度见图8-65。人工湿地进水NO_2^--N浓度及各单元的平均累积量分别为12.72μg/L、2.89μg/L、23.54μg/L、3.78μg/L和0.47μg/L。NO_2^--N浓度较低，但不同湿地单元的NO_2^--N累积不同，人工湿地的NO_2^--N主要由NH_3-N的硝化和NO_3^--N的反硝化累积产生，通过微生物的反硝化作用去除，当系统中碳源不足或过量时都可能引起NO_2^--N的积累。未添加水解液的湿地单元仅靠湿地系统提供的内源碳为反硝化提供电子供体，碳源不足限制了NO_3^--N的反硝化反应，因此NO_2^--N的积累量较低。添加碳源后，一般会促进NO_2^--N形成，从研究结果看，添加碳源的湿地单元，植物的存在可以有效转化NO_2^--N，减少NO_2^--N累积。

（5）总氮的去除效果

人工湿地TN去除负荷见图8-66。添加碳源的湿地单元对TN的去除率在24%～37%之间，未添加碳源的湿地单元对TN的去除率在9%～19%之间，添加碳源可显著提高TN去除效率（$P < 0.01$）。种植植物的湿地单元对TN的去除率明显高于无植物单元（$P < 0.01$）。C/N值升高TN去除负荷明显增加（$P < 0.01$），且在一定范围内水力负荷的提高可使TN去除负荷增加，如加碳有植物组对TN的去除负荷从0.5m/d的1.31～2.48g/(m^2·d)提高至1m/d时的2.10～3.85g/(m^2·d)。可见碳源添加与否及有无植物等能明显影响人工湿地对TN的去除。

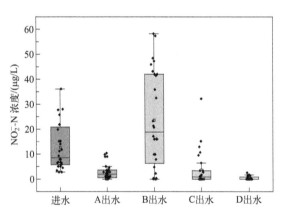

图8-65 人工湿地进水及出水NO_2^--N浓度

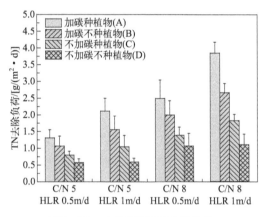

图8-66 人工湿地TN去除负荷

魏星等研究以芦苇秆和树枝作为碳源，补充于人工湿地基质表层和中层分别使TN去除率从44%提高10个百分点和20个百分点，其研究了5种水力负荷条件0.5m/d、0.4m/d、0.3m/d、0.2m/d、0.1m/d的脱氮效率分别为48%、58%、68%、70%、73%。姜应和等直接填埋树皮材料于人工湿地，同样可显著提高反硝化脱氮效率，其研究了5种水力负荷条件下的脱氮率，0.5m/d、0.4m/d、0.3m/d、0.2m/d、0.1m/d的脱氮率分别为35%、35%、40%、55%、80%，但植物腐烂分解需要一段时间，并且容易出现湿地堵塞问题以及出水中难降解物质有所增加、色度增大等问题。

综上所述，添加植物水解液可使人工湿地工程TN去除率显著提高，是一种高效的外加碳源，且基本无二次污染问题，为了进一步提高脱氮率，可以进一步降低水力负荷，也可以进一步增加水解液的固液比或增加水解液添加量。

（6）植物的吸收累积作用

四种植物的生物量（干重）在0.95～4.54kg/(a·m^2)之间（表8-19）。风车草生物量（干重）为4.45kg/(a·m²)，明显高于其余三种植物，其余大小依次为芦竹、再力花和美人蕉，而风车草对氮、磷吸收量也最大，再力花对氮、磷吸收量最小。不同湿地植物N、P含量无显著性差异（$P>0.05$），但是不同植物生物量存在显著性差异（$P<0.05$），因此植物对N、P的吸收也存在显著性差异（$P<0.05$）。植物吸收对总氮去除贡献约占10.7%，植物对总磷的去除贡献约占28%。

表8-19　植物生物量及氮、磷含量

植物	生物量（干重）/ [kg/(a·m²)]	植物氮含量（干重）/(mg/g)	植物氮吸收/ [mg/(m²·d)]	植物磷含量（干重）/(mg/g)	植物磷吸收/ [mg/(m²·d)]
芦竹	2.11±0.52	11.89±1.75	68.65	1.55±0.38	8.96
再力花	0.97±0.63	9.81±1.21	26.04	0.80±0.24	2.13
美人蕉	0.95±0.10	11.88±1.86	30.87	1.35±0.31	3.51
风车草	4.54±1.38	10.51±0.94	130.69	1.20±0.37	14.93

（7）湿地各级单元除氮量

人工湿地不同单元TN去除负荷见图8-67。以水力负荷为1 m/d、C/N值为8时为例，A、B、C和D湿地中的垂直流单元对TN的去除量分别为108.74g/d、87.77g/d、71.94g/d、44.16g/d，水平流单元对TN的去除量分别为86.99g/d、47.98g/d、20.69g/d、12.08g/d；按除氮量计，未加碳处理的组合湿地中水平流单元除氮量占总除氮量的比例为21%~22%，而加碳处理的组合湿地中水平流单元除氮量占总除氮量的比例增加至35%~44%，说明水平流单元除氮潜力更高，若碳源水解液布置于水平流单元，脱氮效率将得到进一步提升。

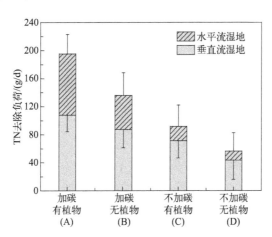

图8-67　人工湿地不同单元TN去除负荷

8.8.5　设计参数

8.8.5.1　植物碳源选择

（1）固液比对释碳影响

固液比越高，单位质量植物材料释碳量越少（即C_m越小），但是从COD释放总量与浓度来看，固液比越高，COD浓度越高，固液比为1g：20mL时，COD浓度达3000mg/L以上，通常水解的第5天可达饱和COD浓度。

（2）植物材料对释碳影响

释碳能力依次为甘蔗渣＞芦竹＞风车草＞美人蕉＞稻草秆；其水解液氮相对含量不会升高，C/N值在38～150之间，较适宜作为实际应用中的反硝化碳源；半纤维素含量越高，植物水解液COD浓度越高，木质素含量越高，对植物水解的抑制作用越强，这为快速筛选植物材料提供了可靠依据。

（3）植物材料水解液对反硝化的影响

总氮去除率明显不同，依次为芦竹≈美人蕉＞风车草≈甘蔗渣＞稻草秆；硝氮去除率依次为芦竹＞美人蕉＞风车草＞甘蔗渣＞稻草秆；在C/N值为8.5的条件下，芦竹水解液对NO_3^--N的96h去除率达97%，TN去除率达71.9%，其中NO_3^--N的24h去除率已达95%；反硝化细菌数量与NO_3^--N去除率呈显著正相关，芦竹水解液添加的湿地基质反硝化细菌数量最高，五种植物材料的脱氮容量依次表现为芦竹＞美人蕉＞风车草＞甘蔗渣＞稻草秆；在一定范围内，脱氮效率随着C/N值的升高而增大，最佳脱氮C/N值为9～12。

8.8.5.2 植物碳源添加量计算方法

按照植物材料和水的固液比为1g：20mL的比例浸泡，常温常压下水解，水解液COD浓度达3000～4000mg/L。

根据人工湿地每天进水量V_1、进水COD的浓度C_1和TN的浓度C_2，以及所需的C/N值，计算添加液体积V。其中水解液总氮忽略不计，通过流量计控制流速来调控C/N值。

具体计算如下：

$$C/N = COD：TN = (CV + C_1V_1)：(C_2V_1)$$

式中　C——植物水解液中COD浓度。

为防止水解浸泡的植物细小残渣进入湿地引起堵塞现象，释放池中安装滤网和加盖，可以阻止蚊蝇滋生。

8.8.5.3 湿地加碳的实际工程应用

植物水解释碳特征与反硝化潜力参数汇总于表8-20。人工湿地外加植物碳源对提高尾水深度处理的反硝化脱氮有显著效果，尾水C/N值为2.2，通过添加碳源使C/N值提高至8，可使TN平均去除率由9%提高到37%，NO_3^--N的平均去除率由−13%提高到32%，TN与NO_3^--N去除负荷也有所增加。本研究采用的水力负荷为0.5m/d和1m/d，实际为进一步降低出水TN浓度，可减小水力负荷；水平潜流湿地对碳源的利用率高于垂直潜流湿地，实际应用中可以添加碳源至水平潜流湿地以提高脱氮率；工程应用中三种植物水解液对NO_3^--N的脱氮容量与小试研究中三种植物的平均脱氮容量相当，说明小试研究中的脱氮容量参数具有工程指导意义；在尾水深度处理中，种植植物可明显提高对氮的去除，植物吸收在氮去除中的贡献约占10%，风车草由于生物量较大，吸收累积氮的能力高于芦竹、美人蕉和再力花（表8-19）。

表8-20 植物水解释碳特征与反硝化潜力参数

植物碳源	固液比为1g:20mL时释碳特征					C/N值为8.5时反硝化潜力															
	半纤维素/%	不溶性木质素/%	C_m/[mg/(L·g)]	C/N值	COD（第5天）/(mg/L)	反硝化细菌数/(MPN/g)	24h脱氮容量	24h总氮去除负荷/[mg/(L·g)]	24h反硝化强度/[mg/(kg·h)]	24h总氮去除率/%	24h硝氮去除率/%	72h脱氮容量	72h总氮去除负荷/[mg/(L·g)]	72h反硝化强度/[mg/(kg·h)]	72h总氮去除率/%	72h硝氮去除率/%	96h脱氮容量	96h总氮去除负荷/[mg/(L·g)]	96h反硝化强度/[mg/(kg·h)]	96h总氮去除率/%	96h硝氮去除率/%
芦竹	14.4	14.7	69.92	44	3463	4.70×10^4	0.112	4.43	0.42	54	95	0.112	5.74	0.18	70	98	0.113	5.90	0.14	72	97
美人蕉	10.0	12.5	65.70	73	3140	3.36×10^4	0.104	4.06	0.41	52	76	0.093	4.89	0.16	63	92	0.104	5.54	0.14	71	89
风车草	14.3	12.3	66.29	78	3307	3.23×10^4	0.055	2.80	0.28	35	63	0.060	3.28	0.11	42	65	0.064	3.41	0.08	43	59
甘蔗渣	20.9	21.3	75.28	78	3763	2.71×10^4	0.054	3.36	0.29	38	38	0.059	4.04	0.12	46	43	0.062	4.32	0.09	49	43
稻草秆	16.9	19.8	62.93	83	3281	1.79×10^4	0.031	1.42	0.15	18	21	0.030	1.59	0.06	21	12	0.034	1.81	0.05	23	10

注：初始浓度 TN（63.0±0.9）mg/L、NO_3^--N（33.1±1.4）mg/L、COD（534.0±27.8）mg/L，对照组 COD 40.0 mg/L。

8.9 污水资源化利用模式

目前，我国农村生活污水资源化利用标准体系尚未形成，部分地方的农村生活污水处理排放标准中水污染物排放控制要求部分简要提及农村生活污水资源化问题，仅广东省和辽宁省印发了农村生活污水资源化利用指南或工作方案。2023年4月，《广东省农村生活污水资源化利用技术指南（试行）》发布，规定污水无害化后，排入的受纳体宜为村庄周边或农户房前屋后的农田、林地、草地、生态沟渠、小花园、小菜园、小果园等生态系统，溪流、河涌、湖泊等自然水体不得作为受纳体，因此，资源化利用的污水水质应达到《农田灌溉水质标准》（GB 5084—2021）要求。

有研究结合农村生活污水特点及农业生产需求与相关研究进展，从其他角度提出四种适用于不同条件的资源化利用模式，分别是污染物削减与经济作物种植耦合模式、尾水灌溉模式、水质调控型按需排放模式及黑灰水分质资源化利用模式，以期为实现农村生活污水减量化、资源化及再利用提供参考。

（1）污染物削减与经济作物种植耦合模式

图8-68展示了该模式流程，该模式的特点是直接将经济作物种植于污水处理单元，在实现污水净化的同时，经济作物产生的收益能补偿水处理系统的运行费用，从而减轻农户及财政负担。筛选具有高氮、磷吸收能力的农作物是实现污水净化及创收的关键。该模式既能实现氮、磷资源回收，又能满足污水达标排放要求。

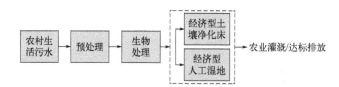

图8-68 污染物削减与经济作物种植耦合模式

该模式主要针对出水要求较高、运维费用短缺且有经济作物需求的地区。该模式受气温影响严重，在南方地区尤其适用，在北方地区应用该模式需要做好保温措施，可以采取温室大棚的形式，在建设成本上相对南方地区偏高。

（2）尾水灌溉模式

图8-69展示了该模式的流程，该模式的特点是工艺简单，维护管理难度低，建设及运行费用少，出水只需满足《农田灌溉水质标准》（GB 5084—2021）即可，在出水排放要求较高的地区需要增设蓄水池或深度处理单元，避免过量污水造成二次污染。

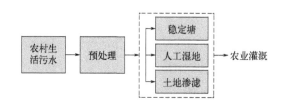

图8-69 尾水灌溉模式

该模式适用于进水污染物浓度较低、气候条件适宜且土地资源相对丰富或有天然存储条件的村落。特别适合住户分散、地形复杂、地广人稀的村落，可对单户或多户污水实现就地处理。

（3）水质调控型按需排放模式

图8-70展示了该模式的流程，该模式是根据农业生产用水特点，通过调控污水处理设备的运行频率、曝气强度、污泥回流量等工艺条件，控制污染物的去除率，实现出水水质可调的目的。该模式在灌溉季节满足种植业用水需求，在非灌溉季节满足达标排放要求，解决了污水排放与农业用水需求不平衡的问题。

图8-70　水质调控型按需排放模式

该模式适用于有季节性灌溉需求、人口密集、污水排放相对集中、对排放水质要求较高且可利用土地资源紧张的村落。

（4）黑灰水分质资源化利用模式

图8-71展示了该模式的流程，该模式是基于源分离和分质处理的理念，将生活污水在源头进行分离，后续分别处理利用。黑水体积小，污染物浓度高，更容易实现资源化。灰水体积大，但污染物浓度低，处理工艺相对混合污水可适度简化，建设和运行费用降低。该模式通过源头减量，实现最大限度的污水资源与能源回收，特别适合我国农村生活污水分散处理的实际需求。

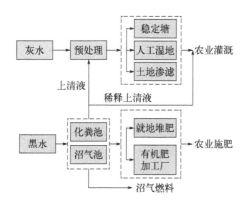

图8-71　黑灰水分质资源化利用模式

该模式适用于居住分散的农村地区或建设有收集管网和有资源化回收利用条件的地区，特别适合于开展农村"厕所革命"的地区。

参考文献

[1] Wu H M, Wang R G, Yan P H, et al. Constructed wetlands for pollution control [J]. Nature Reviews Earth & Environment, 2023, 4(4): 218-234.

[2] Zeng L, Tao R, Tam N F, et al. Differences in bacterial N, P, and COD removal in pilot-scale constructed wetlands with varying flow types [J]. Bioresource Technology, 2020, 318: 124061.

[3] Zeng L, Dai Y, Zhang X, et al. Keystone species and niche differentiation promote microbial N, P, and COD removal in pilot scale constructed wetlands treating domestic sewage [J]. Environmental Science & Technology, 2021, 55(18): 12652-12663.

[4] 成水平, 王月圆, 吴娟. 人工湿地研究现状与展望 [J]. 湖泊科学, 2019, 31(06): 1489-1498.

[5] Vymazal J. The use of hybrid constructed wetlands for wastewater treatment with special attention to nitrogen removal: A review of a recent development [J]. Water Research, 2013, 47(14): 4795-4811.

[6] Xiong C, Tam N F, Dai Y, et al. Enhanced performance of pilot-scale hybrid constructed wetlands with A/O reactor in raw domestic sewage treatment—Science Direct [J]. Journal of Environmental Management, 2020, 258(15): 110026.

[7] Xiong C, Li Q, Tam N F, et al. The combination sequence effect on nitrogen removal pathway in hybrid constructed wetlands treating raw sewage from multiple perspectives [J]. The Science of the Total Environment, 2022, 833: 155200.

[8] Zhu T, Gao J, Huang Z, et al. Comparison of performance of two large-scale vertical-flow constructed wetlands treating wastewater treatment plant tail-water: Contaminants removal and associated microbial community [J]. Journal of Environmental Management, 2021, 278: 111564.

[9] 陈沛君. 回流立式湿地污水处理系统的工艺构建及对毒死废水净化效率研究[D]. 广州：暨南大学, 2015.

[10] 冯旭, 杨扬, 郑哲, 等. 回流立式组合人工湿地对农村混合废水中重金属的净化效果 [J]. 农业环境科学学报, 2019, 38(3): 671-679.

[11] Tang X, Yang Y, Huang W, et al. Transformation of chlorpyrifos in integrated recirculating constructed wetlands(IRCWs) as revealed by compound-specific stable isotope(CSIA) and microbial community structure analysis [J]. Bioresource Technology, 2017, 233: 264-270.

[12] Tang X, Yang Y, Tao R, et al. Fate of mixed pesticides in an integrated recirculating constructed wetland (IRCW) [J]. Science of the Total Environment, 2016, 571: 935-942.

[13] Gross A, Shmueli O, Ronen Z, et al. Recycled vertical flow constructed wetland (RVFCW)—A novel method of recycling greywater for irrigation in small communities and households [J]. Chemosphere, 2007, 66(5): 916-923.

[14] Wang Z, Huang M, Qi R, et al. Enhanced nitrogen removal and associated microbial characteristics in a modified single-stage tidal flow constructed wetland with step-feeding [J]. Chemical Engineering Journal, 2016, 314: 291-300.

[15] Gupta S, Srivastava P, Patil S A. A comprehensive review on emerging constructed wetland coupled microbial fuel cell technology: Potential applications and challenges [J]. Bioresource Technology, 2021, 320: 124376.

[16] Ji B, Zhao Y, Yang Y, et al. Curbing per- and polyfluoroalkyl substances (PFASs): First investigation in a constructed wetland-microbial fuel cell system [J]. Water Research, 2023, 230: 119530.

[17] Ji B, Zhao Y, Yang Y, et al. Insight into the performance discrepancy of GAC and CAC as air-cathode materials in constructed wetland-microbial fuel cell system [J]. Science of the Total Environment, 2022, 808: 152078.

[18] 钟胜强, 杨扬, 陶然, 等. 5种植物材料的水解释碳性能及反硝化效率[J]. 环境工程学报, 2014, 8(5): 1817-1824.

[19] 张亚雷. 活性污泥数学模型 [M]. 上海: 同济大学出版社, 2002.

[20] 傅利剑. 反硝化微生物生物学特性及其固定化细胞对硝态氮去除的研究[D]. 南京：南京农业大学, 2004.

[21] 金春姬, 余宗莲, 高京淑, 等. 低C/N比污水生物脱氮所需外加碳源量的确定[J]. 环境科学研究, 2003, 16(5): 37-40.

[22] 周丹丹, 马放, 董双石, 等. 溶解氧和有机碳源对同步硝化反硝化的影响 [J]. 环境工程学报, 2007, 1(4): 25-28.

[23] 魏星, 朱伟, 赵联芳, 等. 植物秸秆作补充碳源对人工湿地脱氮效果的影响[J]. 湖泊科学, 2010, 22(6): 916-922.

[24] 姜应和, 李超. 树皮填料补充碳源人工湿地脱氮初步试验研究 [J]. 环境科学, 2011, 32(1): 158-164.

[25] 董丽伟, 张伟, 白璐, 等. 我国农村生活污水资源化利用现状及模式分析 [J]. 环境工程技术学报, 2022, 12(06): 2089-2094.

第9章
村镇面源污染控制与生态修复

村镇面源污染是指因农业生产活动中化肥和农药的大量使用，溶解的或固体的污染物，如氮、磷、农药及其他有机或无机污染物质，从非特定的地域，通过地表径流、农田排水和地下渗漏进入水体而引起的水质污染。据《中国统计年鉴》数据，目前中国农用化肥施用量5404万吨，其中氮肥1930万吨、复合肥2231万吨、磷肥682万吨、钾肥561万吨，单位面积的施用量超过国际公认的平均水平。据第二次全国污染源普查结果，全国种植业水污染物排放（流失）量，氨氮8.30万吨、总氮71.95万吨、总磷7.62万吨，分别占农业源水污染物排放总量的38.39%、50.85%和35.94%，占全国水污染物排放总量的8.62%、23.66%和24.16%。农业面源已成为水生态环境污染的重要原因。农业面源污染严重影响河流、湖泊水体水质与水生态健康，也制约农业可持续与乡村振兴发展。

农业面源污染具有来源复杂且分散、发生随机、污染物浓度低、难以治理等特征，且农村地域宽广、土地利用方式多样、地形地势复杂，造成降雨引起的产流、汇流特征受空间地形的影响，空间异质性较大，面源污染排放过程监控难度较大，污染产流治理具有滞后效应，亟须对现有的技术进行梳理、验证和组装集成，总结提炼形成一套全面系统的污染控制理论与技术来指导相关工程体系的建设，并在区域上付诸实施，从而提高村镇面源污染控制的效果，力争将农业面源污染控制与农村生态文明建设相结合。

我国政府高度重视农业面源污染问题，农业农村部、生态环境部等部委密集出台《农业部关于打好农业面源污染防治攻坚战的实施意见》《重点流域农业面源污染综合治理示范工程建设规划（2016—2020年）》《"十四五"全国农业绿色发展规划》《国家农业绿色发展先行区整建制全要素全链条推进农业面源污染综合防治实施方案》等文件，把加强农业面源污染防治作为一项重要举措，提出尽快整合科技资源，遵循总量控制原则，整体推进源头控制、过程阻断、末端强化相结合途径，系统梳理关键技术，形成一套农业面源污染治理模式进行试点示范并推广应用，为实施乡村振兴战略、实现农业绿色发展、改善农业农村生态环境发挥重大作用。

本章介绍的村镇面源污染治理思路是构建田-沟/渠-带-塘水网连通系统（图9-1），开展源头污染控制—过程植物拦截—末端生态修复系统治理，协同径流污染监测与风险评估。

源头污染控制包括测土配方施肥、有机肥替代化肥、施用新型缓控释肥、施肥精准化技术；过程阻断拦截包括植物缓冲带技术、农排水生态沟渠拦截技术和生态软隔离带渗滤技术；末端生态修复技术即农村生态稳定塘修复技术，包括底泥原位覆盖和沉水植物恢复。从区域尺度出发，实现农田径流污染减控、沟渠植物拦截、坑塘深度净化以及面源污染控制效果的监测与评估（图9-2）。

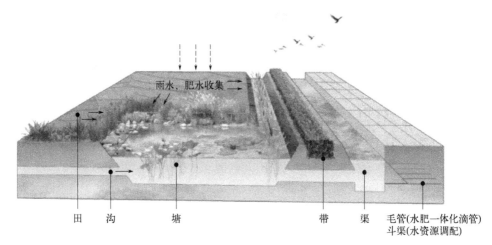

图9-1 "田-沟/渠-带-塘"水网连通系统示意

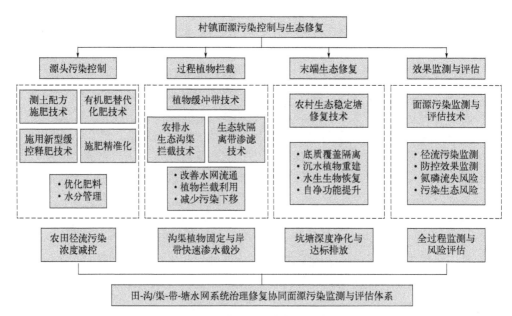

图9-2 村镇面源污染控制与生态修复技术实施路线图

9.1 源头污染控制技术

源头污染控制技术是以降低径流养分浓度和减少径流排水为核心，主要通过优化肥料和水分管理达到从农业生产源头降低农业面源污染物排放目标的面源污染控制技术。

测土配方施肥、有机肥替代化肥、新型缓控施肥、施肥精准化等技术是生产上减少农田氮、磷损失的重要源头控制手段，可有效控制氮、磷地表径流，氮、磷淋溶，以及氮素氨挥发。

测土配方施肥技术是以土壤测试以及肥料田间试验结果为基础，根据作物需肥规律、土壤供肥性能和肥料效应，合理提出肥料的施用量、施用时期和施用方法的技术，分为测土施肥和配方施肥，先进行土壤养分测定，再根据大量的田间试验得出最佳的施肥配方。有机肥替代化肥技术，能提高畜禽粪便综合利用率，提升耕地基础地力，包括实施有机肥与微生物菌肥减量或替代无机肥、沼液沼渣还田、畜禽养殖废弃物利用、秸秆还田等。施用新型缓控释肥技术，是指优化氮、磷、钾配比和微量元素施用结构，推广缓控释肥、水溶肥等新型高效肥料，可有效减少施肥次数和肥料施用量，省时省工，大幅提高肥料利用率，减轻农业面源污染。施肥精准化技术，是指推广先进适用的施肥设备和技术，改表施、撒施和人工施肥为机械深施、水肥一体化、叶面喷施等施肥方式，提高肥料利用率。化肥减量增效控制技术是农业面源污染源头防控的关键。

9.1.1 技术原理

（1）径流污染控制原理

肥料优化管理技术，从根本上减少施肥用量，同时通过提高土壤微生物量和酶活性来改善土壤理化性质，促进土壤团粒结构的形成，使养分集中在作物根系周围，从而促进作物养分吸收，提高肥料利用率，有效降低径流养分浓度；水分优化管理技术，可减少田间灌溉用水，降低田面水层厚度，提高农田蓄雨能力，减少灌溉及雨季径流排水量，降低径流水体中氮、磷流失的风险。

（2）淋溶污染控制原理

优化施肥、氮肥减量等可减少土壤氮盈余量，进而降低硝酸盐在土壤中的高量累积及淋溶损失风险，施用缓控释肥可以控制氮素转化和释放，提高作物吸收利用率，从而降低淋溶损失量；添加硝化抑制剂调节氮素转化，从而控制根层硝氮转化量，增加氨氮的比例与存在时间，减少氮淋溶损失。

（3）氨挥发控制原理

有效控制田面水氨浓度是控制氨挥发损失的关键，缓控释肥深施，氮素养分缓慢释放，提高作物氮素利用率，可减少土壤表层氮素累积，降低田面水氨浓度，再辅以界面阻隔材料，进一步抑制水面氨挥发。

9.1.2 技术流程

源头污染控制技术是在农田土壤肥力本底值调查基础上，采用测土配方施肥技术，以减少径流排放；针对土壤肥力不足的农田，可采用有机肥替代化肥技术，提升土壤有机质含量和固定肥力，减少淋溶风险；针对肥料利用率低，可采用新型缓控施肥技术，促进养分释放与作物吸收同步；在肥料优选基础上，采用施肥精准化技术，促进植物直接利用，减少土壤表层残留与溢流风险。

源头径流控制技术实施方案如图9-3所示。

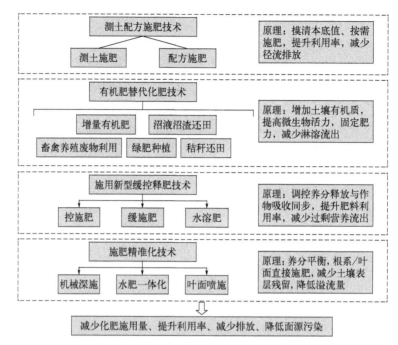

图9-3　源头径流控制技术实施方案

9.1.3　技术效果

9.1.3.1　农田径流氮和磷控制效果

基于输出系数法［水稻、玉米氮输出系数分别为19.40kg/(hm²·a)、12.66kg/(hm²·a)，磷输出系数分别为1.16kg/(hm²·a)、4.05kg/(hm²·a)]计算不同施肥方式对水稻和玉米种植农田径流氮、磷削减率。

对于粮食作物（水稻），测土配方技术径流氮流失削减效果最佳，削减率为23.5%～46.8%，施用缓控释肥技术可削减高达43.2%的径流氮流失，有机肥替代化肥技术可削减径流氮流失17.6%～40.4%，土壤添加硝化抑制剂或者脲酶抑制剂可削减径流氮流失13.5%～23.1%，测土配方结合施用缓控释肥技术可强化种植粮食作物农田径流的氮流失风险。

对于粮食作物（玉米），不同施肥处理中TN流失浓度由高到低依次为传统施肥＞有机肥＞生物菌肥＋有机肥＞秸秆还田＞测土配方＞缓控释肥，TP流失浓度由高到低依次为传统施肥＞有机肥＞秸秆还田＞生物菌肥＋有机肥＞缓控释肥＞测土配方（表9-1），其中施用缓控释肥技术对氮流失削减效果最佳，测土配方施肥技术对磷流失削减效果最佳，有机肥施用时可考虑配合生物菌肥施用，可提高种植粮食作物农田的面源污染防控效果。

表9-1　不同施肥模式下玉米田径流氮和磷流失削减率

施肥模式	氮和磷流失削减率/%	
	TN	TP
测土配方	21.7	78.0

施肥模式	氮和磷流失削减率/%	
	TN	TP
生物菌肥＋有机肥	15.6	9.2
缓控释肥	29.3	9.5
秸秆还田	16.8	4.8
有机肥（猪粪）	13.6	3.1
传统施肥	—	—

对于果树（梨树），与传统浇灌处理相比，水肥一体化处理对梨树田地径流TN和TP平均浓度削减率分别为31.23%和25.18%。基于径流排放水量计算农田面源污染排放通量，结果显示，水肥一体化处理能显著降低TN和TP排放量，降低比例分别为34.24%和22.47%，水肥一体化施肥技术对种植果树农田的面源污染防控效果较为显著。

9.1.3.2　农田氮和磷淋溶控制效果

监测农田耕作层土壤（30cm）的淋溶液氮、磷浓度，以评估不同施肥措施下不同种植类型农田土壤中氮素与磷素的淋溶流失风险。

① 对于粮食作物（水稻），与传统施肥方式比较，不同施肥措施均对氮淋溶量有削减作用。其中，测土配方技术削减率为15.0%～35.4%，施用缓控释肥技术削减率为50.5%～53.0%，有机肥替代化肥技术削减率为25.6%～60.9%，结合肥料深施措施可以削减田间氮淋溶量55.8%～68.4%。

② 对于果树（香蕉），与传统施肥方式比较，有机肥替代化肥技术分别降低氮和磷淋溶流失24.1%和21.3%，施用缓控释肥配合生物炭技术分别降低氮和磷淋溶流失27.8%和40.1%，不施肥处理分别降低氮和磷淋溶流失57.6%和36.1%。结果显示，施用缓控释肥兼施生物炭结合深耕深施、秸秆还田、优化灌溉量及氮素减量可有效降低果树种植的氮和磷淋溶流失风险。

③ 对于蔬菜（苦瓜），与传统氮肥处理相比，实施优化氮肥管理，包括在育苗阶段采用控释氮肥、生长阶段采用硝化抑制剂、控制氮肥总量等措施，能有效降低土壤表层氮素累积量35.5%、降低氮肥淋溶流失22.3%～32.0%，优化氮肥管理可使氮肥投入降低18.8%、氮素吸收量提高30.0%、产量增加22.5%。

9.1.3.3　农田氮素氨挥发控制效果

对于粮食作物（水稻），对氮肥类型、用量以及深耕施肥对氨挥发的影响研究（表9-2）表明，施用缓控释肥（树脂包膜尿素）和有机肥替代化肥分别能降低氨挥发通量18.8%和8.1%，氮肥用量越少其氨挥发量也越少，减氮量43.3%能降低33.8%氨挥发量。氮肥深施5cm和10cm分别降低稻田53.8%和54.9%的氨挥发，但因田间试验差异，不同深度施肥的氨挥发量与效果差异不显著，综合考虑产量和环境效益，缓控释肥和5cm深度分别是较适宜的肥料类型和施肥深度。

表9-2　不同氮肥用量和肥料类型条件下稻田氨挥发损失量　　　　　　单位：kg/hm²

施肥处理组		基肥期	分蘖期	穗肥期	总量
氮肥用量	不施氮肥	11.1d	14.5d	14.4c	40.0d
	153kg/hm²	14.3c	18.7c	17.2b	50.2c
	210kg/hm²	20.4b	21.6b	18.5ab	60.5b
	270kg/hm²	28.0a	26.9a	20.9a	75.8a
肥料类型	缓控释肥210kg/hm²	14.6c	18.6c	15.9b	49.1c
	有机肥替代210kg/hm²	16.9c	20.5b	18.2ab	55.6b

注：不同字母表示组间氨挥发损失量存在显著性差异（$P<0.05$）。

氮肥施用是氨挥发通量增加的主导因素，控制氮肥总量，施用缓控释肥和有机肥可有效降低氨挥发通量。

9.1.4　设计参数

源头污染控制技术的建议参数与减排效果见表9-3，各地可因地制宜，推广先进适用的技术措施和技术模式。

表9-3　源头污染控制技术的建议参数与减排效果

技术类别	技术需求	作物类型	肥料类型	建议施肥量与施肥方式	预期减排效果
测土配方	养分用量减少	稻谷	配方肥：N∶P₂O₅∶K₂O	40～60kg/亩	氮径流损失减少：40%～50%
有机肥替代	肥料类型替代	蔬菜	有机肥：猪粪、鸡粪、牛粪	有机肥量：6～10kg/亩；配方肥量：8～12kg/亩	氮径流损失减少：15%～20%；磷径流损失减少：10%～15%
		豆类	有机肥：牛粪；生物菌肥：河泥、稻糠粉、活性炭	生物菌肥：6～10kg/亩；有机肥：100kg/亩	氮径流损失减少：10%～15%；磷径流损失减少：5%～10%
		稻谷	氮肥：尿素；有机肥：猪粪	尿素：150kg/hm²；有机肥：3000kg/hm²	氮径流损失减少：15%；氮淋溶损失减少：25%；氨挥发减少：25%～30%
施用缓控释肥	提升养分利用	稻谷	氮肥：树脂包膜尿素	350～400kg/hm²；3～8cm深施条播	氮径流损失减少：40%；氮淋溶损失减少：50%～55%；氨挥发减少：15%～85%
施肥精准化	灌溉水分管控	果树	水溶性复合肥、水溶性尿素	555kg/亩，灌水总量80m³/亩	氮径流损失减少：30%；磷径流损失减少：25%
		稻谷	氮肥：树脂包膜尿素；深耕施肥	150～210kg/hm²；5～15cm深施滴灌	氮径流损失减少：30%～35%；氮淋溶损失减少：50%～55%；氨挥发减少：20%～45%

注：1亩 = 666.67m²。

9.2 植物缓冲带技术

植物缓冲带技术被定义为常见于河道与农田之间的草地或其他水体和自然植被的边界区域，是一种以减轻农业活动对附近水道潜在影响为目的的物理干预技术。植物缓冲带以减缓径流污染物排放为目的，在农业面源污染物产生以后，改善现场水网关系，针对径流迁移途径，采用以植物缓冲带延伸的物理效应、化学效应或生物效应进行拦截、降解或资源化利用，从而降低污染物向下游水体的排放量，实现过程拦截。同时，植物缓冲带还发挥植物修复、绿化造景以及生境恢复作用。

农业上的植物缓冲带根据位置分为场边缓冲带和场内缓冲带。场边缓冲带按照沿着农田到河道的物理边界距离分为田地边界带、过渡滤草带、河岸缓冲带、河岸草本过滤带和生态缓冲带。这些缓冲带有效地减少集中的径流，减少沉积物、养分和农药向邻近水体的输送，改善水生物种的栖息条件，促进本地河岸植物群落恢复，构建野生动物、花境植物传粉者和其他生物的重要栖息地。场内缓冲带是在农田内精心建造自然植被的缓冲带。这些缓冲带减缓了水流，从而防止沟壑和细沟（即浅水道）侵蚀，增加渗透，并有助于截留农药、营养物质和保留沉积物。

植物缓冲带功能强化措施包括生态沟渠、生态软隔离带及生态塘等技术措施或组合技术措施，达到拦截初期雨水及阻控面源污染物的功能，提高缓冲带水质净化效果。本节集中介绍植物的作用，可应用于农排水生态沟渠拦截技术、生态软隔离带渗滤技术以及农村生态塘修复技术，基于不同技术措施修复目的，综合考虑地形条件和植物类型，优化植物群落结构，减少维护管理，增强植物群落的维持和恢复能力。植物优先选择本地种，以自然演替为主，人工辅助种植，注重植物的生态习性，合理规划空间和时间配置需求，实现植被的自然演替，提高植物的拦截净化功能，改善生态景观效果。

9.2.1 技术原理

（1）拦截作用原理

植物根系地下纵横覆盖堤岸，减少径流的侵蚀和冲刷，保持水土、固坡护岸，减弱水土流失的泥沙及沉积物迁移压力；根系密织生长形成一张过滤网促进径流渗透，延长污染停留时间，促进植物原位修复作用；植物地上部分减缓径流的输送能力，阻断农田泥沙及沉积物迁移，有效控制径流污染。

（2）修复作用原理

植物具有原位吸收、固着、降解、挥发和根际作用。图9-4展示的是植物修复农田氮、磷和农药原理示意图（书后另见彩图），其中，植物对农业面源污染氮素的修复作用表现为同化、迁移和吸收，氮主要以无机氮形式（NO_3^-和NH_4^+）从土壤或溶液中被植物吸收，NO_3^-可以被根部吸附还能被储存在植物体内或转化成氨基酸，但NH_4^+不会储存在植物组织中，转化为酰胺，或氧化为NO_3^-，或被同化产生氨基酸。植物一般偏好先吸收NO_3^-，但漂浮植物会更倾向于吸收NH_4^+，沉水植物则没有特殊偏好可以同时吸收NO_3^-和NH_4^+。植物对农业面源污染磷素的修复作用表现为以吸收为主，环境中的磷只有一小部分可供植物利用，即正磷酸盐，进入植物体内的正磷酸盐可以储存在植物细胞内或者被植物同化利用。植物对农药的作用包括吸收、转运、代谢、挥发、根际降解等过程，吸收后的农药一部分可以被木质素或纤维素等大分子所吸附，或代谢成极性更强的分子结构并储存在液泡中或结合于细胞壁中，还可以被运输到植物的梢部并挥发到大气中。

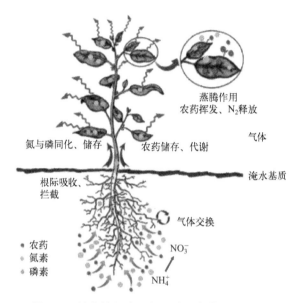

图9-4　植物修复农田氮、磷和农药原理示意

（3）造景作用原理

植物缓冲带在田埂水渠及溪流沿岸构成了一定自然风景，美化农田生态系统景观，改善人居环境，同时保护现有的生态系统功能，增强或重建退化的生态系统，强化生态过程以减轻潜在或现有的生态退化，以及减少不可再生资源消耗的环境干预措施。

（4）生境恢复原理

植物缓冲带包括径流泄洪区、河岸缓冲区、水位变幅区、稳定深水区等区域，不同区域分布着不同陆生、湿生、水生植物群落，植物群落多样性提供多样化生境，为水生与陆生野生动物栖息与觅食营造良好的场所，促进生态农业、观光农业、休闲农业的协调发展，实现经济效益和生态效益"双赢"。

9.2.2　植物类型

植物选用原则：

① 高生长率；

② 更多的地上生物量；

③ 广泛分布和高度分化发达的根系；

④ 对氮、磷或者农药等污染物有更多积累（生物浓度因子＞1）；

⑤ 累积的农药等污染物从根向芽转运（转运因子＞1）；

⑥ 对目标农药等污染物的毒性作用具有一定的耐受性；

⑦ 良好地适应当地环境和气候条件；

⑧ 对病原体和害虫有抵抗力；

⑨ 易于种植和收获，易于管理；

⑩ 收获后便于处理且不会造成环境的二次污染，或具有一定的经济价值；

⑪ 排斥食草动物，避免食物链污染。

基于文献资料报道，列出植物缓冲带中常用的水生植物和陆生植物清单，水生植物包括挺水植物、沉水植物和浮叶植物，陆生植物包括护坡植物、蜜源植物和花境植物，便于具体工程应用筛选。

9.2.2.1 挺水植物

植物缓冲带中常见的挺水植物及其功能如表9-4所列。

表9-4 挺水植物及其功能

植物图片	植物名称及功能	植物图片	植物名称及功能
	美人蕉：多年生草本，具有很强的净化环境和抗污染能力，对氟化物、二氧化硫等有毒气体吸收强		芦苇：多年生草本，吸收氮、磷、重金属，降解有机物，具有防治水土流失、提高土壤肥力的作用
	香蒲：多年生草本，生物量大，适应性强，耐污能力强，能吸收氮、磷、重金属，对砷有较强富集能力		菱草：多年生草本，能抑制藻类的生长，能吸收富集重金属，根系发达、生物量大，能固堤防洪
	水葱：多年生草本，适于在渍水区或土壤贫瘠区生长，pH值适应范围较宽，能净化水中的酚类及重金属		芦竹：多年生草本，抗逆性强，具有较高污水中氮、磷去除效果，能吸收镁、锰、锌等，净化重金属污水
	菖蒲：多年生草本，耐淹、耐旱，有效削减水体氮、磷等物质，抑制水华发生，被广泛地应用于潜流式和表流式人工湿地		蒲苇：多年生草本，耐寒，抗逆性强，能够起到吸附沉积物、分解污染物、保持水面稳定、抑制藻类繁殖等净化及涵养水体的作用
	黑三棱：多年生草本，耐寒、耐热，适应性强，污染耐受性，对水中有机质、重金属以及部分毒害物质均具良好的吸收转化、吸附作用		水烛：蒲草，多年生草本，喜高温湿润环境，生长适宜温度15~30℃，对氮、磷具有较强的吸收与积累能力，能够有效减轻水体富营养化，具有净化污水、美化环境的作用

植物图片	植物名称及功能	植物图片	植物名称及功能
	泽泻：多年生草本，具有良好的耐污能力，对氮、磷有较强的吸收、同化能力，被广泛用于治理农田排水引起的农业面源污染		慈姑：多年生草本，喜光、温和、背风环境，具有强适应性，能吸收利用水体氮、磷营养盐，吸附水中悬浮物质，加速分解有机污染物
	梭鱼草：多年生草本，喜温湿，怕风不耐寒，能去除水体中的氮、磷和有机物，抑制铜绿微囊藻的生长，富集镉等重金属		千屈菜：多年生草本，耐污性、抗寒能力强，能吸收利用水体中的营养盐，但抗冲击能力不强，其栽植成活需要一定管护条件
	再力花：多年生草本，好温湿、阳光环境，能高效净化氮、磷营养物，降解有机物质，能富集汞、铬、铜等重金属		黄菖蒲：多年生草本，喜温凉环境，抗逆性强，能吸收、富集和转化重金属（镉、铜、铅等）、农药、抗生素，对常见水华藻类具有较好抑制效果
	灯心草：多年生草本，喜温湿，忌干旱，较好去除重金属（铜、铅等）、总氮、总磷、酚以及降解生化需氧量、化学需氧量		狼尾草：多年生草本，喜寒湿环境，耐旱，自我调节能力和抗逆性强，对汞、镉、铬等重金属表现出较强的吸收、富集和转运能力
	风车草：多年生草本，喜温湿及通风环境，适应性强，对生活污水中氮、磷的吸收能力强，能去除水体中抗生素等药物		纸莎草：多年生草本，泌氧能力较强，利于微生物降解有机物，可以有效降低氮、磷含量，控制富营养化程度，缓解水域发黑发臭的现象

注：表中图片均来自中国植物园联盟。

9.2.2.2 沉水植物

植物缓冲带中常见的沉水植物及其功能如表9-5所列。

表9-5 沉水植物及其功能

植物图片	植物名称及功能	植物图片	植物名称及功能
	丝叶眼子菜：多年生草本，喜温湿、阳光充足环境，耐寒，忌干旱，耐污性不强，能吸收利用污水中的有机质和营养物质		穿叶眼子菜：多年生草本，多生于静水淡水水体和沼泽中，具有较强的抗逆性和适应性，可以富集水体中的氮、磷营养物质和污染物

植物图片	植物名称及功能	植物图片	植物名称及功能
	海菜花：多年生草本，是我国特有濒危植物，对水体污染较敏感，是一种重要的环境指示植物，其分布情况可以作为淡水湖泊污染程度的指标		龙舌草：草本，喜强光、通风良好的环境，耐低温，能富集铜、铅、锌等重金属，分解、转化和吸收水中有机污染物，对面源污染水体净化成效显著
	穗花狐尾藻：多年生草本，耐受氨氮、镉污染，能拦截、吸附、凝聚、减缓水流扰动，有效去除水体悬浮物，对常见水华藻类具有较好抑制效果		黑藻：多年生草本，喜温暖、光照充足的环境，耐寒，对水中氮、磷具有较高的去除率，对水体中的蓝藻、绿藻和硅藻有显著抑制作用，能吸收水体中重金属

注：表中图片均来自中国植物园联盟。

9.2.2.3 浮叶植物

植物缓冲带中常见的浮叶植物及其功能如表9-6所列。

表9-6 浮叶植物及其功能

植物图片	植物名称及功能	植物图片	植物名称及功能
	泉生眼子菜：多年生草本，可适应微酸性水体，抑制富营养化水体底泥的内源释放，具有清洁水质、控制藻类繁殖等功能，对重金属具有较强的富集能力		睡莲：多年生草本，喜温暖湿润、阳光充足的环境，耐污性能强，但抗风浪能力弱，其水浸提液对铜绿微囊藻具有抑制作用，可去除水体中的氮、磷污染物质
	萍蓬草：多年生草本，根系发达，适应性强，耐污能力强，去除水体中氨氮、硝氮、磷等污染物，应用于湿地系统以提高净化效果		荇菜：多年生草本，喜光、耐寒、耐热，冬季能耐低温，有一定的耐污能力，适宜于淤泥深厚的环境，能很好地抑制蓝藻和绿藻的生长
	菱角：一年生草本，不耐霜冻，显著提高水体透明度和物种多样性，降低浮游藻密度，抑制水华的发生，可富集砷和汞等重金属		芡实：一年生草本，喜温暖、阳光充足环境，不耐寒也不耐旱，具有较好的耐污能力，可显著降低水体中总氮、总磷、氨氮和有机物含量

植物图片	植物名称及功能	植物图片	植物名称及功能
	王莲：多年生或一年生草本，典型热带植物，耐寒力极差，能富集重金属，能去除悬浮物，能分泌抑藻物质防止藻类暴发		菱叶丁香蓼：一年生草本，喜温暖湿润、日照充足环境，适应性强，抑制藻类繁殖，能削减富营养化水体中的氮、磷及有机物质

注：表中图片均来自中国植物园联盟。

9.2.2.4 护坡植物

植物缓冲带中常见的护坡植物及其功能如表9-7所列。

表9-7 护坡植物及其功能

植物图片	植物名称及功能	植物图片	植物名称及功能
	胡枝子：半灌木或灌木，适应性强，能改善土壤理化性质和肥力，加强了土壤对于面源污染物的吸附作用，起到净化水质的作用		冰草：多年生草本，具有耐干旱、抗寒冷、耐盐碱等优点，适应性强，根系发达，对污染物有很好的截留、吸附作用
	苇状羊茅：多年生草本，耐寒性强，喜冷湿环境，其根系分泌物能促进土壤有机氯农药去除，在治理重金属污染方面表现尤为突出		偃麦草：多年生草本，耐旱、耐盐碱、耐寒，可用于水土保持和道路边坡绿化，有效截留氮、磷营养盐，防治农业面源污染
	马蔺：多年生草本，抗逆性强，耐盐碱、耐干旱，适应性强，可有效去除富营养化水体氮、磷营养盐，具有较强的储水保土、调节空气湿度、净化环境作用		波斯菊：多年生草本，喜阳光，耐干旱，有效控制水土氮、磷流失，其缓冲带可吸附和分解面源氮、磷等营养物质，减少进入河道，改善水质
	常春藤：常绿藤本植物，喜温暖湿润气候，适应性强，对城市生活污水有较强净化效果，用于城市河道、景观水体的净化和修复		紫穗槐：多年生灌木，适应能力强，耐旱耐寒，可有效地拦截、滞留泥沙，减少氮、磷进入水体，具有良好的水土保持、防风固沙作用

植物图片	植物名称及功能	植物图片	植物名称及功能
	沙棘：落叶性灌木，耐旱、耐涝和耐寒，根系发达，根系上生有根瘤，具有固氮能力，是水土保持的先锋树种		黑麦草：多年生草本，喜温凉湿润环境，根系发达，对浅层土壤有固化作用，吸收水体中氮、磷营养物，去除农药等有毒有害物质
	狗牙根：多年生草本，耐旱，适应性强，具有发达的根状茎及匍匐茎，可增加地表径流中的颗粒态氮、磷和泥沙的沉降量，防控面源污染		紫薇：多年生落叶小乔木，耐旱，耐污能力强，可净化富营养化水体水质，叶片可吸附空气中悬浮物，可作为治理大气污染物的园林植物
	香根草：多年生草本，根系发达、生物量大，适应性强，耐污力强，有效拦截径流、泥沙、磷，有效降解有机氯农药和富集重金属，广泛用于环境修复领域		斑茅：多年生草本，耐旱、耐贫瘠，分蘖能力强，抗逆性强，可应用于人工湿地处理污水，吸收氮、磷营养盐，根系发达，对莠去津具有较好的去除潜力

注：表中图片均来自中国植物园联盟。

9.2.2.5 蜜源植物

植物缓冲带中常见的蜜源植物及其功能如表9-8所列。

表9-8 蜜源植物及其功能

植物图片	植物名称及功能	植物图片	植物名称及功能
	玉米：一年生草本，喜半干旱气候，适应性强，可吸收污水中的氮、磷营养盐，净化水质，能吸收、积累和转化降解土壤中多种农药		紫椴：深根乔木，喜光喜湿，抗烟抗毒，虫害少，萌蘖性强，为蜜源树种，其强大根系在保持水土的同时，还可吸收、富集地下潜流中的污染物
	紫苜蓿：多年生草本，喜温暖半湿润环境，耐干旱，耐寒性强，可吸收利用氮、磷等营养盐，对农业面源农药污染有较好的去除效果		向日葵：一年生草本，喜温耐旱，脱氮除磷作用强于常见人工湿地植物。向日葵作为一种新型人工湿地植物，具有广阔的应用前景

植物图片	植物名称及功能	植物图片	植物名称及功能
	鹅掌柴：常绿灌木，喜温暖、湿润、半阳环境，生长适宜温度16~27℃，对水体具有明显的净化效果，可以作为人工湿地生态系统选种植物		天使花/香彩雀：多年生草本花卉植物，喜温暖多湿、阳光充足的环境，较耐阴、耐旱，对土壤要求不严，能对富含氮、磷、钾和有机质的污泥进行修复
	翠芦莉：多年生草本植物，喜高温，对环境条件要求不严，耐旱、耐湿力均较强，生长适宜温度22~30℃，抗逆性强，适应性广，对总氮、氨氮、总磷、磷酸盐去除效果明显，被广泛用于园林绿化		乌桕：落叶乔木，适应性强，作为园林树种既能解决水生草本植物冬枯问题，又能对富营养化水体起到一定的净化作用

注：表中图片均来自中国植物园联盟。

9.2.2.6 花境植物

植物缓冲带中常见的花境植物及其功能如表9-9所列。

表9-9 花境植物及其功能

植物图片	植物名称及功能	植物图片	植物名称及功能
	花叶艳山姜：多年生草本，喜高温多湿环境，不耐寒，喜阳光，却耐阴，可吸收利用土壤中氮、磷营养盐，可应用于植被缓冲带，美化环境		姜花：多年生草本，喜高温高湿稍荫的环境，适应性、抗逆性强，具有粗壮根系，根系生物量大，可促进微生物降解污染物，水质净化能力强
	桂花：常绿灌木，分布范围广，经济价值高，是集绿化、美化、香化于一体的观赏、净化兼备的优良园林树种		万寿菊：一年生草本，喜光性植物，根系发达，较大吸收和同化水中的氮、磷、有机物，美化环境，能吸收氟化氢、二氧化硫等有害气体
	矮牵牛：多年生草本，喜温暖、阳光充足的环境，适应性、抗逆性强，能从水体中吸收氮、磷等营养盐，具有较好的水质净化效果，用于城乡绿化、园林景观		一串红：多年生草本，喜温暖湿润、阳光充足的环境，畏寒冷，应用于人工浮岛等污水净化工程可减轻水体受污现状，促进水生态系统的恢复，兼具美观效果

植物图片	植物名称及功能	植物图片	植物名称及功能
	朱槿：常绿灌木或小乔木，喜温暖湿润、阳光环境，长势强健，抗逆性强，促进富营养化水体的修复，在城市绿化美化中具有重要作用		龙船花：常绿灌木，喜湿润炎热的环境，可吸收、去除有机物、病原体、营养盐（氮、磷）以及重金属，可应用于生态缓冲带，美化城市
	夹竹桃：常绿灌木，喜温暖湿润环境，不耐寒，不耐水湿，常被应用于城市道路绿化带，吸收SO_2、土壤和水体中的营养盐（氮、磷）和污染物，起到净化和美化的作用		栀子花：常绿灌木，喜光，喜温暖湿润环境，耐半阴，怕干旱，不耐寒，对有机物、氮和磷等有较强的生物累积能力，能有效净化水体，还具有良好景观效应

注：表中图片均来自中国植物园联盟。

9.2.3 技术效果

9.2.3.1 植物拦截效果

基于文献报道总结了单一植物和组合植物（草本和灌木植物）对地表径流水量、泥沙以及悬浮颗粒物的拦截效果（见表9-10），研究者多关注地表径流携带泥沙的拦截效果，其次是径流水量的滞缓效果，植物对径流的拦截效果因植物类型差异较大，组合植物拦截效果较好，对径流水量拦截率为32.5%～98.0%、携带泥沙拦截率为73.0%～98.8%、悬浮颗粒物拦截率为51.0%～72.3%，而单一植物对径流水量拦截率为26.0%～97.5%、携带泥沙拦截率为25.0%～98.0%、悬浮颗粒物拦截率为27.5%～77.4%，单一植物以三叶草、紫穗槐、刺梨、金银花、金荞麦、金丝桃、野葛、百喜草等拦截效果最佳，组合植物以狼尾草/野古草以及紫穗槐/三叶草组合综合拦截效果最佳。植物缓冲带主要建设于农田周围的空旷地带，植物配置、带宽、土壤质地、径流流量和径流氮与磷浓度等均会影响其拦截效果，具体工程效果要以实际监测数据为准。

表9-10 植物配置对地表径流水量、携带泥沙及悬浮颗粒物的拦截效果

植物配置		径流拦截率/%	泥沙拦截率/%	悬浮颗粒物拦截率/%
单一植物	灰毛豆	91.75	＞25.00	—
	紫花苜蓿	＞36.00	69.25	—
	香根草	＞36.00	＞25.00	—
	黄花菜	＞36.00	＞25.00	—
	狼尾草	51.00	—	—
	高羊茅	79.70	—	77.40
	白三叶	—	38.00	66.70

植物配置		径流拦截率/%	泥沙拦截率/%	悬浮颗粒物拦截率/%
单一植物	三叶草	97.20	97.90	—
	紫穗槐	97.50	98.00	—
	黑麦草	53.38	93.45	27.50
	假麦草	53.98	91.08	—
	无芒雀麦	51.40	90.21	—
	野葛	> 80.00	> 80.00	—
	百喜草	> 80.00	> 80.00	—
	皇竹草	62.23	74.31	—
	刺梨	88.00	96.00	—
	金银花	86.00	89.00	—
	金荞麦	85.00	84.00	—
	金丝桃	84.00	84.00	—
	钙果	71.00	94.00	—
	核桃	60.00	80.00	—
	榛子	41.00	98.00	—
	三叶木通	26.00	89.00	—
组合植物	狼尾草/野古草	88.00	95.00	—
	桑树/野牛草	57.96	96.64	—
	百慕大草/高羊茅/白三叶	—	80.80	—
	紫穗槐/三叶草	98.00	98.80	—
	马桑/黄荆/新银合欢/黄花菜	32.50	96.00	—
	柳枝稷/林木	—	97.00	—
	披碱草/紫穗槐	—	73.00	56.52
	披碱草/柽柳	—	—	44.32
	披碱草/紫穗槐	—	—	75.25
	枫杨/草木樨	78.00	—	51.00
	野生草本植物/沙棘	—	94.34	—

9.2.3.2　植物修复效果

各类植物文献报道的水体COD、氮和磷以及农药的去除效果分别见表9-11、表9-12和表9-13。水体COD去除效果（去除率）排序为沉水植物、浮叶植物、护坡植物、花境植物、挺水植物和蜜源植物，泽泻、穗花狐尾藻、黑藻、龙船花、夹竹桃、朱瑾、栀子花、柳树的COD均高于90%。植物氮和磷去除效果差异较大，挺水植物以黑三棱、红蓼、灯心草、风车草综合效果较好，沉水植物以黑藻和海菜花综合效果较好，浮叶植物以萍蓬草、菱叶丁香蓼和睡莲综合效果较好，花境植物以海芋、姜花和一串红综合效果较好，蜜源植物以鹅掌柴、向日葵和翠芦莉综合效果较好，护坡植物以紫薇、柳树和黑麦草综合效果较好。水体农药去除效果（去除率）排序为护坡植物、挺水植物、花境植物和蜜源植物，香根草、芦苇、水葱、狼尾草和沙棘对农药的去除效果较好。

表9-11 植物对水体COD的去除效果

植物类型	植物名称	COD去除率/%	植物类型	植物名称	COD去除率/%
挺水植物	黑三棱	56.22	沉水植物	穗花狐尾藻	92.00
	风车草	62.65		黑藻	90.00
	美人蕉	83.64	浮叶植物	睡莲	87.39
	梭鱼草	32.43		萍蓬草	83.13
	芦竹	85.77		菱角	67.52
	水葱	83.94		芡实	83.89
	水烛	86.25	花境植物	花叶艳山姜	47.50
	芦苇	86.02		姜花	64.00
	香蒲	83.38		海芋	53.00
	菱草	7.30		万寿菊	77.90
	黄菖蒲	78.39		夹竹桃	93.15
	菖蒲	79.00		矮牵牛	79.24
	泽泻	91.04		一串红	76.65
	千屈菜	55.90		朱瑾	91.39
护坡植物	柳树	91.18		龙船花	94.42
	高羊茅	68.75		栀子花	91.20
	马蔺	80.32	蜜源植物	翠芦莉	70.00
	香根草	67.00		玉米	29.78
	黑麦草	72.41		向日葵	75.90
	狗牙根	68.75		紫椴	37.14
	紫薇	85.00		旱柳	38.27
	狼尾草	57.00		稠李	41.25

表9-12 植物对水体氮（N）和磷（P）的去除效果

植物类型	植物名称	N去除率/%	P去除率/%	植物类型	植物名称	N去除率/%	P去除率/%
挺水植物	黑三棱	95.36	85.95	花境植物	一串红	67.86	68.52
	美人蕉	32.59	30.07		花叶假连翘	47.11	34.48
	香蒲	74.10	83.20		万寿菊	33.10	36.60
	芦竹	58.01	69.15		朱瑾	51.81	38.64
	梭鱼草	77.47	80.34		龙船花	40.71	27.12
	蒲苇	88.75	34.33		姜花	67.00	88.00
	泽泻	93.90	68.31		海芋	83.20	85.20
	慈姑	64.96	64.64		矮牵牛	77.49	46.60
	红蓼	86.88	99.19		夹竹桃	51.11	38.05
	鸢尾	54.93	44.44		栀子花	70.10	51.30

植物类型	植物名称	N去除率/%	P去除率/%	植物类型	植物名称	N去除率/%	P去除率/%
挺水植物	风车草	92.14	89.58	蜜源植物	翠芦莉	74.00	70.00
	芦苇	75.10	69.80		紫椴	32.00	38.00
	莎草	9.90	32.10		稠李	34.69	41.25
	水葱	78.60	63.80		鹅掌柴	89.50	88.50
	菖蒲	70.10	75.50		玉米	20.86	20.80
	再力花	49.23	43.90		旱柳	36.40	68.34
	水烛	56.00	74.00		向日葵	98.70	66.60
	千屈菜	89.01	64.48		天使花	16.50	21.61
	黄菖蒲	93.43	72.24	护坡植物	柳树	56.49	63.09
	纸莎草	69.00	69.00		偃麦草	49.30	33.10
	灯心草	90.20	83.20		常春藤	40.92	38.10
沉水植物	海菜花	81.04	76.00		紫穗槐	95.10	36.40
	黑藻	90.00	90.50		紫薇	70.00	85.00
	穗花狐尾藻	28.55	52.13		香根草	29.16	74.70
	竹叶眼子菜	67.50	55.55		胡枝子	4.16	6.97
浮叶植物	萍蓬草	65.00	65.00		马蔺	62.84	25.71
	菱角	53.51	33.86		黑麦草	84.53	76.31
	睡莲	79.86	72.15		狗牙根	6.96	10.88
	荇菜	47.06	73.84		斑茅	11.04	33.33
	芡实	12.64	19.96		狼尾草	57.00	68.78
	菱叶丁香蓼	67.19	76.44				

表9-13 植物对水体农药的去除效果

植物种类		农药名称	去除率/%
挺水植物	美人蕉	三唑磷	96.80
		六六六	56.57
	芦苇	五氯苯酚	46.98
		甲胺磷	92.20
	香蒲	乐果	59.80
	水葱	五氯苯酚	90.50
	菖蒲	六六六	40.30
	再力花	六六六	46.17
	黄菖蒲	五氯苯酚	60.78
花境植物	栀子花	氰戊菊酯	63.45
		毒死蜱	80.94
		莠去津	78.43

植物种类		农药名称	去除率/%
蜜源植物	紫苜蓿	莠去津	>60.00
		百菌清	57.90
护坡植物	高羊茅	莠去津	57.57
	苇状羊茅	有机氯农药	77.57
	沙棘	高效氯氟氰菊酯	91.38
	黑麦草	莠去津	71.15
	斑茅	莠去津	59.80
	香根草	扑草净	99.37
	狼尾草	莠去津	91.00

一般来说室内培养试验条件下植物修复效果普遍优于小试、中试以及野外湿地工程的监测结果，因实际野外环境条件更为复杂多变，植物修复效果差异较大，可视实际应用需求合理进行植物搭配进行综合修复。植物缓冲带对水体污染物的修复效果受到植物种类、生长阶段、水力停留时间、养分负荷、缓冲带类型等环境因素的影响，同时适宜的下垫面基质材料、环境温度以及适当的管理措施均有助于植物缓冲带的修复效果。

9.2.3.3 植物造景效果

植物造景效果设计以统一、调和、均衡和韵律为原则。统一性要求植物选择保持一定的相似性，但形态、色彩、质地及比例要有一定的差异和变化，整体景观体现多样性和统一感；调和性要求植物之间相互联系与配合，让人产生柔和、平静、舒适和愉悦的美感；均衡性要求将多样性植物种类均衡组成稳定、顺眼景观，如色彩浓重与素淡、枝叶茂密与疏朗的植物种类搭配，体现凝重与轻盈均衡；韵律性要求植物景观有距离上和时间上规律的形态变化，如常绿植物距离间断性重复种植以及花期植物连续性开花，就体现一种韵律感。

植物缓冲带的景观空间构成要素有两大类：一是实体要素，即植物的整体形态、局部特征和变化因素；二是形态要素，分为水平和垂直要素。植物整体形态是指植物的外部轮廓，它是植物的枝干、生长方向、叶片数量等整体的外观表象。植物局部特征即叶形叶色和花形花色，是通过枝叶大小、形状、数量和排列不同所体现的，涵盖植物表面的触觉和视觉特征。植物的变化因素即植物随季节、时间的变化而产生的春花、夏荫、秋叶和冬实等不同季相景观效果。植物的水平要素设计，即植物按水平方向排列种植形成景观；植物的垂直要素设计，即按漂浮植物、沉水植物设计垂直景观。

植物缓冲带一般分为径流泄洪区、河岸缓冲区、水位变幅区、稳定深水区等区域，根据用途和目的不同区域选择种植相应的植物。以构建生态保护型缓冲带为目的，要注意保护已有植被，在此基础上按照植物造景设计原则，合理选择本地适应种，促进植被多样性保护与恢复，从陆域至水域的植物依次可选水杉、小叶榕、美人蕉、香蒲、菖蒲、芦竹、纸莎草、萍蓬草和苦草等；以构建生态修复型缓冲带为目的，针对农业面源污染物随降雨径流直接入河，缓冲带设置以降低农业面源污染为主要功能定位，兼具景观效果，从陆域至水域的植物依次为羊蹄甲、女贞、再力花、芦苇、睡莲和轮叶黑藻（图9-5）。

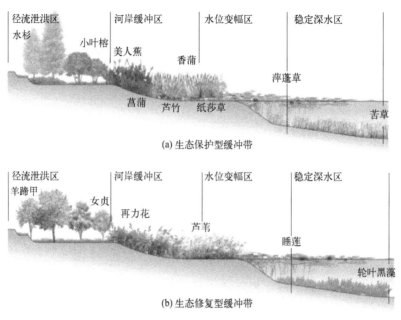

（a）生态保护型缓冲带

（b）生态修复型缓冲带

图9-5　植物缓冲带景观设计示意

9.2.3.4　生境恢复效果

植物群落为生物创造了新的栖息地，如构建的人工浮岛在水环境修复和改善栖息地连通性方面具有重要作用，可使黑喉潜鸟的雏鸟产量提高44%。水生植物的覆盖度是衡量生境恢复效果的主要标准，水生植物覆盖率30%～50%能兼顾保持水体清澈、抑制藻类生长、促进生物多样性恢复。在城市湖区沿岸10hm² 范围种植4种沉水植物、3种浮叶植物和1种浮水植物，1个月后，浮叶植物、沉水植物和浮水植物的覆盖率分别达到9.7%、8.1%和2.9%；1年后，水生植物总体覆盖面积扩大并增加到45.7%；5年后，本地植物物种的覆盖率平均达40%。人工补充种植湿地植物，植物群落多样性指数比未种植湿地高，植物丰富度年增加52.8%。植物缓冲带构建与恢复有利于区域植物的自然演化。植被生境恢复是个时间过程，前期需要人为种植和管理才能确保恢复结果是预期的。

9.2.4　设计参数

结合文献研究和《河湖生态缓冲带保护修复技术指南》要求，针对接纳水体水质目标要求、土壤质地，以及植物的优选、适用条件和限制要素，植物缓冲带技术设计参数见表9-14。

表9-14　植物缓冲带技术设计参数

缓冲带坡度与宽度值			
坡度/%	水功能区缓冲带宽度/m	水生态保护区缓冲带宽度/m	宽度量化方法
1	砂土土质：20～25 黏土土质：25～30	砂土土质：35～45 黏土土质：45～55	（1）推荐值法； （2）插值法；
3.5	砂土土质：25～30 黏土土质：30～35	砂土土质：50～60 黏土土质：60～70	（3）经验值法； （4）模型模拟法

缓冲带坡度与宽度值

坡度/%	水功能区缓冲带宽度/m	水生态保护区缓冲带宽度/m	宽度量化方法
9	砂土土质：30～35 黏土土质：35～40	砂土土质：60～80 黏土土质：80～100	（1）推荐值法； （2）插值法；
30	砂土土质：60～70 黏土土质：70～80	砂土土质：120～125 黏土土质：125～130	（3）经验值法； （4）模型模拟法

植物种植与适应条件

植物类型	植物名称	种植方式	种植密度	适合水深/m	配置区域	应用工程	限制要素
挺水植物	芦苇	扦插	4～10丛/m²	<1	水位变动带或浅水处（水深0～0.4m）	生态沟渠沟底及沿岸、生态隔离带坡底、生态塘沿岸及浮床	具有较强无性繁殖能力物种宜采取定植措施加以控制
	香蒲	扦插	5～10株/m²	<0.6			
	黄花鸢尾	扦插	10～25株/m²	<0.3			
	再力花	扦插	2～3丛/m²	<0.6			
	花叶芦竹	扦插	5～6丛/m²	<0.6			
	水葱	扦插	10～20丛/m²	<0.4			
	水芹	扦插	16～25丛/m²	<0.4			
	泽泻	扦插	16～25株/m²	0.1～0.3			
	蜘蛛兰	扦插	9～16株/m²	0.1～0.3			
	慈姑	扦插	5～10株/m²	0.05～0.3			
	千屈菜	扦插、分株	16～25株/m²	<0.2			
	雨久花	扦插、播撒	5～10株/m²	0.05～0.2			
	菖蒲	扦插、播撒	10～25株/m²	0.05～0.1			
	灯心草	扦插	25～40丛/m²	<0.1			
	红蓼	扦插	10～20株/m²	<0.05			
	鸢尾	扦插	10～25株/m²	<0.05			
	海寿花	扦插	12丛/m²	0.1～0.3			
	水毛花	扦插	12～16丛/m²	<0.55			
沉水植物	苦草	扦插、播撒	3～5芽/丛，5～10丛/m²	<2	在水深不低于0.5～2.5m的静水或缓流水域	生态沟渠沟底、生态塘中央	水体透明度较低、流速较快、水深较浅时不宜配置
	竹叶眼子菜	播撒	3～5芽/丛，5～10丛/m²	<2			
	穗状狐尾藻	扦插、播撒	5～6芽/丛，5～10丛/m²	<2.5			
	黑藻	播撒	5～6芽/丛，5～10丛/m²	<2.5			
	狐尾藻	扦插	5～6芽/丛，20～30丛/m²	0.8～1.0			
	金鱼藻	扦插、播撒	7芽/丛，10丛/m²	<1.0			

植物种植与适应条件

植物类型	植物名称	种植方式	种植密度	适合水深/m	配置区域	应用工程	限制要素
浮叶植物	荇菜	扦插、分株、播撒	1~2株/m²	0.2~1	水深0.5~1.5m的静水或缓流水域	生态沟渠沟底、生态塘中央	易蔓延物种宜采取定植措施加以控制
	睡莲	扦插	2~4株/m²	0.1~1			
	芡实	扦插、播撒	1~2粒/m²	<1.5			
	萍蓬草	扦插	1~2株/m²	0.1~1			
	大薸	播撒	30~40株/m²	不限制			
	槐叶萍	播撒	100~150株/m²	不限制			
	凤眼莲	扦插、播撒	20~30株/m²	不限制			
	菱	育苗移栽、播撒	1~2粒/m²	0.05~3			
花境植物	姜花	扦插	1~2株/m²	高温高湿稍荫	生态沟渠沟壁、生态软隔离带、生态塘沿岸	考虑花期不同搭配、控制花量大的物种种植
	海芋	扦插、分株、播撒	1~2株/m²	高温、潮湿、耐阴、不宜强风吹、强光			
	一串红	扦插、播撒	2~3株/m²	喜阳、耐半阴、喜砂质土			
	矮牵牛	播撒	10~15株/m²	喜温暖、喜阳光、不耐霜冻、怕雨涝			
蜜源植物	翠芦莉	扦插、分株、播撒	10~20株/m²	耐旱、耐湿、耐高温、不择土壤、不择光照	生态沟渠沟壁、生态软隔离带、生态塘沿岸	应根据当地蜂种来种植
	向日葵	播撒	2~4株/m²	喜温、耐寒、耐旱、不择土壤			
	鹅掌柴	扦插	1~2丛/m²	喜温湿、半阳环境，宜肥沃酸性及砂质土			
	紫苜蓿	播撒	30~40株/m²	宜温、半湿、半干旱			
	蔓花生	扦插、播撒	9~16株/m²	日照，耐阴、耐旱、耐热，不择土壤			
	秋英	播撒	10~15株/m²	喜光、耐贫瘠，不耐积水、不耐高温，宜砂质土			
护坡植物	鱼腥草	扦插、分株	10~15株/m²	喜温暖湿润、宜砂质土	生态沟渠沟壁、生态软隔离带、生态塘沿岸	加强害虫抵抗力低、生物量大的物种管理
	狼尾草	分株	2~4丛/m²	喜寒湿、耐旱、耐贫瘠			
	肾蕨	分株、分茎	4~6株/m²	喜温湿、忌强光、不择土壤			
	大叶油草	播撒、分茎	10~25株/m²	喜光、耐阴，不耐旱			
	金边麦冬	分株	30~50株/m²	喜温湿、耐寒、宜砂质土			
	香根草	分株、分茎	5~9丛/m²	喜湿，宜黏壤土			

9.3 农排水生态沟渠拦截技术

农排水即农田灌溉退水，是指在农业生产中农作物栽培、牲畜饲养、食品加工等过程排出的污水和液态废物，其中主要含有各种微生物、悬浮物、化肥、农药、不溶性固体和盐分等生物和化学污染物质。这些输出的污染物经过田间沟渠进入村庄小型河道、池塘，再逐级汇入主要支流，最后进入河流干流，造成水体面源污染，它覆盖面广、分散，并通过各种渠道影响地面水体。

生态沟渠一般指种有植被的地表沟渠，用于拦截降雨后初期径流污染，也叫作氮磷拦截生态沟渠，是在沟底及沟壁采用植物措施或植物措施结合工程措施防护的地面排水通道，主要用于农田余水回收，防止外排污染水源，并调节农田多余水分的排放和促进营养物质的循环，同时也能起到恢复农田生态、美化田园等作用。生态沟渠技术不额外占用土地，能原位利用农田排水沟，即天然形成的裸露在地表或者以排水为目的而挖掘的农沟，其水位较浅，主要作为农排水通道，是农业活动中重要的基础设施，或者根据地形条件采用与高标准农田建设的斗渠平行相邻布置生态沟渠。因此，生态沟渠有两种形式：一种是渠道可改建的，可通过沟壁植物覆盖、沟底不同底质铺设达到良好的天然动植物群落、净水及生态功能良好目的；另一种是指通过采用植生材料、配置植物群落等生物措施，对原有的"三面光"排灌沟渠进行生境条件改造，使沟渠具有生态拦截的功能（图9-6）。根据土壤组成与结构以及铺设的底质类别，设计素土生态沟、植生毯生态沟、碎石床生态沟、生态砖生态沟、格宾笼生态沟等（图9-7）。实施生态沟渠拦截技术，高效阻断污染物输移是农村面源污染治理技术中非常重要的一环。

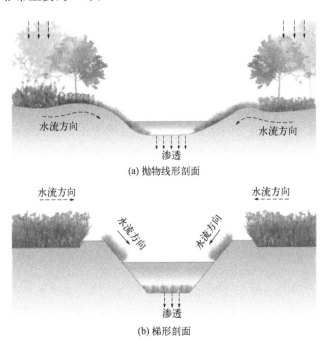

(a) 抛物线形剖面

(b) 梯形剖面

图9-6　生态沟渠自然抛物线形和工程改造的梯形剖面

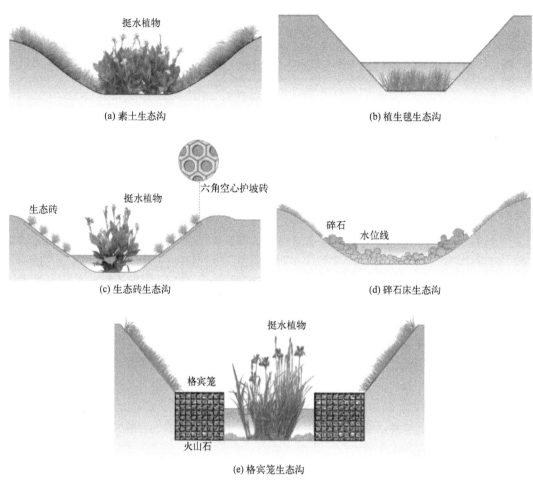

(a) 素土生态沟

(b) 植生毯生态沟

(c) 生态砖生态沟

(d) 碎石床生态沟

(e) 格宾笼生态沟

图9-7 常见生态沟渠类型

9.3.1 技术原理

生态沟渠沟底种植不同水生植物来护土固坡，通过减缓水速、促进颗粒物自然沉淀、底泥截流吸附、植物吸收和微生物降解转化等多种途径滞留、吸收、固定或转移农田中的氮、磷和农药等，结合沟底功能性材料的滤水和易于细菌生长特性，增加水力停留时间，提升沟渠水体的复氧和自净能力。生态沟渠系统能减缓水速，促进流水携带颗粒物质的沉淀，有利于构建植物对沟壁、水体和沟底中逸出养分的立体式吸收和拦截，从而实现对农田排出养分的控制，有效减少农业面源污染的转移扩散，对于水体污染防治有显著效果。

9.3.2 技术流程

生态沟渠系统组成包括结构工程、水位控制设施以及生态化措施，结构工程包括沟壁支护工程和沟底基础工程，水位控制设施包括补水口和拦截坝的设置，生态化措施包括坡岸防护植物篱以及边坡固土护坡植物等，根据设计程序（图9-8）确定各组件细节。

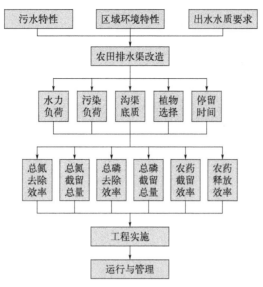

图9-8　生态沟渠拦截技术设计程序

9.3.3　技术效果

本小节构建不同植物（美人蕉、再力花、香蒲和灯心草）沟渠，沟渠底施工采用砂砾夯实，并在其夯实层上方敷设150～200mm厚植生土壤，待生态沟渠稳定运行后探讨其在初雨事件（0～48h）和次雨事件（48～168h）影响下对径流（流速为3L/h）中TN（6.24mg/L）、TP（0.25mg/L）以及莠去津（69.07μg/L、405.07μg/L）和敌草隆（72.78μg/L、258.92μg/L）的拦截作用与抗冲刷及净化性能。

9.3.3.1　氮磷处理效果

初雨和次雨事件下沟渠系统中TN和TP浓度变化以及冲刷质量对比情况分别见图9-9（书后另见彩图）、图9-10、图9-11（书后另见彩图）和图9-12，不同沟渠TN和TP的去除率见表9-15。

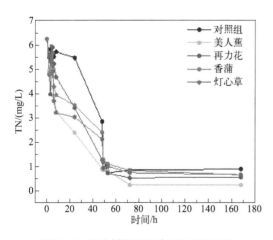

图9-9　挺水植物沟渠中TN浓度变化

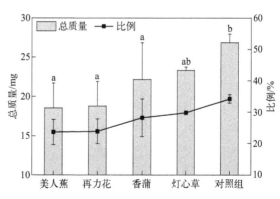

图9-10　挺水植物沟渠中TN冲刷质量和比例

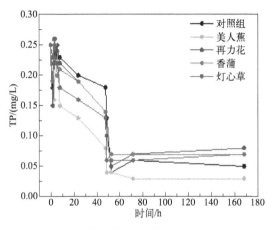

图9-11 挺水植物沟渠中TP浓度变化

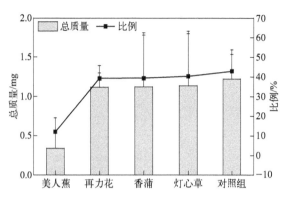

图9-12 挺水植物沟渠中TP冲刷质量和比例

表9-15 不同挺水植物生态沟渠中TN和TP的去除率

植物品种	初雨TN去除率/%	次雨TN去除率/%	初雨TP去除率/%	次雨TP去除率/%
美人蕉	85.45 ± 1.52a	96.01 ± 1.86	69.75 ± 11.14a	87.45 ± 2.14
再力花	79.50 ± 6.49ab	90.99 ± 4.95	42.28 ± 7.57ab	66.85 ± 12.11
香蒲	61.72 ± 8.67bc	89.26 ± 2.44	43.76 ± 9.15ab	71.04 ± 12.61
灯心草	65.97 ± 6.86c	89.26 ± 5.38	46.81 ± 16.26ab	71.39 ± 7.49
对照组	54.47 ± 6.26c	85.48 ± 3.31	27.43 ± 6.30b	81.50 ± 8.43

初雨事件中美人蕉和再力花组水体中TN的浓度下降较迅速，对照组沟渠径流TN浓度降低趋势较植物组缓慢，美人蕉对TN的去除率最高（85%），其次是再力花（80%），显著高于对照组（54%）（$P < 0.01$）；次雨事件中植物生态沟渠径流冲刷释放的TN质量（18.54～22.32mg）均低于无植物对照组（26.86mg），表明植物的存在可以显著减少TN的冲刷释放量，其中美人蕉、再力花组最高减少冲刷释放近11个百分点，美人蕉和再力花生态沟渠能快速减少径流过程中TN的释放量。

初雨事件中植物生态沟渠径流TP浓度降低更为迅速，其中美人蕉组拦截TP效果最好，去除率最高达70%，显著高于对照组（27%）（$P < 0.01$），其他三种植物去除率在40%～50%之间，是无植物对照组沟渠拦截率的近2倍；次雨事件中植物生态沟渠径流TP冲刷质量（0.34～1.14mg）低于对照组（1.22mg），美人蕉组减少TP冲刷释放最高达30个百分点，栽种植物的沟渠系统相比无植物沟渠系统，可以提高对TP的去除速率和减少TP释放流失，其中美人蕉对TP的拦截效果最佳。

9.3.3.2 农药截留效果

植物沟渠与无植物沟渠在初雨和次雨事件下对农药的拦截率和释放率见表9-16。初雨阶段植物沟渠农药去除效果较好，植物沟渠对径流莠去津拦截率为24.40%～35.17%，显著高于无植物对照组沟渠（15.12%～25.82%），植物沟渠对径流敌草隆拦截率为35.38%～56.75%，显著高于无植物对照组沟渠（38.54%～55.18%），验证植物对农药有显著拦截作用。次雨冲刷阶段，植物沟渠径流农药的冲刷释放率均显著低于无植物对照组（P

（<0.05），美人蕉沟渠农药释放率均最低，低于无植物对照组沟渠释放率，表明植物沟渠具有较好的抗冲刷能力。

表9-16　初雨和次雨事件径流农药拦截率和释放率

处理组	植物品种	初雨莠去津拦截率/%	次雨莠去津释放率/%	初雨敌草隆拦截率/%	次雨敌草隆释放率/%
高浓度组	美人蕉	29.57 ± 10.47	34.10 ± 10.27a	38.54 ± 7.56	34.59 ± 5.44a
	再力花	31.24 ± 17.19	36.60 ± 3.37a	43.94 ± 11.55	37.53 ± 3.53a
	香蒲	35.17 ± 11.66	39.38 ± 2.77a	39.79 ± 10.15	39.68 ± 3.73a
	灯心草	28.88 ± 2.42	42.32 ± 9.73ab	35.38 ± 13.58	48.95 ± 3.34b
	对照组	25.82 ± 8.82	55.79 ± 0.68b	38.54 ± 7.56	44.59 ± 4.54b
低浓度组	美人蕉	24.40 ± 7.71	41.16 ± 6.10a	48.94 ± 2.83	23.73 ± 6.24a
	再力花	15.53 ± 4.96	43.35 ± 3.37a	54.24 ± 2.73	23.84 ± 4.46a
	香蒲	23.43 ± 1.61	46.72 ± 2.49a	54.59 ± 3.18	29.44 ± 1.66a
	灯心草	24.28 ± 8.16	42.76 ± 9.39a	56.75 ± 1.25	30.90 ± 2.79a
	对照组	15.12 ± 5.01	59.45 ± 4.62b	55.18 ± 6.05	39.80 ± 2.70b

利用 ^{15}N 稳定同位素示踪法分析植物沟渠拦截农田径流氮素的去向，排水沟渠主要通过土壤层的滞留入渗作用实现对径流中氮素的截留，无植被沟渠土壤滞留的氮素主要富集在地下10cm土层，植被沟渠土壤滞留的氮素能输送到地下50cm土层。植物沟渠中滞留的氮素全部被植物吸收，氮素截留效果受植物种类和生长阶段的影响。

9.3.4　设计参数

农村生态沟渠拦截技术适用于已有排水沟渠的村庄，在原有排灌沟渠基础上进行修坡和生态修复，或者在地形条件允许下重新构建沟渠，对农村稻田排水径流中氮、磷以及农药等进行有效拦截，能应对各种降雨引起的面源污染，参照《灌溉与排水工程设计标准》（GB 50288—2018）和文献研究，生态沟渠主干沟渠主要设计参数计算公式见表9-17，其设计要点及设计参数见表9-18。

表9-17　生态沟渠主要设计参数计算公式

参数	计算公式	符号说明
渠道设计流量	$Q = AC\sqrt{Ri}$	Q——沟渠设计流量，m^3/s，$\leqslant 1.5m^3/s$； A——渠道过水断面面积，m^2； R——渠道的水力半径（m），断面面积与水力半径根据梯形、矩形和U形断面形状选择合适的计算方式； C——谢才系数，$m^{1/2}/s$，$C = \frac{1}{n}R^{\frac{1}{6}}$； t——水力停留时间，s； L——沟渠长度，m；
水力停留时间	$t = \frac{AL}{Q}$	
设计水深	$h = \alpha Q^{\frac{1}{3}}$	
渠底比降	$i = \left(\frac{Vn}{R^{2/3}}\right)^2$	
渠道底宽与水深比	$\beta = NQ^{\frac{1}{10}} - m$	

参数	计算公式	符号说明
边坡系数	$m=\dfrac{b}{2H}$	h——设计水深，m； α——常数，可取0.76； i——渠底比降，取1/1000； V——渠道的平均流速，m/s； n——渠床糙率，根据地质条件、沟槽材料及衬砌结构特征确定，刚性衬砌结构可取0.020～0.025，植物护坡或植物沟底可取0.025～0.030； β——渠道底宽与设计水深的比值； m——边坡系数； N——常数，2.35～3.25，黏性土渠道和刚性衬砌渠道取小值，砂性土渠道取大值； b——断面底宽，m； H——沟渠深度，m

表9-18 农排水生态沟渠主干部分设计要点与设计参数

沟渠类型	适应区域	水力条件	断面设计参数	沟体铺设材料	植被选择	径流污染去除率/%
素土生态沟	土壤黏重、水流较缓、易发生积水淤积区域	流量：0.19～0.20m³/s；流速：≤0.8m/s；停留时间：≥10min	梯形断面；糙率：0.025～0.030；边坡系数：1.0～1.5	沟壁：素土夯实；沟底填料：砂砾；铺设材料：植生土（15～20cm）	沟壁：挺水植物；沟底：沉水植物	总氮：20～80；总磷：30～70；氨氮：15～40；有机物：20～30
植生毯生态沟	三面光水泥砖排水沟渠	流速：≤0.8m/s；停留时间：≥10min	梯形或矩形断面；糙率：0.020～0.025；边坡系数：1.0～1.5	沟壁：带孔预制板；沟底填料：贝壳粉、火山石；覆盖材料：定植网垫	沟壁：护坡植物；沟底：沉水植物	总磷：80～90；氨氮：70～85；有机物：80～90
碎石床生态沟	流域上游季节性干旱、水流速度较快、冲刷严重区域	流量：0.19～0.20m³/s；流速：≤0.8m/s；停留时间：≥10min	梯形或U形断面；糙率：0.025～0.030；边坡系数：1.5～2.0	沟底填料：卵石、沸石和火山石（50cm厚，粒径4～6cm）	沟壁：护坡植物；沟底：挺水植物	总氮：40～60；总磷：60～807；氨氮：40～60；总悬浮颗粒：50～65
生态砖生态沟	土层以河沙为主，水土流失、土壤侵蚀严重区域	流量：0.10～0.11m³/s；流速：≤0.8m/s；停留时间：≥10min	梯形或矩形断面；糙率：0.030；边坡系数：1.5～2.0	沟壁：素土夯实+多孔砖；防渗层：防渗膜、土工布；沟底填料：从下到上依次铺设废砖块（15～30mm）、天然沸石（10～15mm）、炉渣（5～20mm）、石粉层（15cm）、中砂垫层（5cm）、膨润土防渗层（15cm）、种植土（30cm）	坡面：护坡植物；沟底：挺水、沉水植物	总氮：20～50；总磷：40～65；氨氮：20～40；有机物：30～60

沟渠类型	适应区域	水力条件	断面设计参数	沟体铺设材料	植被选择	径流污染去除率/%
格宾笼生态沟	砂石较多、土层结构不稳定、易开裂滑坡坍塌区域	流量：0.10～0.11m³/s；流速：≤0.8m/s；停留时间：≥10min	梯形或矩形断面；糙率：0.030；边坡系数：2.0～2.5	沟侧结构：格宾笼，填充卵石和火山岩、改性陶粒、吸磷混凝剂；沟底填料：素土夯实，依次铺设石粉垫层（15cm）、中砂垫层（5cm）、膨润土防渗层（15cm）、种植土（30cm）	坡面：护坡植物；沟底：挺水植物	总氮：30～55；氨氮：30～60；总磷：30～60

9.4 生态软隔离带渗滤技术

生态软隔离带是用于农排水生态沟渠与重要水生态功能区交界地带，通过构建以纤维材料为基质的多层渗滤结构，以促进雨量快渗与污染过滤的功能性生态缓冲带，又称生态隔离带。在实施面源污染源头控制后，仍然不可避免地有一部分污染物随各排放途径输移，顺沿农田岸坡进入下游水体，有效利用农田临近岸坡，减少降雨径流污染泄入风险，成为面源污染过程拦截的重要一环。在农田岸坡改善底质填料，恢复植被覆盖度，构建生态软隔离带，快速渗滤降雨径流，有效截留来自农田的养分和泥沙，能显著降低地表径流中TN和TP含量，及时有效阻滞污染物输移，控制沟渠排水带来的农业面源污染，同时构建生态景观，美化农村环境。

9.4.1 技术原理

生态软隔离带主要由隔离槽和软性骨料层、软性填料层和护坡（砾石）覆盖层以及植被层构成（见图9-13），首要作用就是快速渗水、截留泥沙。面源径流首先流过波浪形坡面，经过坡顶和边坡交界处的隔离槽，滞纳和隔离一部分污染物。坡面利用稻草秸秆、麻绳纤维和尼龙绳作为软性骨料，这些生物性材料作为土壤基质的天然黏结剂，能增强坡面的抗侵蚀能力。生态坡面利用锯末和泥炭土作为主要的软性填料，可作为优质的有机质肥

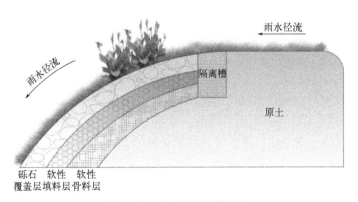

图9-13 生态软隔离带示意

料，用于改良土壤结构，利于植物发芽与后期生长。种植耐寒的多年生草本植物提升渗滤和促进养分利用。护坡表面覆盖碎石，可增加地表径流入渗，提升土壤含水率，减少土壤受径流侵蚀，防止土壤表面结皮。

9.4.2　技术流程

结合实际降雨量和径流量设计降雨模拟冲刷试验，确定合适的软性骨料层的纤维材料与长度比例、软性填料层的基质比例、碎石覆盖层的粒径和厚度等关键参数，综合考察生态岸坡的保水、保肥、径流渗滤及泥沙截滤性能（图9-14）。

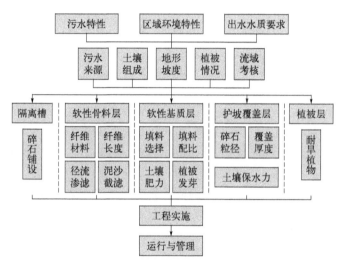

图9-14　岸坡软隔离带生态工程技术设计程序

9.4.3　技术效果

9.4.3.1　软性纤维骨料的截滤性能

本小节研究降雨条件下（降雨强度为90mm/h，历时30min）不同纤维种类（稻草纤维、麻纤维和尼龙绳）以及长度（2cm、5cm、10cm）对软性纤维骨料层（底部依次铺设蛇皮袋、黏土、纤维）截滤性能（产流量和泥沙量）的影响，以筛选出具最佳效果的软性骨料层纤维种类及其长度。

如图9-15所示，稻草纤维、麻纤维和尼龙绳（添加量均为4%）在降雨初期都能显著减少径流量，并显著降低坡面的泥沙产量，各纤维阻截泥沙量表现为稻草纤维 > 麻纤维 > 尼龙绳，但在泥沙产量达到最大后，不同材料之间的差异减小。不同纤维对径流渗透量表现为稻草纤维 > 麻纤维 > 尼龙绳，稻草纤维相对较好，而三种纤维的总泥沙量均低于对照组，尼龙绳和麻纤维抗冲刷效果略强于稻草纤维。在实际应用中，考虑材料来源、易降解、无污染、成本低廉，稻草纤维是较为理想的软性骨料类型。

不同长度稻草纤维对径流的渗透能力与泥沙产量如图9-16所示，2cm试验组纤维过短，对土壤的持续性黏结作用较弱，10cm试验组纤维过长，纤维与土壤混合不均反而造成对泥沙的阻截作用减弱，5cm长纤维能很好地与土壤混合均匀，可以最大限度发挥固结土壤作用。

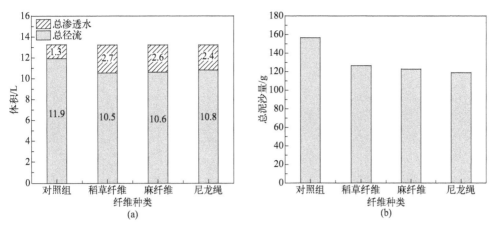

图9-15　不同种类纤维对径流的渗透能力与泥沙产量

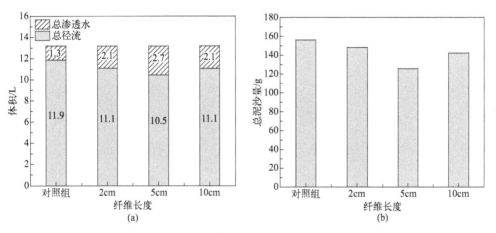

图9-16　不同长度稻草纤维对径流的渗透能力与泥沙产量

不同纤维长度产沙量大小为对照组＞2cm组＞10cm组＞5cm组。纤维长度对径流的产流和产沙影响均比较显著，5cm长纤维片段组成的土壤基质渗透水效果最佳且保土效果最佳。

9.4.3.2　软性基质填料的肥力效果

在选定最佳软性纤维骨料的基础上，以狗牙根为植被材料（种植密度为50g/m²），选择原土和锯末/泥炭作为软性填料层基质材料，锯末与土质量比例为0%、2%、4%、6%、8%和10%，泥炭与土质量比例为0%、2%、5%、10%、15%、25%，通过采集表层土壤样品进行分析以及记录草籽发芽情况，筛选保水保肥促生长的最佳基质材料与配比。

如图9-17所示，土壤含水率随着锯末添加量增加而增加，最大锯末添加量10%的含水率增至15.2%，比对照组增加了1.4个百分点。土壤TN和TP含量基本随着锯末添加比例的增加而上升，但变化不显著，锯末作为天然植物材料，其营养成分可以被微生物分解后溶入土壤中，提升土壤氮、磷含量，有利于增肥。如图9-18所示，不同比例锯末改良土壤基质中狗牙根草籽的发芽数总趋势是随锯末添加量增加而增加，2周以后，锯末添加量8%和10%发芽率超过对照组43%～47%。添加适量锯末能改良土壤、增加肥力、促进草籽萌发，同时考虑添加过量会造成土壤松软，缺乏黏结力，应对暴雨形成径流的冲击缺乏抗冲刷力，因此从土壤含水率、容重、氮与磷含量和草籽发芽率等指标考虑，选择锯末添加量8%较好。

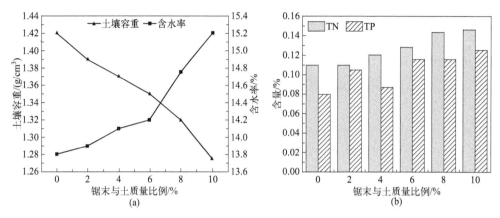

图9-17　不同处理对土壤容重和含水率以及TN和TP含量的影响

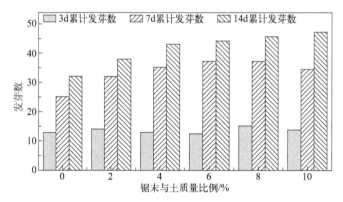

图9-18　不同处理中狗牙根草籽的发芽情况

如图9-19所示，土壤含水率在一定范围随着泥炭添加量增加而增加，泥炭添加量为2%和10%的容重较小，容重越小，土壤熟化程度越高，土壤孔隙数量越多，土壤越疏松，透水透气性越好，有利于改良土壤结构。不同泥炭添加处理的草籽发芽率均高于对照组，泥炭添加量为10%和25%两周发芽率最高，达到22%～23%。泥炭有机质含量较高

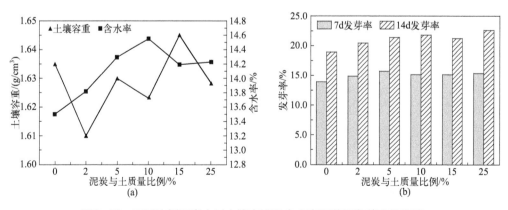

图9-19　不同比例泥炭土对土壤容重及含水率和草籽发芽率的影响

（30%～90%），添加适量泥炭能有利于土壤团粒结构的形成，提高土壤肥力，被微生物分解后，是植物重要的碳源和氮源。综合土壤含水率、容重、发芽率，泥炭添加量10%为最佳比例。

9.4.3.3　护坡覆盖材料的保水性能

以原土作为底质、碎石作为护坡覆盖材料，不同粒径（10mm和20mm）和不同覆盖厚度（20mm和40mm）碎石作为筛选条件，测定土壤表层水分含量（用含水率表示），筛选保水性能最佳的护坡覆盖材料的粒径和厚度。碎石覆盖组能有效减少水分蒸发，覆盖碎石后土壤的保水能力增强，其中覆盖厚度为40mm、粒径为20mm碎石组含水率较高，碎石粒径越小对土壤的保水性能就越出色。土壤基质覆盖厚度为20mm、粒径为10mm的碎石层，即可满足岸坡保水需求。面源污染控制的"岸坡软隔离生态工程技术"由三种天然纤维进行合理配合，最大限度发挥各组分功能。此外，在添加软性基质的土壤基质上覆盖一层有一定粒径大小和厚度的碎石来缓解水分蒸发和养分流失的问题，以促进护坡植物恢复，实现生态岸坡拦截村镇面源污染且保持岸坡水肥。

9.4.3.4　软隔离带拦截效果影响分析

植物配置、带宽、坡度、径流流量、径流养分浓度和土壤质地均对生态软隔离带养分拦截效果产生重要影响。单一草本软隔离带氮和磷拦截率均达到64%以上，高于裸地的拦截效果，三种草本植被组合软隔离带氮和磷拦截率最高（表9-19）。软隔离带氮和磷拦截率随带宽延长而提升，随着坡度增加而降低，在黏壤土条件下5%坡度3m带宽、10%坡度6m带宽生态软隔离带氮和磷拦截率均分别达到75%和90%以上（表9-20）。同一种土壤质地拦截效果随着径流浓度和流量加大而有所降低，流量影响更为显著，不同土壤质地拦截效果表现为黏壤土＞砂土＞砂壤土（表9-21）。

表9-19　不同植物配置生态软隔离带氮和磷拦截率

植被配置	TN拦截率/%	TP拦截率/%
裸地	62.9	71.8
黑麦草	76.5	80.9
偃麦草	82.7	85.6
狼尾草	64.6	72.5
芒	70.5	76.5
2种植被组合	68.2	80.5
3种植被组合	89.4	95.8

表9-20　不同带宽和坡度生态软隔离带氮磷拦截率

带宽	TN拦截率/%		TP拦截率/%	
	5%坡度	10%坡度	5%坡度	10%坡度
3m	76.9	65.5	91.3	87.3
6m	83.7	77.2	94.0	90.3
9m	94.1	87.5	97.8	95.3

表9-21　不同土壤质地生态软隔离带对不同TN浓度和流量径流的氮拦截率

土壤质地	不同TN浓度下氮拦截率/%			不同流量下氮拦截率/%		
	3mg/L	6mg/L	12mg/L	0.13L/s	0.26L/s	0.39L/s
砂土	46.4	25.1	28.1	51.2	30.6	17.8
砂壤土	56.6	28.7	29.6	53.2	36.3	25.4
黏壤土	57.1	35.8	32.8	53.3	41.0	31.5

9.4.4　设计参数

生态软隔离带渗滤技术适用于面源污染范围较广且土壤含水量较低的农田排洪渠，可以克服干燥和寒冷的气候条件，促进草籽萌发和生长，能在较短的时间内绿化护坡，保水、保肥、截污性能较好，兼具有显著的景观美化和生态系统恢复功能。结合文献研究和《河湖生态缓冲带保护修复技术指南》要求，生态软隔离带各组件设计参数如表9-22所列。

表9-22　生态软隔离带各组件设计参数

组件	参数	内容
隔离槽	形状	沟槽
	填料	砾石和煤渣
	粒径	填料分区构成倾斜锋面、外侧粗粒内侧细粒
岸坡构型	坡顶造型	波浪形
	结构要求	构筑层与底土层的一体化
	坡度与宽度	坡度：1：$m=H/B$； 宽度：$L=\sqrt{H^2+B^2}$ 式中，H为基高，m；B为底宽，m；m为边坡系数
纤维骨料层	纤维骨料	稻草
	纤维长度/cm	5
	添加方式	用植物枝干插钎固定多层骨料成三维网络
	添加比例/%	4（纤维与土壤质量比例）
	添加量/（kg/m³）	50～80
	铺设厚度/cm	10～20
基质填料层	填料组成	泥炭、植物秸秆和发酵锯末
	添加比例/%	13、5、7（基质与土壤质量比例）
	添加量/（kg/m³）	250～300
	铺设厚度/mm	80
植被覆盖层	植物配置	花境植物、蜜源植物、护坡植物 （具体选择参见第9.2节）
护坡层	铺设位置	土壤基质表面
	材料组成	碎石为主，辅以煤渣
	碎石粒径/mm	10

组件	参数	内容
护坡层	覆盖度	1/3～1/2
	覆盖厚度/mm	20
保水保肥性能	保水率/%	提升35
	土壤保肥力（氮、磷含量）/%	提升40
	植被覆盖度/%	提升50
渗流拦沙性能	径流渗透率/%	提升10～20
	拦截泥沙总量/（g/m²）	50～80
	泥沙拦截率/%	提升20
污染拦截效果	总悬浮固体/%	提升40～60
	总氮/%	提升10～20
	总磷/%	提升20～30

9.5 农村生态塘修复技术

传统农村风水塘承担着容纳污水、洗涤、安全防火、养鱼等功能，是农村重要的小型水利基础设施。粗放式发展带来生态环境破坏和水污染事件频发，用于调蓄雨水的农村坑塘数量和蓄水容积大幅度缩减，坑塘水不流通，自净能力差，鱼类生存不易，生物多样性被限制。农业面源污染以氮、磷营养盐及重金属为主，其中绝大部分以固相态蓄积于坑塘或者沟渠底质，且在水环境条件发生改变时，可重新释放进入上覆水成为水体潜在污染源。当外源污染被有效控制后，有效降低内源污染物的释放是解决农村坑塘水质变化的关键。基于农村坑塘实际条件，进行生态塘修复技术的应用，结合污水治理和坑塘环境治理，使农村坑塘"死水"变"活水"，支撑美丽乡村建设。

生态塘是一种利用自然净化能力处理低污染水的生物处理设施，可利用农村坑、塘、退出或废弃鱼塘、洼地等进行适当人工修整或依田块边界建设生态塘，俯视形状可以是三角形、扇形、长方形或者不规则形状（图9-20），并设置围堤和防渗层，塘底实施底泥原位生态覆盖，适用于多种类或复合型污染底泥修复。在塘中种植水生植物，投放鱼类、蟹类、贝类、螺类等土著水生动物，强化水生生物多样性，形成良性循环的水生态自净系统，整合水产养殖和水耕栽培需求，在有效提升农村坑塘水体氮、磷的自净能力基础上，构建"鱼菜共生农业水生态系统"。农村生态塘污水处理系统具有基建投资和运转费用低、维护和维修简单、便于操作、能有效去除污水中的有机物和病原体、无需污泥处理等优点。

本节介绍的生态塘修复技术用于外源污染已有效控制、对水深无苛刻要求、静水或流水较缓、面积较小水体的农村治理类坑塘的生态修复。结合周边排水沟渠整治、内源污染控制、岸坡整治、水体净化、生态绿化治理，将村庄内部和邻近村庄的塘体改造形成一种近自然的深度处理生态塘，以进一步降低农村水体营养物质含量，达到改善水体和涵养水源的目的。

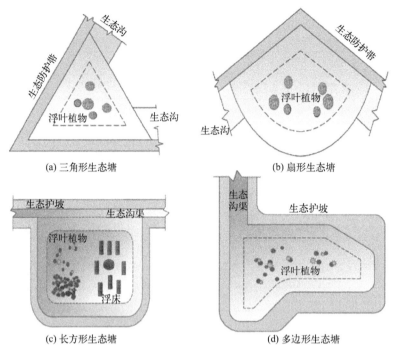

(a) 三角形生态塘

(b) 扇形生态塘

(c) 长方形生态塘

(d) 多边形生态塘

图9-20 不同形状农村生态塘俯视示意

9.5.1 技术原理

如图9-21所示，农村生态塘修复技术原理主要包括底泥的覆盖作用以及水生植物的水质改善作用。底泥原位覆盖可稳固污染底泥，防止其再悬浮或迁移，通过物理隔离、吸附、化学钝化等过程大大减弱底泥中污染物向水体的释放能力。覆盖材料对有机颗粒物具有吸附作用，有效削减污染底泥中污染物通过覆盖层进入上层水体。浮床植物和沉水植物对水质改善的作用机理，包括：吸收富集作用控制水体中营养盐浓度；根系泌氧作用改善水下及底质氧气环境，促进氮、磷循环；水流滞缓作用减缓水下流速，促进底质固定，抑制悬

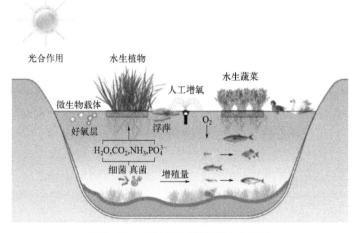

图9-21 农村生态塘修复技术原理

浮；生物絮凝作用捕获悬浮物，促进沉降，提高水体透明度；生物降解作用利用自身微生物载体形成生物膜，持续提高水体自净能力；生物恢复作用提升生物多样性，构筑稳定复杂的食物链结构。

9.5.2 技术流程

底泥覆盖是利用具有阻隔作用的材料覆盖于污染底泥上，将底泥中的污染物与上覆水物理性阻隔开。生态塘选择对氮、磷具有较强吸收能力且易于利用，并可形成良好生态景观的植物，以浮叶植物、沉水植物和浮床植物为主，通过微地形改造、水域放样、植物种植等主要步骤来完成，注意克服水域因pH值、温度、暗流等不稳定因素对沉水植物种植生长的影响。生态塘技术设计程序如图9-22所示。

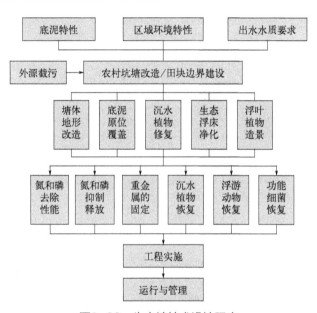

图9-22 生态塘技术设计程序

9.5.3 技术效果

9.5.3.1 覆盖材料的效能与风险

结合农村水体沉积物污染特点，本节选择天然矿物（河砂、砾石）和活性材料（沸石、椰壳活性炭）进行高浓度氮和磷、重金属污染底泥覆盖试验，通过对材料吸附/固定污染物性能、生态风险性分析以及对覆盖材料厚度、上覆水溶解氧等因素的影响分析，以寻找适合于农村坑塘底泥中氮、磷、重金属多种污染物复合污染修复的优质覆盖材料。

如表9-23所列，河砂、砾石、沸石和椰壳活性炭吸附$NH_3\text{-}N$和PO_4^{3-}的表现以沸石的吸附量最大，对$NH_3\text{-}N$和PO_4^{3-}的吸附量分别为1991.9mg/kg和342.0mg/kg。如表9-24所列，沸石对Cd^{2+}、Pb^{2+}、Mn^{2+}的吸附量均最大，吸附量分别为6391.7mg/kg、5820.3mg/kg和2701.5mg/kg，显著高于其他材料的吸附量（$P < 0.05$）；砾石和沸石对Zn^{2+}吸附量较大，分别为4839.4mg/kg和4784.4mg/kg。沸石对氮和磷以及重金属离子吸附效果均最佳。

表9-23　4种材料对NH₃-N和PO₄³⁻的Langmuir吸附等温线拟合参数

覆盖材料	NH$_3$-N			PO$_4^{3-}$		
	q_m/（mg/kg）	K/（L/g）	R^2	q_m/（mg/kg）	K/（L/g）	R^2
河砂	30.5	0.0041	0.9890	139.3	0.0151	0.9976
砾石	136.0	0.1481	0.9480	20.2	0.1481	0.7031
沸石	1991.9	0.0062	0.9868	342.0	0.0042	0.9848
椰壳活性炭	298.9	0.0044	0.9841	61.4	0.0010	0.9172

表9-24　4种材料对重金属离子的Langmuir吸附等温线拟合参数

覆盖材料	Cd^{2+}			Pb^{2+}			Zn^{2+}			Mn^{2+}		
	q_m/（mg/kg）	K/（L/g）	R^2	q_m/（mg/kg）	K/（L/g）	R^2	q_m/（mg/kg）	K/（L/g）	R^2	q_m/（mg/kg）	K/（L/g）	R^2
河砂	642.1	0.024	0.992	1273.6	0.008	0.996	3296.8	0.007	0.987	297.1	0.017	0.881
砾石	2160.7	0.043	0.961	4914.0	0.070	0.987	4839.4	0.008	0.988	567.3	0.005	0.993
沸石	6391.7	0.048	0.993	5820.3	0.005	0.990	4784.4	0.069	0.985	2701.5	0.037	0.990
椰壳活性炭	2147.0	0.202	0.916	5038.3	0.205	0.991	4064.4	0.181	0.978	1523.8	0.004	0.980

河砂、砾石、沸石和椰壳活性炭解吸NH$_3$-N和PO$_4^{3-}$的表现为，沸石上NH$_3$-N的解吸量最低（0.04mg），显著低于河砂、砾石、沸石和椰壳活性炭的解吸量（$P<0.05$），不同材料PO$_4^{3-}$解吸结果无差异。沸石对氮和磷的吸附固定效果最好。河砂、砾石、沸石和椰壳活性炭解吸重金属离子的表现为，椰壳活性炭和沸石上Cd^{2+}的解吸量最低（分别为0.04mg、0.15mg），椰壳活性炭和沸石上Pb^{2+}的解吸量最低（分别为0.01mg、0.02mg），沸石和椰壳活性炭上Zn^{2+}的解吸量较低（分别为0.74mg、0.95mg），四种材料上Mn^{2+}的解吸量由小到大顺序依次是沸石（0.92mg）＜椰壳活性炭（1.21mg）＜砾石（1.59mg）＜河砂（1.76mg），以上解吸结果均表明椰壳活性炭和沸石对Cd^{2+}、Pb^{2+}、Zn^{2+}和Mn^{2+}解吸风险较小。

4种材料对各离子最大吸附量和解吸量排序如表9-25所列，4种材料的选择上首先考虑材料来源，应用于环境修复不会产生环境风险；其次考虑材料的吸附性能，沸石和椰壳活性炭均具有良好的吸附性能，而河砂和砾石的吸附作用较弱。材料密度引起的稳定底泥效能差异也是需要考虑的因素，椰壳虽然吸附作用较强但密度较小，抗水流扰动能力差，不能作为最佳的覆盖材料。另外，活性炭经原材料碳化而成，外观颜色为黑色，即使是粒径较大也会不可避免存在少量灰分，直接用于水体修复可能会影响水体观感。因此，实际进行环境原位生态覆盖技术控制底泥氮、磷、重金属等复合污染时，可以优先考虑采用具有较好吸附/固定污染物性能且抗水流扰动的沸石作为最佳的覆盖材料。

表9-25 4种材料对各离子最大吸附量和解吸量排序

离子类型	最大吸附量（从大到小）				最大解吸量（从小到大）			
	1	2	3	4	1	2	3	4
NH_3-N	沸石	椰壳活性炭	砾石	河砂	沸石	椰壳活性炭	砾石	河砂
PO_4^{3-}	沸石	河砂	椰壳活性炭	砾石	河砂	沸石	砾石	椰壳活性炭
Cd^{2+}	沸石	椰壳活性炭	砾石	河砂	椰壳活性炭	沸石	砾石	河砂
Pb^{2+}	沸石	椰壳活性炭	砾石	河砂	椰壳活性炭	沸石	砾石	河砂
Zn^{2+}	砾石	沸石	椰壳活性炭	河砂	沸石	椰壳活性炭	砾石	河砂
Mn^{2+}	沸石	椰壳活性炭	砾石	河砂	沸石	椰壳活性炭	砾石	河砂

覆盖层厚度对底泥 NH_3-N 和 PO_4^{3-} 释放的抑制效果显示（图9-23，书后另见彩图），沸石层对 NH_3-N 释放的抑制作用较为显著，其上覆水中 NH_3-N 浓度抑制率分别为76.7%(0.5cm)、84.4%（1.0cm）和91.9%（2.0cm），但1.0cm和2.0cm组差异不显著（$P > 0.05$）。不同厚度沸石覆盖均显著抑制磷的释放，1.0cm和2.0cm覆盖组间无显著性差异（$P > 0.05$）。覆盖层厚度对底泥中 Cd^{2+}、Pb^{2+}、Zn^{2+} 和 Mn^{2+} 的抑制效果显示（图9-24，书后另见彩图），随着覆盖时间的延长（$> 6d$），覆盖组均表现出对重金属离子抑制作用且作用加强，2.0cm沸石覆盖层对 Cd^{2+}、Pb^{2+}、Zn^{2+} 和 Mn^{2+} 释放的抑制率均最高（分别为35.7%、94.9%、59.0%和66.7%）。

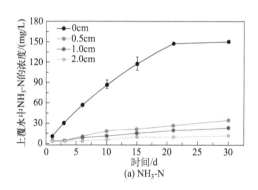

(a) NH_3-N

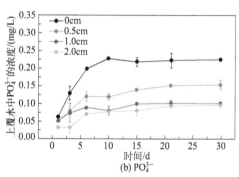

(b) PO_4^{3-}

图9-23 覆盖厚度对氮、磷释放的抑制效果

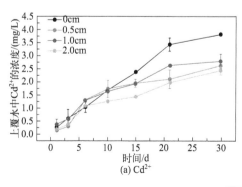

(a) Cd^{2+}

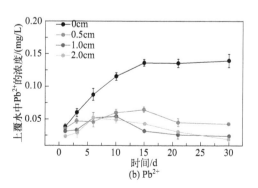

(b) Pb^{2+}

图9-24

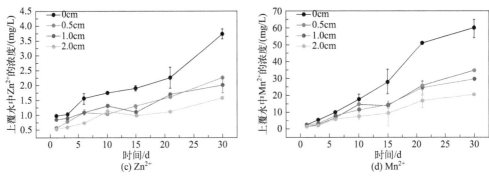

图9-24　覆盖厚度对各重金属离子释放的抑制效果

沸石作为最佳覆盖材料进行底泥覆盖，增加了总吸附容量，也增强了覆盖层对底泥污染物的物理阻隔作用，同时有效抑制污染物的释放，且随着覆盖厚度的增加抑制效果也有所增加，对 NH_3-N 和 Pb^{2+} 的抑制效果尤为明显。

9.5.3.2　沉水植物净化效果

构建沉水植物生态修复系统，测量沉水植物生物量，定性检测浮游生物优势种群，研究沉水植物在水体氮、磷净化中的作用，研究苦草和轮叶黑藻种植对水质修复以及生物多样性恢复影响。如表9-26所列，轮叶黑藻和苦草栽种初期，生长状况良好。轮叶黑藻为枝条分蘖，逐步形成一个顶冠蓬散的植物群落，苦草株数增加130.3%，形成底部覆盖较多的"草坪型"生长模块，轮叶黑藻选择20g/m²，苦草选择40g/m²作为适种密度。

表9-26　沉水植物的生长特性

| 沉水植物 | 初始鲜重/（g/m²） | 0d | | | 40d | | | | 相对生长速率/d⁻¹ |
		盖度/%	株数	分蘖数	盖度/%	鲜重/（g/m²）	株数	分蘖数	
轮叶黑藻	72	50	16	1	100	1291	16	6.5	0.024
	40	25	12	1	100	955	12	8.9	0.026
	20	15	6	1.7	90	785	6	12.3	0.030
苦草	72	50	28	5.6	75	301	69	8.3	0.013
	40	25	28	6.0	85	387	54	10.3	0.019
	20	15	20	7.3	65	171	52	7.6	0.017

轮叶黑藻和苦草系统氮、磷固定途径主要是植物积累和底泥吸附，其中轮叶黑藻和苦草系统氮去除贡献率分别为54.5%和35.3%，底泥氮去除贡献率为29.9%和34.2%。轮叶黑藻和苦草系统磷去除贡献率分别为30.9%和16.6%，底泥磷去除贡献率分别为47.1%和67.4%（表9-27）。

表9-27　沉水植物系统对氮磷的积累总量与去除贡献率

| 介质 | 轮叶黑藻系统 | | 苦草系统 | | 轮叶黑藻系统 | | 苦草系统 | |
	N总量/mg	N去除贡献率/%	N总量/mg	N去除贡献率/%	P总量/mg	P去除贡献率/%	P总量/mg	P去除贡献率/%
进水	25500	—	25500	—	2160	—	2160	—

介质	轮叶黑藻系统		苦草系统		轮叶黑藻系统		苦草系统	
	N总量/mg	N去除贡献率/%	N总量/mg	N去除贡献率/%	P总量/mg	P去除贡献率/%	P总量/mg	P去除贡献率/%
植物	13902	54.5	8249	35.3	667	30.9	358	16.6
底泥	7633	29.9	8724	34.2	1017	47.1	1457	67.4
其他	3965	15.6	8527	33.4	476	22.0	345	16.0

9.5.3.3 水生生物恢复效果

如图9-25所示，沉水植物系统可显著提升浮游动物物种数及生物量，浮游动物主要为萼花臂尾轮虫、剑水蚤和裂痕龟纹轮虫等，沉水植物密植区主要以食浮游植物的萼花臂尾轮虫为优势种，沉水植物敞开区主要以食浮游动物的剑水蚤桡足类为优势种，且密植区浮游动物生物量比敞开区多一个数量级，浮游动物密度敞开区要显著高于密植区，实际应用沉水植物需要注意种植密度合理配置。

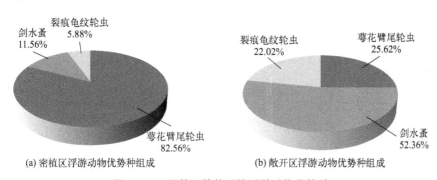

(a) 密植区浮游动物优势种组成   (b) 敞开区浮游动物优势种组成

图9-25　黑藻和苦草系统浮游动物优势种

生物降解是系统中氮去除的重要途径，沉水植物系统中硝化细菌与TN和NH_3-N存在显著正相关（$P < 0.05$，$R=0.756$和0.685），而反硝化细菌与TN和NO_3^--N存在极显著的正相关（$P < 0.05$，$R=0.921$和0.901），与NH_3-N存在极显著的负相关（$P < 0.05$，$R=-0.864$）。

沉水植物恢复实践中要关注种植密度的合理配置，以发挥生态塘最佳的氮去除效果。

9.5.4　设计参数

农村生态塘修复技术投入成本低廉、长期有效、运行成本低且效果显著，对外来污染输入与内源污染释放进行有效控制基础上，结合水生植物生态修复手段以达到对农村湖塘污染内外兼顾，以期形成稳定可持续的具自我修复潜力的农村坑塘水生态系统。农村坑塘生态修复技术主要设计要求与参数如表9-28所列。

表9-28　农村坑塘生态修复技术主要设计要求与参数

项目类别	参数	设计要求
地形改造	底质改造	底部与塘侧素土夯实，做防渗处理
	坡度	塘内坡垂直与水平比例为（1:1）～（1:3）

项目类别	参数	设计要求
底质覆盖	覆盖材料	选择性铺设石粉垫层、中砂垫层、膨润土防渗层，底质上层覆盖沸石（1～2cm）
	铺设厚度	5～10cm、10～15cm、15～20cm、20～25cm、25～30cm
限制条件	水力条件	污水设计流量：$Q=AL/C$； 水力停留时间：$t=V/Q$ 式中，A为塘面积，m^2；L为BOD_5负荷，$g/(m^2 \cdot d)$；C为进水BOD_5浓度，mg/L；V为塘体有效容积，m^3，根据有斜坡的具体形状塘体计算
	污染负荷	水体BOD_5负荷$<0.5g/(m^2 \cdot d)$； 水体藻类浓度5～10mg/L；DO≥4mg/L； 底泥负荷（浓度）：NH_3-N≤1000mg/kg、PO_4^{3-}≤500mg/kg、Cd^{2+}≤50mg/kg、Pb^{2+}≤300mg/kg、Zn^{2+}≤500mg/kg和Mn^{2+}≤1000mg/kg
植物配置	植物选择	沉水植物、挺水植物、浮叶植物配置参见第9.2节
	覆盖度	沉水植物覆盖度50%，分密植和敞开水域； 挺水植物和浮叶植物覆盖度20%～30%
生物放养	生物组合	底栖动物：河蚌等；鱼类：鲢、鳙等
	放养密度	底栖动物：40g～120g/m²；鱼类：20g/m³
水质净化效果	底泥污染抑制	NH_3-N≥90%、PO_4^{3-}≥50%、Cd^{2+}≥35%、Pb^{2+}≥90%、Zn^{2+}≥60%和Mn^{2+}≥65%
	水体营养盐去除率	总氮 25%～50%；硝氮 30%～45%；氨氮 45%～80%；磷酸盐 50%～65%
	氮、磷吸附累积	氮积累：植物吸收35%～55%、底泥吸附30%～35%；磷积累：植物吸收15%～30%、底泥吸附50%～70%
生物恢复效果	功能细菌	硝化与反硝化细菌丰度提升2～3个数量级
	浮游动物	丰度提升1个数量级，恢复植物密植区物种数量
	两栖动物与鸟类	青蛙、蜻蜓、白鹭

9.6 面源污染监测与评估

农业面源污染产生与迁移过程存在分散性和隐蔽性、随机性和不确定性、广泛性和不易准确监测等特点，容易导致农田面源污染处于防治无据可依的状况。监测是极其重要的一环，主要目的就是摸清当前的面源污染现状，为污染风险以及修复效果评估提供数据支持，依据《全国农业面源污染监测评估实施方案（2022—2025年）》，农业面源污染监测评估主要为地面综合监测、农业面源污染影响指标调查、污染物流失与生态风险评估、质量保证和质量控制以及模型预测评估。构建农田面源污染监测与评估技术体系，为区域农田面源污染防治提供预案和数据支撑，对农田面源污染防治工作的具体开展具有重要意义。

9.6.1 面源污染监测

9.6.1.1 监测样点与指标

监测范围主要是沿着农业面源污染水流的产生与迁移方向，包括农田、植物缓冲带、生态沟渠、生态软隔离带以及生态塘。面源污染监测点的选择应满足典型性、代表性、长期性和抗干扰性等方面的要求，沿着水流方向在不同监测单元的进水和出水口设置监测位点，可根据实际需求在沿程设置多个监测位点，每个监测位点设置3次或多次重复。监测不同时段应包括日动态、月动态、季动态及降雨历程等。

监测样品类型主要包括关键（或典型）时期地表径流水、地下淋溶水、吸收液、降水、灌溉水和沟塘水。

监测污染指标主要以地表冲刷的氮、磷营养盐类为主，包括总磷、可溶性总磷、总氮、硝氮、氨氮等，可视实际情况增加农药、重金属以及地下径流污染等指标。

农业面源污染监测频次及监测指标如表9-29所列。

表9-29　监测频次及监测指标

样品名称	监测频次	监测指标
地表径流水	每次产流均需采样	径流水量、总氮、可溶性总氮、硝氮、氨氮、总磷、可溶性总磷
地下淋溶水	每次产流均需采样	淋溶水量、总氮、可溶性总氮、硝氮、氨氮、总磷、可溶性总磷
吸收液	每次施肥后连续7～14d采集	总氮或氨氮
降水	每次降水后采样	降水量、总氮、可溶性总氮、硝氮、氨氮、总磷、可溶性总磷、pH值
灌溉水	每次灌溉采样	灌溉量、总氮、可溶性总氮、硝氮、氨氮、总磷、可溶性总磷、pH值
沟塘水	每次产流均需采样	总氮、可溶性总氮、硝氮、氨氮、总磷、可溶性总磷

9.6.1.2 监测设施建设

（1）径流监测装置

径流收集池及配套设施包括径流收集池、径流收集管和抽排设施。每个监测小区应配备1个径流收集池，用于收集该监测小区地表径流。各个监测点应根据监测小区的面积、当地最大单场暴雨量及其产流量来确定径流收集池的大小。径流池的长、宽、深可根据实际情况而定，一般情况下，径流池地面以下池深为80～100cm，径流池地上部分高度与监测小区田埂持平，即高出地面20cm。每个径流收集池长度为小区宽度的1/2，或者等于小区宽度，径流收集池内部宽度一般为80～120cm。采用田间径流池法监测农田地表径流面源污染状况，监测期间加强对监测小区及田间径流池的管护，保证径流池设施完好、清洁且无外来杂物进入。

（2）渗滤收集装置

田间渗滤池装置埋藏于地下，包括淋溶液收集桶、真空泵、缓冲瓶、采样瓶、透水桶盖、过滤网等组件。田间渗滤池的监测目标土体规格为150cm（长）×80cm（宽）×90cm（深），一般安装在监测小区内最具代表性的中部区域，长边垂直于作物种植行向。安装田间渗滤池装置时，先将监测土体分层挖出、分层堆放，形成一个长方形土壤剖面，下部安装淋溶液收集桶，用集液膜将土壤剖面四周及底部包裹，然后分层回填土壤。采用田间渗滤池法监测农田地下淋溶面源污染状况。监测期间加强对监测小区及田间渗滤池的管护，保证渗滤池设施完好、通水通气装置运行正常。

9.6.1.3 监测方法

（1）降水监测

只要前一天降水，就需要在次日上午9时至下一日9时监测降水，测量24h的降水量。借助量筒等工具测量降水量，单位转换为毫米（mm）。做好记录。

（2）径流液样品采集

每次降水并产生径流时，记录各径流池水面高度（mm），计算径流量。南方梅雨季节，可在多天下雨径流池水量达到80%后，计算径流量，但最大间隔不能长于7d。在记录径流量后即可采集径流水样。采样前，先用清洁工具（如竹竿、木板）充分搅匀径流池中的径流水，然后利用清洁容器在径流池不同部位、不同深度多点采样（至少8个点），置于清洁的塑料瓶或塑料盆中。用清洁量筒从塑料桶（盆）中准确量取径流水样，分装到2个样品瓶，每瓶水样不少于500mL，其中一个供分析测试用，另一个作为备用。如果当天不能进行分析，应立即将水样冷冻保存。

（3）淋溶液样品采集

在每次灌溉后的第2～4天、下次灌溉之前进行采样。连续小雨时期，可根据降水量及接液瓶的容量，间隔2～3d采集水样，但应避免淋溶瓶内水满。取出接液瓶/集液管/接液桶中的全部淋溶液，并记录每次抽取的淋溶液总量。将淋溶液摇匀后，取2个混合水样（每个样约500mL，如淋溶液不足1000mL则将淋溶液全部作为样品采集，供化验和备用），其中一个供分析测试用，另一个作为备用。样品瓶可用普通矿泉水瓶，但采样前需用蒸馏水洗净，采样时再用淋溶液润洗。水样瓶需进行编号，每个样品瓶写同样的编号，以防编号丢失。

9.6.1.4 质量保证和质量控制

样品采集、保存运输、分析测试和质量控制等严格按照《污水监测技术规范》（HJ 91.1—2019）、《地表水环境质量监测技术规范》（HJ 91.2—2022）、《水质 采样技术指导》（HJ 494—2009）、《水质 样品的保存和管理技术规定》（HJ 493—2009）、《环境水质监测质量保证手册》（第二版）。

9.6.2 面源污染评估

9.6.2.1 氮和磷流失风险

综合原位监测和抽样调查的方法，获取项目示范区内种植模式的面积、施肥量及各种种植模式减排措施等数据。

地表径流或地下淋溶途径流失的氮和磷总量等于整个监测周期中各次径流水或淋溶水中污染物浓度与体积乘积之和。计算公式如下：

$$p = \sum_{i=1}^{n}(C_i V_i) \tag{9-1}$$

式中 p——污染物流失量；

C_i——第i次径流（或淋溶）水中氮或磷的浓度；

V_i——第i次径流（或淋溶）水的体积。

地表径流和地下淋溶是农田氮和磷面源污染发生的两条主要途径。通过对示范区内种植业氮和磷流失的原位监测，结合调查获取的种植模式的面积和施肥量，计算获取种植模式的氮和磷流失系数，从而进一步计算出示范区内氮和磷的总流失量，为区域氮和磷流失量核算提供数据支撑。

9.6.2.2 污染生态风险

水体农药和重金属等污染物风险评估包括单因子污染指数法、综合污染指数法和生态风险评价商值法。

（1）单因子污染指数法

单因子污染指数法表示某项单一因子对水体环境质量影响的程度。该方法只用一个参数作为评价指标，可直接了解水体质量状况与评价标准之间的关系，它是综合污染指数评价的基础。其表达式如下：

$$P_i = C_i / S_i \qquad (9\text{-}2)$$

式中 P_i——环境中污染物i的污染指数；

C_i——环境中污染物i的实测浓度，mg/kg；

S_i——污染物i的评价标准，即最大残留限量，mg/kg。

若$P_i \leqslant 1$，则表示未受污染物i的污染；若$P_i > 1$，则表示已遭受污染物i的污染。P_i越大，表示受污染程度越重。

如表9-30所列，单因子指数法将土壤污染程度分为五级。

表9-30 单因子污染指数评价标准

等级	P_i值大小	污染评价
I	$P_i \leqslant 1$	无污染
II	$1 < P_i \leqslant 2$	轻微污染
III	$2 < P_i \leqslant 3$	轻度污染
IV	$3 < P_i \leqslant 5$	中度污染
V	$P_i > 5$	重度污染

（2）综合污染指数法

内梅罗综合污染指数法计算公式如下：

$$P_{综} = \sqrt{\frac{[(C_i/S_i)_{ave}]^2 + [(C_i/S_i)_{max}]^2}{2}} \qquad (9\text{-}3)$$

式中 $P_{综}$——污染物综合污染指数；

$(C_i/S_i)_{ave}$——水体中各污染指数的平均值；

$(C_i/S_i)_{max}$——水体中各污染物污染指数的最大值。

如表9-31所列，内梅罗污染指数将水体污染程度分为五级。

表9-31　水体内梅罗污染指数评价标准

等级	综合污染指数（$P_{综}$）	污染等级
Ⅰ	$P_{综} \leqslant 0.7$	清洁（安全）
Ⅱ	$0.7 < P_{综} \leqslant 1$	尚清洁（警戒限）
Ⅲ	$1 < P_{综} \leqslant 2$	轻度污染
Ⅳ	$2 < P_{综} \leqslant 3$	中度污染
Ⅴ	$P_{综} > 3$	重度污染

（3）生态风险评价商值法

生态风险评价商值法（RQ）是一种半定量的生态风险评估方法，是根据环境中污染物测量浓度（MEC）与其对藻类、水生无脊椎动物、鱼类最低预测无效应浓度（PNEC）之比来度量污染物潜在生态风险。污染物生态风险划分为高风险（RQ > 1）、中等风险（0.1 < RQ ≤ 1）、低风险（RQ ≤ 0.1）。

9.6.3　面源污染模型预测评估

如图9-26所示，国家农业面源污染监测评估系统基于地面综合监测、卫星遥感监测和指标调查等数据，依托遥感分布式面源污染监测评估（diffuse pollution estimation with remote sensing，DPeRS）模型算法，可开展"国家-流域-区域"等多尺度、"农田种植-畜禽养殖-农村生活"等多类型的农业面源污染监测评估，可实现农业面源污染负荷空间可视化，直观提供农业面源污染优先控制区的空间分布。

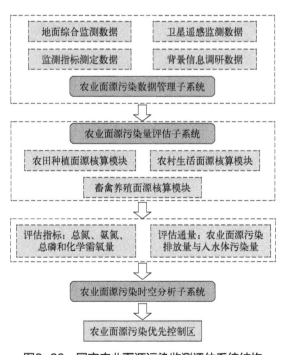

图9-26　国家农业面源污染监测评估系统结构

参考文献

[1] 陈建军，李明锐，张坤，等. 几种植物对土壤中阿特拉津的吸收富集特征及去除效率研究[J]. 农业环境科学学报，2014, 33(12): 2368-2373.

[2] 高世凯，俞双恩，王梅，等. 旱涝交替下控制灌溉对稻田节水及氮磷减排的影响[J]. 农业工程学报，2017, 33(5): 122-128.

[3] 生态环境部办公厅. 河湖生态缓冲带保护修复技术指南：环办水体函〔2021〕558号[A].

[4] 侯朋福，薛利祥，俞映倞，等. 缓控释肥侧深施对稻田氨挥发排放的控制效果[J]. 环境科学，2017, 38(12): 5326-5332.

[5] 靳聪聪，杨扬，刘帅磊，等. 农村废水农药污染的生态修复技术研究[J]. 生态环境学报，2017, 26(1): 142-148.

[6] 李欢，吴蔚，罗芳丽，等. 4种挺水植物、4种沉水植物及其组合群落去除模拟富营养化水体中总氮和总磷的作用比较[J]. 湿地科学，2016, 14(2): 163-172.

[7] 李晓娜，张国芳，武美军，等. 不同植被过滤带对农田径流泥沙和氮磷拦截效果与途径[J]. 水土保持学报，2017, 31(3): 39-44.

[8] 刘宝存，郑戈. 农业面源和重金属污染监测方法与评价指标体系研究[M]. 北京：中国农业出版社，2020.

[9] 刘兴誉，杨方社，李怀恩，等. 植被过滤带对地表径流中泥沙和杀虫剂的净化效果[J]. 农业环境科学学报，2017, 36(5): 974-980.

[10] 刘兆辉，吴小宾，谭德水，等. 一次性施肥在我国主要粮食作物中的应用与环境效应[J]. 中国农业科学，2018, 51(20): 3827-3839.

[11] 江苏省质量技术监督局. 农田径流氮磷生态拦截沟渠塘构建技术规范：DB32/T 2518—2013[S].

[12] 江苏省市场监督管理局. 平原水网区农田径流监测技术规范：DB32/T 4412—2022[S].

[13] 生态环境部办公厅. 全国农业面源污染监测评估实施方案（2022—2025年）：环办监测〔2022〕23号[A].

[14] 宋科，秦秦，郑宪清，等. 水肥一体化结合植物篱对减缓果园土壤氮磷地表径流流失的效果[J]. 水土保持学报，2021, 35(3): 83-89.

[15] 苏雪痕. 植物景观规划设计[M]. 北京：中国林业出版社，2012.

[16] 汤家喜，何苗苗，王道涵，等. 河岸缓冲带对地表径流及悬浮颗粒物的阻控效应[J]. 环境工程学报，2016, 10(5): 2747-2755.

[17] 王栋宇. 广东省典型城市水源型水库内源污染覆盖修复技术研究[D]. 广州：暨南大学，2014.

[18] 肖波，萨仁娜，陶梅，等. 草本植被过滤带对径流中泥沙和除草剂的去除效果[J]. 农业工程学报，2013, 29(12): 136-144.

[19] 徐晗，鄢紫薇，胡荣桂，等. 不同草本植被过滤带对径流中氮磷的生态阻控效果[J]. 水土保持学报，2022, 36(6): 140-147.

[20] 焉莉，不同施肥管理对东北玉米连作地农业面源污染影响研究[D]. 吉林：吉林大学，2016.

[21] 杨帆，刘赢男，焉志远，等. 阿什河流域10种水生植物对水质氮磷的净化能力比较[J]. 环境科学研究，2018, 31(4): 708-714.

[22] 杨坤宇，王美慧，王毅，等. 不同农艺管理措施下双季稻田氮磷径流流失特征及其主控因子研究[J]. 农业环境科学学报，2019, 38(8): 1723-1734.

[23] 杨林章，薛利红，巨晓棠，等. 中国农田面源污染防控[M]. 北京：科学出版社，2022.

[24] 杨林章，薛利红，施卫明，等. 农村面源污染治理的"4R"理论与工程实践——案例分析[J]. 农业环境科学学

报，2013, 32(12): 2309-2315.

[25] 杨林章，周小平，王建国，等. 用于农田非点源污染控制的生态拦截型沟渠系统及其效果[J]. 生态学杂志，2005, 24(11): 1371-1374.

[26] 叶静，俞巧钢，杨梢娜，等. 有机无机肥配施对杭嘉湖地区稻田氮素利用率及环境效应的影响[J]. 水土保持学报，2011, 25(3): 87-91.

[27] 张刚，王德建，陈效民. 稻田化肥减量施用的环境效应[J]. 中国生态农业学报，2008(2): 327-330.

[28] 张靖雨，汪邦稳，龙昶宇，等. 湿地植物对农村生活污水中氮磷的净化作用[J]. 水土保持通报，2021, 41(5): 15-22.

[29] 张盛斌，杨扬，乔永民，等. 多孔生态混凝土净化生活污水的对比研究[J]. 混凝土与水泥制品，2011(3): 18-21.

[30] 赵冲，雷国元，蒋金辉，等. 利用生物菌肥降低洱海流域农业面源污染的实验研究[J]. 华中师范大学学报（自然科学版），2015, 49(1): 108-113.

[31] 赵建成，杨扬，钟胜强，等. 沉水植物水槽对农村水体净化效果与机制的模拟[J]. 湖泊科学，2016，6(28): 1274-1282.

[32] 中国植物园联合保护计划，中国植物园联盟图片网站CUBG. https://image.cubg.cn/.

[33] Cao Y, Sun H, Liu Y, et al. Reducing N losses through surface runoff from rice-wheat rotation by improving fertilizer management [J]. Environmental Science and Pollution Research, 2017, 24: 4841-4850.

[34] Cui Z, Zhang H, Chen X, et al. Pursuing sustainable productivity with millions of smallholder farmers[J]. Nature, 2018, 555(7696): 363-366.

[35] Jiao J, Shi K, Peng L, et al. Assessing of an irrigation and fertilization practice for improving rice production in the Taihu Lake region (China)[J]. Agricultural Water Management, 2018, 201: 91-98.

[36] Ke J, He R, Hou P, et al. Combined controlled-released nitrogen fertilizers and deep placement effects of N leaching, rice yield and N recovery in machine-transplanted rice[J].Agriculture, Ecosystems and Environment, 2018, 265: 402-412.

[37] Liang K, Zhong X, Huang N, et al. Nitrogen losses and greenhouse gas emissions under different N and water management in a subtropical double-season rice cropping system[J]. Science of the Total Environment, 2017, 609: 46-57.

[38] Mitsch W J, Zhang L, Stefanik K C, et al. Creating wetlands: primary succession, water quality changes, and self-design over 15 years[J]. Bioscience, 2012, 62(3): 237-250.

[39] Prasad R. Phytoremediation for environmental sustainability[M]. Berlin: Springer Nature, 2022.

[40] Shmaefsky B R. Phytoremediation: in-situ applications[M].Berlin: Springer Nature, 2020.

[41] Xue L,Yu Y, Yang L. Maintaining yields and reducing nitrogen loss in rice-wheat rotation system in Taihu Lake region with proper fertilizer management[J]. Environmental research letters, 2014, 9(11): 115010.

[42] Zhao Z, Sha Z, Liu Y, et al. Modeling the impacts of alternative fertilization methods on nitrogen loading in rice production in Shanghai[J]. Science of the Total Environment, 2016, 566: 1595-1603.

第10章
村镇污水治理设施全过程管理技术及平台

实施农村污水处理设施的设计、建设、运维的全过程管理，是改善农村人居环境、实施乡村振兴战略的重要任务，事关全面建成小康社会和农村生态文明建设。由于我国农村污水处理设施普遍具有规模小、数量多、分布散、工艺杂的特点，随着污水处理站点建设的快速推进，导致污水处理运营监管的难度逐渐加大。如何对量大面广的农村污水处理设施开展长效运维和高效监管，最大限度地发挥其污染治理作用，具有紧迫而现实的社会需求。鉴于我国农村地域辽阔，自然、经济社会区域差异显著，农村污水排放、收集方式、治理模式、运行维护管理需求差异较大，亟待探索因地制宜的管理和保障体系，提供从选择有效的技术工艺途径对污水进行必要的净化，到村镇污水治理设施的建设、运行维护技术指导的管理体系。

随着城镇化进程的推进，农村环境不仅受到来自各个工业企业的影响，还与农村内部的生产、畜禽养殖、生活污水处理方式等有很大关联，农村地区的水污染和生态环境问题日益复杂。因此，需要采取多样化和因地制宜的治理技术来满足需求。考虑到农村居住、经济、现有设施建设等问题，针对农村污水的处理一定要依据当地环境、自然条件现状、经济承受能力等选择最佳的污水处理方式，这使得设施在工艺技术、结构设计、参数设计、设备材料选择等方面均存在较大差异，必须对农村生活污水处理设施的设计建设提出技术要求。在了解农村污水特点的基础上，基于科学有效的工艺技术，采取针对性的生态处理工艺设计才可能发挥出良好的处理效果。另外，也可以灵活组合生态处理技术，因地制宜，选择合适的工艺，使生态效益和环境美学效应达到平衡共赢。

选择适合农村生活污水处理特点的运营管理模式是加强农村污水治理效果和确保污水设施稳定运行的重要策略。由于农村生活污水处理设施数量庞大，工艺类型多样化，运维管理难度较大，亟须对运维单位、运维人员和运维行为进行规范。通过规范运维单位管理架构、设施人员配备、运维操作等，实现运维服务工作质量的根本性提升。考虑到我国地理、气候、人文条件的差异，需要从政府层面设计出因地制宜的管理和保障体系，明确管理职责，并提供建设和运维技术指导。

农村生活污水处理设施的设计、建设、运维、管理离不开标准规范的指导。广州市从

2008年开始，陆续建立包含工艺设计建设、运维管理、出水监管在内的技术指引、指南、规范等技术体系，建立农村生活污水处理设施的运行管理模式，并针对"分布控制、集中管理"的农村污水管控模式，设计开发农村生活污水的信息化管理平台，实现了对农村污水处理现场设备的自动控制与数据采集，以及多站点的软件管理，以满足农村污水处理的运营管理需求。这些成果和经验为我国生活污水治理工作的有序和有效推进提供了宝贵的经验。

农村污水治理全过程管理技术路线如图10-1所示。

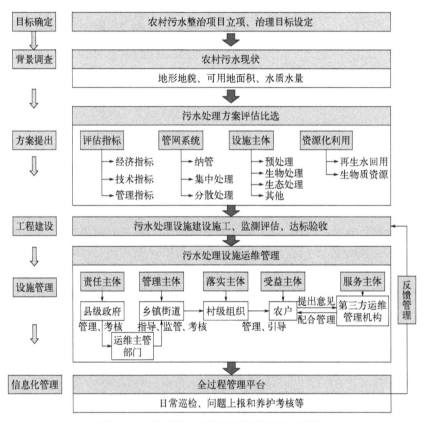

图10-1　农村污水治理全过程管理技术路线

10.1　农村污水处理方案优选及设计流程

10.1.1　农村污水处理目标

为提升农村生活污水治理水平，改善农村人居环境，农村生活污水处理基于统筹规划、源头治理、政府主导、全民参与原则，实现处理设施建设规范、管理有序、水质达标的目标。

10.1.2　信息调查收集

农村污水处理工程设计需要搜集的资料和信息主要包括以下内容。

① 工程技术目标：工程技术目标调查主要包括水、污泥处理标准和去向调查，其中农村污水处理设施出水排放标准及排放去向，需由客户根据环保要求或者回用需求来确定。

② 当地的自然地理条件：地理位置、地形地貌、水文、气候、工程地质等信息。

③ 工程范围：包括选址、泵站、污水管网、供水管、排水管、回用水管网、电源、污泥处置等工程设计内容。

④ 水质调查：农村污水包括洗涤、洗浴和厨用废水，以及人、畜粪尿和家禽养殖废水等来源，针对不同类别的农村污水进行针对性调研，以了解主要污染物的类型和排放量。

⑤ 设计水量：依据农村污水处理设施服务范围及该范围内的人口数量、当地居民用水现状、经济条件、用水习惯、发展潜力等状况，结合农村污水峰值变化系数，设计拟建污水处理设施的污水量，估算工程规模。

⑥ 管网：结合总规（控规）、给排水规划、现状污水管网图、地形图、规划路网图等，设计管网布设。

⑦ 文件资料：包括项目合同、相关批复文件、政府审批文件、环境影响评价、可行性研究报告和论证报告等文件。

⑧ 风险调查：包括经济（投资、融资）、环境、安全和实施等方面潜在的风险。

⑨ 其他：当地可能涉及的农田占用、拆迁、特殊习俗等信息。

10.1.3 方案比选

农村生活污水处理方案比选是一个复杂的系统工程，既要考虑污水处理方案的污水处理效率，还必须考虑污水处理设施运行效率；既要满足经济可行性，同时在技术上必须满足设计要求，且操作管理必须符合农村实际情况；既要满足农村近期污水处理需要，同时必须考虑农村远期污水处理需求。本研究根据农村生活污水处理方案设计遵循的基本原则及农村污水处理方案比选问题的具体性质与要求，从工程经济性、工程技术性和工程操作管理三个方面对农村生活污水处理方案优劣进行比较。

（1）工程经济性比较

农村污水处理方案经济性比较的前提是所选工艺方案技术上先进合理，满足设计要求。农村生活污水处理方案经济性比较的内容有：

① 工程总投资，包括工程造价和其他费用，如征地费用、建设管理费用、技术培训费用、勘测调试设计费用等；

② 经营管理费用，如折旧与大修费用、管理费用等；

③ 处理成本，污水污泥处理过程所发生的费用等。

（2）工程技术性比较

农村生活污水处理方案技术性比较一般是在经济合算的原则下，比较其工艺技术，包括污水与污泥处理工艺技术、主要构筑物技术、自动控制技术等方面是否先进合理。具体比较内容包括各工艺对污染物去除率、对污泥处置率、工艺自动化程度等。

（3）工程操作管理比较

在目前机制下，我国农村污水处理工程的设计为专业机构，但污水处理设施的建造、操作管理和使用的主体是农民。由于各地农民对污水处理的专业知识的理解和接受能力参差不齐，因此要求农村污水处理设施建成后操作管理方便、运行稳定可靠。所以，农村污水处理方案除了需要考虑经济因素、技术因素外，还必须考虑操作管理因素。

10.1.4 主要处理技术

已有研究多将农村污水处理工艺技术分为生物处理技术、生态处理技术和生物-生态组合处理技术。生物处理指利用好氧、厌氧微生物的生化降解作用去除污水中污染物的工艺过程。通常采用的生物处理工艺技术包括活性污泥法、接触氧化法等。生态处理指利用微生物、动植物复合生态系统的生化-生态协同作用去除污水中污染物的工艺过程。通常采用的生态处理工艺技术包括人工湿地法（潜流湿地、表面流湿地等）、复合生态塘法（曝气氧化塘、微单元生化池等）等。另外，也可以灵活组合生态处理技术，如"化粪池+潜流式人工湿地"工艺的庭院式污水处理技术或"厌氧/跌水充氧接触氧化/人工湿地"工艺的分散式处理技术等。

在建设污水处理工程时，可充分利用村庄地形地势、可利用的水塘及废弃洼地，提倡采用生物-生态组合处理技术实现污染物的生物降解和氮、磷的生态去除，以降低污水处理能耗，节约建设、运行成本。结合当地农业生产，加强生活污水的源头削减和尾水的回收利用。

10.2 农村污水处理设施运行维护技术

10.2.1 一般规定

① 农村生活污水治理设施的养护管理内容包括污水收集管网、污水处理设施及其他附属设施的检查、养护、维修、污泥与废弃物处理和档案管理。

② 农村污水治理设施的维护单位应对污水收集管网和污水处理设施进行日常巡查、定期检查和周期性维护，使污水处理设施保持良好的污水收集、处理功能，提高处理系统完好率，及时消除事故隐患。

③ 农村污水治理设施的维护单位应定期对污水处理设施内的水质、水量进行检测，并建立相应的管理档案。

④ 农村污水治理设施管理单位应制定污水治理设施养护质量考核办法，并定期对污水治理设施的运行状况进行抽查。排水管网以功能性状况为目的的普查周期为 $0.5 \sim 1$ 年；以结构性状况为目的的普查周期为 $2 \sim 3$ 年；污水治理设施养护质量考核周期不少于半年。

⑤ 维修工程应以恢复原设计标准或局部改善工程原有结构为原则，综合考虑工程特点、技术水平、设备、材料和经费等因素制定维修方案。

⑥ 设备维修前应对设备进行评估，编制维修作业指导；设备维修后，应对设备能力进行评估，履行相应的验收手续，整理好维修记录并归档。

⑦ 农村污水治理设施管理单位应建立设施运行、巡查、养护、维修以及突发事件的记录档案。

10.2.2 污水收集管网

（1）管网检查

农村污水治理设施维护单位应当建立日常巡查制度。日常巡查内容应包括污水冒溢、井盖以及各类盖板缺损、管渠塌陷及影响管渠排水等情况。污水收集管网检查的对象为接户支管、管道、各类检查井、边沟、溢流排放口、入水口、拍门、闸门等。污水收集管网的检查要求、内容及允许积泥深度应符合CJJ 6—2009等要求。

（2）管网养护

污水收集管网应按规定清疏，容易淤积的管网应结合季节性和重要性适当增加清疏频率。当发现井盖缺失或损坏后，应在2h内安防护栏和警示标志，并在8h内修补恢复。污水口及各类检查井的维护内容应包括：清掏井底积泥，清理井壁、井框，铲除树根，修复井体，维修或更换井盖、井框。

10.2.3 污水处理设施

格栅、沉砂井、集水池、泵井、厌氧池的维护应符合CJJ 60—2011规定，人工湿地的维护应符合CJJ/T 54—2017和HJ 2005—2010规定，稳定塘、生态沟渠的维护应符合CJJ/T 54—2017相关规定，膜生物反应器的维护应符合GB/T 33898—2017、HJ 2010—2011和HJ 2527—2012相关规定，生物接触氧化池的维护应符合HJ 2009—2011相关规定。污水处理设施表面无破损，保持清洁，无青苔、杂物和污物等；污水处理设施内外墙面应无破损、裂缝，无乱堆乱放现象，保持清洁、美观。

（1）格栅

及时处理或处置栅渣。检查格栅或人工清捞栅渣时，需要在有效监护下进行，需要下井作业的，还应进行临时性、强制性通风。定期对栅条校正，更换或改造已损坏或不规范的格栅。

格栅井有大量垃圾和格栅缺失如图10-2所示。

(a) 格栅井有大量垃圾   (b) 格栅缺失

图10-2　格栅井有大量垃圾和格栅缺失

（2）厌氧池

及时清除池体内泡沫、漂浮物等垃圾，保持进出水槽清洁。定期检查池体内填料有无出现松动、缠绕、结块等现象，情况严重的应及时组织维修。定期检查通风设施，及时疏通被堵塞的通风设施。

厌氧池填料缺失和未设置通气口如图10-3所示。

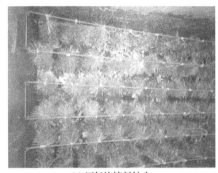 

(a) 厌氧池填料缺失　　　　　　　　　　(b) 厌氧池未设置通气口

图10-3　厌氧池填料缺失和未设置通气口

（3）人工湿地

定期检查进水装置，进行水位调节，不应出现短流、进水端壅水和出水端淹没等现象。适当采用间歇运行方式，定期更换局部人工湿地系统基质，防止湿地运行中出现堵塞现象。

植物管理维护要求：运行期间应对枯萎植物、落叶等及时清理；不应使用除草剂、杀虫剂等易破坏生态系统的药剂；及时对补种缺苗、清除杂草、适时收割以及控制病虫害等进行管理；可选择多品种植物分区搭配种植，增加植物的多样性、景观效果以及减少病虫害；人工湿地植物根据植物生物学和生态学特性进行种苗规格和种植密度设计；植物系统建立后，应保持水生植物的密度与良性生长；应及时移除处理系统内外来物种；湿地床上植物发生歪倒，要及时扶正；运营维护期内应定期全面割除（捞取）湿地植物。

湿地有垃圾、壅水和湿地杂草如图10-4所示。

(a) 湿地有垃圾、壅水　　　　　　　　　　(b) 湿地杂草

图10-4　湿地有垃圾、壅水和湿地杂草

（4）稳定塘（生态沟渠）

应保持无废渣、漂浮碎片或其他垃圾，进出水口应保持水流通畅。定期清理底泥。保持水生植物生长良好，水生植物表面覆盖率控制在50%以下，及时清理浮渣与枯枝烂叶，无明显臭味，保持塘堤（沟堤）建筑物及栅栏完好。

稳定塘缺少安全护栏和植物未清理如图10-5所示。

(a) 稳定塘缺少安全护栏　　　　　　　(b) 稳定塘植物未清理

图10-5　稳定塘缺少安全护栏和植物未清理

（5）生物接触氧化池

保证设施正常运行，及时清除池体内的泡沫、漂浮物等垃圾。定期检查池体内填料有无出现松动、缠绕、结块等现象，情况严重的及时对填料进行更换。定期检查曝气设施运作是否正常，有无明显破损、断裂等，如有损坏则及时组织维修。

（6）膜生物反应池

保证设施正常、连续运行，水质水量达到设计要求。按要求定期清洗膜组件，以确保其有效持久运行。当污水中含有大量的合成洗涤剂或其他起泡物质时，膜生物反应池会出现大量泡沫，不应投加硅质消泡剂，可采取喷水的方法解决。膜生物反应池出水浑浊，应重点检查膜组器和集水管路上的连接件是否松动或损坏，如有损坏应及时维修或更换。

膜生物反应池未正常运行和箱体老化变形如图10-6所示。

(a) 膜生物反应池未正常运行　　　　　　(b) 膜生物反应池箱体老化变形

图10-6　膜生物反应池未正常运行和箱体老化变形

（7）其他附属设施

每日确认检查阀件设备、流量测量装置是否正常，通水管路是否有淤塞现象。每月手动测试阀件开关，并恢复到正常开阀位置。每月测试通水管路疏通状况，并确认通水管路是否有破损和堵塞现象。金属构件发现有局部锈斑、针状锈迹时应及时除锈补漆。当涂层普遍出现剥落、鼓泡、龟裂、明显粉化等老化现象时，应重做防腐涂层或封闭涂层。护栏、栏杆、爬梯、扶梯以及格栅等应保持完好。例如，因变形、损伤严重，危及使用和安全功能的，应立即予以整修或更换。水尺、标志牌、警示牌等出现缺损、变形，应及时维修或更换。供配电设施如有缺损或不符合安全用电相关规定的，应及时整修和维护。

场地及周边有杂物和未设置安全警示标志且信息公示牌损坏如图10-7所示。

(a) 场地及周边有杂物　　　　(b) 未设置安全警示标志且
信息公示牌损坏

图10-7　场地及周边有杂物和未设置安全警示标志且信息公示牌损坏

10.3　农村生活污水处理设施运行管护模式

农村生活污水处理设施运行管护模式主要有属地（村镇）自行管护、第三方运行管护和建设运营一体化三种模式。

10.3.1　属地（村镇）自行运行管护模式

一些经济发展水平较低、污水治理起步阶段或设施分散的村镇通常选择属地（村镇）自行运行管理模式。由于村镇对污水处理设施的运维管理重视程度不够，村民缺乏污水处理工艺和设施的专业知识，设施故障无法自行解决，容易导致设施被废弃，需要定期跟踪检查、加强技术培训和提供专业指导。

10.3.2　第三方运行管护模式

一些经济发展水平较高、基础工作较好的地区大力推行农村生活污水处理设施的第三方运行管护模式。该模式由政府部门与专业公司签订委托协议，按照规定的期限，以县区或乡镇为单位将农村生活污水处理设施的运维护理进行连片打包，实行统一运行管理。具体可以采取政府购买服务和设施租赁等多种形式。

（1）政府购买服务模式

政府购买服务模式比较常见。一般情况下，政府投资建设农村生活污水处理设施，并委托具备专业能力的企业或事业单位进行运行维护；地方政府或村集体拥有设施产权，并对设施运行情况和管理质量进行监督管理，根据污水治理绩效向第三方支付费用。

（2）设施租赁模式

设施租赁模式是一种新型的市场化运作模式。由村镇委托第三方公司，以租赁设施的形式对污水进行达标处理，并支付相关处理费用；污水处理设施的产权归第三方所有，政府或村镇作为业主根据治理效果支付污水处理费用，也可以根据实际情况移除设施，合作形式更加灵活。

10.3.3 建设运营一体化模式

建设运营一体化模式将设施建设与后期运营合为一体，由农村生活污水治理设施的承建企业负责设施建成后一定时间内的运营维护工作，运营维护费用可纳入建设费用中，也可另外结算。建设运营一体化模式能有效验证农村污水治理设施承建企业的建设质量和检验设施的功能是否能满足处理要求。

10.4 农村生活污水治理管理与信息化平台

10.4.1 农村生活污水治理长效管理模式构建

广州市自2008年启动农村生活污水治理工作以来，持续推进，取得了显著成效。随着治理设施的大规模建设和投入使用，如何规范各个环节的操作流程、明确各部门的职责、规范设施的维护和管理，以及解决经费筹措等问题，成为亟待解决的难题。为确保农村生活污水治理工作顺利推进，在总结前期经验的基础上，因地制宜、创新举措，综合考虑多方面因素，提出一系列务实可行、具有可操作性的管理规定，规范了农村生活污水治理规划、审批、建设、运行维护、资金使用等各个环节的工作，解决了"人、地、钱"问题，扎实推进了农村生活污水治理工作，使农村生活污水治理工作具备了可靠依据，因而得以高效运行。截至2020年底，广州市已实现了农村生活污水治理对所有自然村的全覆盖，累计铺设了约8551km的农村污水收集管网，建成了2473座处理设施，污水处理能力达到18万吨/日。经过治理，广州市农村地区的生活污水得到了有效收集和处理，村容村貌明显改善。

广州市农村生活污水治理工作管理条例体系框架见图10-8。

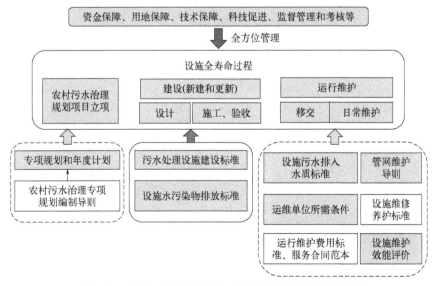

图10-8 广州市农村生活污水治理工作管理条例体系框架

（1）创建工作机制

将农村生活污水治理纳入农村人居环境整治的关键指标整体谋划和系统推进，市委、市政府的主要领导多次对农村生活污水治理工作进行指示和批示，组织召开专题会议，部署治理工作，形成了市委书记亲自部署、区委书记充当"一线总指挥"的市区上下联动、齐抓共管的工作机制，全力推进农村生活污水治理工作取得更好、更优的发展。

（2）健全制度体系

先后印发实施了《广州市农村生活污水治理适用技术指引（修订版）》《广州市农村生活污水治理查漏补缺技术指引》《广州市城镇污水管网覆盖区农村生活污水治理工作指引》《农村生活污水治理设施养护与维修规范》《广州市农村生活污水治理设施运行维护管理工作指引》《广州市农村生活污水治理设施运行效能评价工作指引（试行）》等多项技术指引和规范文件（表10-1），通过制度解决工作难题，促进了农村生活污水治理设施建设和维修养护管理工作的规范化、科学化和标准化。

表10-1　广州市农村生活污水治理工作管理体系

《广州市排水条例》
共分总则、规划与建设、排水管理、设施运维与安全管理、监督检查、法律责任、附则等七章六十一条，主要从政府及其部门的职责、排水与污水处理规划、设施建设及其维护管理、排水活动规范、污水处理、内涝防治、法律责任等方面作出规定。 《条例》将农村生活污水处理纳入管理范围，统筹推进城乡污水处理一体化。将农村生活污水收集与处理设施纳入公共排水与污水处理设施范畴予以规范，并就其运营维护管理主体、保护范围等作出针对性规定；建立了贯穿排水与污水处理设施建设全过程的管理制度，形成从规划设计，到施工验收，再到移交维护的监管闭环，健全排水与污水处理设施保护机制，规定了各类设施的运营维护主体及其维护责任，明确了公共排水设施的保护范围及保护要求，加强设施建设与保护，为农污规范化管理工作提供了法规依据。

工程建设层面	运行维护层面	资金管理层面
《广州市农村生活污水治理适用技术指引（修订版）》《广州市城镇污水管网覆盖区农村生活污水治理工作指引》《广州市农村生活污水治理查漏补缺技术指引》	《农村生活污水治理设施养护与维修规范》《广州市农村生活污水治理设施运行维护管理工作指引》《广州市农村生活污水治理设施运行效能评价工作指引（试行）》	《广州市农村生活污水治理设施维修养护经费标准》及其使用指引

（3）完善监管体系

市水务局负责统筹监督指导全市的工程建设和设施运行维护管理工作；各区主管部门作为责任主体，受本级人民政府委派，组织实施辖区内的工程建设和设施运行维护工作；各镇（街）具体落实辖区内的工程建设和运行维护管理工作。在规划和建设阶段，统筹考虑运行维护问题，形成了以"市级统筹指导、区政府为责任主体、镇（街）为落实主体、维管单位为技术服务主体、村级组织为参与主体"的长效运维管理体系，并采用定期评价和突击检查等形式对农污治理设施进行监督管理，及时督促整改发现的问题。

（4）保障治理资金

广州市将农污治理列为政府的重大事项，持续增加资金投入，农污治理设施建设和运维管理资金形成了以区级财政筹集为主、市级财政补助的费用分担机制，确保治理资金充足投入。2021年，广州市印发了《广州农村生活污水治理设施维修养护经费标准》，将补助方式从按人口定额调整为按管网和设施建设存量补助，进一步提高设施养护经费标准，确保设施能够正常稳定地发挥治污效果。

（5）创新数字监管

农村生活污水治理工作实行"三分建、七分管"，开发应用广州农污信息系统的PC端和巡检APP，打造了一个集日常巡检统计、设施问题上报、考核督办流程监控、智能化终端于一体的农村生活污水信息管理系统，推动农村生活污水的数字化、科学化和精细化管理，实现设施状态、巡检履职、问题整改等管理事务"一目了然"，以及管理流程的"全覆盖、可追溯"。

（6）发动群众参与

将污水治理内容纳入村规民约，规范农户的排水行为，杜绝乱排乱倒，美化村容村貌；组织镇（街）和村委加强农污治理设施管养信息的宣传公示，明确镇（街）、村（社）和维管单位三级的管养责任，让村民了解农污设施、知道维护途径、清楚责任主体，调动他们的参与积极性；引导设置农村生活污水巡检员公益性岗位，安排本村村民参与设施的日常巡检，监督和督促专业运维单位的日常维修工作，及时上报发现的问题，引导村民成为农村人居环境管护工作的建设者、管理者和受益者，让群众从"被管理"转变为"主动管理"，形成齐抓共管的良好局面。

（7）构建完善的管理体系

农村生活污水处理设施普遍面临专业人才短缺、管理维护不足等问题。为解决这些难题，需建立由县级政府、乡镇政府（街道办事处）、村级组织、农户和第三方运维机构共同参与的"五位一体"运维管理体系。

① 县级政府　作为主要责任主体，负责制定管理制度、目标和考核依据等，监督管理工作。遵循"企业运营、政府监管"的原则，鼓励第三方运维机构采用技术托管和总承包方式，提供区域化运维管理服务。对已投入使用的农村生活污水处理设施，通过市场化选择第三方专业机构，统一负责运行维护，并支付运行费用。此外，成立相关主管部门负责日常管理监督考核工作。

② 乡镇政府（街道办事处）　作为管理主体，是治理设施的业主或产权单位。负责本区域内治理设施运维管理工作的组织管理，制定日常运维管理制度和办法，强化对村（社区）和第三方运维服务机构的监督管理。具体职责包括制定年度运维管理计划、筹措运维管理资金、配合第三方运维机构开展运维工作、制定对村级组织的考核办法并组织考核、定期巡查、指导督促村级组织和农户进行日常运维管理，设立投诉电话并有专人负责受理、记录和督促整改。

③ 村级组织　按乡镇政府的要求组织开展农村生活污水处理设施的日常运行和维护管理，协助第三方运维机构开展日常运行维护，特殊情况下向第三方运维机构提出维修维护需求，并负责完成农村生活污水处理设施的日常运行、养护、维修等工作记录。

④ 农户　积极参与农村生活污水处理设施的日常运行维护和设施保护等工作，负责在设施出现问题时及时向村级组织提出维修维护申请。

⑤ 第三方运维机构　按县级政府主管部门签订的合同要求进行标准化运维。建立完善的组织管理机构，制定相关的管理培训、岗位职责、操作规程等制度。配备专业运维技术人员，包括运维总负责人、每个乡镇（街道办事处）配备负责人、专业技术人员（工程师）、监控平台及资料信息管理人员、专业维修人员、电工、污水检测人员等。建设在线监控平台，定期公开有关运行维护信息，提高运维管理效率，同时接受公众监督。

该运维管理体系使农村生活污水处理设施得到了专业化、科学化的运营和维护，解决了人才短缺和管理不足的问题，保障了设施的正常运行和水环境的改善。

10.4.2 农村生活污水信息化管理平台

农村生活污水处理设施和管网是新农村建设的重要基础设施，具有站点多、分布散、规模小、管理难的显著特点。因此，有效管理这些设施至关重要。如果管理不善，设施无法发挥其治污效能，将会导致财政资金的浪费。

广州市利用信息化手段创新开发了农村生活污水管理信息系统，研究并推广网络化、数字化、可视化、即时化的信息管理技术，有效解决了传统运维管理模式存在的人工运维成本高、设施排查方式落后、整改报送周期长等问题。该系统使设施状态、巡检履职、问题整改等管理事务一目了然，管理流程实现了全覆盖和可追溯，进一步优化和完善了农村污水治理设施的长效运维管理。

10.4.2.1 系统总体设计

广州市农村生活污水管理信息系统基于污水设施的日常巡检、问题上报和养护考核等主要工作流程，依托地理信息系统（GIS）、云计算、物联网等信息技术，整合广州市各农村生活污水设施点和排水管点的数据，实现了农村生活污水处理设施的信息化监管。系统通过统计分析污水处理设施点的信息，实现了在线监测和远程监控，并为领导决策提供了依据。系统框架如图10-9（a）所示。系统主要由14个子系统组成，包括数据采集协同工作平台、数据管理工作子系统、档案管理子系统、巡查养护子系统、监督考核子系统、农污信息发布子系统、在线监测数据接入平台、视频监控子系统、即时通信子系统、运维管理子系统、农污管理一张图、问题线索督办管理子系统、农污水环境管理子系统和农污设施管理数据规范。这些子系统共同构成了整个系统的总体结构［图10-9（b）］。

另外，系统还提供了一个移动端APP，用于展示相关功能。移动端提供了实时巡查、问题上报、养护考核等功能。通过与系统的数据交互，移动端实现了信息的实时更新和互动反馈，方便操作人员在实地工作中快速获取和处理相关数据。移动端的功能展示可参考图10-10。

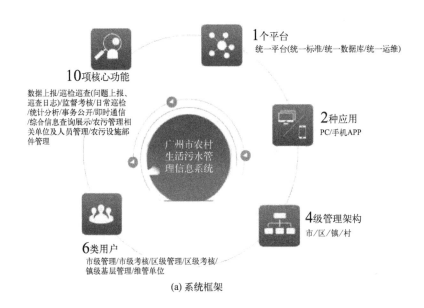

(a) 系统框架

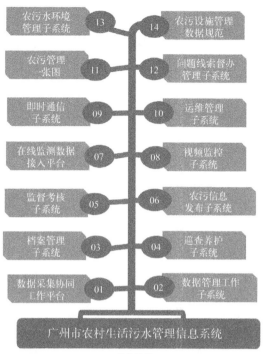

(b) 总体结构

图10-9　广州市农村生活污水管理信息系统框架及总体结构

图10-10

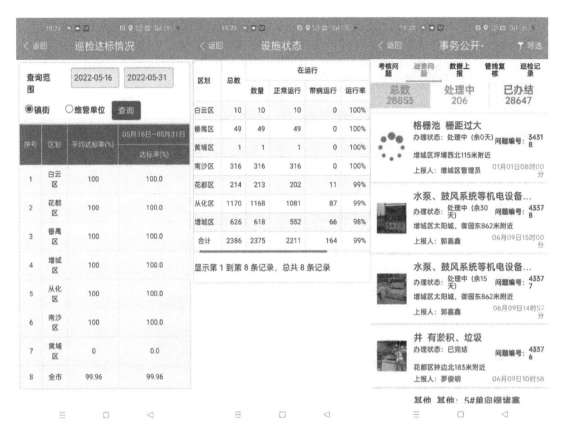

图10-10 系统移动端APP功能展示

通过广州市农村污水管理信息系统的建立和应用，有效提高了农村生活污水治理工作的管理效率和数据准确性，为决策者提供了更科学、更准确的信息支持，推动了农村生活污水处理设施的有效运行和管理。

10.4.2.2 系统服务对象

该系统旨在实现农村生活污水设施点维护与考核的全过程综合管理。目前，系统的服务对象广泛涉及广州市的61个镇级单位、1178个行政村、2399个设施点和38个维管单位。系统使用用户共计1530人，涵盖了市级（市主管领导、市水务局职能处室、污水办和市第三方考核单位）、区级（区主管领导和部门）、镇级（镇主管领导和部门）、村级（协理员）以及维管单位（维管经理、巡查员和维管员）五个管理层级。

10.4.2.3 系统主要功能设计

（1）数据采集协同工作平台

该子系统旨在满足对污水处理设施、部件和污水管井等基础信息的采集需求（图10-11）。系统设计基于移动端，根据不同的应用场景进行使用。通过移动端的全球定位系统（GPS）模块，实现对设施坐标的采集。所有上报的数据都需要由后台进行统一审核，合格后才能入库。上报的数据可以按行政区、时间段、人员或设施类型进行分类统计，方便各个工作区域和工作人员掌握设施的情况。

图10-11　系统PC端信息采集表展示

（2）数据管理工作子系统

数据管理工作子系统是农村生活污水管理信息系统中的一个子系统，采用了C/S架构。该平台的主要目的是满足对污水治理设施相关数据的日常管理需求。通过GIS技术，实现了对农村污水治理设施基础数据的入库、查询、修改、打印、输出、版本管理、备份与恢复等操作（图10-12）。

图10-12　系统PC端管理信息查询功能展示

在数据管理工作平台中，用户可以方便地将污水治理设施的空间数据存储到数据库中，并进行各种操作和管理。用户可以进行快速而准确的数据查询，根据需要对数据进行修改和更新，并能够生成相应的报表或图表进行打印或输出。此外，平台还提供了版本管理功能，以便对数据的变更进行追踪和管理，同时还支持数据的备份与恢复操作，确保数据的安全性和完整性。

数据管理工作平台的引入和应用，大大提高了农村生活污水管理数据的管理效率和操作便捷性。通过该平台，用户能够更好地管理和利用污水治理设施的相关数据，为农村生活污水治理工作提供可靠的数据支持。

（3）巡查养护子系统

巡查养护子系统是农村生活污水管理信息系统的一个重要组成部分，旨在满足对农村生活污水处理设施的日常巡查养护需求（图10-13）。该子系统通过提供监督考核和问题上报流转功能，实现对一线巡检人员的监管和日常问题的有效处理。巡检人员可以通过该子系统进行上班打卡、问题上报等基本操作,而主管部门则可以通过该子系统进行问题处理和任务派单,确保所有的日常维护记录可追溯和查阅。

图10-13 系统PC端巡查养护系统展示

(4)效能评价子系统

效能评价子系统旨在满足各主管部门对农村生活污水处理设施运行效能评价的需求(图10-14)。该子系统整合现有的作业方式,建立线上效能评价体系。评价人员可以针对每个评估项进行打分,并将评价结果汇总提交,实现对设施站点运行效能的评价。相关责任人可以通过该系统查看具体扣分项,并及时解决存在的问题。

图10-14 系统PC端效能评价功能展示

(5)农污信息发布子系统

农污信息发布子系统为相关部门提供在线的农污信息发布平台,实现日常信息发布、问题通报和经验交流等功能。该子系统为信息发布提供了便捷的渠道，使得相关部门能够及时发布农村生活污水管理的相关信息，促进信息共享和沟通交流。

（6）在线监测数据接入平台

在线监测数据接入平台旨在实现对农村生活污水处理设施运行状况的实时监测（图10-15）。该子系统建立了农村生活污水处理设施数据集中管理平台，通过实时运行数据的采集，可以反映设施的当前运行状态、运行工况和运行效果。

图10-15　系统PC端检测数据功能展示

（7）农污管理一张图

农污管理一张图是农村生活污水管理信息系统中的一个功能模块，便于在宏观上准确了解农村生活污水管理工作（图10-16）。该系统与水务一体化平台进行对接，由水务一体化平台提供基础底图和专题数据服务。通过共享和应用农村生活污水设施的基础数据成果，农污管理一张图能够最大限度地发挥其在农村生活污水管理工作中的作用。

图10-16　系统PC端农污管理功能展示

（8）问题线索督办管理子系统

问题线索督办管理子系统是农村生活污水管理信息系统的一个重要组成部分，主要用于管理日常巡检问题和监督考核问题（图10-17）。该子系统提供对案件的管理功能，包括案件的批量交办、批次查询以及对案件的统计分析。通过该子系统，可以判断责任单位在问题解决上的工作落实情况，进而成为衡量工作绩效的重要指标。

图10-17　系统PC端督办管理功能展示

（9）农污水环境管理子系统

农污水环境管理子系统要求具备农村生活污水处理设施进水量、出水量以及水质监测数据的录入和统计分析功能（图10-18）。该子系统可以通过手动录入数据或通过平台自动获取数据，并对数据进行统计分析。同时，该子系统结合电子地图展示功能，使相关数据能在地图上进行直观展示，帮助用户全面了解农村生活污水处理设施的水环境情况。

图10-18　系统PC端水质监测功能展示

（10）农污设施管理数据规范

该子系统基于广州市《农村生活污水处理设施数据标准》开发，规定了农村生活污水处理设施的命名规则、数据分层原则、数据结构以及属性数据填写说明等，使得农村生活污水处理设施的数据管理达到标准化水平。通过这一标准化轨道，能够更好地管理和利用农村生活污水处理设施的数据。

10.4.3 系统优势特点

农村生活污水管理信息系统通过数字化、智能化和地理信息系统的应用，实现了便捷的农村生活污水管线管理与服务，具有以下优势特点。

（1）实现一体化管理

该系统实现了市、区、镇、村和维管单位五级管理的一体化管理模式，避免了多级重复建设，科学评估管理，提高管理效率。

（2）构建管理数据库

通过该系统，构建了农村生活污水管理数据库，集中管理多个行政村的生活污水管理设施相关信息，并可通过数据可视化方式进行管理，实现设施数据的地图管理。

（3）整合多种监测数据

该系统整合了多种监测数据，实现农村生活污水的水质、水量等监测数据的动态化管理，并对监测数据进行统计分析上报，为污水管理决策提供科学依据。

（4）实现移动巡检管理

通过巡检移动端的搭建，实现农村生活污水处理设施日常巡检的移动化管理，包括问题上报、整改交办等流程的数据管理，通过电子签到制度，压实运维管理责任，提高管理效率。

（5）支持智慧化决策

该系统具备支持农村生活污水管理工作跨多级的智慧化决策功能，包括各级别人员工作与权限的全面化管理，市级对区级、镇（街）级以及第三方监督考核工作进行精细化管理，实现了对农村生活污水管理工作决策通知的实时化管理。

（6）公众互动平台

该系统利用移动社交网络，为农村生活污水管理建设与公众之间提供互动平台，调动公众参与农村生活污水管理的积极性，共同建设美丽新乡村。

通过系统的运行和不断优化，农村生活污水管理信息系统实现了精细化的管理和服务，为保障"绿水青山"、建设美丽新乡村提供了有力的支持。

参考文献

[1] 广州市水务局.广州市农村生活污水治理适用技术指引（修订版）[EB].

[2] 广州市水务局.广州市农村生活污水治理设施运行维护管理工作指引[EB].

[3] 广州市市场监督管理局.农村生活污水治理设施养护与维修规范：DB4401/T 29—2019[S].

[4] 广州市水务局.广州市农村生活污水治理设施运行效能评价工作指引（试行）[EB].

[5] 生态环境部土壤生态环境司，中国环境科学研究院.农村生活污水治理技术手册[M].北京：中国环境出版社，2020.

第 11 章

复合污染型村镇水污染控制生态工程应用案例

村镇污水治理是改善农村人居环境、实施乡村振兴战略的重要任务。复合污染型村镇污水因含有有毒有害污染物及难降解有机污染物，且污水水量、水质和农村生活污水相比有较大差距，设计难度大，属于乡村振兴政策的深水区。本章依托南方地区典型复合污染型村镇污水治理工程案例，在充分调查了解现状的基础上，统筹规划、因地制宜提出相应的技术对策，研究受工业、农业生产、畜禽养殖、餐饮、生活等混合污水影响的污水特点，根据进水特征污染物种类和出水水质要求，确定选择合适的强化措施和以生物-生态为主体的处理工艺，总结污水处理设计经验和实际应用于村镇污水的治理效果，最终实现解决村镇混合污水处理、改善农村环境和卫生条件、提高村民生活水平的目的。

村镇水污染控制生态技术成果成功推广应用，因其效果较好、投资省、社会效益和环境效益显著而受到社会各界的广泛关注和充分肯定，并为我国农村污水治理提供了有益的借鉴。

11.1 工业聚集型村镇混合污水处理工程案例

11.1.1 工程背景

团结村是广州市花都区新华街的一个自然村，临近新白云机场，全村总面积约6km²，总人口有5280人。团结村是工业区与居住区混合区域（图11-1，书后另见彩图）。工矿企业有纺织厂、印染厂、机械加工厂、化妆品厂、食品厂和电器厂等，企业类型比较多，且与民居连成一片。工程处理污水来源于该村的印染加工、纺织加工、化妆品等厂排放的综合废水与村民的生活污水。

11.1.2 工艺流程

鉴于工程处理对象是村镇生活与工业混合污水，重金属和有机物质对水质影响较大，因此采用"强化预处理-人工湿地"处理系统（图11-2）。污水经排污管网收集以及格栅过

图11-1 工程位置示意

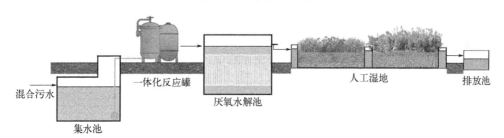

图11-2 工艺流程

滤，进入集水池，集水池中水位达到一定高度，污水即用泵提升进入一体化反应罐。反应罐中海绵铁修饰材料对污染物还原吸附。处理后的一部分水体进入包埋载体反应罐，对废水进一步处理。该反应罐内放置新型包埋载体填料，流经反应罐的污水，通过底部开口过水、顶部开口溢流，以及曲折迂回的水流方式，使污水与载体生物膜充分接触。随后污水进入厌氧水解池，然后分流进入一级垂直流式人工湿地，并串联进入二级潜流式人工湿地。该组合系统可以有效地去除污水中的氮、磷、微量有机物和重金属。

11.1.3 设计参数

① 建设规模：最大处理量 Q=240t/d。

② 进出水水质：工程设计进出水水质指标如表11-1所列。

表11-1 进出水水质指标表　　单位：mg/L（去除率除外）

项目	COD	SS	NH₃-N	TP	典型毒害物
进水水质	250~350	150~200	25~30	1.2~2.0	—
出水水质	<90	<30	<15	<0.80	—
去除率%	75	80	50	50	40

本工程主要应用了海绵铁修饰材料还原吸附技术、包埋载体式高效生物膜反应器技术和垂直流/潜流两级组合式人工湿地3项单项技术。该组合技术主要利用前端的物化、生化预处理，去除混合污水中的高浓度污染物或毒害性污染物，再利用人工湿地去除氮、磷等污染物。

11.1.4 工程效果

湿地单元现场见图11-3。强化物化预处理现场见图11-4。

图11-3 湿地单元现场

图11-4 强化物化预处理现场

（1）COD的去除

工程对COD的去除效果如图11-5所示。其中进水COD浓度范围为102～263mg/L，出水COD浓度范围为41～74mg/L。工程对COD的去除率在51%～82%之间。最终出水基本达到《城镇污水处理厂污染物排放标准》（GB 18918—2002）一级A标准。

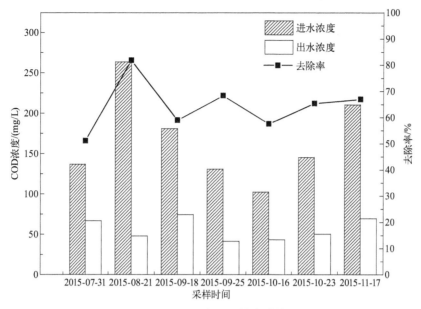

图11-5 工程对COD的去除效果

（2）N的去除

工程对TN和NH₃-N的去除效果如图11-6所示。进水TN浓度范围为56～69mg/L，NH₃-N浓度范围为52～62mg/L，出水TN浓度范围为19～53mg/L，NH₃-N浓度范围为16～48mg/L。工程对TN的去除率在20%～70%之间，对NH₃-N的去除率在18%～69%之间。工程最终出水TN基本达到《城镇污水处理厂污染物排放标准》（GB 18918—2002）一级B标准，NH₃-N基本达到《城镇污水处理厂污染物排放标准》（GB 18918—2002）二级标准。

（3）P的去除

工程对TP的去除效果如图11-7所示。由于厂区印染、服装企业众多，使用洗涤剂等较

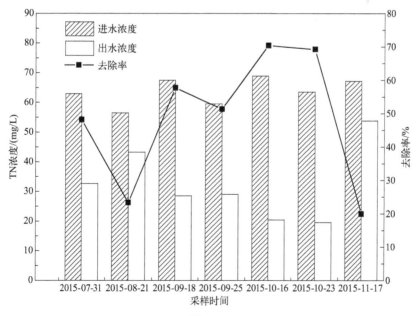

图11-6

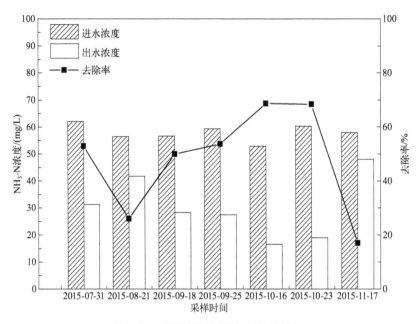

图11-6　工程对TN和NH₃-N的去除效果

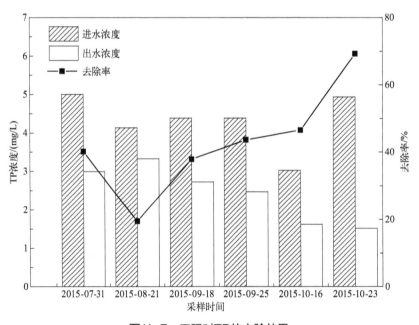

图11-7　工程对TP的去除效果

多，导致磷含量较高，进水TP浓度范围为3.0～5.0mg/L，出水TP浓度范围为1.5～3.3mg/L。工程整体对TP的去除率范围为21%～70%。最终出水基本达到《城镇污水处理厂污染物排放标准》（GB 18918—2002）二级标准。

（4）悬浮物的去除

工程对悬浮物（SS）的去除效果如图11-8所示。其中进水SS含量范围为61.5～496.0mg/L，出水SS含量范围为7.2～34.0mg/L。工程整体对SS的去除率为69%～98%。出水SS基本达到《城镇污水处理厂污染物排放标准》（GB 18918—2002）一级A标准。

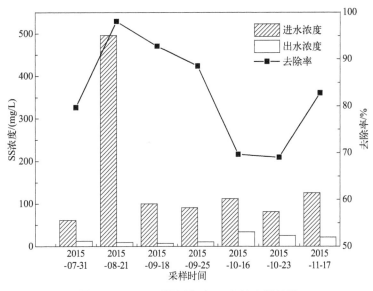

图11-8　工程对悬浮物（SS）的去除效果

11.2　种养型村镇混合污水强化净化案例

11.2.1　工程背景

国泰村位于花都区，面积约3.62km²，下辖6个村民小组，总人口1020多人，是赤坭镇比较偏远的村委会。距离赤坭镇14km，有S114线和山前旅游大道两条过境公路。地缘优势较弱，地处丘陵山岗地带。污水类型主要是分散型养殖废水与农村生活污水混合。

11.2.2　工艺流程

禽畜粪便通过有机固体废物太阳能风能一体化供能干湿分离设备脱水，垃圾回用成肥料，废水进入回流人工湿地去除其中的有机污染物，最后排入水体。另外，禽畜废水和农民生活污水混合后，通过收集管道进入厌氧池进行预处理，浓度较高的污水进入厌氧-好氧发酵池处理，再进入回流人工湿地进一步净化后排入水体，而浓度较低的污水则经过厌氧池处理后可以直接排入水体（图11-9）。

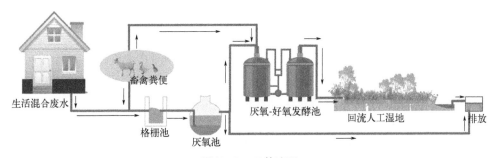

图11-9　工艺流程

11.2.3 设计参数

① 建设规模：最大处理量Q=120t/d，服务人口1020多人。

② 本工程主要应用了2项技术：有机固体废物干湿分离技术和回流人工湿地处理技术。该组合技术主要利用前端的生化预处理，去除混合废水中的高浓度污染物，然后再利用后续的人工湿地处理技术，去除氮、磷等污染物，最后达到设计排放标准。

11.2.4 工程效果

工程现场如图11-10所示。

图11-10 工程现场

（1）COD的去除

工程对COD的去除效果如图11-11所示。进水COD浓度范围为53 ～ 154mg/L，出水COD浓度范围为17 ～ 23mg/L。工程整体对COD的去除率范围为71% ～ 86%。最终出水基本达到《城镇污水处理厂污染物排放标准》(GB 18918—2002)一级A标准。

（2）N的去除

工程对TN和NH₃-N的去除效果如图11-12所示。进水TN浓度范围为18 ～ 35mg/L，NH₃-N浓度范围为8 ～ 31mg/L；出水TN浓度范围为13 ～ 23mg/L，NH₃-N浓度范围为0.3 ～ 13mg/L。工程整体对TN的去除率比较稳定，范围在25% ～ 40%之间，NH₃-N的去除率大多为55% ～ 70%。示范工程最终出水TN浓度基本达到《城镇污水处理厂污染物排放标准》(GB 18918—2002)一级B标准，NH₃-N浓度全部达到《城镇污水处理厂污染物排放标准》(GB 18918—2002)一级B标准。

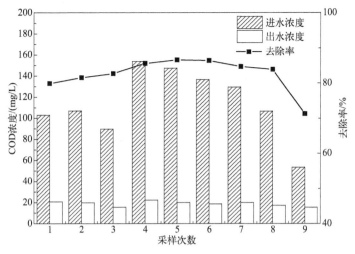

图11-11 工程对COD的去除效果

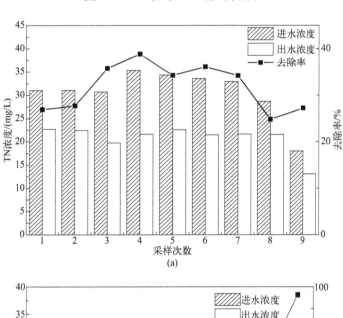

(a)

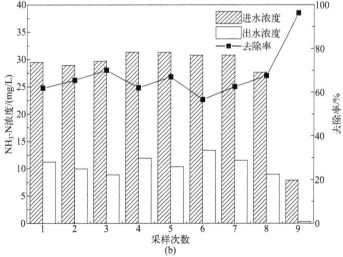

(b)

图11-12 工程对TN和NH$_3$-N的去除效果

（3）TP的去除

工程对TP的去除效果如图11-13所示。进水TP浓度范围为1.1～4.9mg/L，出水TP浓度范围为0.3～2.4mg/L。工程整体对TP的去除率基本在30%以上。出水可达到《城镇污水处理厂污染物排放标准》（GB 18918—2002）一级B级标准。

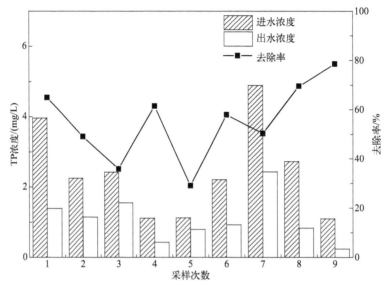

图11-13　工程对TP的去除效果

（4）悬浮物的去除

工程对悬浮物（SS）的去除效果如图11-14所示。进水中SS浓度范围为15～59mg/L，出水SS浓度范围为1～6mg/L。工程对SS的去除率范围为82%～99%。出水可达到《城镇污水处理厂污染物排放标准》（GB 18918—2002）一级A标准。

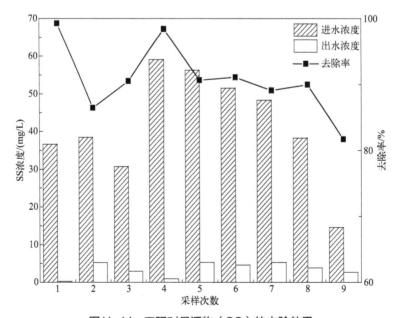

图11-14　工程对悬浮物（SS）的去除效果

11.3 商旅餐饮混合污水处理生态工程案例

11.3.1 工程背景

福建省龙岩市上杭县古田镇，位于福建省龙岩市上杭县东北部。上杭县位于福建省西南部，地处武夷山脉南麓和博平岭山脉之间，属于"冬无严寒，夏无酷热"的中亚热带季风气候，四季分明，气候温和，雨量充沛。是著名的"古田会议"会址所在地，又是梅花山A级自然保护区所在地。本工程限定于以"古田会议"旧址为中心的集镇范围内。近年来，古田镇围绕建设"红色圣地、生态古田"战略目标，改变发展模式，调整产业结构，加快城镇化发展的步伐。目前已关闭了所有小水泥厂、小造纸厂等经济效益低、环境污染重的小企业，全力发展旅游、商贸、物流服务业和高优农业。古田镇现有常住人口数约20000人，污水日排放量达到1000m³。旅游餐饮废水在城镇污水中所占的比例越来越高，同时餐饮及商贸垃圾的随意丢弃更加剧了水体的污染。工程区域内多为农民自建房，一般建有化粪池，集镇及村庄原有明沟排水系统，生活污水经由明沟直接进入溪流，使溪水受到严重污染。

11.3.2 工艺流程

针对商旅餐饮污水TN和TP浓度偏高、碳氮比偏低、水质波动大的现象，利用电絮凝法进行物化隔油，除去水体中的油脂和SS，同时新型分段进水多段A/O工艺可以通过不断的好氧-厌氧条件去除水体中的氮、磷和有机物，最后经过复合生态滤床工艺进一步强化去除水体中的磷（图11-15）。

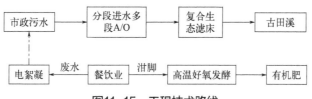

图11-15　工程技术路线

11.3.3 设计参数

① 建设规模：服务人口不少于1000人。
② 设计进出水水质：工程设计进出水水质指标如表11-2所列。

表11-2　进出水水质指标　　　　　　单位：mg/L

项目	COD	SS	NH₃-N	TN	TP
进水水质	200~300	150~300	8~40	10~45	1.5~5.0
出水水质	<60	<20	<8(15)	<20	<1.0

注：表中括号内的数值为水温≤12℃时的控制指标。

工程主要运用了分段进水多段A/O技术、强化生态滤床除磷技术、餐饮废水电絮凝除油技术和多效功能菌高效好氧发酵技术四项单项技术。

11.3.4　工程效果

餐厨垃圾好氧发酵和餐饮废水污染源高效电絮凝分离技术示范现场如图11-16所示。污水处理工程全景和新型分段进水多段A/O一体化设备如图11-17所示。

(a)　　　　　　　　　　(b)

图11-16　餐厨垃圾好氧发酵和餐饮废水污染源高效电絮凝分离技术示范现场

(a)　　　　　　　　　　(b)

图11-17　污水处理工程全景和新型分段进水多段A/O一体化设备

（1）餐厨垃圾高效好氧发酵工程

餐厨垃圾高效好氧发酵示范工程运行情况如图11-18所示。运行过程中，进料量基本为50kg左右。随着运行时间的延长，腔内温度不断升高，运行约15d之后腔内温度稳定在80℃左右；腔内湿度不断降低，运行约10d之后腔内湿度低于15%。此过程为餐厨垃圾充分发酵提供了良好条件。

（2）高效电絮凝分离技术处理某餐馆餐饮废水

电絮凝对餐馆餐饮废水处理效果如图11-19所示。对比调节池原水，气浮沉淀池出水的COD、油脂、TP和SS的去除率分别为62.0%、95.0%、62.3%和77.6%。结合一体化隔油池的隔油和沉淀效果，对油脂和SS的去除率均高于80%。

（3）"新型分段进水多段A/O+强化除磷复合生态滤床"集成技术处理生活污水

工程对COD、N、P以及SS的处理效果如图11-20～图11-22所示。出水中TN平均去除率达到66.4%，且能达到《城镇污水处理厂污染物排放标准》（GB 18918—2002）一级B标准。当进水COD浓度较低时，反硝化过程碳源不足会导致设备脱氮效果显著下降。湿地对P的去除效果较好，出水TP基本在1mg/L以下，达到《城镇污水处理厂污染物排放标准》

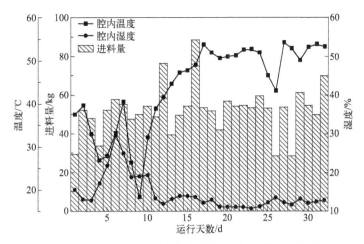

图11-18　餐厨垃圾高效好氧发酵示范工程运行情况

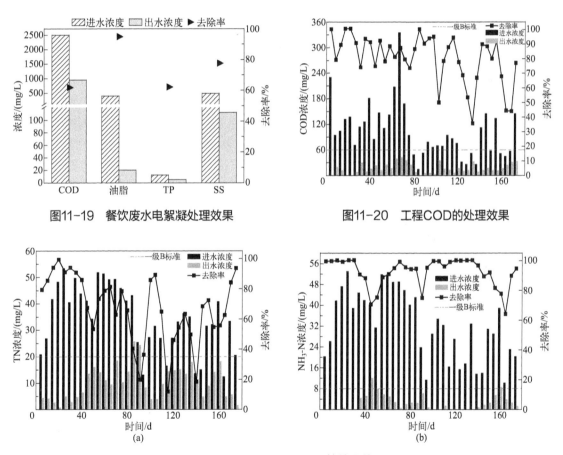

图11-19　餐饮废水电絮凝处理效果

图11-20　工程COD的处理效果

图11-21　工程TN和NH₃-N的处理效果

（GB 18918—2002）一级B标准。COD经过多段A/O和湿地处理后，出水浓度能满足《城镇污水处理厂污染物排放标准》（GB 18918—2002）一级A标准，同时得益于潜流湿地的过滤吸附作用，出水中SS浓度很低，能满足《城镇污水处理厂污染物排放标准》（GB 18918—2002）一级A标准。

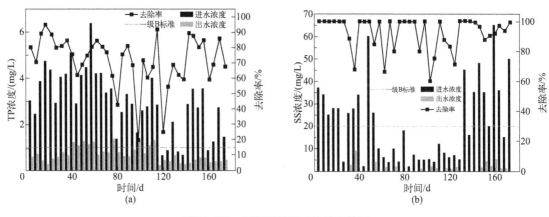

图11-22　工程TP和SS的处理效果

11.4　河网村镇复合污染控制与生态修复案例

11.4.1　工程背景

广州市花都区炭步镇朗头村（原塱头村），现有人口3000余人，村前农田广袤，鲤鱼涌西通"深潭"，东接巴江河，属于典型的岭南水乡。其以古建筑品种多、保存建筑规模大以及文化内涵丰富而著称，是迄今为止广东保存规模最大的古村落之一，现保存完整的明清年代青砖建筑有近200座，村中古建筑群气势宏伟，是花都区著名的古村落。朗头村与本地区大多数村镇一样，缺少污水处理设施，生活污水通过门前排水沟散排，最终汇集进入风水塘，进而流入河涌。风水塘富营养化严重，水浮莲疯长，河涌水体浑浊。

11.4.2　工艺流程

生活污水由污水收集管道进入厌氧池初步处理后进入层叠式回流人工湿地（图11-23）。

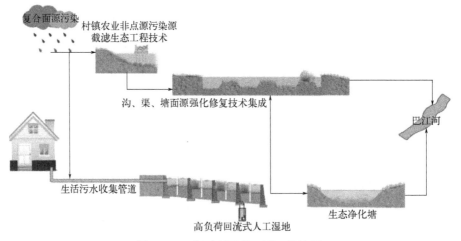

图11-23　朗头村示范工程工艺流程

回流式人工湿地污水进入表面流人工湿地，自流进入后续三级垂直流湿地进行好氧降解，去除水体中的氮、磷以及大部分有机物；二、三级潜流湿地间设置回流单元，对污水进行多次强化处理，同时也弥补了污水量不足而导致湿地运行不稳定的缺陷。污水最后进入风水塘。

雨水径流携带的面源污染物经过以"缓冲带+过滤槽+护坡区+强化生态浮床"为主要工艺的高性能生态岸坡软隔离带，达到去除径流中部分氮、磷以及悬浮颗粒物的效果，水体进入风水塘进行进一步的净化。

风水塘以浅水区（沉水植物种植单元）和深水区（底质覆盖单元）交替布置，通过水体的自然流动形成硝化、反硝化多级串联处理方式，达到脱氮除磷和降解有机物的目的；水生植物可进一步吸收水体中的氮和磷，达到改善水体透明度与水生态环境的目的；生态塘里还放养不同种类的鱼种，形成生物操纵的生态链条；同时通过天然材料覆盖底质，达到抑制底质营养盐释放的效果。出水最终汇入巴江河。

11.4.3 设计参数

（1）工程规模

示范工程服务人口2000人，辐射范围不少于6km²，人工湿地-生态塘工程处理污水规模160m³/d。

（2）设计进出水水质

湿地出水执行《城镇污水处理厂污染物排放标准》（GB 18918—2002）一级B标准，如表11-3所列；生态塘水质短期执行地表水Ⅴ类标准，长期执行地表水Ⅲ类标准，如表11-4所列。

表11-3 湿地进出水水质标准 单位：mg/L

项目	COD	BOD$_5$	SS	TN	TP
进水水质	150	100	150～200	35	4
出水水质	< 60	< 20	< 20	< 20	< 1

表11-4 生态塘水质标准 单位：mg/L

项目	COD	BOD$_5$	TN	NH$_3$-N	TP
Ⅴ类	< 40	< 10	< 2.0	< 2.0	< 0.4
Ⅲ类	< 20	< 4	< 1.0	< 1.0	< 0.2

本工程主要应用了面源污染控制的生态护坡技术、草-菌-鱼立体复合生物操纵修复技术、天然覆盖材料原位控制池塘底泥释放技术、回流式层叠湿地技术和生态岸坡修复技术5项单项技术。

11.4.4 工程效果

工程完成污水收集管道工程建设，铺设主管线3000余米，支路管线2000余米，覆盖了朗头村全部住户，可收集朗头村全部日常生活污水。

该工程完成"深潭"等小河涌岸坡软隔离带拦污工程，河、塘底泥清淤工程。朗头村呈现出一个具有岭南风情，且具有良好生态环境的古村落胜地。这里鱼塘等水体围绕村落布置，形成娟秀而发达的水系，幽静怡人的书院和设计别致的廊道，形成水清、岸绿、景美、和谐的生态效果(图11-24、图11-25)。

图11-24　湿地和生态塘工程现场　　　　图11-25　朗头村辐射开展综合环境整治工程

（1）生态岸坡软隔离带截留效果

隔离带对TN、TP和COD的截留效果如表11-5所列。工程覆盖区域为6km²，平均年降雨量约为1736mm。面源污染控制工程对TN的截留率达到29.57%，每年可以截留TN量约为8.05t；面源污染控制工程对TP的截留率达到44.19%，每年可以截留TP量约为1.48t；面源污染控制工程对COD的截留率达到21.96%，每年可以截留COD量约为55.95t。这些雨水径流携带的面源污染物经过滤除后汇入生态塘或河道，可以有效地减少排入河流的污染。

表11-5　面源污染控制工程的截留效果

指标	截留前/（mg/L）					截留后/（mg/L）	截留率/%	截留量/（t/a）
	居民区1	居民区2	农业区1	农业区2	平均			
TN	1.82	1.73	3.78	3.12	2.61	1.84	29.57	8.05
TP	0.21	0.23	0.47	0.38	0.32	0.18	44.19	1.48
COD	15.1	27.4	31.8	23.6	24.5	19.1	21.96	55.95

（2）生态塘水质净化效果

污染物含量及去除率变化如表11-6所列。TN浓度由进水的10.2mg/L降低为出水的4.2mg/L，平均去除率为69.1%。TN出水浓度未达到地表水Ⅴ类标准规定的2mg/L。NH₃-N浓度由进水的6.1mg/L降低为出水的1.3mg/L，其平均去除率达到70.4%。NH₃-N出水浓度达到地表水Ⅴ类标准规定的2mg/L。COD浓度由进水的53.5mg/L降低为出水的33.9mg/L，达到地表水Ⅴ类标准规定的40mg/L。生态塘对TP平均去除率达到68.1%，经系统处理后平均出水浓度为0.3mg/L，达到地表水Ⅴ类标准规定的0.4mg/L。生态塘的综合营养状态指数由82.91下降到51.59，营养级别从重度富营养下降至轻度富营养（图11-26）。可见随着沉水植物不断生长，生态塘对受污染水体的富营养化修复效果显著。

表11-6　生态塘的处理效果

指标	进水浓度/（mg/L）	出水浓度/（mg/L）	平均去除率/%
TN	10.2 ± 0.5	4.2 ± 0.3	69.1
NH_3-N	6.1 ± 0.7	1.3 ± 0.4	70.4
TP	1.3 ± 0.6	0.3 ± 0.2	68.1
COD	53.5 ± 0.4	33.9 ± 0.8	36.6

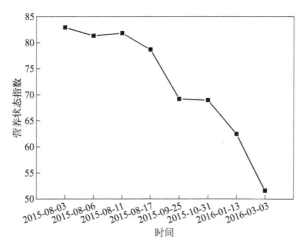

图11-26　生态塘营养状态指数变化

11.5　生活污水生物/生态处理工程案例

11.5.1　厌氧池应用案例

（1）工程背景

邓山村土㘵社位于广州市增城区小楼镇邓山行政村，村庄户籍户数50户，户籍人口245人，而常住人口较少，仅约40人。2013年，土㘵社开始实施农村生活污水治理工程，主要以暗渠截污＋管网收集的方式完成污水收集。2019年为进一步提升治理成效，实施查漏补缺工程，并同时完成雨污分流改造，两轮建设总计投资约150万元（含部分村庄村容村貌美化工程），完成预处理设施建设及村庄收集管网建设。2021年结合国家、省资源化利用治理相关要求，进一步完善受纳体改造，将预处理后出水用于周边小花园浇施，以将污水有效消纳利用。

（2）工艺流程

采用"厌氧池-植物/土壤系统"工艺，主要工艺流程为：管网收集—厌氧池处理—出水资源化利用（图11-27）。厌氧池预处理后的生活污水投配到具有特定功能及渗透性能的受纳土壤中，污水通过多孔布水管向受纳体布水，利用土壤、植物、微生物组成的净化系统，经过物理沉淀、截留、化学吸附和微生物降解等作用使污水得到净化。

图11-27　技术路线

（3）设计参数

① 建设规模：最大处理量Q=16t/d，服务人口40人。

② 本工程采用了厌氧水解污水处理工艺，采用"管网收集+厌氧池处理+出水资源化利用"的技术路线（图11-27）。

（4）工程效果

该系统对常住人口较少的农村生活污水可实现无害化处理，而后用于小花园浇施，花园植被长势良好，周边环境整体良好（图11-28、图11-29）。

图11-28　污水处理设施及资源化受纳体远景

(a)

(b)

图11-29　污水处理设施及资源化受纳体近景

（5）建设与运行费用

全村敷设污水干管（DN300）约319m，污水支管（DN200）约135m，污水接户管（DN160）约146m，资源化利用改造总投资约5.77万元。

厌氧池运维直接成本主要来自提升泵所需电费每月约70元（100～120kW·h），合计约840元/年。

11.5.2　A²O工艺应用案例

（1）工程背景

南沙区万顷沙镇民建村，常住人口约1000人。2020年10月，该村实施村内雨污分流改造，强化污水源头收集，村南侧建成污水处理站，服务面积约25.4hm²。2021年2月通水试运行，2021年11月移交运维管理。

（2）工艺流程

生活污水经村民自家化粪池处理后，通过污水收集管网集中收集自流入前端厌氧调节池，再由泵提升至缺氧池，经缺氧处理后进入好氧池进一步处理，最后经沉淀池处理后达标排放（图11-30）。

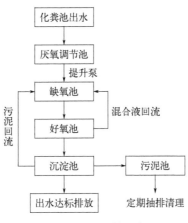

图11-30 工艺流程

（3）设计参数

① 建设规模：最大处理量Q=120t/d，服务人口约1000人。

② 本工程采用A²O一体化处理工艺，尾水经排灌渠汇入周边灌溉渠，执行广东省《农村生活污水处理排放标准》一级标准，服务污水管网（DN200～DN400）长度约4.75km。

（4）工程效果

该设施站点自建成投运以来运行正常稳定，发挥治污实效。2021年11月～2022年3月第三方检测单位进出水水质检测数据如表11-7所列。工程现场如图11-31所示。

表11-7　进出水水质检测数据　　　　　　　　　　　单位：mg/L

日期	进水COD	出水COD	进水NH₃-N	出水NH₃-N	进水TP	出水TP
2021年11月	172	7	38.9	0.661	4.14	0.07
2021年12月	185	24	50.4	0.762	4.25	0.39
2022年1月	414	22	50.6	1.360	4.25	0.52
2022年2月	140	18	50.0	5.300	3.38	0.49
2022年3月	156	—	36.9	—	3.67	—

注：—代表未检出。

(a)　　　　　　　　　　　(b)　　　　　　　　　　　(c)

图11-31　工程现场

（5）建设与运行费用

民建村污水处理站服务范围工程投资约1528.62万元，其中建设污水管网（DN200～DN400）长度约4.75km，建设A²O处理设施站1座，污水处理成本约2元/吨。

11.5.3 MBR应用案例

（1）工程背景

邓村位于增城区派潭镇东南部，总面积1.8km²，耕地面积800余亩，下辖5个自然村社，总人口1590人。村内有超过200年历史的客家围屋建筑，是典型的岭南客家古村落，曾获"广东省卫生镇""广州市美丽乡村""广州市特色文化旅游村"等称号。该村石屋社户籍人口330人，常住人口约150人，房屋栋数约80栋，污水类型主要是农村生活污水。

（2）工艺流程

居民生活污水经过格栅过滤，由水泵抽至调节池内，再经MBR一体化处理设备处理后进入消毒池，由消毒池消毒后经排放槽排至受纳水体（图11-32）。另外，MBR一体化处理设备处理污水会产生污泥，污泥排入污泥池后需定期清理。

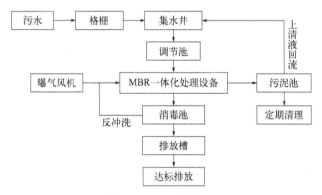

图11-32 工艺流程

（3）设计参数

① 建设规模：最大处理量Q=200t/d，服务人口787人（考虑旅游人口）。

② 本工程主要应用了MBR处理工艺。该工艺由一个交替缺氧/厌氧反应池和内置膜过滤单元的好氧池组成，好氧池底部回流污泥流向的改变，使得两个独立反应器内依次形成缺氧和厌氧环境，实现同步厌氧释磷、缺氧反硝化脱氮，以及好氧吸磷、硝化、去除BOD_5等过程，最后达到设计排放标准。

（4）工程效果

石屋社MBR出水水质标准要求按照广东省《农村生活污水处理排放标准》二级标准（限值：COD 70mg/L，NH_3-N 15mg/L），实际出水水质检测结果见表11-8，出水达标排放至附近水体。工程现场如图11-33所示。

表11-8 邓村石屋社MBR进出水水质检测结果　　　　　　　　　　　　　单位：mg/L

日期	进水COD	出水COD	进水NH_3-N	出水NH_3-N	进水TP	出水TP
2021-11-12	81	8	18.20	0.196	1.94	1.65
2022-05-17	24	13	5.06	0.029	0.56	0.24

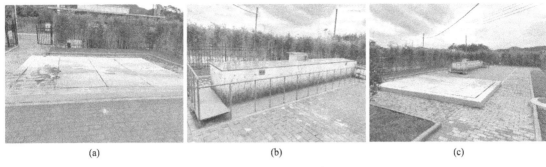

| (a) | (b) | (c) |

图11-33 工程现场

（5）建设与运行费用

派潭镇邓村石屋社农村生活污水处理设施站点建设费用约为100万元，现由广州市增城排水有限公司统一运行、维护、管理，维护成本约为2.7万元/年。

11.5.4 水平流人工湿地应用案例

（1）工程背景

联兴村位于增城区朱村街北部，总面积8km²，耕地面积约1600亩，下辖8个自然村社，总人口1669人。村内建有七彩澳游乐园景点，打造5A特色休闲度假景区、中国与澳洲旅游与农业示范基地、澳洲养生养老体验示范区、中澳文化与科教交流基地。该村茶田社户籍人口238人，常住人口500人，房屋栋数68栋，污水类型主要是农村生活污水。

（2）工艺流程

居民生活污水经过厌氧池预处理后，经人工湿地进水口一端沿水平方向流动，依次通过砂石、介质、植物根系，流向出水口一端，以达到净化目的（图11-34）。

图11-34 工艺流程

（3）设计参数

① 建设规模：最大处理量Q=120t/d，服务人口700人。

② 本设施采用"厌氧池+人工湿地"工艺。人工湿地技术是为处理污水而人为地在有一定长宽比和底面坡度的洼地上用土壤和填料（如砾石等）混合组成填料床，使污水在床体的填料缝隙中流动或在床体表面流动，并在床体表面种植性能好、成活率高、抗水性强、生长周期长、美观及具有经济价值的水生植物（如芦苇、蒲草等）形成一个独特的动植物生态体系。人工湿地通过物理、化学和生物等协同作用使水质得以改善，去除污染物范围广泛，包括N、P、SS、有机物、微量元素和病原体等。

（4）工程效果

茶田社污水处理设施点2009年正式移交运营公司进行统一维护管理，出水达到广东省《农村生活污水处理排放标准》二级标准，排入附近水体（表11-9）。工程现场见图11-35。

表11-9 联兴村茶田社人工湿地进出水水质检测数据   单位：mg/L

日期	进水COD	出水COD	进水NH₃-N	出水NH₃-N	进水TP	出水TP
2021年6月	41	20	2.0	4.1	—	—
2021年11月	73	23	6.01	2.92	—	—

(a)   (b)

图11-35 工程现场

（5）建设与运行费用

茶田社污水处理设施站点占地面积375m²。该自然村设施站点由增城区排水公司统一运维，运维费用约2.6万元/年。

11.6 农村坑塘生态修复工程案例

11.6.1 衡阳利民村水塘生态修复应用案例

（1）工程背景

工程位置示意如图11-36所示（书后另见彩图）。

图11-36 工程位置示意

修复鱼塘范围
居民区
鱼塘
农林地

本项目位于衡阳市西北部利民村，全村区域面积6.3km²，下辖21个村民小组，648户3017人。利民村曾荣获湖南省美丽乡村、省文明村镇和国家森林乡村的荣誉称号。水塘面积约7500m²，水体深度0.8～1.2m，因受周边生活污水和面源污染的长期汇入，水塘水质超标，富营养化严重。

（2）工艺流程

生活污水和少量面源水体汇流后，经草坡缓冲带初步截留，水体中的大颗粒物质初步被截留，其后流经挺水植物带后进入沉水植物塘，水塘中沉水植物通过其自身的吸收吸附作用，促进来水中的悬浮物沉降，并且削减来水中营养物质（图11-37）。

图11-37　工艺流程

工程平面布置如图11-38所示（书后另见彩图）。

图11-38　工程平面布置

（3）设计参数

① 建设规模：修复池塘水域面积约7500m²，服务人口约120人。

② 水生植物设计：水塘生态修复植物设计以净化能力强、景观效果好的矮型苦草为主，适当搭配金鱼藻和刺苦草（表11-10）。

表11-10　工程水生植物设计

植物类型	植物种类	水生植物规格	种植面积/m²
沉水植物	矮型苦草	株高：15～25cm； 种植密度：200～220株/m²	7500
	金鱼藻	株高：25～35cm； 种植密度：180～200株/m²	900
	刺苦草	株高：25～35cm； 种植密度：200～220株/m²	900
漂浮植物	景观睡莲	株高：35～50cm； 种植密度：3～4盆/m²	30

③ 本工程采用原位生态修复工艺，以种植水生植物、提升水塘自净能力为主要技术手段，工程水质情况及水质要求见表11-11。

表11-11　工程水质情况及设计要求

项目	pH值	DO/(mg/L)	COD/(mg/L)	NH₃-N/(mg/L)	TP/(mg/L)
修复前水质情况	9.8	3.2	45	4.6	0.53
修复后水质要求	6～9	≥5	≤15	≤1.5	≤0.3

（4）工程效果

通过构建较强适应性和净化能力的沉水植物群落，增强水塘的自净能力，削减来水氮、磷等营养物质含量。水塘修复后，水体清澈见底，沉水植物覆盖度达到80%，主要营养盐指标均优于地表水Ⅲ类标准（表11-12）。

表11-12　修复后水质检测结果

pH/值	DO/(mg/L)	COD/(mg/L)	NH₃-N/(mg/L)	TP/(mg/L)
7.8	6.2	12.3	0.52	0.06

治理后水塘现场如图11-39所示。

(a)　　　　　　　　　　　(b)

(c)

图11-39　治理后水塘现场

11.6.2　广州棠东村复合污染水塘生态修复应用案例

（1）工程背景

工程位置示意如图11-40所示（书后另见彩图）。

图11-40　工程位置示意

项目位于广州天河区棠下街道棠东村内，棠东村常住人口约6000人，人员居住密集，环境卫生条件较差。棠东村池塘占地面积约8000m²，最低处水深约1.6m，塘底浮泥厚约0.95m。周边民居、商铺、餐饮林立，岸边空间狭窄（最窄处宽度不足2m）。池塘面源污染严重，大量的餐饮废水、路面及垃圾清扫水体等沿岸边漏洞进入池塘内。池塘周边截污管网年久失修、管道排污能力不足等问题，使得池塘周边污水跑冒渗漏严重。种种不利因素日积月累，致使池塘水体腥臭浑浊、藻类暴发，极大地影响了棠东村的环境卫生状况并给附近居民的健康生活带来威胁。

（2）工艺流程

针对棠东村池塘面源污染严重、自净能力较差的现象，修筑挡流台阶减少污水直接汇入；沿池塘西侧岸壁敷设截污干管与支管，将污水引流至污水收集池；对池塘漏水壁岸进行堵漏修复，减少污水渗漏。使用机械设备对水体进行曝气复氧，投加各类纯化功能微生物制剂，创造有利于各类微生物、原生动物等生长繁殖的微环境。种植净水型水生植物，并适量放养大型底栖动物和鱼类等水生动物。

工程技术路线如图11-41所示。工程平面布置如图11-42所示（书后另见彩图）。

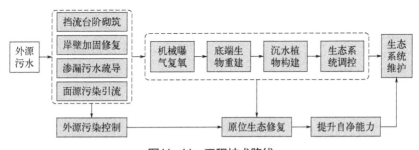

图11-41　工程技术路线

（3）设计参数

① 建设规模：修复池塘水域面积约8000m²，服务人口约6000人。

② 水生植物设计：结合工程景观和净水需求，沉水植物设计以矮型苦草和刺苦草为主，少量布置比较耐污型沉水植物轮叶黑藻（表11-13），同时搭配少量景观睡莲进一步提升景观效果。

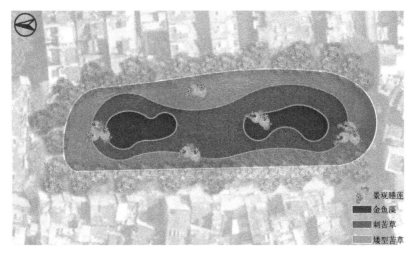

景观睡莲
金鱼藻
刺苦草
矮型苦草

图11-42 工程平面布置

表11-13 工程水生植物设计

植物类型	植物种类	水生植物规格	种植面积/m²
沉水植物	矮型苦草	株高：15～25cm； 种植密度：150～200株/m²	4000
	轮叶黑藻	株高：25～35cm； 种植密度：100～150株/m²	1000
	刺苦草	株高：25～35cm； 种植密度：120～200株/m²	3000
浮水植物	景观睡莲	株高：35～50cm； 种植密度：3～4盆/m²	50

③ 水生动物设计：水体中投放适当的水生动物可以通过食物链的迁移转化，去除水体中富余的营养物质，控制藻类生长，本工程中鱼类设计投放黑鱼、鳙鱼、河蚌、青虾、环棱螺、田螺，同时少量搭配景观型鱼类地图鱼和红鲫鱼；浮游动物设计投放种类为大型溞（表11-14）。

表11-14 工程水生动物设计

水生动物类型	种类	水生动物类型	种类
滤食性鱼类	鳙鱼	虾类	青虾
肉食性鱼类	黑鱼	景观鱼类	地图鱼、红鲫鱼
螺类	环棱螺、田螺	浮游动物	大型溞
贝类	河蚌		

④ 本工程采用外源污染控制和原位生态修复的工艺，通过拦截和引流的方式减少外源污染汇入；通过底端生物重建和种植沉水植物等措施重构池塘生态系统，提升其自净能力（表11-15）。

表11-15 工程水质情况及设计要求

项目	COD/(mg/L)	NH₃-N/(mg/L)	TP/(mg/L)
修复前水质情况	106	14.6	2.7
修复后水质要求	≤40	≤5	≤0.8

（4）工程效果

棠东村池塘经面源污染引流和渗漏污水疏导等措施将污水拦截引流，并通过生态修复技术，构建分解者、生产者、消费者分工合作的生态链和食物网，恢复水生态系统中物质和能量的循环与流动，完成池塘的全生态系统重构，提升其自净能力。治理后池塘沉水植物覆盖度高于60%，水体自净能力显著提升，水质长期稳定维持或优于地表水Ⅳ类标准。

治理后水塘现场如图11-43所示。

图11-43　治理后水塘现场

11.6.3　珠海横琴新区向阳村农村面源污染修复应用案例

（1）工程背景

工程位置示意如图11-44所示（书后另见彩图）。

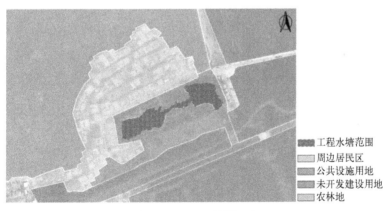

图11-44　工程位置示意

本项目位于广东省珠海市横琴新区向阳村，向阳村占地面积约67704m²，共有300余住户，常住人口1500余人。水塘面积约6000m²，深度0.8～1.2m，与外围河涌通过闸坝相连通。主要补水来源为雨水，因少量点源生活污水和面源污染长期汇入，水塘营养盐指标超高，呈现富营养化，藻类的过度生长导致水体腥臭浑浊。

（2）工艺流程

通过降低水塘水位，利用微生物菌剂对水塘底质进行消毒杀菌和活化改良，并种植耐污型沉水植物，投放滤食性水生动物，重构水塘水体生态系统（图11-45）。

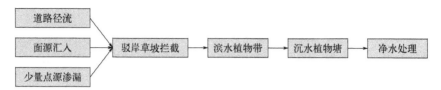

图11-45 工艺流程

工程平面布置如图11-46所示（书后另见彩图）。

景观睡莲
金鱼藻
刺苦草
矮型苦草

图11-46 工程平面布置

（3）设计参数

① 建设规模：修复池塘水域面积约6000m²，服务人口1500余人。

② 水生植物设计：水域中心区域以景观效果好、净化能力强的矮型苦草为主，在水深不同位置搭配一些金鱼藻与刺苦草作为辅助（表11-16）；以搭配视觉感和功能性强的植物为主，丰富水体中的植物多样性；浅水区挺水植物以常见且功能性强的美人蕉和再力花为主，深水区域以景观睡莲作为水面的点缀，形成高低错落自然景观。

表11-16 工程水生植物设计

植物类型	植物种类	水生植物规格	种植面积m²
沉水植物	矮型苦草	株高：15~25cm； 种植密度：200~220株/m²	6000
	金鱼藻	株高：25~35cm； 种植密度：180~200株/m²	1200
	刺苦草	株高：25~35cm； 种植密度：200~220株/m²	1200
挺水植物	景观睡莲	株高：35~50cm； 种植密度：3~4盆/m²	50
	美人蕉	株高：45~55cm； 种植密度：20~25株/m²	200
	再力花	株高：45~55cm； 种植密度：20~25株/m²	120

③ 本工程采用原位生态修复工艺。通过构建缓冲带区域作为初步净化区，截留径流和面源污染，沉水植物、挺水植物相互协同作用，提高水塘的自净能力，削减氮、磷等营养物质，提升水体透明度以及观感度（表11-17）。

表11-17　工程水质情况及设计要求

项目	pH值	DO/(mg/L)	COD/(mg/L)	NH₃-N/(mg/L)	TP/(mg/L)
修复前水质情况	9.8	1.81	43	2.31	0.52
修复后水质要求	6～9	≥5	≤15	≤1.5	≤0.3

（4）工程效果

向阳村水塘修复后，有较强的自净能力，水体清澈见底，沉水植物覆盖度高于70%，水质情况显著改善，主要富营养指标稳定维持地表水Ⅲ～Ⅳ类标准（表11-18）。

表11-18　修复后水质检测结果

pH值	DO/(mg/L)	COD/(mg/L)	NH₃-N/(mg/L)	TP/(mg/L)
6.07	4.69	11	1.12	0.33

修复后水塘现场如图11-47所示。

|(a)|(b)|

图11-47　修复后水塘现场

11.6.4　东溪河赤坑片水生态综合治理应用案例

（1）工程背景

工程位置示意如图11-48所示（书后另见彩图）。

东溪河全长40.5km，流域面积475.5km²，上河段全部位于汕尾市海丰县境内，以下河段为界，左岸为陆丰市，右岸为海丰县，主要流经陆丰市的潭西镇、上英镇、星都经济开发区，以及海丰县的城东镇、陶河镇、可塘镇、赤坑镇、大湖镇。东溪河流域地势平缓，存在大量滩涂，因具有华南亚热带滨海气候，为多种珍稀、濒危鸟类和候鸟提供了重要栖息地和迁徙中转站，已于2008年被列入国际重要湿地名录，具有重要的保护价值。但近年来东溪河水闸断面监测数据显示，自2018年2月以来，水质开始出现明显下降趋势，2018年6月一度下降到劣Ⅴ类水。根据东溪河水闸断面水质监测数据，发现东溪河主要污染指标有化学需氧量、高锰酸盐指数、生化需氧量、氨氮。对东溪河水闸右岸连片的水产养殖塘进行生态湿地改造，以提升东溪河水闸断面水质，同时净化处理赤坑片区的村镇水产养殖尾水，净化达标后水体回补东溪河。

（2）工艺流程

东溪河赤坑片区水生态综合治理工程生态湿地位于东溪河水闸右岸的长沙河与东溪河交汇处。工程在原有连片鱼塘的基础上通过生态工程改造，构建净化湿地面积约140000m²。

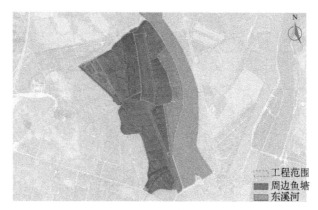

图11-48 工程位置示意

其中通过构建格栅和进出水阀控设施，将东溪河水体引入湿地系统，增加湿地系统水动力，促进水循环。湿地系统中构建多级生态处理工艺，主要包括浮岛促沉区、接触填料区、碎石过滤坝、多级沉水植物塘、沉/挺水复合塘和挺水植物区，通过多种组合的生态工艺，实现来水营养盐的净化处理，处理达标后回补东溪河（图11-49）。

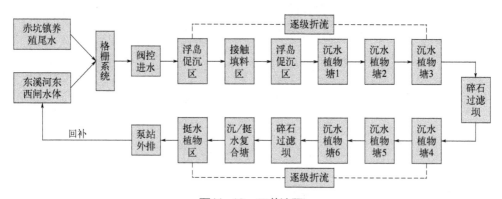

图11-49 工艺流程

生态湿地工艺过程如图11-50所示（书后另见彩图）。

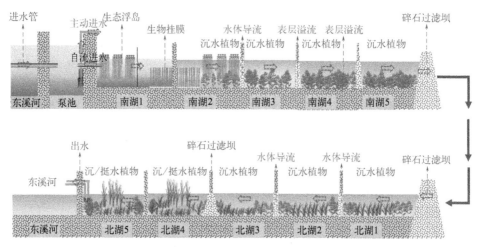

图11-50 生态湿地工艺过程

（3）设计参数

① 建设规模：生态湿地系统构建总面积约140000m²，其中构建生态浮岛区约13000m²，构建挺水植物区约18000m²，构建沉水植物区约92000m²，服务东溪河水闸断面水质提升与赤坑镇2000余亩养殖尾水净化处理。

② 沉水植物设计：矮型苦草、刺苦草、金鱼藻、轮叶黑藻（表11-19）。

③ 挺水植物设计：再力花、美人蕉、旱伞草、芦苇（表11-19）。

④ 浮岛植物设计：狐尾藻（表11-19）。

表11-19　工程水生植物设计

植物类型	植物种类	水生植物规格	种植面积/（10^4m²）
沉水植物	矮型苦草	株高：15～20cm；种植密度：140～160株/m²	2.8
	刺苦草	株高：20～25cm；种植密度：140～160株/m²	2.4
	金鱼藻	株高：25～30cm；种植密度：120～140株/m²	3.2
	轮叶黑藻	株高：25～35cm；种植密度：100～120株/m²	0.8
挺水植物	再力花	株高：40～50cm；种植密度：20～25盆/m²	0.7
	美人蕉	株高：45～55cm；种植密度：20～25株/m²	0.3
	旱伞草	株高：30～40cm；种植密度：30～35株/m²	0.4
	芦苇	株高：35～45cm；种植密度：25～30株/m²	0.4
浮岛植物	狐尾藻	株高：15～25cm；种植密度：40～50株/m²	1.3

⑤ 本工程对原有连片鱼塘进行生态化改造，通过构建进出水设施，引水入湿地净化系统；构建生态浮岛、多级沉水植物表面流湿地、碎石过滤坝、挺水植物表面流湿地等工程实现对来水的生态净化（表11-20）。

表11-20　工程水质情况及设计要求

水质指标	COD_{Mn}/(mg/L)	COD_{Cr}/(mg/L)	NH_3-N/(mg/L)	TP/(mg/L)
进水水质	≤20	≤50	≤2	≤0.4
出水水质要求	≤6	≤20	≤1	≤0.2

（4）工程效果

东溪河赤坑片区水生态综合治理工程完成后，东溪河水闸断面和周边水产养殖尾水可通过阀控系统进入生态湿地，经湿地系统内多种组合生态净化工艺处理后回补东溪河。工程建设完成后，湿地系统出水水质长期稳定维持或优于地表水Ⅲ类标准。

赤坑片区湿地-生态浮岛现场如图11-51所示；赤坑片区湿地-多级沉水植物塘现场如图11-52所示；赤坑片区湿地-挺水植物净化区现场如图11-53所示；赤坑片区湿地-碎石过滤坝现场如图11-54所示。

(a)　　　　　　　　　　　　　　(b)

图11-51　赤坑片区湿地-生态浮岛现场

(a)　　　　　　　　　　　　　　(b)

图11-52　赤坑片区湿地-多级沉水植物塘现场

(a)　　　　　　　　　　　　　　(b)

图11-53　赤坑片区湿地-挺水植物净化区现场

(a)　　　　　　　　　　　　　　(b)

图11-54　赤坑片区湿地-碎石过滤坝现场

11.7 二级污水厂尾水处理人工湿地工程案例

11.7.1 太仓市港城组团污水处理厂生态湿地净化工程

(1) 工程背景

太仓市港城组团污水处理厂尾水原来经过出水泵站提升，通过管道外排到长江。为了长江大保护，建立生态缓冲区，将尾水改为排入内河六里塘，因此建设太仓市港城组团污水处理厂生态湿地净化工程。港城组团污水处理厂尾水经过人工湿地深度净化，削减排入六里塘的污染负荷，同时通过河道整治与景观建设，提升区域生态景观品质。

太仓市港城组团污水处理厂生态湿地净化工程的建设区位于太仓市港城组团污水处理厂西侧（图11-55）。范围为龙江路以东、协鑫中路以南、六里塘以西、东方中路以北的区域。主体工程范围总面积11hm²，分为南北两个地块，南地块4.7hm²，北地块6.3hm²。

图11-55 工程位置示意

(2) 工艺流程

太仓市港城组团污水处理厂的出水通过泵站提升后，沿六里塘东侧管道输送到华苏东路。穿过六里塘到龙江路东侧分为两支，一支往南，为南端复合垂直流人工湿地供水；另一支往北，为北端复合垂直流人工湿地供水。水体经过复合垂直流人工湿地净化后，于六里塘西侧、垂直流人工湿地东侧设置的收集渠统一收集，出水自流到北端的表面流人工湿地，再流经沉水植物塘，沉水植物塘出水通过底部连通管越过六里塘至新建出水监测站，出水到六里塘（图11-56）。

工程平面布置如图11-57所示。

(3) 设计参数

① 处理规模30000m³/d，来自港城组团污水处理厂尾水。

② 复合垂直流人工湿地总占地面积约6.2hm²。共分为20组，每组分散进水、并联运行。每组由2个单元组成，即下行池单元（下行流）和上行池单元（上行流）。设计水力负荷0.48m³/(m²·d)，水力停留时间约1.24d。

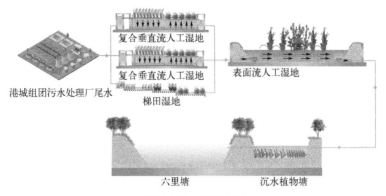

图11-56 工艺流程

图11-57 工程平面布置

③ 设计水质：太仓市港城组团污水处理厂尾水经过生态湿地处理后的出水满足受纳水体功能水质目标，主要水质指标化学需氧量（COD）、NH₃-N和TP达到或优于《地表水环境质量标准》（GB 3838—2002）Ⅳ类水体标准。

④ 垂直流人工湿地深度为1.50m，内部填充湿地分层填料。

⑤ 垂直流人工湿地内填料分层配置，下行池从上到下依次为配水层、填料层、排水层；上行池从上到下依次为集水层、填料层、配水层。填料有碎石、陶粒、生物质炭填料等。

⑥ 垂直流人工湿地植物以污染净化能力强的芦苇、水葱、香蒲、菖蒲为主，搭配少量水生观花观叶植物如再力花、千屈菜、花叶芦竹、纸莎草等。

（4）工程效果

实施本工程后，人工湿地出水水质满足《太湖地区城镇污水处理厂及重点工业行业主要水污染物排放限值》（DB 32/1072—2018）。COD、NH₃-N、TP达到地表水Ⅳ类水质要求。人工湿地出水水质状况见表11-21。

表11-21 人工湿地出水水质状况

COD/ (mg/L)	NH₃-N/ (mg/L)	TP/ (mg/L)	TN/ (mg/L)
22	0.42	0.03	4.18

11.7.2 许昌青泥河人工湿地深度净化工程

（1）工程背景

许昌市屯南污水处理厂位于市区现状工农路南段与在建瑞昌西路交叉口西南角（图11-58），出水执行《城镇污水处理厂污染物排放标准》一级A标准，排入青泥河，流入市区水体。该污水处理厂工程设计总规模60000m³/d，一期规模30000m³/d。为了改善青泥河和市内景观水体水质，在屯南污水处理厂旁边的青泥河滩地上建设人工湿地，深度净化污水处理厂尾水，削减入河污染负荷。青泥河人工湿地深度净化工程总面积为8.4hm²。

图11-58 工程位置示意

（2）工艺流程

本项目采取复合垂直流人工湿地+湿地型河道。以复合垂直流（潜流型）湿地作为主要处理工艺，直接接入污水厂尾水，发挥水质净化的主要作用。人工湿地工艺流程如图11-59所示。

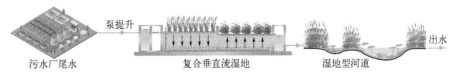

图11-59 人工湿地工艺流程

工程平面布置如图11-60所示（书后另见彩图）。

每个湿地单元的上部采用穿孔配水管进行配水，然后水垂直向下流入排水层。在排水层中，水通过穿孔管道流向湿地后部，然后垂直向上流入上部穿孔集水管，最后流入排水渠。污水经排水渠收集后，进入集水渠，溢流至湿地型河道，排入青泥河。

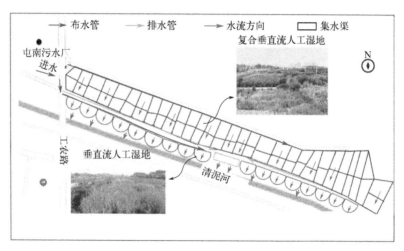

图11-60　工程平面布置

（3）设计参数

① 处理规模30000m³/d，来自屯南污水处理厂尾水。

② 复合垂直流人工湿地总占地面积约4.6hm²，共分为32个处理单元。设计水力负荷0.65m³/(m²·d)，水力停留时间约为0.92d。

③ 进出水水质及处理要求如表11-22所列。

④ 填料设计：填料层的级配分为3级，第1级为8～16mm碎石，第2级为16～32mm碎石，第3级为32～64mm碎石；导淤层采用64～100mm碎石；基质孔隙率取0.4。

⑤ 植物设计：湿地植物以本土植物为主，每个湿地单元种植2～3种植物，包括芦苇、香蒲、千屈菜、菖蒲、三叶矢车菊和鸢尾等。

表11-22　进水水质及处理要求

项目	BOD₅	COD	NH₃-N	TP
进水水质/（mg/L）	10	50	5	0.5
出水水质要求/（mg/L）	6	30	1.5	0.3
要求去除率/%	40	40	70	40
去除率经验值/%	≤50	≤60	≤50	≤60

（4）工程效果

实施本工程后，出水水质明显有所改善，COD、NH₃-N、TP达到《地表水环境质量标准》（GB 3838—2002）地表水Ⅳ类水体。人工湿地出水水质状况见表11-23。

表11-23　人工湿地出水水质状况

COD/（mg/L）	NH₃-N/（mg/L）	TP/（mg/L）	TN/（mg/L）
24	0.40	0.04	4.91

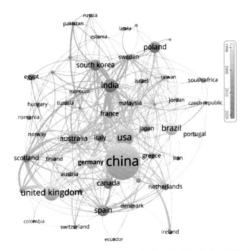

图2-1 1990～2022年期间不同国家对村镇污水治理研究热度

（该图由VOSviewer软件生成。线条的粗细代表国家/地区之间合作的强度。节点的大小代表发文量。节点的颜色由发文所处年份的平均时间确定）

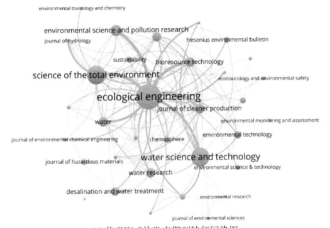

(a) 基于WoS的发表期刊特征网络图
(节点大小代表发文数量，颜色代表聚类，连线代表两节点之间关系强弱)

(b) WoS发文量前10期刊的平均发文时间与被引次数

图2-2

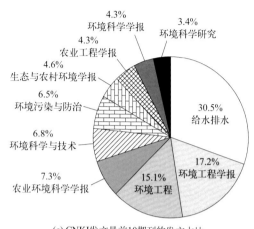

(c) CNKI发文量前10期刊的发文占比

图2-2　基于WoS数据库的村镇污水处理研究文献发表状况

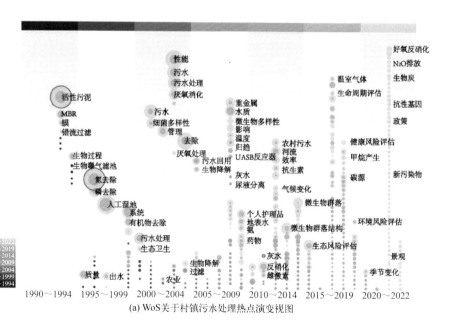

(a) WoS关于村镇污水处理热点演变视图

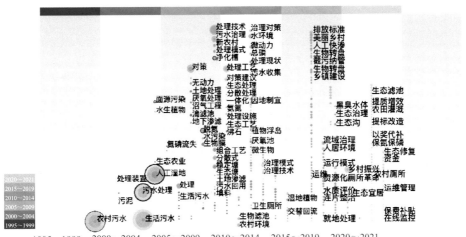

(b) CNKI关于村镇污水处理热点演变视图

1995～1999　2000～2004　2005～2009　2010～2014　2015～2019　2020～2021

关键词	年份	突现强度	开始	结束	1990～2022
灌溉	1990	3.93	1990	2009	
生态处理	1990	3.62	1990	2009	
作物品质	1990	2.36	1990	2009	
农业生产	1990	2.36	1990	2009	
面源污染	1990	2.79	2000	2014	
人工湿地	1990	4.55	2005	2014	
脱氮除磷	1990	3.74	2005	2009	
新农村	1990	3.57	2005	2014	
农村	1990	2.66	2005	2014	
生物膜	1990	3.16	2010	2014	
处理模式	1990	2.8	2010	2014	
去除率	1990	2.55	2010	2014	
稳定塘	1990	2.45	2010	2019	
水污染	1990	2.36	2010	2019	
湿地植物	1990	2.29	2010	2014	
农村污水	1990	9.31	2015	2022	
乡村振兴	1990	3.3	2015	2022	
治理模式	1990	3.07	2015	2022	
排放标准	1990	2.76	2015	2022	
处理设施	1990	2.27	2020	2022	

(c) 基于CNKI引用次数最多的前20个关键词的突现视图

图2-4　基于WoS及CNKI关于村镇污水处理热点演变视图和关键词突现视图

[（a）（b）图中的每一个圆圈代表一个关键词，该关键词是在分析的数据集中首次出现的年份，圆圈的大小代表该词出现的频次，圆圈的颜色代表该词出现的年份，外圈的紫红圈代表高中介中心性]

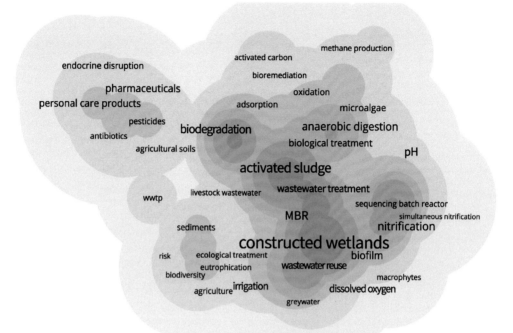

图2-5 农村污水处理技术关键词共现密度可视化图

（图中相关关键词字体大小及颜色深度代表共现次数）

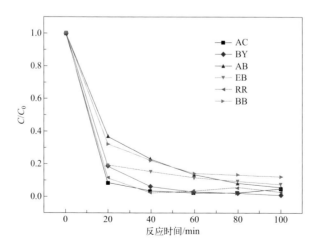

图5-32 反应时间对海绵铁脱色效果影响

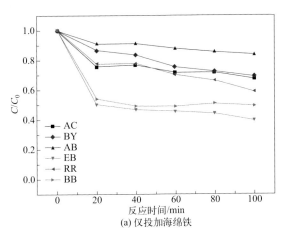

(a) 仅投加海绵铁

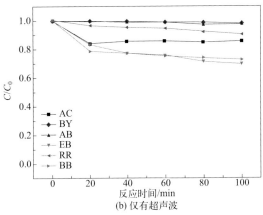

(b) 仅有超声波

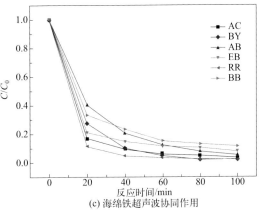

(c) 海绵铁超声波协同作用

图5-35 体系效应影响

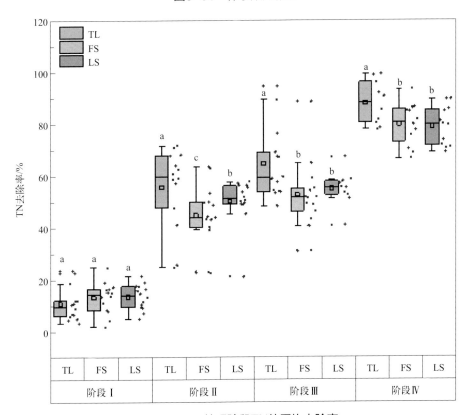

图6-3 不同处理阶段TN的平均去除率

TL—陶粒；FS—沸石；LS—砾石

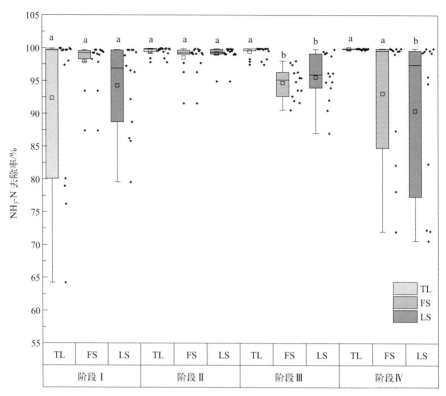

图6-5　不同处理阶段NH₃-N的平均去除率

TL—陶粒；FS—沸石；LS—砾石

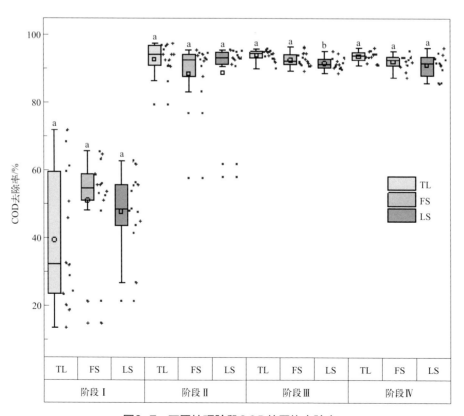

图6-7　不同处理阶段COD的平均去除率

TL—陶粒；FS—沸石；LS—砾石

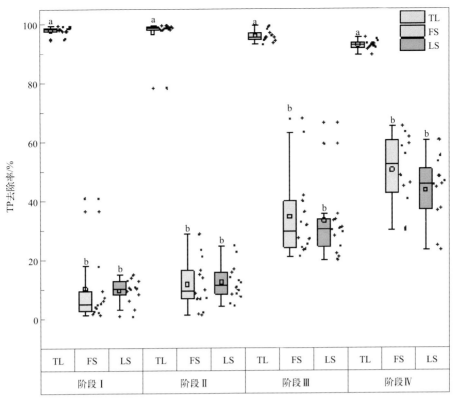

图6-8 不同处理阶段TP的平均去除率

TL—陶粒；FS—沸石；LS—砾石

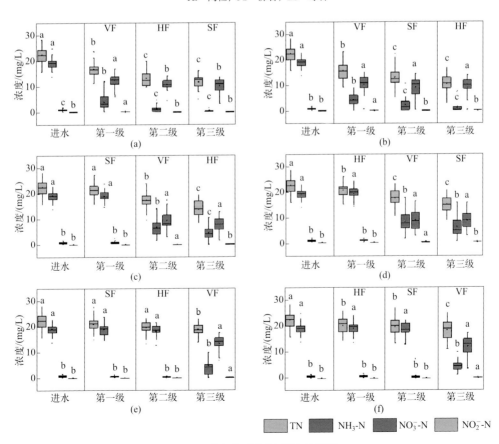

图8-16 多级组合湿地氮转化规律

不同字母表示组间去除率存在显著性差异（$P<0.05$）

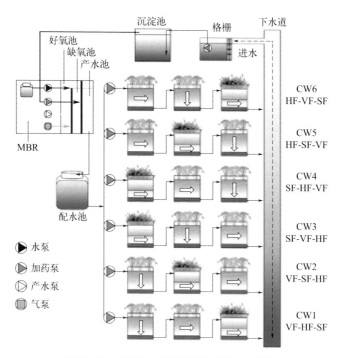

图8-18 MBR+多级组合湿地处理装置

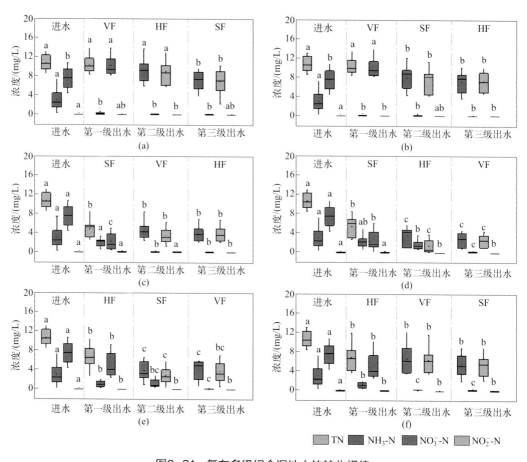

图8-21 氮在多级组合湿地中的转化规律

不同字母表示组间去除率存在显著性差异（$P<0.05$）

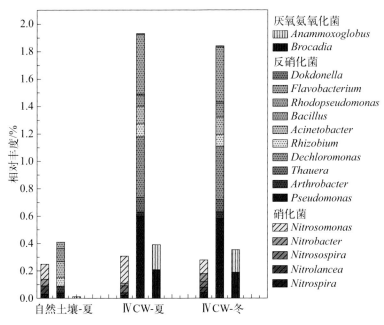

图8-26　复合垂直流湿地氮功能微生物组成

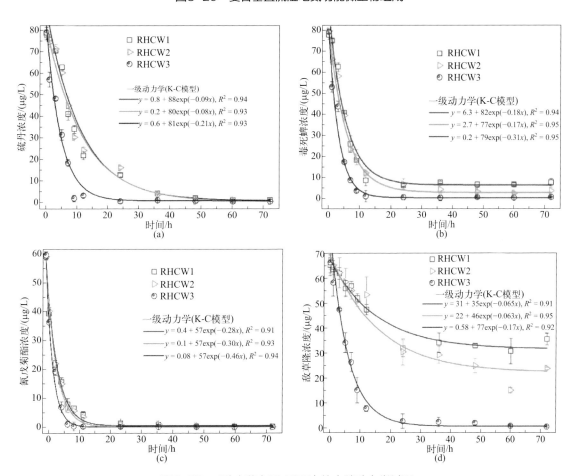

图8-33　4种农药在RHCW中的去除动力学过程

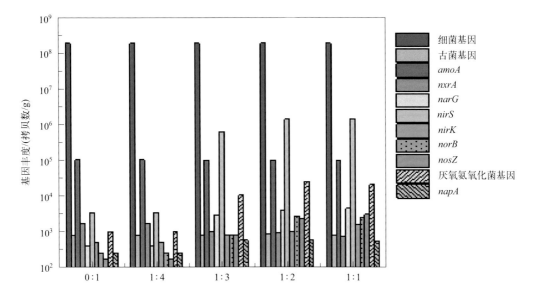

图8-38 不同分流比下潮汐流湿地功能基因丰度

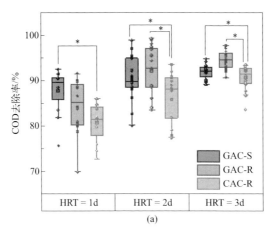

(a)

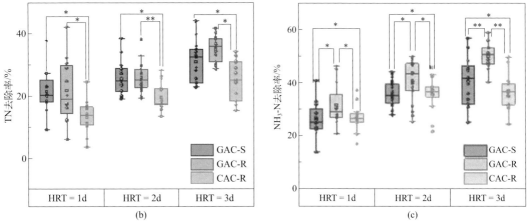

(b)　　　　　　　　　　　　　　　　(c)

图8-41 阴极结构对CW-MFC的污染物去除性能影响

*表示$P < 0.05$，**表示$P < 0.01$

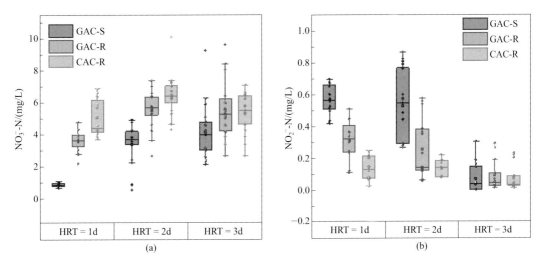

图8-42 阴极结构对CW-MFC中NO_3^--N和NO_2^--N的浓度影响

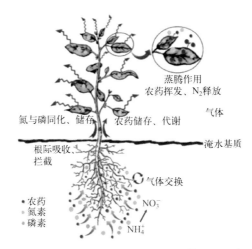

图9-4 植物修复农田氮、磷和农药原理示意

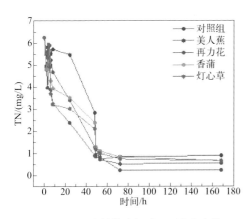

图9-9 挺水植物沟渠中TN浓度变化

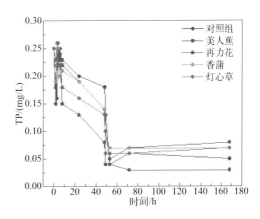

图9-11 挺水植物沟渠中TP浓度变化

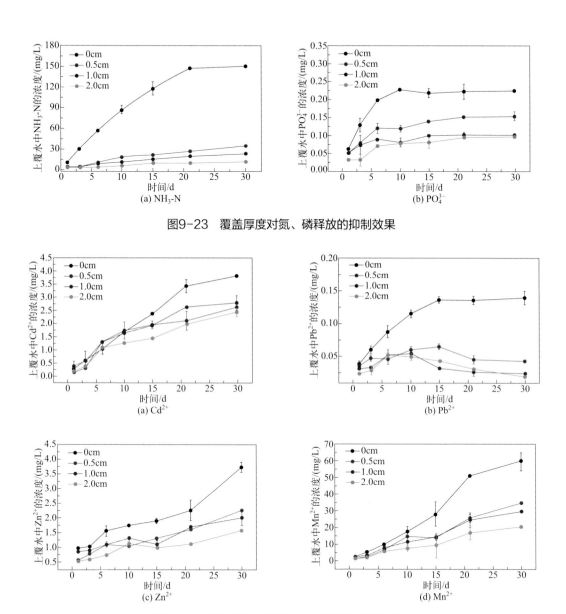

图9-23　覆盖厚度对氮、磷释放的抑制效果

图9-24　覆盖厚度对各重金属离子释放的抑制效果

图例：
项目所在地
村民建设用地
工业区
农林地

图11-1　工程位置示意

图例：
修复鱼塘范围
居民区
鱼塘
农林地

图11-36　工程位置示意

图11-38　工程平面布置

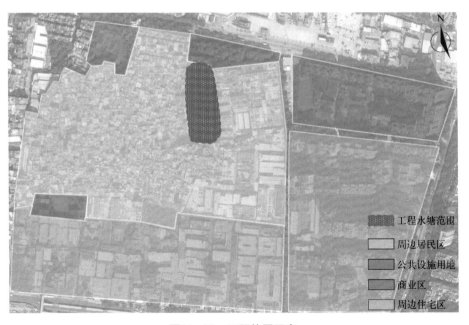

图11-40　工程位置示意

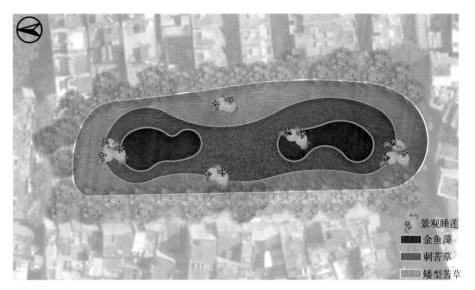

图11-42　工程平面布置

图11-44　工程位置示意

图11-46　工程平面布置

图11-48　工程位置示意

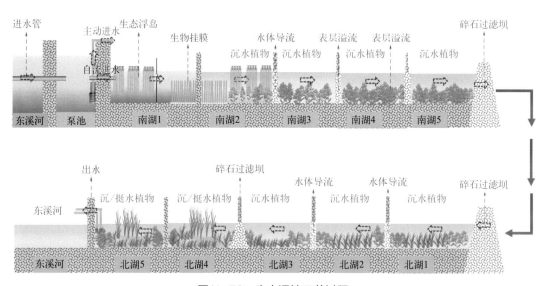

图11-50　生态湿地工艺过程

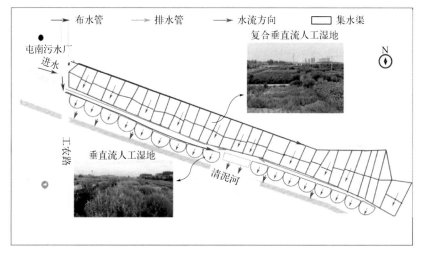

图11-60　工程平面布置